国家级精品课程教材

（供临床、护理、预防、麻醉、妇产、检验、影像、口腔、药学等专业用）

生理科学实验教程

（第二版）

主　编　陆　源　夏　强

编　委　陈莹莹　胡薇薇　陆　源
厉旭云　梅汝焕　沈　静
唐法娣　王会平　王梦令
夏　强　谢强敏　叶治国
虞燕琴　张　雄

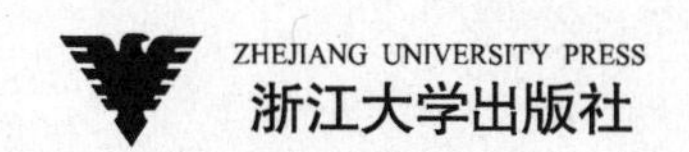

内容简介

本教程由生理科学国家级精品课程和国家级教学团队的教师，整合近年来的精品课程建设、教学改革与研究成果编写而成。本教程依据“在学习中研究，在研究中学习”的教学思想，结合最新教学改革与研究成果，在强化“三基”训练的基础上，侧重于培养学生知识技能的综合应用、自主探究和自主创新的实践能力。

实验技术部分，系统地介绍了生物信号测量、生物信号采集处理系统、肌电图仪、脑电图仪、血气分析仪、血球计数仪、尿分析仪的原理和应用案例及实验动物、动物实验技术的基本知识和应用案例。

自主实验部分，编写了10项实景高仿真实验。

动物及人体实验部分，以类似于学术论文编排格式精选50项生理科学基础性、综合性和探究性实验，每项实验的实验背景及理论学习、实验方法、实验准备预习要求以训练学生自主学习和自主实验能力。基于问题和科研基本技能训练的实验教学设计案例以培养学生实验设计能力。部分实验项目的插图采用实验现场实景照片，以增加读者实验现场的感性认识。

创新实验教学部分，系统地介绍了实验研究、实验设计、文献检索、生物医学统计、科研论文写作、学生科研课题申请的实验研究基础知识。创新性实验项目申报书撰写、创新性实验教学为学生自主创新提供实践机会。

本教材内容丰富、知识性强，突出知识的应用和创新实践。主要面向本、专科临床医学、口腔医学、预防医学、护理学、药学等专业的生理科学实验（机能学实验）课程教学，也可用于生理学、病理生理学和药理学作为独立课程的实验教材，还可作为生物学类等相关专业师生的参考用书。

前　言

本教材自2004年出版以来,受到众多院校的欢迎。为了将最新科研成果应用于教学,提升生理科学实验课程教学质量,更好构建基础性、综合性和创新性三个层次的实验教学体系,着力提高学生实践能力和自主创新能力,教材编写组组织了生理科学国家级精品课程和国家级教学团队教师,整合近年来的精品课程建设、教学改革与研究成果编写《生理科学实验教程》第二版。

《生理科学实验教程》第二版教材根据综合创新型课程的教学要求和特点,以综合性、系统性、科学性、先进性、探索性和创新性为原则进行编写。教材充分考虑个性与共性相结合,经典实验与现代技术相结合,传统与创新相结合,科学有机地整合生理科学实验教学内容。教材在基础知识和技能部分,比较系统地介绍了生物信号测量、生物信号采集处理系统、肌电图仪、脑电图仪、血气分析仪、血球计数仪和尿分析仪的原理和应用案例及实验动物、动物实验技术的基本知识和应用案例;实验部分由基础性实验、综合性实验、探究性实验和高仿实验组成。高仿实验用于学生自主实验和替代部分验证性实验,高仿实验实现实景仿真和数据的自动分析测量等功能,有利于提高教学效果。基础实验用以保证学生的基本理论、基本知识和基本技能的学习和训练,综合性实验和探究性实验用以培养学生的知识综合应用能力和实践探究及实验设计能力;基础性、综合性和探究性实验结果采用统计学分析,以训练学生科学思维和基本科研能力。每项实验的预习要求,以引导学生自主探究性学习,了解详细的实验背景知识,有利于学生掌握实验的基本理论和目的。学术论文编排形式,有利于学生学习实验报告、学术论文的撰写。《生理科学实验教程》第二版教材增加了大量适用于各类院校的基础性实验项目、探究性实验、设计性实验案例及纵向、横向综合性实验，使综合性实验更具广度和深度，有利于提高学生知识综合应用能力、科研技能和创新能力。创新性实验部分系统地介绍了实验研究、实验设计、文献检索、生物医学统计、科研论文写作、学生科研课题申请、创新性实验项目申报撰写和创新性实验组成，该部分教学内容用以培养学生基本的科学研究能力和创新精神。

《生理科学实验教程》第二版在实验教学理念、教学方法、实验项目、实验方法和技术上进行了积极的探索创新，希望为广大师生的教学创新提供参考。

《生理科学实验教程》编写组

2012 年 7 月

目 录

第一章 绪 论

第一节 生理科学实验概述

生理科学实验是一门用实验方法观察正常、疾病和药物作用下机体的功能和代谢变化，研究这些变化的机制及规律的科学。

生理学、病理生理学和药理学同属生理科学，在实验研究和实验教学方面有很大的共性，基本上以动物为实验对象，观察和测定机体的功能和代谢变化。随着科学技术的发展，生理科学有了很大的发展，实验技术日趋复杂，其涉及的知识也越来越广，实验教学也从单纯验证性的定性实验发展到定量实验和研究创新性实验。

生理科学实验有机整合了生理学、病理生理学和药理学的实验教学内容，构建以生理科学实验基本理论、基本知识、基本技能教学为基础，以创新性实验教学为核心的综合创新性课程。生理科学实验是一门医学专业基础必修课程，涉及生理学、药理学、病理生理学以及其他密切相关的，如电子学、统计学、实验动物学、计算机等理论及实验技术和方法。该课程教学中比较系统地介绍生理科学实验的基本理论、实验方法、现代实验技术和实验研究的知识，并通过基础实验教学、综合实验教学和研究创新性实验教学，培养学生的基本实验技能、知识应用和科学研究的能力。

第二节 生理科学实验课程的教学内容和教学目标

一、教学内容

生理科学实验课程分基础实验教学和研究创新性实验教学两个教学阶段，两个阶段的教学内容及重点如图 1-2-1 所示。

1. 基础实验教学内容

(1)生理科学实验基本理论　包括实验动物、生物信号测量、常用仪器的原理和使用方法、生理科学实验基本方法和技术、实验数据的采集和统计处理、生理科学实验研究的基本程序、实验报告和研究论文撰写的要求和格式。这部分内容通过课堂教学与自主学习结合的形式进行。

(2)基础实验和综合性实验　内容涉及离体组织、器官实验，整体动物实验和人体实验。基础实验安排一些单一因素、单一观察指标的实验，教学重点是学习和训练生理科学实验的基本方法、技能、仪器使用，学习实验数据的记录、统计和实验报告的撰写。综合性实验安排多指标、多处理因素的实验，教学重点是强化实验操作，掌握实验方法、实验结果的统计分析和规范的实验报告撰写。

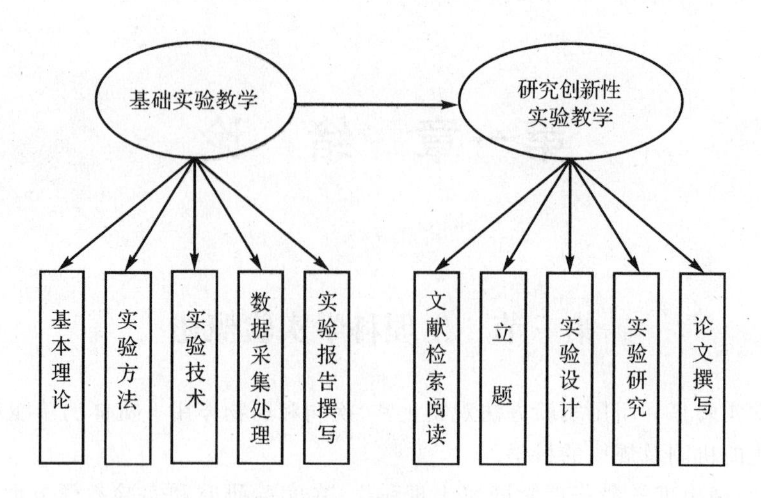

图 1-2-1　生理科学实验课程教学流程和主要内容

2. 研究创新性实验教学内容

在完成第一阶段基础性实验教学后，学生已具备生理科学实验的基本能力。第二阶段进行生理科学研究创新性实验教学：在教师的指导下，学生自主查阅文献、立题、实验设计，撰写“创新性实验项目申报书”，开题报告。立项项目负责人自主进行实验准备、预实验、实验、实验数据的统计分析、撰写实验研究论文和答辩。通过本阶段的教学，使学生经历一次初步的科学研究训练。

二、教学目标

生理科学实验课程是一门综合研究创新性课程，通过课程教学，使学生了解和掌握生理科学实验的基本方法和技术，了解进行生理科学研究的基本程序，具备初步的科研能力。生理科学实验课程两个阶段的教学目标如下：

1. 第一阶段教学目标

(1)通过生理科学实验基本理论的教学，了解和初步掌握生理科学实验的基本理论和研究方法。

(2)通过基础性实验和仿真实验的教学，初步掌握基本实验方法和技术，初步掌握实验数据记录、测量、数据统计处理、实验报告撰写，使学生应用理论知识的能力得到培养。

(3)通过综合性实验的教学，使学生能掌握和应用生理科学实验方法和技术，具备对复杂实验的观察、记录、数据统计处理和分析的能力，能撰写出高质量的实验报告，养成严谨的科学作风和掌握严密的科学思维方法。

2. 第二阶段教学目标

通过研究创新性实验教学，使学生了解生理科学实验研究的基本程序，初步掌握文献检索、实验设计、科学实验和论文撰写的方法和知识，具备知识应用和基本的科学研究能力。

第三节　生理科学实验课程的教学要求

一、课前准备要求

生理科学实验是一门实验研究创新性课程，实验是本课程的主要教学内容。本课程实验所用实验仪器设备操作比较复杂，实验动物的手术、标本制备技术难度较大，实验时间较长，处理因素多，非处理因素常会影响实验结果，实验涉及多个学科知识。因此，课前充分的准备工作是实验顺利进行和获得真实实验结果的重要保证。这就要求学生在课前必须按实验导学要求自主完成实验理论、实验方法技术的学习和实验课前的准备工作。具体要求如下：

（一）实验理论的自主学习

(1)查阅课程网站的导学指南。根据指南要求自主学习实验教材、课件。

(2)自主查阅相关理论教材、论文、专著等学术文献，查看其他相关网站。

(3)对各种处理的可能结果作出科学的预测，对结果进行初步的理论分析。编写参考文献目录及相应的引用内容。

（二）实验方法技术的自主学习

(1)自主查阅相关实验方法、技术资料。

(2)观看课程网站相关实验技术操作视频，熟记操作程序和技术要领。

(3)下载 RM6240 多道生理信号采集处理系统软件和相关实验数据样例，熟悉仪器各项功能和操作，掌握实验数据测量方法。

（三）实验课前的准备工作

在了解实验的目的、要求和操作程序，充分理解实验设计的原理后，将下列各项设计记录在专用实验原始记录本上：

(1)实验名称、实验日期、时间、环境温度、实验组成员；

(2)受试对象　动物种类、品系、编号、性别、体重、健康状况、离体器官名称，人体性别、体重、年龄等；

(3)实验仪器　主要仪器名称、规格型号、生产厂商；

(4)实验药物或试剂　名称、来源(厂商、剂型、规格、含量和批号)；

(5)实验方法步骤　分组、动物处理(麻醉，手术，刺激，给药途径、剂量、时间和间隔等)；

(6)实验观察指标　指标名称、单位，指标测量方法、数据形式，记录曲线的标注；

(7)实验结果　原始数据记录表格，统计数据表格，坐标图、直方图等；

(8)数据处理　实验数据的表示方法、统计方法与结果。

二、课堂要求

(1)遵守实验室规章制度，有序进行实验，维护动物福利。

(2)积极参与讨论，勇于提出自己的观点。

(3)明确分工，密切配合。

(4)按规定程序操作，全面、准确、如实记录实验过程、实验数据，包括意外情况。

(5)爱护实验设施,珍惜实验材料。

(6)做好实验结束的善后工作,处理实验废弃物,清洁整理实验器具、台桌。

(7)需请示指导教师后才能离开实验室。

三、课后要求

(1)自主整理实验记录和数据,并进行统计分析。

(2)按医学学术论文格式自主撰写实验报告或论文。

(3)在规定的时间内提交实验报告或论文。

(夏　强)

第二章　实验研究基础

第一节　实验研究概述

动物实验研究的对象是实验动物，与临床试验相比，动物实验具有一些独特的特点和优点：

1.法律和社会伦理道德

医学的宗旨是防病治病，增进健康。任何一种处理因素都不得有害于人的健康，因此任何一种预防或治疗措施（如一种药物、一种手术等），在未证明其利与害之前，严格地说是不允许在临床应用的，更不用说一些已知对机体有害的因素了。任何新的药物在临床应用前必须先通过动物实验，肯定疗效，确定剂量，弄清有无毒副作用和远期后果；一种新手术也必须在动物身上先试验其可行性、效果及存在的问题，并已在动物身上充分掌握其技巧之后，才可用于临床。至于研究各种因素的致病作用，如毒物、病原生物、极恶劣环境等等，动物实验不仅是必不可缺的，而且常常是唯一方法。

应用动物模型，除了能克服在人类研究中会遇到的伦理和社会限制外，还容许采用某些不能应用于人类的方法学途径。这些途径对于研究低发病率疾病（各种癌症、遗传缺陷）和那些因其危险性而对人类进行实验是不道德的疾病，具有特别意义。例如，急性白血病的发病率较低，研究人员可以有意识地提高其在动物种群中的发生频率而推进研究。同样的途径已成功地应用于其他疾病的研究，如血友病、周期性中性白细胞减少症和自身免疫介导的疾病。

2.实验条件的控制

虽然在临床试验中也可能对试验条件加以控制，但由于人的高度复杂性，多数情况下难以控制试验条件，法律和社会伦理道德对临床试验有严格限制，这些给试验的设计和进行带来很多困难。但是在动物实验中，受试对象和整个实验进程可以进行严格控制。

机体的某一种功能都同时受许多因素的影响，因而要研究某一特定因素对某一功能的影响往往要将该特定因素以外的其他因素保持不变，人体试验是比较难以做到这一点的，但动物试验比较容易做到。如动物实验可以严格控制实验室的温度、光线、声音、动物的饮食、活动等，临床试验难以对病人的生活条件、活动范围加以严格控制。又如动物实验完全可以选择品种、品系、性别、年龄、体重、活动性、健康状态和携带微生物都相同的动物，但临床试验中，病人的年龄、性别、体质、遗传等方面是不可能加以选择的。特别是健康状况，动物是健康的或是人工造成的某种疾病模型，而临床试验的人是在生活中先天的或后天的自然环境下所患的病。即使是同一疾病，临床试验中每个人的疾病情况都很复杂，对同一药物反应也不尽完全相同，这些常常影响或掩盖试验效果。动物实验可以一次性地选取所需动物的数量，同时进行实验并获得结果，而临床试验中，病人的疾病是陆续发生，陆续进入试验的，试验结果资料是逐渐积累的,试验的周期比较长,干扰因素也随之增加。由于生物医学科研中利用动物实验的这些优点,可以把一个非常复杂的研究对象简单化,解决许多医学上的实践问题和重大理论问题,推动医学科学的发展。

3. 研究周期

临床上很多疾病的潜伏期或病程很长,研究周期也拖得很长,采用动物复制疾病模型可以大大缩短其潜伏期或病程。尤其是那些在人体上不便进行的研究,完全可以在实验动物身上进行。

动物模型的另一个富有成效的用途,在于能够细微地观察环境或遗传因素对疾病发生发展的影响。这对于长潜伏期疾病的研究特别重要。为确定特定的环境成分在某些疾病诱发中的作用,可将动物引入自然的或控制的环境中去。人类的寿命是很长的,一个科学家很难有幸进行 3 代以上的观察。许多动物由于生命的周期很短,在实验室观察几十代是轻而易举的,如果使用微生物甚至可以观察几百代。

4. 实验效应的样本和资料

在临床试验中,从受试对象取得反映实验效应的资料,往往要受一系列限制,例如对象拒绝提供、可能损害健康等等。但在动物实验中,几乎可以不受限制地获得资料,而所有这些资料对于机制分析是至关重要的。

临床上平时不易遇到的疾病,应用动物实验可以随时进行研究,使人们得以对这些疾病进行深入的研究,例如放射病、毒气中毒、烈性传染病等。

以放射病为例,平时极难见到,而采用实验方法在动物身上可成功地复制成骨髓型、肠型和脑型放射病,大大促进了这种病的研究。因此,今天我们对辐射损伤的大部分知识,是通过动物实验积累起来的。关于辐射的远期遗传效应至今只有动物实验的材料。

5. 药物疗效和效应的观察

药物的长期疗效和远期效应,在实验室采用动物实验方法来观察,没有太大问题,但在临床研究中问题就比较复杂,如病人多吃或少吃药、病人自动停药、病人另外求医、病人又患其他疾病、病人死亡以及病人失去联系等均可使治疗的最终效果很难判定。

6. 临床上无法进行的实验

医学上有些重要概念的确立只有通过动物实验才能做到,临床上是根本做不到的。例如,关于神经与内分泌的关系早就引起了人们的注意,早在 20 世纪 30 年代临床上就观察到下丘脑损伤可引起生殖、代谢的紊乱,尸体解剖与动物实验都强烈地提示下丘脑可能通过分泌某些激素调节垂体前叶的功能,从而控制许多内分泌器官的功能,如果这一现象能得到肯定,那么神经体液调节的概念将得到决定性的支持,但是人们花费了 40 年还是无法找到下丘脑调节垂体的物质,直到 20 世纪 70 年代两组科学家分别用 10 多万个羊和猪的下丘脑提取出几毫克下丘脑的释放激素,而仅需几微克这类激素就可导致垂体分泌大量激素,才最后确定了下丘脑对垂体的激素调节的新概念,由于下丘脑释放激素的分离、合成,为神经内分泌和调节的概念提供了有力的证据,并改变了许多内分泌疾病诊断与治疗的方法。如果不用动物下丘脑而企图由几万个人的下丘脑提取释放素那是非常困难甚至是不可能的。由此可见医学研究发展到目前已进入一些研究工作非在动物身上进行不可的阶段。

第二节　实验研究设计的基本原则和程序

一、实验研究设计的基本原则

(1)需要性原则　选择在科学上有重要意义或社会生产、人民生活需要解决的问题。

(2)目的性原则　选题必须目的明确,应目标集中,不含糊,不笼统。

(3)创新性原则　选择前人没有解决或没有完全解决的问题,善于捕捉有价值的线索,勇于探索、深化。

(4)先进性原则　创新性与先进性是密切相关的,创新往往指科学而言,而先进多对技术而言。

(5)科学性原则　选题必须有依据,要符合客观规律,科研设计必须科学,符合逻辑性(手段、方法、实验)。

(6)可行性原则　要求科研设计方案和技术路线科学可行外,还必须具备一定的条件,如人员、仪器、动物、试剂等。

(7)效能性原则　研究中所消耗的人力、物力、财力同预期成果的科学意义、水平、社会和经济效益等综合衡量。

上述设计原则可归纳为:(1)创新性和先进性;(2)科学性和重复性;(3)有用性和可控性;(4)经济性和易行性。

二、实验研究工作的基本程序

科学研究就方法来说是提出假说、验证假说的过程,其工作程序是紧紧围绕这条主线进行的。其基本程序如下:

(1)立题　确定所要研究的课题。课题决定科研方向和总体内容,是实验设计的前提。

1)课题的确定　分析总结前人和别人的研究工作及进展情况、取得的成果和尚未解决的问题,找出所要探索的研究课题的关键所在,或在实际研究工作中发现问题,查阅有关文献,建立假说。

2)立题的原则　课题目的性明确,具有创新性和科学性,且切实可行。

(2)实验设计　制定实验的具体内容、方法和任务,有效控制干扰因素,确保数据的可靠性和精确性。

(3)实验和观察

1)理论准备　实验的理论基础,假说的理论基础,实验方法、技术等的参考文献资料查阅和备挡。

2)实验材料与设施准备　仪器设备、药物试剂、剂量的初步选定,实验方法与指标的建立,实验对象的准备。

3)预备实验　对课题的初步实验。为课题和实验设计提供依据,为正式实验熟悉实验技术,修正实验动物的种类和例数,改进实验方法和指标,调整处理因素的强度或确定用药剂量等。

4)实验及其结果的观察记录　按照预备实验确定的方法、步骤进行实验,根据预先拟定的原始记录方式和内容记录文字、数据、表格、图形、照片。原始记录应及时、完整、精确和整洁。

(4)实验结果的处理分析　根据实验设计时确定的统计学方法,将原始数据整理成表,进行数据处理和统计学分析。

(5)研究结论　从实验观察结果得出研究的结论,以回答原先的假说是否正确。

(6)论文撰写　将实验研究结果撰写成实验报告或论文。

三、实验设计

实验设计是否严密,直接关系到实验结果的准确性和结论的可靠性。良好的实验设计需具备的条件:花费比较经济的人力、物力和时间,获得较为可靠的结果,使误差减至最低限度;还可使多种处理因素包括在很少的几个实验中,达到高效的目的。不重视实验设计或设计不周密,可因获得的数据不完全或不可靠而使实验失败;也可能是大量浪费人力而事倍功半。

进行新课题的研究或初做科学实验者,很难一开始就做出周密的设计。因此,需要做预备试验。预备试验是根据原始假说作初步探索,也是对原始假说作非正式验证,同时也是对初步确定采取怎么样的实验方法和操作步骤进行演习。根据预备试验结果对原始假说、实验方法和技术操作作必要的修改,为正式实验设计做好准备。

(一)实验设计的三大原则

实验设计的三大原则是指对照、随机和重复。

1.对照

一般来说,实验都应有实验组(处理组)和对照组。对照组与实验组具有同等重要的意义,这是因为在实验中很难避免非实验因素的干扰而造成误差。用对照组的方法能比较有效地消除各种非实验因素的干扰所造成的误差。对照可分为:

(1)空白对照　不对受试对象作任何处理的对照。

(2)假处理对照(实验对照)　不进行实验特定的处理,其余处理相同。

(3)自身对照　对照与处理在同一受试对象中进行,这种对照可以最大限度地减少抽样误差,应考虑处理的后效应问题。

(4)标准处理(阳性对照)　用现有的标准方法或典型同类药物作为对照。

(5)相互对照　处理组间互为对照。

(6)历史对照　用以往的研究结果或历史文献资料为对照,但由于时间、地点和条件不同,差异相当大,动物实验一般不采用。

2.随机化

随机是指被研究的样本是从总体中任意抽取的,即在抽取时要使每一样本有同等机会被抽取。随机抽样是缩小抽样误差的基本方法。

在实验中,对照组与实验组除某种特定处理因素不同外,其他非特定因素最好是完全一样、均衡。事实上,完全一致和绝对均衡是不可能的,只能做到基本上的一致和均衡,这主要通过随机抽样来完成。随机抽样方法很多,如抽签法、摸球法等,也可查随机数字来确定。

3.重复

每一实验应有足够数量的例数和重复次数,样本所含的数目越大或重复的次数越多,则越能反映机遇变异的客观真实情况，因此重复次数可反映实验结果的可靠性。但是样本例数很多或实验重复次数很大，不但在实验上有一定困难，而且也是不必要的，实验设计就是要使样本的重复次数减少到不影响实验结果的最小限度。

实验结果的重现率至少要超过95%，这样做出假阳性的错误判断的可能性小于5%($P<0.05$)。如果一定数量的样本就能获得$P<0.05$水平的实验，当然要比过量样本获得$P<0.05$的实验更可取。决定样本的例数取决于：

(1)处理效果 效果越明显所需重复数越小；

(2)实验误差 误差越小所需样本数减少；

(3)抽样误差 样本的个体差异越小，反映越一致，所需样本数就越小；

(4)资料性质 计数资料样本数要多些，计量资料则相应减少。

(二)实验设计的三大因素

1.受试对象

在基础医学研究中，实验对象包括动物、离体器官组织、分离而得的活细胞成分、实验室中培养的细胞或细菌。生理科学实验课程中的实验对象以实验动物为主。实验动物选择合适与否与实验成败及误差大小有很大关系。其选择要点是：

(1)根据实验要求进行品种和纯度的选择。在有些实验中，需用纯种(近交系)动物。

(2)以医药为目的的研究，实验动物的生物学特性应尽量接近于人类。

(3)动物的健康状态和营养状况良好。

(4)最好选用年龄一致或接近的动物，体重一致或相近的动物。在年龄大小上一般应选择发育成熟的年轻动物。

(5)动物的性别最好相同。如对性别要求不高的实验可雌雄混用，分组时应雌雄搭配。与性别有关的实验，应用某单一性别的动物。

2.处理因素

处理因素是指施加于受试对象的生物的、化学的、物理的等因素，但受试对象本身的某些特征(如性别、年龄、遗传特性等)也可作为处理因素来进行观察。

(1)主要因素 即施加于受试对象的某种特定处理因素。主要因素一般是按以往研究基础上提出的某些假设和要求来决定的。

(2)单因素和多因素 单因素是指实验中只有一个处理因素施加于受试对象，但可以有多个处理水平(强度)。多因素是指实验中有多个处理因素施加于同一受试对象。一次实验涉及的处理因素过多，使分组增多，受试对象的例数增多，在实施中难以控制误差，而处理因素过少，实验的效率、广度和深度会受影响。因此，需根据研究目的和需要确定处理因素。

(3)处理因素的标准化 处理因素的强度、频率、持续时间与施加方法等，都要通过查阅文献和预试验找出各自的最佳方案，并给以相对固定，实验操作人员尽量加以固定。如处理因素是化学品，则须明确等级、批号、施加方法、时间等，并给以相对固定。

(4)控制非处理因素 凡是影响实验结果的其他因素都称为非处理因素，所产生的效应也影响处理因素产生的效应对比和分析。因此，实验设计时需设法控制这些非处理因素，降低其干扰作用，减小实验误差。

3.实验效应

实验效应(实验指标)是在实验观察中用来指示(反映)研究对象中某些特征(如对药物

的效应)的可被研究者或仪器感知的一种现象标志,也就是说,生物医学实验指标是反映试验对象所发生的生理现象或病理现象的标志。指标可分为计数指标和计量指标,或主观指标和客观指标等。所选定的指标,至少要符合下述基本条件:

(1)特异性　指标应特异地反映所观察的事物(现象)的本质,即指标特异地反映某一特定的现象,不致于与其他现象混淆。如高血压中的血压尤其是舒张压就可作为高血压病的特异指标。

(2)客观性　最好选用可用具体数值或图形表达的指标(如脑电图、心电图、血压和呼吸描记、化验检查等),因为主观指标(如肝脾触诊、目力比色等)易受主观性因素的影响而造成较大的误差。

(3)重现性　一般来说,客观性指标在相同条件下可以重现,重现性高的指标一般意味着无偏性或偏性小,误差小,从而较准确地反映实际情况。重现性小可能与仪器稳定性、操作误差、受试动物的机能状态和实验环境条件影响有关。非这些因素影响而重现性小的指标不宜采用。

(4)灵敏性　指标测量的技术方法或仪器灵敏是极其重要的。方法不灵敏,该测出的变化测不出来,就会得出“假阴性结果”,仪器不精密,所获阴性数值不真实。

(5)可行性　尽量选用既灵敏客观,又切合实验室和研究者技术和设备实际的指标。

(6)认可性　即被以往研究所采用和普遍认可的指标,并有文献依据。自己创立的指标必须经过专门的实验鉴定。

(三)实验观察和记录

观察和记录在科学实验活动中占有十分重要的地位。为了准确地观察和记录,实验记录时应严谨、细致,实事求是。

重视原始记录。在实验设计中应预先规定或设计好原始记录方式,原始记录要及时、完整、准确和整洁,严禁撕页或涂改,并保存好。

原始记录不管是以什么记录方式都必须写明实验题目、实验对象、实验方法、实验条件、实验者、实验日期,记录好观察测量的结果和数据。规定填写的项目要及时、完整、准确地填写好。图形、图片一定要整理保存。

研究者不仅要设法取得原始资料或数据,而且要应用统计学原理和方法来处理数据和对数据进行分析判断。

首先必须把实验中的原始资料或数据完整地收集起来,经过归纳、整理使之系统化、标准化。

其次进行统计指标的计算,算出各组数据的均值或百分数(率或比)。如是计数指标,一般用百分数表示并标明标准误;若为计量指标,则计算出均值,并标明均数的标准差。

最后进行统计学的显著性检验,衡量均值或百分数对估计总体的可能程度;比较两组以上统计数值之差异是否显著,以此推论事物的一般规律,或否定原先假说,或上升为结论或理论。

(陆　源　夏　强)

第三节　常用的实验设计方法

一、完全随机化设计

完全随机化设计亦称单因素设计，是将每个研究对象随机地分配到对照组和各水平组（处理组）。该设计的优点是设计和处理比较简单，分组时可以用抽签法，也可以用随机数字表来解决。

例 1　将研究对象分为两组：

设有小鼠 16 只，试用随机数字表把它们分成两组。先将小鼠按体重依次编为 1、2…16 号，然后在随机数字表（可用 Microsoft Excel“数据分析”工具中的“随机数发生器”产生随机数字表）内任意确定一个起始点和走向。假定自随机数字表第六行第一个数字开始，依横的方向抄录，得 91、76、21…84 等 16 个。现令单数代表 A 组，结果列入 A 组的动物共 7 只，列入 B 组的动物共 9 只，详见表 2-3-1。

表 2-3-1　随机化设计实验动物分组表

动物编号	随机号	A 组动物	B 组动物
1	91	1	
2	76		2
3	21	3	
4	64		5
5	64		6
6	44		6
7	91	7	
8	13	8	
9	32		9
10	97	10	
11	75	11	
12	31	12	
13	62		13
14	66		14
15	54		15
16	84		16
合计		7	9

照上面的分配，两组数目不相等。如要使它相等，须把 B 组鼠减少一只改归 A 组。应把哪一只鼠改变组别呢？一般采用的方法是仍在随机数字表第六行里继续抄录一个数字 78，此数以 9 除之（因为归入 B 组的动物有 9 只，故用 9 除之）得余数为 6，于是我们把 B 组的第六个（即第 13 号鼠）改归给 A 组，经过这样调整以后，两组鼠编号的分配如下：

A 组　1　3　7　8　10　11　12　13

B 组　2　4　5　6　9　14　15　16

例 2　将研究对象分为三组：

动物 18 只，随机等分成 A、B、C 三组。将动物编号后，应用随机数字表来分配，假定从第十一行第一个数目开始，依照行线抄下 18 个数目，将各数一律以 3 除之，并以余数 1、2、0 代表 A、B、C，结果归入 A 组的动物 10 只，归入 B 组的动物 5 只，归入 C 组的动物 3 只，详见表 2-3-2。

表 2-3-2　随机化设计实验动物分组表

动物编号	随机号	余数	A组动物	B组动物	C组动物
1	14	2		1	
2	23	2		2	
3	49	1	3		
4	46	1	4		
5	21	3			5
6	62	2		6	
7	45	3			7
8	34	1	8		
9	22	1	9		
10	19	1	10		
11	22	1	11		
12	64	1	12		
13	61	1	13		
14	73	1	14		
15	20	2		15	
16	63	3			16
17	88	1	17		
18	86	2		18	
合　计			10	5	3

结果三组的动物数不相等,需把原归入A组的动物中的1只改配到B组去,3只改配到C组去,使三组各有6只动物。从表中继续向下查阅,抄录4个数字(需从A组调出4只动物),48、62、91、03分别除以10、9、8、7,取得数据如下:

随机数　48　62　91　3

除数　10　9　8　7

余数　8　8　3　3

即应把A组10只动物中的第8只调入B组,剩下9只的第8只调入C,剩下7只动物中的第3只调入C组。调整后各组的动物编号如下:

A组　3　4　10　11　12　17

B组　1　2　6　13　15　18

C组　5　7　8　9　14　16

完全随机设计数据的分析,计量资料数据可按单因素方差分析法(F检验),如果只有两组,可用成组比较t-检验;计数资料数据常用 χ^2 检验法。

二、配对设计

配对设计是将观察对象配成对子，每对中的个体施以不同处理。此法是解决均衡性的一个较理想的方法，可事先对影响实验的因素和实验条件加以控制，尽可能取得均衡，减少两组间的误差。配对设计的效率取决于配对条件的选择，应以非实验因素作为配对条件，如性别、年龄、环境条件等，而不应以实验因素作为配对条件。动物实验常以窝别、年龄、性别相同，体重相近的动物配成对子。人体实验中，常将种族、性别相同，年龄、工作条件相似的配成对子。分别把每对中的两个受试者随机分配到实验组和对照组，或不同处理组。

某些医学实验可采用自身对照，也称同体比较，即观察同一受试对象对某处理前、后的反应。例如，用同一批动物处理前后作比较；同一组病人治疗前后作比较，以及同一批样品用不同的检验方法的比较，也都属于配对实验。在临床研究中同时找到足够数量各种情况相似的病人是极困难的，对每获得的两个相似病例对给予两种处理，积累到一定数量时，进行比较分析。现在在流行病学、病因学的调查研究中，也大量应用配对设计。

本设计的缺点是在配对的挑选过程中，容易损失样本含量，并延长实验时间，对子之间的条件易发生变化。

配对设计资料的分析用配对 t-检验法。

例 3　将 10 对动物进行配对设计。从随机数字表的第 20 行取前 10 个随机数字，数字为奇数者将配对组第 1 个动物分配入甲组，偶数者归入乙组，结果见表 2-3-3。

表 2-3-3　配对设计实验动物分组表

编　号	一	二	三	四	五	六	七	八	九	十
动物编号	1 2	1 2	1 2	1 2	1 2	1 2	1 2	1 2	1 2	1 2
随机数字	31	16	93	32	43	50	27	89	87	19
实验甲组	1	2	1	2	1	2	1	1	1	1
实验乙组	2	1	2	1	2	1	2	2	2	2

三、配伍组设计

1. 设计方法

配伍组设计即随机区组设计。将受试对象按相同和近似的条件（实验动物的性别、年龄、体重等，病人的性别、年龄及病情等对实验结果有影响的非实验因素）组成配伍组，每个配伍组中，受试对象的个数等于处理的组数。再将每个配伍组内的受试对象随机分配到各处理组中，各个处理组的处理对象相同、生物学特性也基本均衡，这是对完全随机设计的改进。这种设计效率比较高。

例 4　将 24 只不同体重的动物分成四组：

先按动物的体重等分为 6 个区组，每个区组各有 4 只体重基本相同的动物。依次编好号码，第一窝 4 只动物编为 1、2、3、4 号，第二窝编为 5、6、7、8 号，余类推。然后在随机数字表任意指定一个点。假使指定第 20 行第一个数字为起点，并依横的方向抄录数目，先抄录

3 个数目为 31、16、93,为随机分配第一窝动物之用,我们可以将这 3 个数目依次以 4、3、2 除之,第一个数目 31,除以 4 得余数 3,将第一号动物分配给第 3 组(C 组),第 2 个数目 16 除以 3 得余数 1,将第 2 号动物分配给剩下的 A、B、D 三个组中的第 1 组(即 A 组)去。第 3 个数目 93 除以 2 得余数 1,将第 3 号动物分配到剩余的 B、D 两组中的第 1 组(即 B 组)去。第 4 号动物即分入剩余的 D 组。第一窝动物分配完了以后,再继续抄录随机数据,用同样方法把其余各窝动物分配到各组去,结果如表 2-3-4。把分组表整理一下,各组动物编号如下:

A 组　3　4　10　11　12　17

B 组　1　2　6　13　15　18

C 组　5　7　8　9　14　16

D 组　4　5　12　16　18　21

表 2-3-4　配伍组设计实验动物分组表

动物编号	1	2	3	4	5	6	7	8	9	10	11	12
随机数	31	46	93	—	32	43	50	—	27	89	87	—
除数	4	3	2	—	4	3	2	—	4	3	2	—
余数	3	1	1	—	0	1	0	—	3	2	1	—
A 处理组		2				6					11	
B 处理组			3					8		10		
C 处理组	1						7		9			
D 处理组				4	5							12
动物编号	13	14	15	16	17	18	19	20	21	22	23	24
随机数	19	20	15	—	37	0	49	—	52	85	66	—
除数	4	3	2	—	4	3	2	—	4	3	2	—
余数	3	2	1	—	1	3	1	—	0	1	0	—
A 处理组			15		17					22		
B 处理组		14					19					24
C 处理组	13							20			23	
D 处理组				16		18			21			

假如这个实验的四种处理方法为甲、乙、丙、丁,哪一种方法用 A 组动物?哪一种方法用 B 组动物?我们还可以用随机数字表进行分配(抄录三个随机数字,分别以 4、3、2 除之,按余数进行分配)。

同一个研究对象用不同方法或在不同部位、不同时间对某一指标的测定结果也是一种随机区组设计。对于随机区组设计数据的分析,可用相应的方差分析法。如果仅是两组,也可以用成对比较的 t-检验法。

随机区组设计中把条件一致的研究对象编入同一区组并分配于各研究组,使各研究组之间可比性更强,在最后的统计分析中由于扣除了各区组间不同条件产生的影响,因而随机误差比较小,研究的效率较高。

2. 配伍组概念的扩大

在动物实验中，常把同窝、同性别、相同体重的几个动物作为一个配伍组，再把配伍组内的个体随机分配到各个处理组中去，按若干配伍组进行实验。此外，在同一个实验个体不同部位以及同一份检验材料分为几部分用不同处理的资料，都可按随机配伍组设计进行分析。

从上述各例中可以得到"随机配伍组"的一般概念了。为了更好地理解配伍组的概念，我们再举以下一些例子：

(1)动物营养实验，不同状况的动物对给定的处理因素的反应是不同的，所以用同胎动物作为配伍组就会使效果更好些。

(2)在进行药物实验时，不同情况的病人对疗效会产生很大影响，因此必须选择情况相近的病人作为配伍组来接受处理。

(3)实验中常由于操作者个人的特性影响实验结果，如果要比较全部的处理因素，应包括不同操作者的比较，那么无疑实验操作者就是配伍组。

(4)在临床化验时，虽然可用特定的病人来做，但病人间也会有差异的，为了不使病人间的变异影响到化验结果，也要把不同病人的材料作为配伍组。

配伍设计的优缺点与配对设计基本相同，只不过它比配对的应用范围更加扩大而已。

四、均衡不完全配伍组设计

1. 设计方法

均衡不完全配伍组设计又称均衡不完全区组实验。在配伍实验中每个配伍组必须足够安排实验的处理因素数，但有时要比较的处理比配伍组所容纳的处理要多些，配伍组即不能把所有处理安排进去，这时可使用均衡不完全配伍组设计。可有计划地安排每个配伍组的处理，使全部实验中每种处理的重复数相等，每两种处理同时出现在一个配伍组的次数相等。

表 2-3-5 处理是 A、B、C、D、E 5 个，每个配伍组只能容纳 4 个处理，这样势必在每个配伍组中有一个处理安排不进去。如第 1 配伍组只能安排 A、B、C、D 4 个处理，而没有 E，第 2 配伍组只安排 A、B、C、E 4 个处理，而没有 D，这样一来配伍组是缺项的，但是为了保持设计的均衡性，又必须使每个处理出现的次数完全相同，所以这种设计既是不完全配伍组又是均衡的。设计时可使用均衡不完全配伍组设计表。

表 2-3-5　均衡不完全配伍组设计

配伍组号	处理因素			
1	A	B	C	D
2	A	B	C	E
3	A	B	D	E
4	A	C	D	E
5	B	C	D	E

2. 设计特点

(1)每个处理在 5 个处理中的 4 个区均出现一次。

(2)任何两个成对处理在 5 个配伍组中只出现 3 次，如 A、B 对在 1、2、3 配伍组中各出现一次，C、D 对在 1、4、5 配伍组中各出现一次，其他对也是如此。

(3)指定的一对处理间的直接比较不能在其他的两配伍组进行，在配伍组 2 中无 D，在配伍组 4 中无 B。然而出现在配伍组 2 与 4 中 A、C 可以作出满意的比较，它是应用这三者的平均数作"标准"，因为配伍组 2 与 4 中 A、C 均出现两次。

3.设计要求

(1)每处理重复次数(r)与处理数(v)的乘积等于配伍组数(b)与每配伍组中实验单位(κ)的乘积,即实验单位总数为 $rv=b\kappa$。本例 $r=4,v=5,b=5,\kappa=4$,实验单位总数为 $4\times5=5\times4$,即 $20=20$。

(2)每两组处理同时出现的配伍组数 $\lambda=r(\kappa-1)/(v-1)$,必须为整数。本例 $\lambda=4\times(4-1)/(5-1)=3$。

五、拉丁方设计

拉丁方设计也称正交拉丁方设计。所谓拉丁方设计,是指由拉丁字母所组成的正方形排列,如 4×4 拉丁方:

A　B　C　D
B　C　D　A
C　D　A　B
D　A　B　C

这种排列的条件是在同一列与同一行的字母只出现一次。按拉丁字母拉丁方设计的优点是可以得到比随机区组设计更多一个项目的均衡,因而误差更小,效率更高。但灵活性较差,只能安排 3 个因素,而且要求各因素的水平相等。

例 5　观察某药不同剂量的效应,要求用 A、B、C、D 四种剂量,不仅 1、2、3、4 号动物都作用一次,而且每次作用时都必须有四种剂量,以消除动物的个体差异和用药顺序带来的影响。4×4 拉丁方阵排列见表 2-3-6,每只动物纵列不受重复处理,同一行也不受重复处理。

表 2-3-6　4×4 拉丁方阵排列

用药次数＼动物号	1	2	3	4
一	A	B	C	D
二	B	D	A	C
三	C	A	D	B
四	D	C	B	A

六、序贯实验设计

序贯实验是一种经济快速的实验设计。按照实验者事先规定的标准,逐一实验逐一分析,随着实验例数的逐渐增加,不断作显著性检验,一旦得出结论,实验即可停止。这样可减少实验对象的数量,而不影响实验结果的准确性。

此方法多用于临床控制实验、药物效果评价,尤其适用于病例较少的临床研究,事先不需确定样本容量,每实验一个病人及时分析,一旦达到事先规定的检验标准,即可得出药物有效或无效的结果,中止实验。

序贯实验要求的条件:

(1)序贯实验要求用于能较快获得结果的实验。在临床实验中,要求获得一个实验结果所需的时间小于后一个病例加入实验所间隔的时间,否则只节约受试对象,未节约实验时间。

(2)序贯实验一般适用于比较单一指标的实验研究。欲同时比较几个指标时,可分别设计几个序贯实验作序贯分析或将几个指标同时评分,相加后得出一个总分,以便综合评价。

(3)适用于依据一种实验结果就可对样本大小作出结论的实验。实验对象丰富或大样本的现场调查,如流行病学调查、正常值范围的确定等均不适宜用序贯检验。

序贯实验分开放型和闭锁型两种。在逐步实验过程中,究竟需要多少样本数才能终止实验,要视实验结果而定。闭锁型是预先确定得到结论所需实验的最多动物数。在逐一实验中,当实验线触序贯的某一部位时,即可得出相应的结论。

按照资料性质,序贯实验可分为质反应和量反应。质反应的观察指标是以阳性与阴性、有效与无效;量反应的观察指标以连续量表示,如心律、呼吸、体温等。按照检验目的,序贯实验又可分单向检验和双向检验两种,而每种检验因计数资料和计量资料不同,方法亦不同。

例 6　序贯图法。

图 2-3-1 中上下两条斜线的方程是 $y=0.45n\pm2.35$,其中 0.45 和 2.35 是按下面规定而推算出来的:

(1)如阳性率≥60%,则可接受该药,错接受的可能性应小于 5%;

(2)如阳性率≤30%,则舍弃该药,错舍弃的可能性也应小于 5%。

本例实验是观察给家猫用氯丙嗪后再用吐根碱,如不呕吐表示止吐有效,在图中向右上方斜走一格;如出现呕吐表示止吐无效,向右方平走一格。一旦走线触及上方斜线即可肯定该药,触及下方斜线则可舍弃该药,经 8 只家猫实验的结果就肯定了该药的止吐作用。

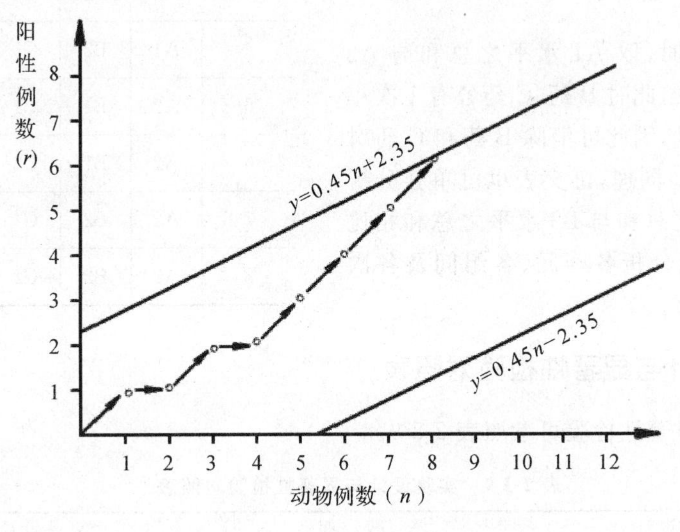

图 2-3-1　序贯图实验设计

七、正交设计

正交设计是一种研究多因素实验的重要数理统计方法。正交设计是利用一套规格化的表格,合理安排实验,通过对实验结果的分析获得有用的信息,从中找出各因素对实验观察指标的影响。实验的影响因素是复杂的多因素问题,各因素本身存在主次之分,其间往往又有交互作用。通过正交设计各因素中的一个最佳水平,组成最优条件。

正交设计表是实验设计中合理安排实验,并对数据进行统计分析的主要工具。每个表头都有一个记号,如 $L_4(2^3)$、$L_{12}(2^{11})$等。符号 L 代表正交表,L 右下角数字代表实验数,括号中的指数代表允许安排因素的个数,括号中的数字代表水平数。

正交表的选定方法:

(1)根据研究目的确定实验因素,选出其中的主要因素。

(2)根据实验因素的重要程度,确定每个实验因素的水平。每个实验因素的水平可以相等,也可以不等。重要的水平可以多些,次要的水平可以少些。

(3)根据实验要求的精确度和实验条件决定实验次数。

(4)根据要分析的交互作用多少,确定列号多少的L表。要分析的交互作用多,可选列号多的大L表,已知交互作用可能小的,可选列号少的L表。

例7 表2-3-7是某合剂的三种药组成情况,每药可选大小两种剂量,现需分析各药对合剂疗效的影响。

实验采用$L_8(2^3)$正交表,实验具体安排见表2-3-8所示。

在分析A药时,取A1水平之总和与A2水平之总和相比较,此时B药、C药各有1次小剂量和1次大剂量,因此可消除B药和C药对分析A药的影响。同理,正交表也可单独分析B药(取B1水平之总和与B2水平之总和相比较)或C药。还能分析各药间、各组间及各次间的差异是否显著。

表2-3-7 药物的作用因素及水平

实验因素	水平	
药物A	A1(小剂量)	A2(大剂量)
药物B	B1(小剂量)	B2(大剂量)
药物C	C1(小剂量)	C2(大剂量)

表2-3-8 3因素2水平实验安排

实验号	列号			重复次数及结果
	1(A)	2(B)	3(C)	
1	A1	B1	C1	
2	A1	B1	C2	
3	A1	B2	C1	
4	A1	B2	C2	
5	A2	B1	C1	
6	A2	B1	C2	
7	A2	B2	C1	
8	A2	B2	C2	

八、实验设计与显著性检验对照表

实验设计与显著性检验可参照表2-3-9。

表2-3-9 实验设计与显著性检验对照表

实验设计	数据	显著性检验
1.试验组与对照组资料比较	率的比较(二项分布) 秩次资料 计量资料 生存率	卡方检验 秩和检验 t-检验 Mantel-Haenzel卡方检验
2.配对资料(或试验前后)的比较	率的比较 秩次资料 计量资料	卡方检验 符号秩和检验 配对资料的t-检验

续表

实验设计	数　据	显著性检验
3. 两组以上的资料比较	率的比较 秩次资料 计量资料 生存率	卡方检验 多组资料秩和检验 方差分析 时序检验
4. 两组以上的配对资料比较	率的比较 秩次资料 计量资料 生存率	Fruednab 秩的检验，方差分析及 t-检验
5. 多变数资料	样本率 计量资料	线形对数统计分析 多元回归
率的比较	对照危险度比值比	

（陆　源　王梦令）

第四节　常用统计指标和统计方法

一、计量资料的常用统计描述指标

1. 平均数($\overline{X}$)

平均数表示的是一组观察值（变量值）的平均水平或集中趋势。平均数计算公式为：

$$\overline{X}=\frac{\sum X}{N} \tag{2-4-1}$$

式中：X 为变量值，$\sum$为求和符号，N 为观察值的个数。

2. 标准差(S)

标准差表示的是一组个体变量间变异（离散）程度的大小。S 愈小，表示观察值的变异程度愈小，反之亦然。平均数与标准差常写成 $\overline{X}\pm S$。标准差计算公式为：

$$S=\sqrt{\frac{\sum X^2-\frac{(\sum X)^2}{N}}{N-1}} \tag{2-4-2}$$

式中：$\sum X^2$ 为各变量值的平方和，$\left(\sum X\right)^2$ 为各变量和的平方，$N-1$ 为自由度。

3. 标准误($S_{\bar{x}}$)

标准误表示的是样本均数的标准差，用以说明样本均数的分布情况，表示和估量群体之间的差异，即各次重复抽样结果之间的差异。$S_{\bar{x}}$ 愈小，表示抽样误差愈小，样本均数与总体均数愈接近，样本均数的可靠性也愈大，反之亦然。平均数与标准误常写作 $\overline{X}\pm S_{\bar{x}}$。标准误计算公式为：

$$S_{\bar{x}}=\frac{S}{\sqrt{N}} \tag{2-4-3}$$

二、计数资料的常用统计描述指标

1.率和比

率表示在一定条件下某种现象实际发生例数与可能发生该现象的总数比,用来说明某种现象发生的频率。比表示事物或现象内部各构成部分的比重。率和比计算公式如下:

$$率=\frac{A(+)}{A(+)+A(-)}\times 100\% \tag{2-4-4}$$

$$比=\frac{A}{A+B+C+D+\cdots}\times 100\% \tag{2-4-5}$$

2.率和比的标准误

率和比的标准误是抽样造成的误差,表示样本百分率和比与总体百分率和比之间的差异,标准误小,说明抽样误差小,可靠性大,反之亦然。

$$\sigma_P=\sqrt{\frac{P(1-P)}{N}} \tag{2-4-6}$$

式中:σ_P 为率的标准误;P 为样本率,当样本可靠且有一定数量的观察单位时可代替总体率;N 为样本观察例数。

三、显著性检验

抽样实验会产生抽样误差,对实验资料进行比较分析时,不能仅凭两个结果(平均数或率)的不同就作出结论,而是要进行统计学分析,鉴别出两者差异是抽样误差引起的,还是由特定的实验处理引起的。

(1)显著性检验的含义和原理　显著性检验即用于实验处理组与对照组或两种不同处理的效应之间是否有差异,以及这种差异是否显著的方法。

(2)无效假设　显著性检验的基本原理是提出"无效假设"和检验"无效假设"成立的概率(P)水平的选择。所谓"无效假设",就是当比较实验处理组与对照组的结果时,假设两组结果间差异不显著,即实验处理对结果没有影响或无效。经统计学分析后,如发现两组间差异系抽样引起的,则"无效假设"成立,可认为这种差异为不显著(即实验处理无效)。若两组间差异不是由抽样引起的,则"无效假设"不成立,可认为这种差异是显著的(即实验处理有效)。

(3)"无效假设"成立的概率水平　检验"无效假设"成立的概率水平一般定为5%(常写为 $P\leqslant 0.05$),其含义是将同一实验重复100次,两者结果间的差异有5次以上是由抽样误差造成的,则"无效假设"成立,可认为两组间的差异为不显著,常记为 $P>0.05$。若两者结果间的差异5次以下是由抽样误差造成的,则"无效假设"不成立,可认为两组间的差异为显著,常记为 $P\leqslant 0.05$。如果 $P\leqslant 0.01$,则认为两组间的差异为非常显著。

(一)计量资料的显著性检验

在完全随机设计中,各样本是相互独立的随机样本,数据均服从正态分布,相互比较的各样本的总体方差相等(即具有方差齐性),两组及以上样本均数差别的显著性检验使用方差分析(参阅生物医学统计教材),若实验因素仅有一个,称为单因素方差分析。

1.单因素方差分析

设处理因素 A 有 k 个不同水平 $A_1,A_2,\cdots,A_k$,受试对象随机分为 k 组,分别接受不同水平的干预，第 $i(i=1,2,\cdots,k)$ 组的样本含量 n_i，第 i 处理组的第 $j(j=1,2,\cdots,n_i)$ 个测量值用 X_{ij} 表示。设立检验假设 $H_0:\mu_1=\mu_2=\cdots=\mu_k$（$\mu$ 为均数），$H_1:\mu_1,\mu_2,\cdots,\mu_k$ 不全相等。方差分析的目的就是在 $H_0:\mu_1=\mu_2=\cdots=\mu_k$ 成立的条件下，通过分析处理组均数 $\overline{X_i}$ 之间的差异大小，推断 k 个总体均数间有无差别，从而说明处理因素的效果是否存在。

单因素方差分析中，实验数据有三个不同的变异：

(1) 总变异　全部测量值大小不同，这种变异称为总变异。总变异的大小可以用离均差平方和表示，即各测量值 X_{ij} 与总均数 $\overline{X}$ 差值的平方和，记为 $SS_{总}$。总变异 $SS_{总}$ 反映了所有测量值之间总的变异程度，计算公式为

$$SS_{总}=\sum_{i=1}^{k}\sum_{j=1}^{n_i}(X_{ij}-\overline{X})^2 \tag{2-4-7}$$

(2) 组间变异　各处理组由于接受处理的水平不同，各组的样本均数 $\overline{X_i}(i=1,2,\cdots,k)$ 也大小不同，这种变异称为组间变异。其大小可用组均数 $\overline{X_i}$ 与总均数 $\overline{X}$ 的离均差平方和表示，记为 $SS_{组间}$，计算公式为

$$SS_{组间}=\sum_{i=1}^{k}n_i(\overline{X_i}-\overline{X})^2 \tag{2-4-8}$$

各组均数 $\overline{X_i}$ 之间相差越大，它们与总均数 $\overline{X}$ 的差值越大，$SS_{组间}$ 就越大；反之 $SS_{组间}$ 越小。$SS_{组间}$ 反映了各 $\overline{X_i}$ 间的变异程度。存在组间变异的原因有随机误差和处理的不同水平可能对实验结果的影响。

(3) 组内变异　在同一处理组中，虽然每个受试对象接受的处理相同，但测量值仍各不相同，这种变异称组内变异。组内变异可用组内各测量值 X_{ij} 与其所在组的均数 $\overline{X_i}$ 的差值的平方和表示，记为 $SS_{组内}$，表示随机误差的影响，计算公式为

$$SS_{组内}=\sum_{i=1}^{k}\sum_{j=1}^{n_i}(X_{ij}-\overline{X_i})^2 \tag{2-4-9}$$

各离均差平方和的自由度为

$$\nu_{总}=N-1,\quad \nu_{组间}=k-1,\quad \nu_{组内}=N-k\quad (N\text{ 为总例数})$$

总离均差平方和分解为组间离均差平方和及组内离均差平方和，有

$$SS_{总}=SS_{组间}+SS_{组内} \tag{2-4-10}$$

变异程度除与离均差平方和的大小有关，还与其自由度有关，由于各部分自由度不等，因此各部分离均差平方和不能直接比较，须将各部分离均差平方和除以相应自由度，其比值称为均方差，简称均方(mean square，MS)，组间均方和组内均方的计算公式为

$$MS_{组内}=\frac{SS_{组内}}{\nu_{组内}} \tag{2-4-11}$$

$$MS_{组间}=\frac{SS_{组间}}{\nu_{组间}} \tag{2-4-12}$$

如果各组样本的总体均数相等（$H_0:u_1=u_2=\cdots=u_k$），即各处理组的样本来自相同总体，无处理因素的作用（处理效应），则组间变异同组内变异一样，只反映随机误差作用的大小。组间均方与组内均方的比值称为 F 统计量

$$F=\frac{MS_{组间}}{MS_{组内}},\quad \nu_1=\nu_{组间},\quad \nu_2=\nu_{组内} \tag{2-4-13}$$

F 值接近于1,就没有理由拒绝 H_0;反之,F 值越大,拒绝 H_0 的理由越充分。计算得到的 F 值,查 F 界值表,若 $P<0.05$,则按0.05水准拒绝 H_0,接受 H_1:u_i 不完全相等,说明各样本来自不全相同总体,即认为各样本的总体均数不全相等。但注意:根据方差分析的这一结果,不能说明各组总体均数两两间都有差别。如果要分析任两组总体均数是否有差异,应作两两比较,可采用 LSD-t 检验、Dunnett-t 检验和 SNK-q 检验,具体参见医学统计学有关书籍。

2. t-检验

单因素方差分析中,当处理因素水平=2时,组间均数比较采用 t-检验。根据数据类型不同,计算方法有:

(1)配对资料(实验前后)的比较　假设配对资料差数的总体平均数为零,其计算公式为:

$$t=\frac{|\overline{X}|}{S_{\bar{x}}} \tag{2-4-14}$$

(2)两样本平均数的比较　计算公式为:

$$t=\frac{|\overline{X}_1-\overline{X}_2|}{S_{\bar{x}_1-\bar{x}_2}} \tag{2-4-15}$$

式中:$\overline{X}_1-\overline{X}_2$ 为两数平均数之差;$S_{\bar{x}_1-\bar{x}_2}$ 为两组合并标准误,计算公式为:

$$S_{\bar{x}_1-\bar{x}_2}=\sqrt{S_C^2\left(\frac{n_1+n_2}{n_1n_2}\right)} \tag{2-4-16}$$

$$S_C^2=\frac{(n_1-1)S_1^2+(n_2-1)S_2^2}{n_1n_2-2} \tag{2-4-17}$$

1)自由度计算

若两组例数相等,则自由度 $f=2n-2$;

若两组例数不等,则自由度 $f=(n_1+n_2-2)\left(\frac{1}{2}+\frac{S_1^2\times S_2^2}{S_1^4+S_2^4}\right)$。

2)概率的确定:$t<t_{0.05}$,$P>0.05$;$t_{0.01}>t>t_{0.05}$,$0.01<P<0.05$;$t>t_{0.01}$,$P<0.01$。$t_{0.05}$ 和 $t_{0.01}$ 是对应某一自由度,概率分别为 $P=0.05$ 和 $P=0.01$ 时的 t 界值,可从 t 值表上查得。

(二)计数资料的显著性检验

1. χ^2 检验

χ^2 检验适用于2组或2组以上的计数资料的显著性检验。χ^2 的计算公式为:

$$\chi^2=\sum\frac{(A-T)^2}{T} \tag{2-4-18}$$

式中:A 为实测值,T 为理论值。

2. 用四格表计算 χ^2

两组计数资料可用四格表表示。如A、B两组,A组阳性和阴性反应例数分别为 a、b,B组阳性和阴性反应例数分别为 c、d,其四格表如表2-4-1。

表 2-4-1　四格表

组　别	阳性例数	阴性例数	合　计	阳性百分率(%)
A	$a(T_a)$	$b(T_b)$	$a+b$	$a/(a+b)\times100$
B	$c(T_c)$	$d(T_d)$	$c+d$	$c/(c+d)\times100$
合计	$a+c$	$b+d$	$a+b+c+d$	$(a+c)/(a+b+c+d)\times100$

$$\chi^2=\frac{(|ad-bc|-N/2)^2N}{(a+b)(c+d)(a+c)(b+d)} \quad (2\text{-}4\text{-}19)$$

式中：$N=a+b+c+d$。

1）自由度计算：$n'=(R-1)(C-1)$（R 代表行数，C 代表列数，本例 $R=2,C=2$）。

2）理论值计算：$T_a=(a+c)(a+b)/N$，$T_b=(b+d)(a+b)/N$，$T_c=(a+c)(c+d)/N$，$T_d=(b+d)(c+d)/N$。

3）概率的确定：$\chi^2<\chi^2_{0.05}$，$P>0.05$；$\chi^2_{0.01}>\chi^2>\chi^2_{0.05}$，$0.01<P<0.05$；$\chi^2>\chi^2_{0.01}$，$P<0.01$。$\chi^2_{0.05}$ 和 $\chi^2_{0.01}$ 是对应某一自由度，概率分别为 $P=0.05$ 和 $P=0.01$ 时的 χ^2 界值，可从 χ^2 界值表上查得。

（陆 源 王梦令）

第五节 常用统计软件

一、常用专业统计软件简介

实验数据的统计分析是生理科学研究中的重要环节，统计软件因其科学快捷的特性得到了广泛应用。而选用一款合适的统计软件可以在保证数据统计科学性的基础上，为研究工作提供极大便利。目前，国际公认优秀的统计软件主要有 SAS、SPSS、Prism、Stata、Excel 等。不同的统计软件，其侧重点各有不同，下面将上述几款软件作一简单介绍，供大家选择时参考。

（一）SAS

SAS(Statistical Analysis System，统计分析系统)是目前国际上最为流行的一种大型统计分析系统，由美国北卡罗来纳州立大学两名研究生研制并于 1976 年推出。SAS 系统经过多年的发展，已被全世界多个国家和地区的近 3 万家机构所采用，遍及金融、医药卫生、生产、运输、通讯、政府和教育科研等领域。在数据处理方法和统计分析领域，SAS 被誉为国际上的标准软件和最具权威的优秀统计软件包。SAS 系统中提供的主要分析功能包括统计分析、经济计量分析、时间序列分析、决策分析、财务分析和全面质量管理工具等，共有 30 多个功能模块。

SAS 系统是一个组合的软件系统，它由多个功能模块配合而成，其基本部分是 BASE SAS 模块。BASE SAS 模块是 SAS 系统的核心，承担着主要的数据管理任务，并管理着用户使用环境，进行用户语言的处理，调用其他 SAS 模块和产品。也就是说，SAS 系统的运行，首先必须启动 BASE SAS 模块，它除了本身具有数据管理、程序设计及描述统计计算功能外，还是 SAS 系统的中央调度室。它除了可单独存在外，也可与其他产品或模块共同构成一个完整的系统。各模块的安装及更新都可通过其安装程序比较方便地进行。在 BASE SAS 的基础上，还可以增加如下不同的模块而增加不同的功能：SAS/STAT(统计分析模块)、SAS/GRAPH(绘图模块)、SAS/QC(质量控制模块)、SAS/ETS(经济计量学和时间序列分析模块)、SAS/OR(运筹学模块)、SAS/IML(交互式矩阵程序设计语言模块)、SAS/FSP(快速数据处理的交互式菜单系统模块)、SAS/AF(交互式全屏幕软件应用系统模块)等等。

但由于 SAS 是从大型机上的系统发展而来的,其操作至今仍以编程为主,人机对话界面不太友好,系统地学习和掌握 SAS,需要花费一定的精力。而对科学研究工作者而言,需要掌握的仅是如何利用统计分析软件来解决自己的实际问题,因此往往不会选择 SAS 软件系统。因此该软件更适合统计专业人员使用。

SAS 网址:http://www.sas.com/

(二)SPSS

SPSS(Statistical Package for the Social Science,社会学统计程序包)是世界上使用最早的统计分析软件,由美国斯坦福大学的三位研究生于 20 世纪 60 年代末研制。作为仅次于 SAS 的统计软件工具包,SPSS 广泛应用于自然科学、技术科学、社会科学的各个领域,全球用户超过 25 万,分布于通讯、医疗、银行、证券、保险、制造、商业、市场研究、科研教育等多个领域和行业。

SPSS 是世界上最早采用图形菜单驱动界面的统计软件,它最突出的特点就是操作界面极为友好,输出结果美观漂亮。它将几乎所有的功能都以统一、规范的界面展现出来,使用 Windows 的窗口方式展示各种管理和分析数据功能,对话框展示出各种功能选择项。用户只要掌握一定的 Windows 操作技能,粗通统计分析原理,就可以使用该软件为特定的科研工作服务。虽然不如 SAS 的统计功能强大,但 SPSS 的统计包括了描述性统计、均值比较、一般线性模型、相关分析、回归分析、对数线性模型、聚类分析、数据简化、生存分析、时间序列分析、多重响应等几大类,每类中又分多个统计过程,比如回归分析中又分线性回归分析、曲线估计、Logistic 回归、Probit 回归、加权估计、两阶段最小二乘法、非线性回归等多个统计过程,而且每个过程中又允许用户选择不同的方法及参数,涵盖了常用的、较为成熟的统计,完全可以满足非统计专业人士的工作需要。

自 SPSS 11.0 起,SPSS 全称改为"Statistical Product and Service Solutions",即"产品和服务解决方案"。2009 年,IBM 收购 SPSS 公司,同时 17、18 版本 SPSS 更名为 PASW(Predictive Analytics Software),2010 年 IBM 发布 SPSS 19.0 版本,又改名为"IBM SPSS Statistics",软件名中出现 IBM 商标。

SPSS 网址:http://www-01.ibm.com/software/analytics/spss/products/statistics/

(三)Stata

Stata 是一个用于数据分析、数据管理以及绘制图表的实用统计分析软件,它功能强大却又小巧玲珑,由美国计算机资源中心(Computer Resource Center)于 1985 年研制。

Stata 的统计功能很强,其具有的统计分析能力包括:①数值变量资料的一般分析:参数估计,t-检验,单因素和多因素的方差分析,协方差分析,交互效应模型,平衡和非平衡设计,嵌套设计,随机效应,多个均数的两两比较,缺项数据的处理,方差齐性检验,正态性检验,变量变换等。②分类资料的一般分析:参数估计,列联表分析(列联系数,确切概率),流行病学表格分析等。③等级资料的一般分析:秩变换,秩和检验,秩相关等。④相关与回归分析:简单相关,偏相关,典型相关,以及多达数十种的回归分析方法,如多元线性回归、逐步回归、加权回归、稳健回归、二阶段回归、百分位数(中位数)回归,残差分析,强影响点分析,曲线拟合,随机效应的线性回归模型等。

利用 Stata 的作图模块,可以满足绝大多数用户的统计作图要求,例如制作直方图(histogram)、条形图(bar)、百分条图(oneway)、百分圆图(pie)、散点图(twoway)、散点图矩阵(matrix)、星形图(star)等。

Stata 网址:http://www.stata.com

二、Excel 统计功能简介

Excel 是美国微软(Microsoft)公司开发的办公软件 Microsoft office 的一个组件,可以进行各种数据的处理、统计分析和辅助决策操作,广泛地应用于管理、统计、财经、金融等众多领域。安装“数据分析”工具后,Excel 可以为用户提供基本的数据统计及作图功能。因为界面友好,操作简便,Excel 受到了用户的欢迎。但因为受限于统计的专业性,一般仅用于初级研究中。

(一)用 Excel 数据分析工具进行统计

首次使用 Excel 的“数据分析”工具进行统计时,需加载数据分析工具库。

Excel 2003 加载方法:选取菜单栏的“工具”,在下拉菜单中单击“加载宏”,在弹出的对话框的“分析工具库”选项前的小方框(复选框)打勾,再单击“确定”按钮结束加载。经上述操作,在菜单栏的“工具”中就会出现“数据分析”选项,使用时单击该项就可调出数据分析工具对话框。

Excel 2007 加载方法:点击 Excel 左侧顶部的主菜单按钮,在打开的菜单中选中“Execl 选项”,在弹出的“Excel 选项”对话框中选取“加载项”,单击底部的“转到”按钮,弹出“加载宏”对话框,在“分析工具库”前打勾后单击“确定”,Excel 会进行统计工具包的安装,再根据安装提示操作即可。安装完毕,点击 Excel“数据”选项卡,点击最右侧的“数据分析”项,即弹出“数据分析”对话框(图 2-5-1)。

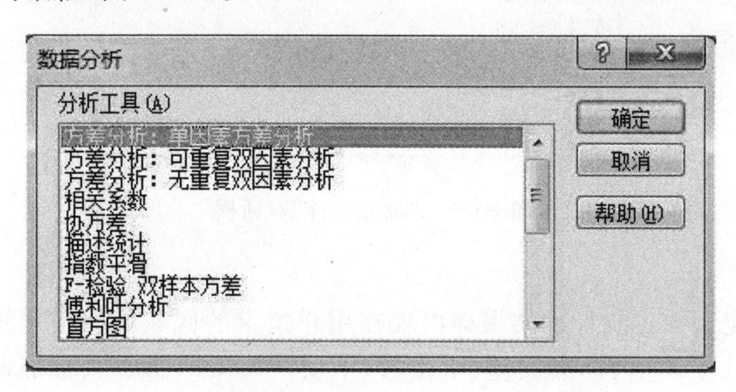

图 2-5-1　“数据分析”对话框

下面介绍利用 Excel 2007 进行生理科学实验中常用的描述统计(均数、标准差)、方差分析、t-检验、回归、相关系数的计算方法。

1. 描述统计(均数、标准差)

(1)数据输入　将需要统计的数据按列输入 Excel 表格中(图 2-5-2)。

(2)选择分析工具　点击 Excel“数据”选项卡,点击最右侧的“数据分析”项,在弹出的“数据分析”对话框(图 2-5-1)中选择“描述统计”项,单击确定后弹出“描述统计”对话框(图 2-5-3)。

(3)在“描述统计”对话框中,将分组方式设为“逐列”,输出选项设为“输出区域”,确认“汇总统计”处于选中状态。

(4)单击“输入区域”右边有红色箭头的小按钮后选择需要统计的数据区域;用同样方法

表 NEF对去内皮血管的舒张作用

样本	NEF1	NEF2	NEF3	NEF4
1	0.232	0.431	0.436	0.485
2	0.116	0.118	0.128	0.517
3	0.008	0.023	0.031	0.245
4	0.105	0.12	0.151	0.286
5	0.208	0.244	0.277	0.321
6	0.016	0.31	0.354	0.387
7	0.011	0.018	0.028	0.331
8	0.048	0.077	0.188	0.504
9	0.057	0.122	0.133	0.34
10	0.003	0.02	0.044	0.467

图 2-5-2　统计数据按列输入 Excel 表格中

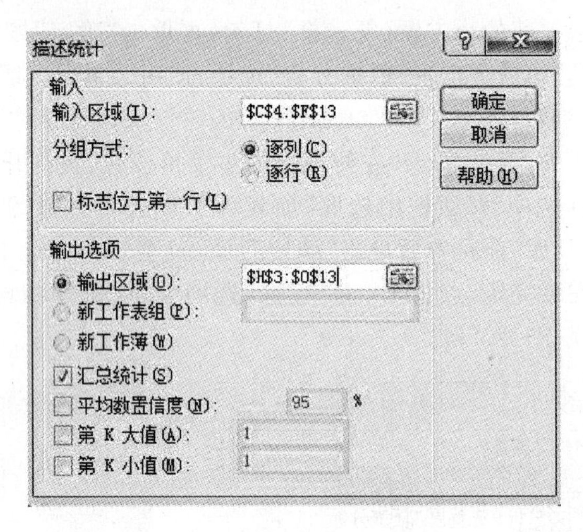

图 2-5-3　“描述统计”对话框

选择输出区域。

(5)单击“确定”,描述统计的结果即出现在用户指定的区域中。描述统计共产生 13 个统计量值,分别是:平均值、标准误差、中位数(中值,Median)、众数、标准差、方差、峰度、偏度、区域(全距,Rang)、最小值、最大值、求和、观测数(图 2-5-4)。

2. t-检验

在 Excel 中提供了三种 t-检验方法:“t-检验:平均值的成对二样本分析”用于比较两组数据的平均值,但数据必须是自然成对出现的,比如同一实验的两次数据,且必须有相同的数据点个数,两组数据的方差假设不相等。“t-检验:双样本等方差假设”用于假设两个样本的方差相等来确定两样本的平均值是否相等。“t-检验:双样本异方差假设”用于假设两个样本的方差不相等来确定两样本的平均值是否相等。以上三种 t-检验方法的操作方法相同。

(1)调出“数据分析”对话框(图 2-5-1),选择相应的 t-检验类型后确定。

(2)在弹出的“t-检验”对话框中(图 2-5-5),指定“变量 1”和“变量 2”的输入范围(如图 2-5-2中的 NEF1 和 NEF2 两列数据),并选择输出区域。

列1		列2	
平均	0.0804	平均	0.1483
标准误差	0.0264429	标准误差	0.0436982
中位数	0.0525	中位数	0.119
众数	#N/A	众数	#N/A
标准差	0.0836198	标准差	0.1381859
方差	0.0069923	方差	0.0190953
峰度	-0.319742	峰度	0.4420934
偏度	0.981133	偏度	1.1040266
区域	0.229	区域	0.413
最小值	0.003	最小值	0.018
最大值	0.232	最大值	0.431
求和	0.804	求和	1.483
观测数	10	观测数	10

图 2-5-4　描述统计的结果(局部)

(3)单击“确定”,统计结果见图 2-5-6 所示。

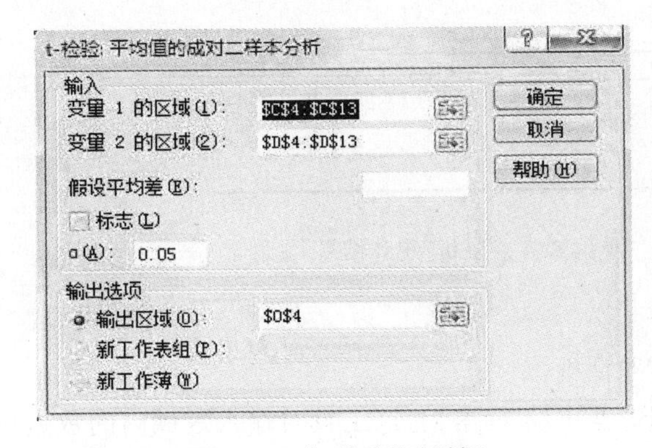

图 2-5-5　“t-检验”对话框

t-检验: 成对双样本均值分析

	变量 1	变量 2
平均	0.0804	0.1483
方差	0.0069923	0.0190953
观测值	10	10
泊松相关系数	0.7101334	
假设平均差	0	
df	9	
t Stat	-2.182803	
P(T<=t) 单尾	0.028457	
t 单尾临界	1.8331129	
P(T<=t) 双尾	0.0569139	
t 双尾临界	2.2621572	

图 2-5-6　“t-检验”统计结果

3.方差分析

方差分析一般检验多组数据的平均值来确定这些数据集合中提供的样本的平均值是否也相等。Excel 有三种方差分析工具:“单因素方差分析”通过简单的方差分析,对两个以上样本进行相等性假设检验。此方法是对双均值检验的扩充。“可重复双因素方差分析”用于对单因素分析的扩展,要求对分析的每组数据有一个以上样本,且数据集合必须大小相同。“无重复双因素方差分析”通过双因素方差分析(但每组数据只包含一个样本),对两个以上样本进行相等性假设检验。

(1)单因素方差分析和无重复双因素方差分析操作方法

单因素方差分析和无重复双因素方差分析操作方法相同。

①打开“单因素方差分析”对话框,见图 2-5-7。

②定义输入区域(如图 2-5-2 中 C4 至 F13 数据),选分组方式为“逐列”,并选中“标志位于第一行”复选框。

③定义输出区域和显著水平 α,Excel 默认 α 为 0.05。

④单击“确定”按钮即得统计结果,见图 2-5-8。

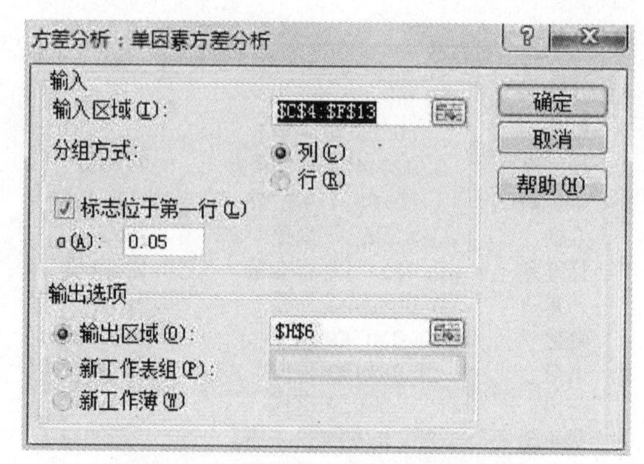

图 2-5-7　“单因素方差分析”对话框

方差分析：单因素方差分析

SUMMARY

组	观测数	求和	平均	方差
NEF1	10	0.804	0.0804	0.0070
NEF2	10	1.483	0.1483	0.0191
NEF3	10	1.77	0.177	0.0194
NEF4	10	3.883	0.3883	0.0096

方差分析

差异源	SS	df	MS	F	P-value	F crit
组间	0.5295	3	0.1765	12.807	7.564E-06	2.8663
组内	0.4962	36	0.0138			
总计	1.0257	39				

图 2-5-8　“单因素方差分析”统计结果

(2)可重复双因素方差分析方法

①打开“可重复双因素方差分析”对话框。

②定义输入区域(如图 2-5-2 中 B3 至 F13 数据)。该工具对输入区域内的数据排放格式有两点特殊规定：a. 数据组以列方式排放。b. 数据域的第一列和第一行必须是因素的标志。

③定义每一样本的行数，定义输出区域和显著水平 α，Excel 默认 α 为 0.05。单击“确定”按钮即得统计结果。

4. 回归分析

回归是求出锯齿状分布数据的平滑线，一般用图形表示，以直线或平滑线来拟合散布的数据。回归分析使得原始数据的不明显趋势变得清晰可见。求回归的方法如下：

(1)开启“数据分析”对话框，选择“回归”项，点击“确定”，打开“回归”对话框。

(2)指定“X 区域”和“Y 区域”的输入范围。回归采用一系列 X-Y 值，即每个数据点的坐标来计算结果，因此上述两个框都必须填入数值。

(3)在回归对话框中将线性拟合图前方的复选框勾上即可生成线性拟合图。

(4)选择输出区域。单击“确定”取得统计结果。

(5)回归公式 $Y=a+bX$ 中的 a 等于 intercept 的 Coefficients 值，b 等于 X Variable 1 的 Coefficients 值。

(6)统计结果的回归统计项中的“Multiple R”值即为两组数据的相关系数。

5. 相关系数

相关系数表明某个数据集合是否与另一个数据集合有因果关系。相关系数工具检查每个数据点与另一个数据集合对应数据点的关系。如果两个数据集合变化方向相同(同时为正或同时为负),就返回一个正数,否则返回负数。两个数据集合变化越接近,它们的相关性就越高。相关系数为"1"表明两组数据的变化情况一模一样,相关系数为"－1"表明两组数据的变化情况刚好相反。求相关系数的操作步骤为:开启"数据分析"对话框,选择其中"相关系数"项,点击"确定",打开"相关系数"对话框,指定输入区域,选择输出区域,单击"确定"取得结果。

(二)用 Excel 的统计函数进行统计

用统计函数进行统计的优点是可以通过复制、粘贴命令对几十、乃至数百组数据进行统计比较、观察它们的变化趋势及差异等。

1. 平均数的计算

(1)数据输入　将 data1 和 data2 两组数据按列输入,如图 2-5-9 所示,选空白单元 B16 作为平均数计算结果的输出单元。点击"fx",打开"插入函数"对话框 1,见图 2-5-10。

	A	B	C	D
1				
2		data1	data2	
3		2.6	1.67	
4		3.24	1.98	
5		3.73	1.98	
6		3.73	2.33	
7		4.32	2.34	
8		4.73	2.5	
9		5.18	3.6	
10		5.58	3.73	
11		5.78	4.14	
12		6.4	4.17	
13		6.53	4.57	
14			4.82	
15			5.78	
16	平均数	=		
17	标准差			
18	p值			

图 2-5-9　数据输入

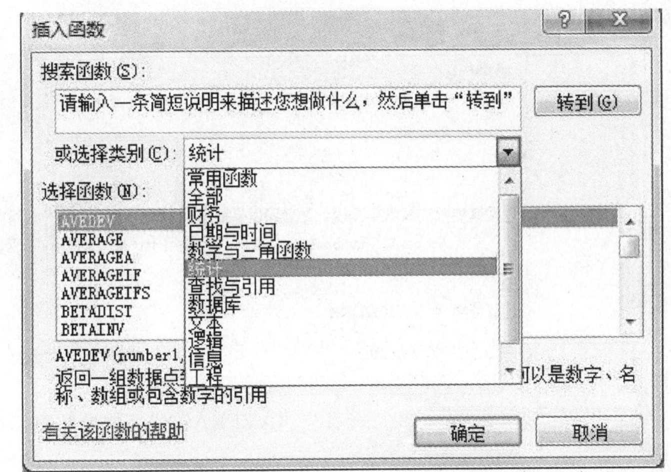

图 2-5-10　"插入函数"对话框 1

(2)选择类别　在"插入函数"对话框 1(图 2-5-10)中的"选择类别"中选中"统计","选择函数"栏内出现统计函数。

(3)选择函数　在"插入函数"对话框 2(图 2-5-11)中的"选择函数"栏内选中"AVERAGE"函数,点击"确定"按钮,打开"函数参数"对话框,见图 2-5-12。

(4)输入参数　点击"函数参数"对话框的"Number1"右侧的红色箭头,将鼠标器移动至如图 2-5-9 所示的 B3 处压下拖动至 B13(输入数据的起始单元格和结束单元格的行列号)。点击"确定"按钮,计算结果即出现在 B16 处。

(5)函数复制粘贴　完成图 2-5-9 的 data1 的 AVERAGE 计算后,data2 平均值计算可以通过复制粘贴完成,选中 B16 复制,选择 C16 执行粘贴操作,更改"fx"右侧数据结束行号为 C15,数据个数相同,无须更改。其他函数复制粘贴可按此法。

2. 标准差计算

除在"选择函数"栏内选择"STDEV"函数外,标准差计算的操作方法与平均值计算的操

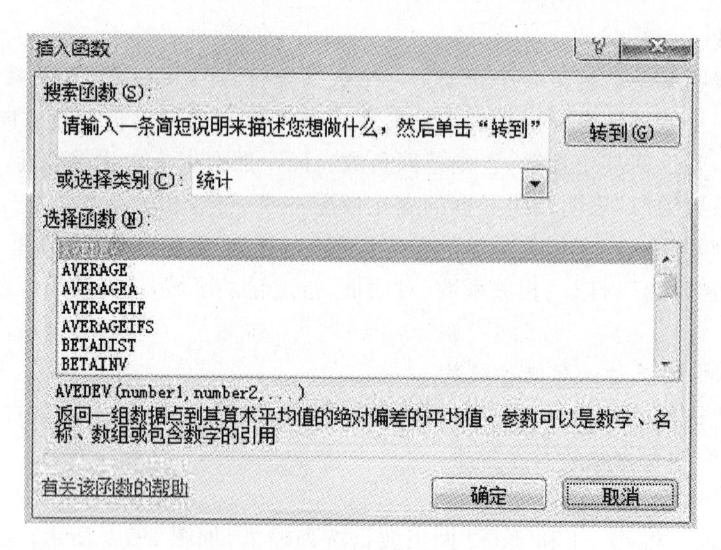

图 2-5-11　“插入函数”对话框 2

函数参数
AVERAGE
Number1　B3:B13　= {2.6;3.24;3.73;3.73;4.32;4.73;...
Number2　=
= 4.710909091
返回其参数的算术平均值；参数可以是数值或包含数值的名称、数组或引用
Number1: number1,number2,... 是用于计算平均值的 1 到 255 个数值参数
计算结果 = 4.710909091
有关该函数的帮助(H)
确定　取消

图 2-5-12　“AVERAGE”函数参数对话框

作方法相同。

3. t-检验

(1)输入数据和选择函数　将需要进行比较的两组数据按 data1 和 data2 列(或行)输入表格，如图 2-5-9 所示。选择 B18 作为概率 p 值计算结果的输出单元，点击“fx”，打开“插入函数”对话框 2，在“选择函数”栏内选中“TTEST”函数，点击“确定”按钮，打开“函数参数”对话框，见图 2-5-13。

(2)输入参数　在图 2-5-13 的“Array1”项的输入框内输入第一组数据(如 data1)的始、终单元格的行号，在“Array2”项的输入框内输入第二组数据(如 data2)的始、终单元格的行号。

(3)确定检验类型　根据检验的要求在“Tails”项的输入框内输入“1”(用于单侧检验，也称单尾)或“2”(用于双侧检验，也称双尾)。根据数据的性质在“Type”项的输入框内输入“1”、“2”或“3”，1 代表成对检验，2 代表双样本等方差假设，3 代表双样本异方差假设。在各项数据输入完毕后，p 值的计算结果立即显示。点击“确定”按钮，计算结果即出现在 B18 处。

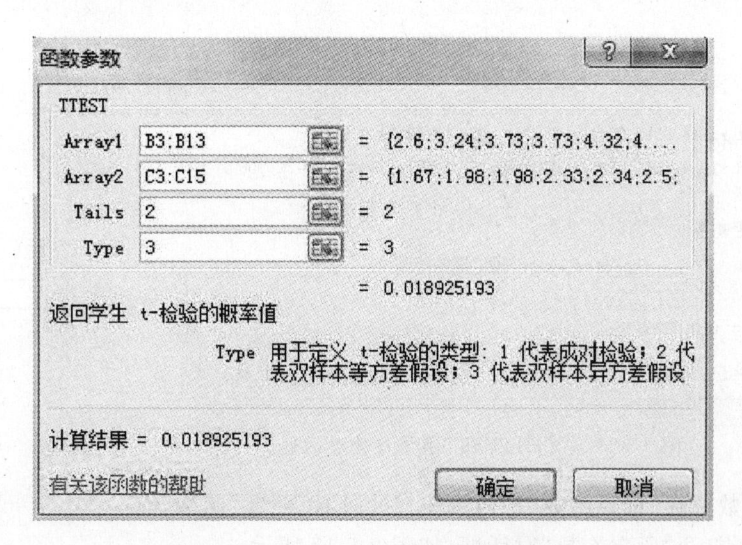

图 2-5-13　"TTEST"函数参数对话框

4. χ^2 检验

χ^2 检验常用以检验两个或两个以上样本率或构成比之间差别的显著性分析，用以说明两类属性现象之间是否存在一定的关系。

(1)数据输入　卡方检验常采用四格表，比较的 A、B 两组数据分别用 a、b、c、d 表示。如例 1：a＝52，为 A 组的阳性例数；b＝19，为 A 组的阴性例数；c＝39，为 B 组的阳性例数；d＝3，为 B 组的阴性例数，见图 2-5-14 所示。进行比较时，数据按实际值和理论值分别输入四个单元格，如图 2-5-14 所示，理论值 Ta、Tb、Tc、Td 分别输入 B15、C15、B16、C16。Ta、Tb、Tc、Td 计算方法参见本章第四节 χ^2 检验。

	A	B	C	D
1				
2		阳性例数	阴性例数	合计
3	A组	a	b	a+b
4	B组	c	d	c+d
5	合计	a+c	b+d	a+b+c+d
6				
7	例1			
8		阳性例数	阴性例数	合计
9	A组	52	19	71
10	B组	39	3	42
11	合计	91	22	113
12				
13	实际值	52	19	
14		39	3	
15	理论值	57.18	13.82	
16		33.82	8.18	
17				
18	p	3:C14)		

图 2-5-14　四格表数据输入

(2)选择函数　选择空白单元格 B18 输出概率 p 值的计算结果。鼠标器点击"fx"，打开"插入函数"对话框 2，在"选择函数"栏内选中"CHITEST"函数，点击"确定"按钮，打开"函数参数"对话框(图 2-5-15)。

(3)输入参数　在"Actual_range"项的输入框内输入实际值的起止单元的行列号(B13 至 C14，虚线框)，在"Expected_range"项的输入框内输入理论值的起止单元的行列号(B15 至 C16)(图 2-5-14)。

数据输入完毕后，p 值的计算结果立即显示。点击"确定"后计算结果显示于 B18。

5. 直线回归参数计算

(1)截距计算

①数据输入　将计算截距(a)的数据按 X 列和 Y 列输入，如图 2-5-16 所示。选 B14 空白单元格输出 a 计算结果，点击"fx"处，打开"插入函数"对话框 2。

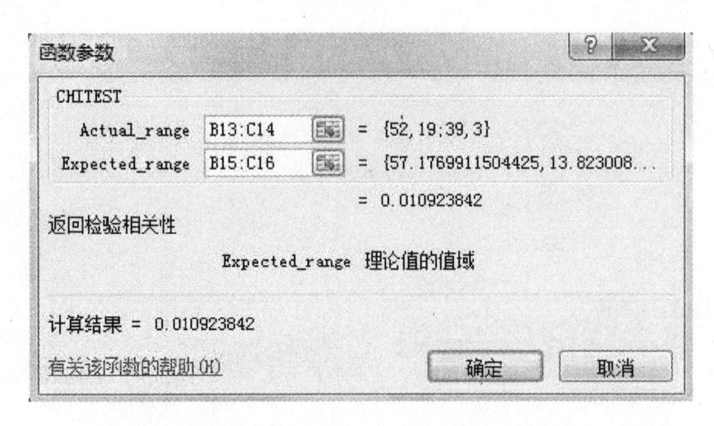

图 2-5-15 “CHITEST”函数参数对话框

②选择函数 在“选择函数”栏内选中“INTERCEPT”函数，点击“确定”按钮，打开“函数参数”对话框，如图 2-5-17 所示。

③输入参数 在数据输入处“Known_y′s”项的输入框内输入Y列数据的起止单元格的行列号，在“Known_x′s”项的输入框内输入X列数据的起止单元格行列号(图 2-5-16)，点击“确定”按钮，计算结果显示于图 2-5-16 的 B14 中。

	A	B
1		
2	X	Y
3	74	13
4	66	10
5	88	13
6	69	11
7	91	16
8	73	9
9	66	7
10	96	14
11	58	5
12	73	10
13		
14	a	A3:A12)
15	b	
16	r	

图 2-5-16 输入数据

(2)斜率和相关系数计算

计算斜率(b)时选择函数“SLOPE”，计算相关系数(r)选择函数“PEARSON”，其他操作与上述截距计算相同。

图 2-5-17 “INTERCEFT”函数参数对话框

三、Graphpad Prism 使用介绍

Graphpad Prism 是一款集数据分析和作图于一体的数据处理软件，它可以直接输入原始数据，也可以输入初步统计数据，然后自动进行基本的生物统计，如 t-检验等，并根据需要制作科学图表。虽然其数据分析统计功能没有 SAS、SPSS 等专业软件强大，但其所具有的功能实用精炼，操作简单，图表绘制颇具特色，深受生命科学研究领域的研究者喜爱。

Prism 以 PZF 为后缀保存文件，一个文件包含一个项目(Project)，包含以下五部分内容：数据表(Data Tables)、信息表(Info)、分析结果(Results)、图(Graphs)、排版布局(Layouts)(图 2-5-18)。一个项目中可以有若干个数据表。以下以某药物处理后大鼠心率变化的实验数据为例介绍如何使用 Prism 进行数据分析及作图。

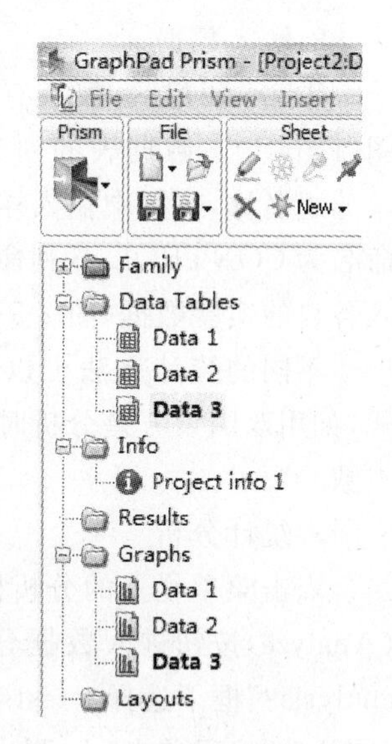

图 2-5-18　项目五部分内容

1. 启动程序

Prism 程序启动后，首先出现的是一个欢迎向导(图 2-5-19)，向导的左侧是功能选择。对于初次使用 Prism 者来说，新建图表(New table & graph)功能下的 5 个项目按钮至关重要，它们分别是：XY、Column、Grouped、Contingency、Survival，分别包含不同的统计分析方法，使用者应根据需处理的数据选择新建相应的项目。各项目所包含的统计类型可以在欢迎向导主窗口上方查看，以下是各项目所包含的常用统计方法：XY：回归，相关；Column：t-检验、单因素方差分析；Grouped：双因素方差分析；Contingency：卡方检验；Surviva：生存分析。

以某药物对大鼠心率的影响为例，用 t-检验即可，因此选择

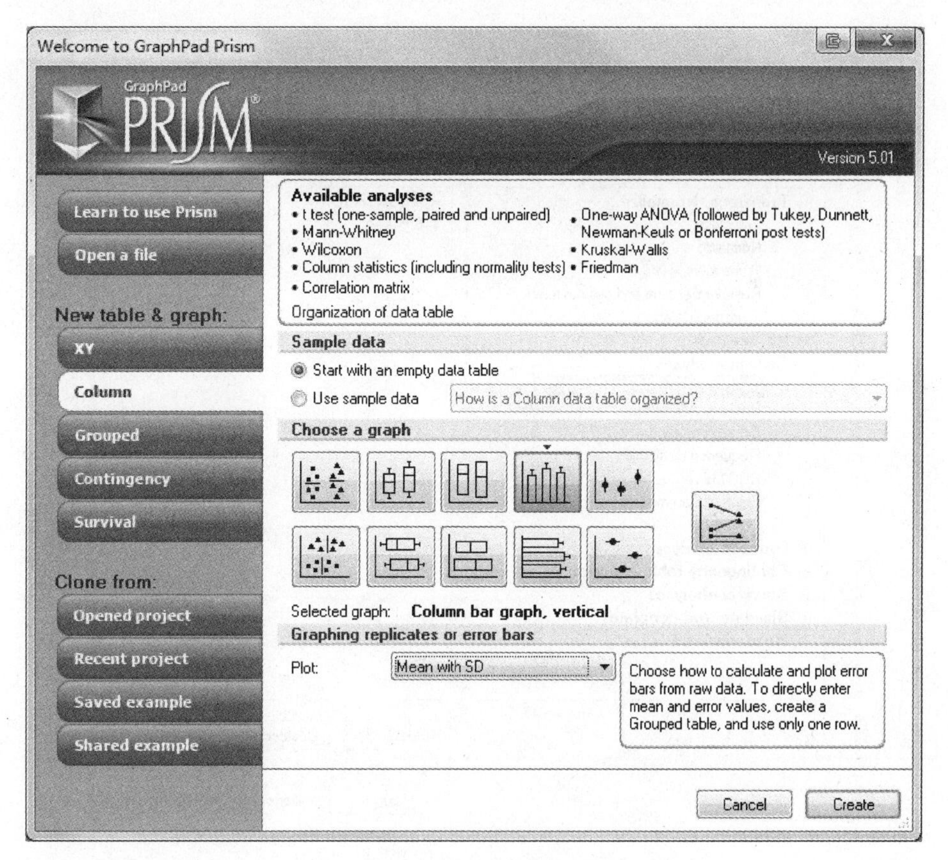

图 2-5-19　欢迎向导

"column"项，并在欢迎向导的主窗口选择数据输入方式(start with an empty data table)、需要的图形(柱状图)和图表 plot(Mean with SD)后单击新建(Create)(图 2-5-19)。

2. 输入数据

Prism 新建后，默认有一张空白数据表及其对应的图(Data 1)。数据表的列为实验组别，可输入对应的实验分组名称，在行中输入样本数据。本例中我们将 A 列命名为 CONTROL，B 列命名为药品 A，并在单元格中输入各自的实验数据(图 2-5-20)。

	A	B	C
	CONTROL	药品A	Titl
	Y	Y	Y
1	337	233	
2	315	288	
3	318	243	
4	307	286	
5	266	225	
6	315	243	
7	321	275	
8	266	256	

图 2-5-20　输入数据

不同的统计方法可以选择不同的数据表格输入格式，如用双因素方差分析时可选择输入均数、标准差和样本数。

3. 统计分析

点击菜单栏上的分析模块(Analysis)下的分析工具(Analyze)按钮进入数据分析对话框，在左侧的"Which analysis?"框下选择 t-tests，在右侧的"Analyze which data sets?"框下勾选需分析的组别(图 2-5-21)后单击 ok，弹出 t-tests 对话框(图 2-5-22)，再根据统计方法需要勾选相应选项后单击 ok，得到统计结果(图 2-5-23)。

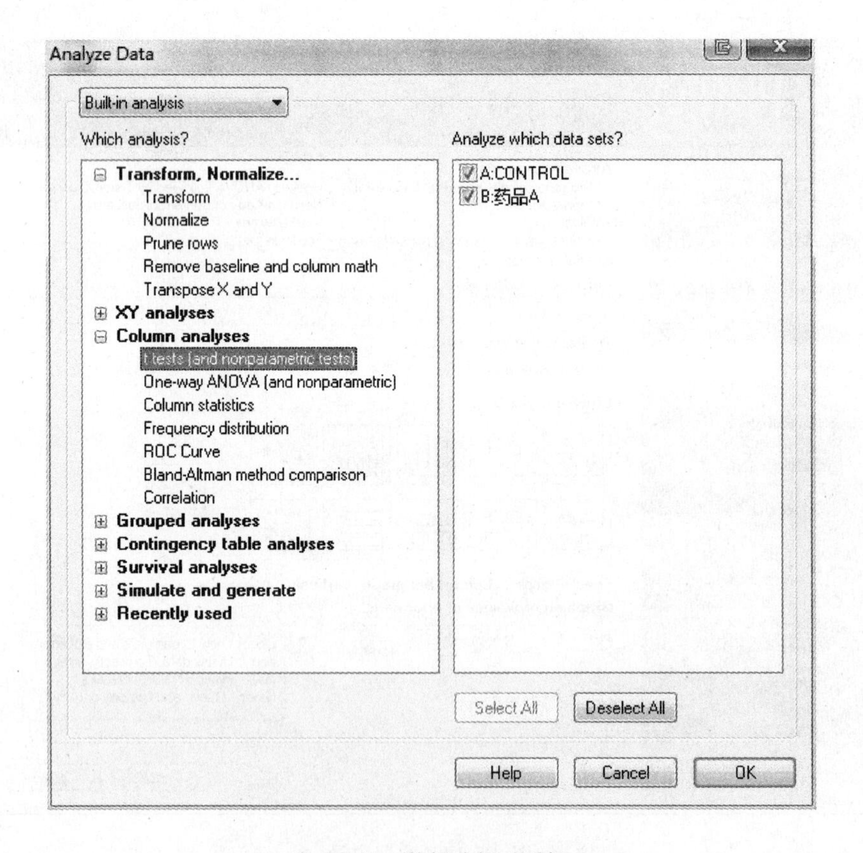

图 2-5-21　数据分析对话框

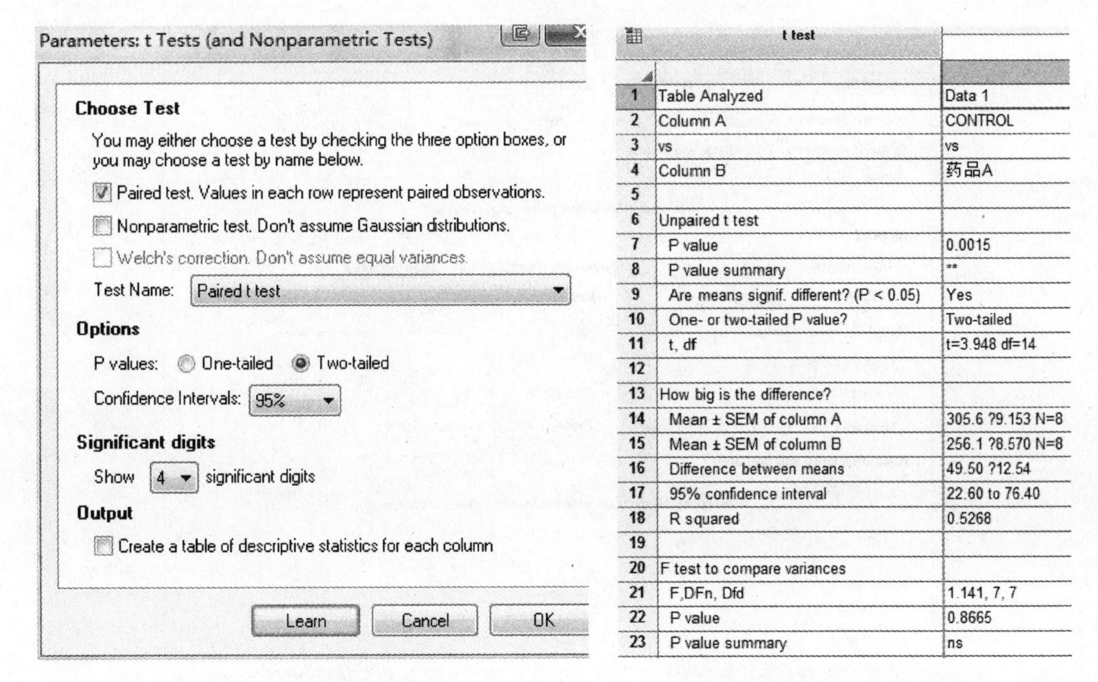

	t test	
1	Table Analyzed	Data 1
2	Column A	CONTROL
3	vs	vs
4	Column B	药品A
5		
6	Unpaired t test	
7	P value	0.0015
8	P value summary	**
9	Are means signif. different? (P < 0.05)	Yes
10	One- or two-tailed P value?	Two-tailed
11	t, df	t=3.948 df=14
12		
13	How big is the difference?	
14	Mean ± SEM of column A	305.6 ?9.153 N=8
15	Mean ± SEM of column B	256.1 ?8.570 N=8
16	Difference between means	49.50 ?12.54
17	95% confidence interval	22.60 to 76.40
18	R squared	0.5268
19		
20	F test to compare variances	
21	F,DFn, Dfd	1.141, 7, 7
22	P value	0.8665
23	P value summary	ns

图 2-5-22　t-tests 对话框　　　　　　　　　图 2-5-23　统计结果表单

统计结果保存于左侧的 Results 目录下，每次统计均生成一张新的结果表格。

4. 作图

Prism 在完成数据输入后，自动根据所选择的图形完成绘图，用户所需要做的就是按照投稿要求将图标准化，主要操作如下：

(1)在横坐标标题处单击，即可输入横坐标标题。用相同方法输入纵坐标标题。

(2)双击坐标轴，可对坐标轴进行编辑，例如编辑纵坐标的位置、刻度，编辑横坐标分组名称的显示等(图 2-5-24)。

(3)双击数据柱，可编辑数据柱的填充方式、颜色，边框及误差线显示方式。

5. 排版布局及导出

该功能用于输出图片。选择左边的“Layouts”，在弹出的对话框中选择合适的排版方式，比如需要 4 张图放在一起的，则选择一个 2×2 的布局方式(图 2-5-25)。确定后出现页面，根据提示双击版面或者拖动图至页面中。之后移动图表使它们布局合理，对于图表外面的空白部分不需要理会，导出图片的时候空白会自动去除。

排版完成后选择上方工具栏中的 export(导出)工具，在跳出的导出窗口中，根据杂志需要选择参数。一般情况下，应该选择较高的分辨率(300dpi 以上)并用无损格式(如 TIF)保存为图片(图 2-5-26)。

Prism 也可以将生成的图直接选取后拷贝入 Word 中，这样在 Word 里双击该图片就可调用 Prism 对图片进行编辑。该方法在处理某些字符，如中文字符时，会产生错位现象，需加以注意。

6. 其他操作

(1)在左侧目录区的图表名称上单击右键，可以对表单进行更名、复制等操作。

(2)通过 sheet 工具栏上的 new 菜单，可以对一张数据表进行不同的数据分析及作图。

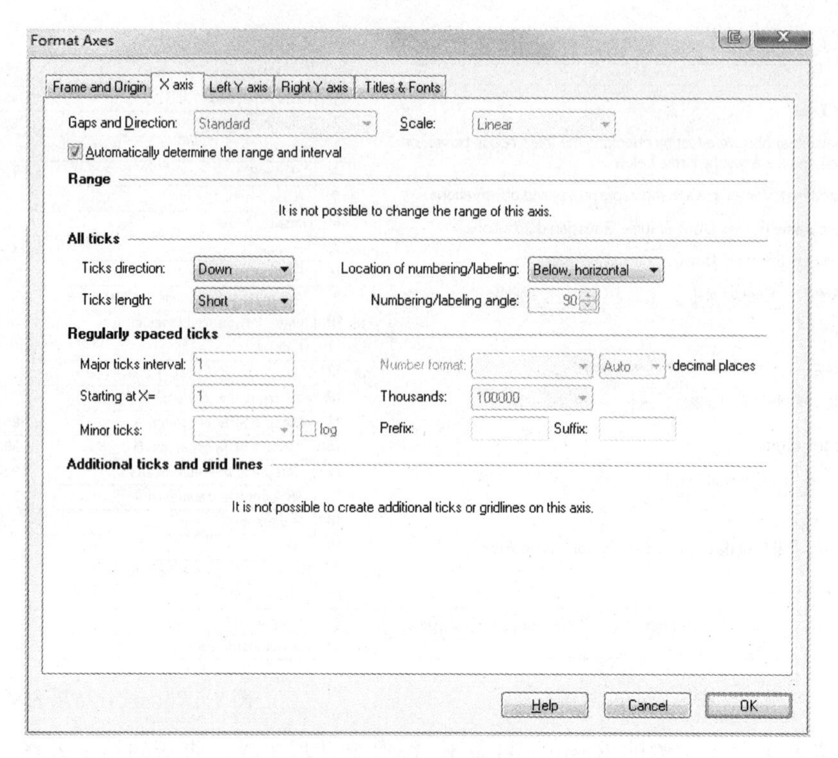

图 2-5-24　坐标轴编辑对话框

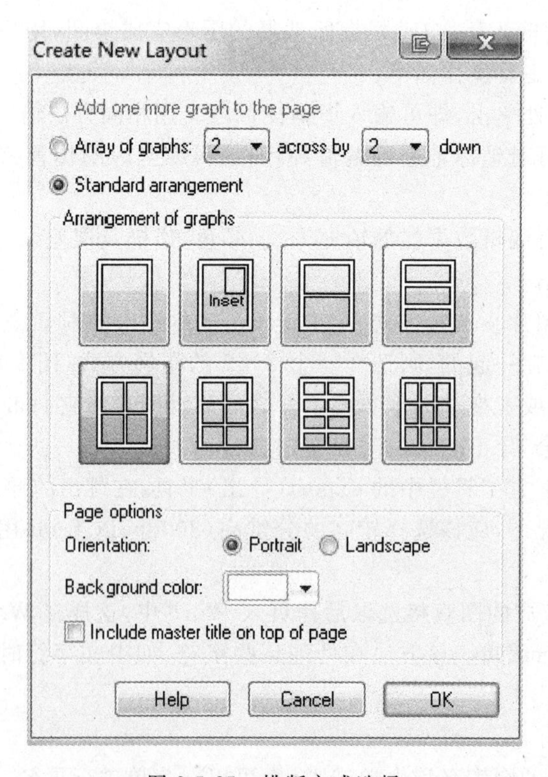

图 2-5-25　排版方式选择

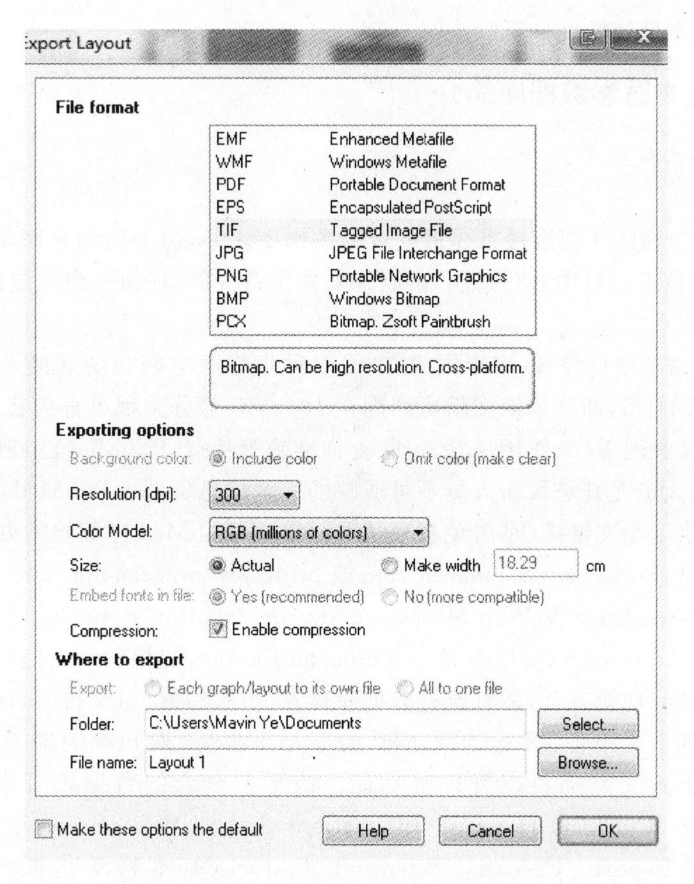

图 2-5-26 图形导出对话框

(3)Prism 的帮助很详细,可以在欢迎向导的第一项上查看视频帮助,也可以随时通过 F1 键获得帮助。

(4)可以在信息表(Info)内填写实验信息,方便存档。

(叶治国)

第六节 生物医学信息获取

科学研究的首项工作就是获取研究信息,充分了解国内、国际相关研究领域的进展情况和发展方向,启迪自己的研究思路,明确自己的科研方向,同时,科研信息也提供研究方法、新的知识等。

在生物医学研究中,生物医学信息可从多种途径获取,如学术期刊、图书资料、学术会议、网络数据库等。网络数据库具有所含信息丰富完整,信息检索迅捷,几乎不受时空限制等优点,因此网络数据检索已成为一种主要的信息检索手段。

根据生理科学实验研究创新性实验教学的需要,本节以浙江大学网络版权环境为例介绍几个常用生物医学信息网络数据库及使用方法,其他院校读者获取全文方式请参照相关说明。浙江大学文献数据库可从浙江大学图书馆网站(http://libweb.zju.edu.cn/

libweb/)的数据库导航栏目中获取。

一、常用生物医学数据库简介

(一)常用英文数据库

1. PubMed

PubMed是生物医学领域最重要最权威的数据库之一,由美国国家医学图书馆(NLM)下属的国家生物技术信息中心(NCBI)研制开发并免费开放,任何一台已连接互联网的计算机均可访问。

PubMed收录了全世界80多个国家5200多种生物医学期刊的文摘及题录数据,绝大部分可回溯至1948年,部分早期文献可回溯至1865年,部分文献可直接获取全文。由于文献报道速度快、文献覆盖广、使用免费方便、查询准确等特点,PubMed已经成为信息时代全球生物医学相关人员尤其是科研人员不可或缺的文献信息资源。PubMed并不包括期刊论文的全文,但提供了全文链接(是否免费视情况而定)。PubMed详细检索方法见下述。

PubMed网址:http://www.pubmed.com或http://www.ncbi.nlm.nih.gov/pubmed/

2. Web of Knowledge及Web of Science、Journal Citation Reports

ISI Web of Knowledge(WOK)是由Thomson Reuters提供的学术信息资源整合平台。Web of Knowledge功能齐全,具有所有数据库检索、单库检索、引文检索、定题快讯服务、引文跟踪服务、创建引文报告、检索结果分析、检索结果提炼、期刊影响因子查询、H指数查询、期刊定制、个人文献资料库管理等功能。该平台整合的数据库有Web of Science, Current Contents Connect, Derwent Innovations Index, BIOSIS Previews等,还提供Journal Citation Reports、Essential Science Indicators(基本科学指标,ESI)、Derwent Innovations Index等工具。

Web of Science是含有引文检索的文摘型数据库,文献记录来源于9000多种学术期刊和会议文献等,是Web of Knowledge中影响最大的子数据库。Web of Science由七个子库组成,包括:Science Citation Index Expanded(SCI-Expanded,科学引文索引扩展版);Social Sciences Citation Index(SSCI,社会科学引文索引);Arts&Humanities Citation Index(A&HCI,艺术与人文科学引文索引);Conference Proceedings Citation Index-Science(CPCI-S,科学会议录引文索引);Conference Proceedings Citation Index-Social Sciences&Humanities(CPCI-SSH,社会科学与人文科学会议录引文索引);Index Chemicus(IC);Current Chemical Reactions(CCR)。Web of Science最大的特点是它引文系统,不仅收录论文本身,还对该论文的参考文献(引文)进行收录和索引。可以从一篇已知文献出发,通过追踪该文献的被引情况,了解该领域的新进展、新研究,也可以追踪这篇文献的引文了解该领域的研究历史。

Journal Citation Reports(JCR,期刊引用报告)是由ISI编辑出版、国内外学术界公认的多学科期刊评价工具。JCR通过对比收录期刊的影响因子,即年指数、引文量和发文量等数据的统计,供研究人员分析比较期刊质量,了解期刊在本学科中的排名等信息。其中,期刊影响因子(Impact Factor)每年发布一次,已经成为评价学术期刊质量最重要的指标。影响因子越高,表明该期刊文献的平均利用率越高,由此可推理出期刊的质量越高。利用期刊的影响因子,可以帮助确定各学科的核心期刊,指引期刊选读和投稿。

Web of Knowledge 网址:http://www.webofknowledge.com/

3. Elsevier ScienceDirect

荷兰 Elsevier(爱思唯尔)公司是全球最大的科技与医学文献出版发行商之一,已有 180 多年的历史。通过与全球的科技与医学机构合作,Elsevier 公司每年出版 2200 多种学术期刊和 1900 种新书,以及一系列的电子产品,如 ScienceDirect、Scopus、MD Consult 等。Elsevier 公司出版的期刊是国际公认的高水平的学术期刊,大多数被 SCI、EI 所收录,涉及生命科学、临床科学、数学、社会科学等 24 个学科。

1997 年,Elsevier 公司将其 1995 年以来出版的所有期刊和图书转换为电子版,推出了 ScienceDirect 全文数据库。通过该数据库可以链接到 Elsevier 出版社丰富的电子资源,包括期刊全文、单行本电子书、工具书、图书系列等。

Elsevier ScienceDirect 网址:http://www.sciencedirect.com/

4. MD Consult

MD Consult 由世界最大的英文医学出版商 Elsevier 出版发行,每月提供超过 100 万条信息,以及 700 万页的临床资料。MD Consult 是专为医生和临床工作者提供权威临床信息的网站。它从世界上最重要的医学期刊、医学教科书、医学会议中收集最新信息,并以实用、便捷的方式,为广大医务工作者提供最新的医学全文信息、药物信息、行医指南等网上临床医学信息服务,是医生探讨临床热点问题、进行自我考查、继续教育、了解世界上各学科发展动态的医学信息浏览工具和忠实顾问。目前,MD Consult 已被北美 95%以上的医学院和全球超过 1700 家保健机构采用,拥有涵盖 70 多个国家的 25 万用户。

(1)MD Consult 拥有 51 套完整的权威医学参考书,88 种专业期刊,22000 种药物指南,600 多种临床行医指南,10000 多种患者教育资料,近 300 种医学继续教育课程(CME,Continuing Medical Education),并且在不断增加中。

(2)覆盖各学科的经典医学名著全文,如《西氏内科学》、《克氏外科学》等;

(3)精挑细选各学科权威期刊,如《The Lancet Infection Disease》、《The Lancet Oncology》、《The Lancet Neurology》、《American Journal of Kidney Diseases》、《Critical Care Medicines》等;

(4)经典临床期刊:北美临床医学系列杂志;

(5)医学年鉴让您纵观全局,领略各领域专家对当前医学发展的最新综述。

(6)来自 50 多个医疗专业协会的 600 多种临床实践指南。

(7)权威的 Mosby 药物指南,提供 22000 多种药物的参考资料。

(8)10000 多种患者教育资料。

(9)涉及医学各专科的 200 项 CME 课程。

(10)由阿尔伯特·爱因斯坦医学院支持和管理的病例讨论活动。

(11)涵盖北美所有临床医疗机构的最新权威资讯。

MD Consult 网址:http://www.mdconsult.com。

5. Google Scholar

Google Scholar(GS)是 Google 公司于 2004 年底推出的专门面向学术资源的免费搜索工具,能够帮助用户查找包括期刊论文、学位论文、书籍、预印本、文摘和技术报告在内的学术文献,内容涵盖自然科学、人文科学、社会科学等多种学科。Google Scholar 不仅从

Google 收集的上百亿个网页面中筛选出具有学术价值的内容，而且通过与传统资源出版商，如 ACM、Nature、IEEE、OCLC 的合作来获取足够的有学术价值的文献资源。

GS 自身并不拥有学术资源，只是利用优秀的检索技术将图书馆、出版商、大型数据库等的资源进行整合，为用户提供一站式的检索服务。其使用的搜索技术与普通的 Google 搜索技术一样，利用该技术检查整个网络链接结构并进行超文本匹配分析，确定哪些网页与正在执行的特定搜索相关，从而将最重要、最相关的搜索结果排在前面。因为是网页式的检索，GS 通常会给出同一篇文献在不同数据库及相关机构的链接，有助于检索者获取全文。

GS 网址：http://scholar. google. com/

(二)常用中文数据库

1. 维普

维普《中文科技期刊数据库》，源于重庆维普资讯有限公司 1989 年创建的《中文科技期刊篇名数据库》，是国内大型综合性数据库，收录我国自然科学、工程技术、农业科学、医药卫生、经济管理、教育科学和图书情报等学科 13000 余种期刊的 1300 万篇论文，每年增加约 100 万篇。

《中文科技期刊数据库》有全文版和引文版，全文版的数据回溯至 1989 年，引文版的数据回溯至 1999 年。通过引文版可以检索到每篇论文的参考文献和论文被印情况。引文检索是科学研究中一个很有力的参考工具。浙江大学订购的是全文版。校内用户可以通过镜像：http://10. 15. 61. 222:8080/index. asp 访问。校外地址：http://www. cqvip. com。

2. 万方数据资源系统

万方数据资源系统是万方数据股份有限公司依托中国科技信息研究所开发的综合信息服务系统，提供以科技信息为主，集经济、金融、社会和人文信息为一体的网络化信息服务。万方数据资源包含期刊、学位论文、会议论文、科技成果、专利技术、中外标准、政策法规、各类科技文献、机构和名人等近百个数据库，内容涉及自然科学和社会科学各个专业领域。

数字化期刊全文数据库是万方数据资源的重要组成部分，其内容涵盖基础科学、医药卫生、农业科学、工业技术、人文社会科学等领域，收录 5700 余种国内学术期刊，基本包括了自然科学统计源期刊和社会科学类核心源期刊的全文资源。

万方数据资源系统远程站点可以使用 http://g. wanfangdata. com. cn 访问，校内镜像提供了学位论文全文、会议论文全文、数字化期刊、科技信息、商务信息、法律法规全文等数据库的入口。校内镜像地址：http://10. 15. 61. 242:85/。

万方数据资源系统检索方法与同类型数据库相似，也可通过查看系统帮助信息(http://g. wanfangdata. com. cn/help/index2. html)获得详细检索方法，这里不再赘述。

3. 中国生物医学文献数据库

中国生物医学文献数据库由中国医学科学院医学信息研究所/图书馆开发研制，包含“中国生物医学文献数据库(CBM)”、“中国医学科普文献数据库”、“北京协和医学院博硕学位论文库”。

中国生物医学文献数据库(CBM)收录 1978 以来 1600 余种中国生物医学期刊、汇编、会议论文的文献题录 530 余万篇，全部题录均进行主题标引和分类标引等规范化加工处理。年增记录 40 余万篇，每月更新。

中国医学科普文献数据库收录2000年以来国内出版的医学科普期刊近百种的题录约8万余篇，重点突显养生保健、心理健康、生殖健康、运动健身、医学美容、婚姻家庭、食品营养等与医学健康有关的内容，每月更新。

北京协和医学院博硕学位论文库收录1981年以来协和医学院培养的博士、硕士研究生学位论文，学科范围涉及医学、药学各专业领域及其他相关专业，内容前沿、丰富，可在线浏览全文，每季更新。

中国生物医学文献数据库网址 http://sinomed.imicams.ac.cn/，浙江大学已购买，采用IP登录方式获取许可。校内用户访问上述网址后请点击页面中的“用户登录”后开始使用，完成检索后请点击“退出”，以释放资源，方便他人继续使用。

中国生物医学文献数据库使用方法请参考系统帮助 http://sinomed.imicams.ac.cn/help/，这里不加赘述。

4. 中国知网(CNKI)

中国知网(CNKI)为国家知识基础设施(National Knowledge Infrastructure)的简称，CNKI工程是由清华大学、清华同方发起，始建于1999年6月。CNKI收录7600多种重要期刊，内容覆盖自然科学、工程技术、农业、哲学、医学、人文社会科学等各个领域，其中核心期刊1735种。大部分期刊回溯至创刊，最早的回溯到1915年，如1915年创刊的《清华大学学报(自然科学版)》、《中华医学杂志》。产品分为十大专辑：理工A、理工B、理工C、农业、医药卫生、文史哲、政治军事与法律、教育与社会科学综合、电子技术与信息科学、经济与管理。十专辑下分为168个专题文献数据库。

通过CNKI平台，校内用户可以检索并下载《中国期刊全文数据库》(全文年限：1994年以后)、《中国优秀硕士学位论文全文数据库》(全文年限：1999年以后)、《中国博士论文全文数据库》的数据和全文(全文年限：1999年以后)，还可以检索引文、会议论文、报纸、专利、成果、标准等数据库并获得摘要信息，并检索1994年以前的期刊论文摘要信息。

CNKI通用地址：http://www.cnki.net。浙江大学已购买CNKI平台，校内用户可通过校内镜像 http://10.15.61.247/kns50/index.aspx 免费访问。

二、常用数据库检索技术

(一)医学主题词表(MeSH)

1. 概述

《医学主题词表》(Medical Subject Headings，MeSH)是美国国家医学图书馆(National Library of Medicine，NLM)编制的用于对生物医学文献进行标引、编目和检索的权威性术语控制工具。它是对生物医学文献进行主题标引以及检索生物医学文献数据库的指导性工具，对提高查全率和查准率具有十分重要的意义。

目前，NLM使用MeSH为MEDLINE/PubMed数据库的生物医学文献进行标引，即MEDLINE/PubMed数据库中每条文献信息都有其对应的MeSH词，因此可以使用这些MeSH词汇来查找这些特定主题的文献。

MeSH免费开放，任何一台连接互联网的计算机均可访问查询，用户也可先进入NLM的官方网页 http://www.nlm.nih.gov/后选择左上角的“MeSH”点击进入。

2. 概念体系

(1)主题词(main headings)

主题词是用于描述主题事物或内容的规范化词汇,又称为叙词(descriptors)。主题词以名词为主,可数名词多采用复数形式,不可数名词或表示抽象概念的名词采用单数形式,可以是单个词,也可以是词组。主题词具有单一性,一个主题词表达一个概念,一个概念只能用一个主题词表述。如乳腺癌的常用表达有:breast cancer, breast tumors, breast neoplasms 等,但 MeSH 只将 breast neoplasms 作为主题词,其他几个表述可作为入口词,即在 MeSH 中输入这些词汇,系统将自动给出 breast neoplasms 这个主题词。因此,不管文献中的乳腺癌选用了哪种表述,但标引和检索时只能使用 breast neoplasms 作为主题词。

根据主题词的词义范畴和学科属性,全部主题词可分别归类于 16 个大类中,大类里面又根据相关属性分为二级类(表 2-6-1),二级类下面再层层划分,逐级展开,最多达 11 级,构成一个完整的树状结构体系。在该体系中,每个主题词都有其对应的树状结构号。而少数主题词因其属性须跨 2 个或多个类,可同时拥有 2 个或多个树状结构号,如 breast neoplasms 同时拥有 C04.588.180 和 C17.800.090.500 共 2 个树状结构号。根据树状结构,使用者可以方便地根据情况选用上位词扩大检索范围或者选用下位词提高检索精度。

表 2-6-1　MeSH 树状结构表类目

A　Anatomy (解剖)

A1　Body Regions (身体各部位)

A2　Musculoskeletal System (肌肉骨骼系统)

A3　Digestive System (消化系统)

A4　Respiratory System (呼吸系统)

A5　Urogenital System (泌尿系统)

A6　Endocrine System (内分泌系统)

A7　Carrdiovascular System (心血管系统)

A8　Nervous System (神经系统)

A9　Sense Organs (感觉器官)

A10　Tissues (组织)

A11　Cells (细胞)

⋮

B　Organisms (有机体)

B1　Invertebrates (无脊椎动物)

⋮

C　Diseases (疾病)

C1　Bacterial Infections & Mycoses (细菌感染和真菌病)

⋮

D　Chemicals and Drugs (化学品和药物)

D1　Inorganic Chemicals (无机化合物)

⋮

E　Analytical, Diagnostic and Therapeutic Techniques and Equipment (分析、诊断、治疗技术和设备)

E1　Diagnosis (诊断)

⋮

F　Psychiatry and Psychology (精神病学和心理学)

F1　Behavior and Behavior Mechanisms (行为和行为机制)

⋮

G　Biological Sciences (生物科学)

G1　Biological Sciences (生物科学)

⋮

H　Physical Sciences (自然科学)

I　Anthropology, Education, Sociology and Social Phenomena (人类学、教育、社会学和社会现象)

J　Technology, Industry, Agriculture (工艺学、工业、农业)

K　Humanities (人文科学)

L　Information Science (情报科学)

⋮

Z　Geographicals (地理)

(2)限定词(qualifiers)

限定词又称副主题词(subheadings),是对主题词作进一步限定的词,本身无独立检索意义,通常用组配符"/"与主题词一起使用。如乳腺癌主题词 breast neoplasms 可根据检索需要与不同的限定词进行组配,如"breast neoplasms/diagnosis, breast neoplasms/therapy"等。通过主题词与限定词的组配,可以使检索的专指性进一步提高。

3. 使用简介

(1)登录 http://www.nlm.nih.gov/mesh/MBrowser.html,MeSH 主界面如图 2-6-1 所示。

图 2-6-1　MeSH 主界面

(2)根据需要在输入框内输入查询词并选择相应的查询范围,Main Headings 选项为仅在主题词库中查询,Qualifiers 选项为在限定词库中查询,Supplementary Concepts 为在补充概念库中查询,All of the Above 是默认选项,可同时在上述三个库中查询。

(3)根据需要选择相应的查询方式,Find Exact Term 按钮是默认查询方式,回车键等同于该查询,用于执行精确查询;Find Terms with ALL Fragments 将输入的词组作为一个整体进行查询并列出与该词组相关的各个条目以供选择;Find Terms with ANY Fragment 将输入的词组中每个单词进行独立搜索,列出与这些单词相关的条目以供选择。

(4)单击 Find Exact Term 按钮,即可得到 MeSH 查询结果(图 2-6-2)。结果分为两部分,一是 MeSH 主题词数据,主要包括词义范围注释(Scope Note)、编目标引注释(Annotation)、树状结构号(Tree Number)、款目词(Entry Term)、允许组配的副主题词(Allowable Qualifiers)等,二是主题词所在的树状结构,如图 2-6-3 所示。

National Library of Medicine - Medical Subject Headings

2011 MeSH

MeSH Descriptor Data

Return to Entry Page

Standard View. Go to Concept View; Go to Expanded Concept View

MeSH Heading	Lung Neoplasms
Tree Number	C04.588.894.797.520
Tree Number	C08.381.540
Tree Number	C08.785.520
Annotation	coord IM with histol type of neopl (IM)
Scope Note	Tumors or cancer of the LUNG.
Entry Term	Cancer of Lung
Entry Term	Cancer of the Lung
Entry Term	Lung Cancer
Entry Term	Neoplasms, Lung
Entry Term	Neoplasms, Pulmonary
Entry Term	Pulmonary Cancer
Entry Term	Pulmonary Neoplasms
See Also	Carcinoma, Non-Small-Cell Lung
See Also	Carcinoma, Small Cell
Allowable Qualifiers	BL BS CF CH CI CL CN CO DH DI DT EC EH EM EN EP ET GE HI IM ME RA RH RI RT SC SE SU TH UL UR US VE VI
Entry Version	LUNG NEOPL
Date of Entry	19990101
Unique ID	D008175

图 2-6-2 MeSH 查询结果(局部)

(二)PubMed

进入 PubMed 主页面(图 2-6-4),最上方为检索输入框,输入框的左边可通过下拉单选择检索数据库(默认为 PubMed),输入框的下方可选择检索限定(Limits)和高级检索(Advanced)。页面中部为 PubMed 的 3 个专栏,分别是 Using PubMed, PubMed Tools, More Resources,页面底部是 NCBI 资源总览及帮助系统汇总。

MeSH Tree Structures

Neoplasms [C04]
  Neoplasms by Site [C04.588]
    Thoracic Neoplasms [C04.588.894]
      Respiratory Tract Neoplasms [C04.588.894.797]
      ▶ Lung Neoplasms [C04.588.894.797.520]
        Bronchial Neoplasms [C04.588.894.797.520.109] +
        Multiple Pulmonary Nodules [C04.588.894.797.520.237]
        Pancoast Syndrome [C04.588.894.797.520.734]
        Pulmonary Blastoma [C04.588.894.797.520.867]
        Pulmonary Sclerosing Hemangioma [C04.588.894.797.520.933]
        Solitary Pulmonary Nodule [C04.588.894.797.520.966]
      Pleural Neoplasms [C04.588.894.797.640] +
      Tracheal Neoplasms [C04.588.894.797.760]

Respiratory Tract Diseases [C08]
  Lung Diseases [C08.381]
    Acute Chest Syndrome [C08.381.074]
    alpha 1-Antitrypsin Deficiency [C08.381.112]
    Cystic Adenomatoid Malformation of Lung, Congenital [C08.381.150]
    Cystic Fibrosis [C08.381.187]
    Plasma Cell Granuloma, Pulmonary [C08.381.331]
    Hemoptysis [C08.381.348]
    Hepatopulmonary Syndrome [C08.381.385]
    Hypertension, Pulmonary [C08.381.423] +
    Lung Abscess [C08.381.450]
    Lung Diseases, Fungal [C08.381.472] +
    Lung Diseases, Interstitial [C08.381.483] +
    Lung Diseases, Obstructive [C08.381.495] +
    Lung Diseases, Parasitic [C08.381.517] +
    Lung Injury [C08.381.520] +
  ▶ Lung Neoplasms [C08.381.540]

图 2-6-3　主题词所在的树状结构(局部)

1.基本检索

PubMed 的基本检索非常简单，只需要在检索输入框内输入有实际意义的自由词或词组即可，输入的可以是关键词，也可以是著者、刊名等，系统会按照词汇自动匹配(Automatic Terms Mapping)的原理进行检索，并返回检索结果。词汇自动匹配的匹配顺序如下：

(1)MeSH 转换表(MeSH Translation Table)，包括 MeSH 词、参见词、副主题词等。如果系统在该表中发现了与检索词相匹配的词，就会自动将其转换为相应的 MeSH 词和 TextWord 词(题名词和文摘词)进行检索。例如：键入“Vitamin h”，系统将其转换成“Biotin [MeSH Tems] OR Vitamin h [TextWord]”后进行检索。

(2)刊名转换表(Journal Tanslation Table)，包括刊名全称、MEDLINE 形式的缩写和 ISSN 号。该转换表能把键入的刊名全称转换为“MEDLINE 缩写[Journal Name]”后进行检索。如：在检索提问框中键入：“new england journal of medicine”，PubMed 将其转换为

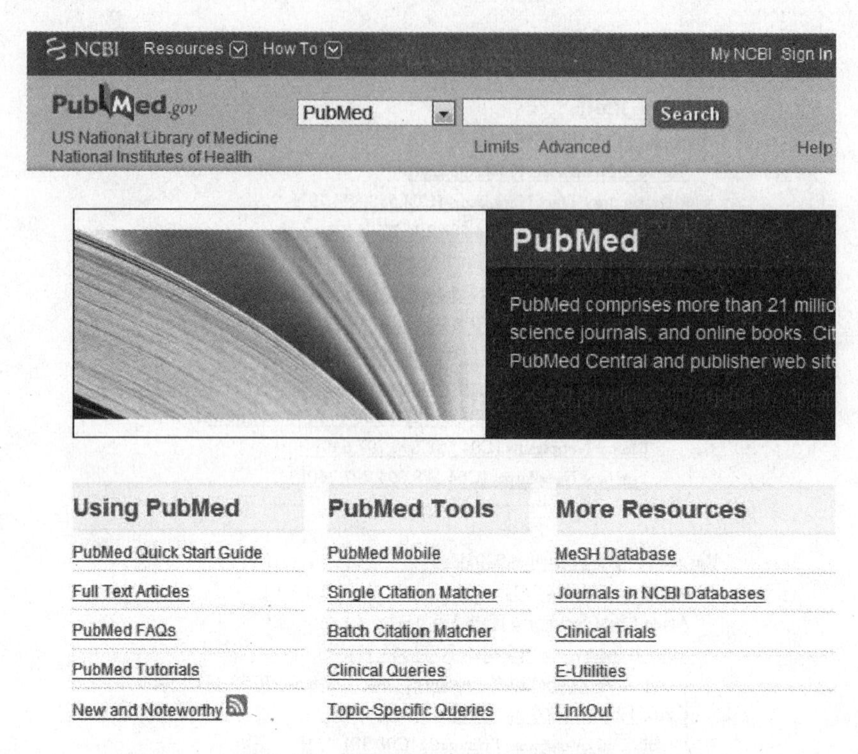

图 2-6-4　PubMed 主页面(局部组合)

"N Engl J Med [Journal Name]"后进行检索。

(3)短语表(Phrase list),该表中的短语来自 MeSH、含有同义词或不同英文词汇书写形式的统一医学语言系统(UMLS: Unified Medical Language System)和补充概念(物质)名称表[Supplementary Concept (Substance) Name]。如果 PubMed 系统在 MeSH 和刊名转换表中未发现与检索词相匹配的词,就会查找短词表。

(4)著者索引(Author Index)。如果键入的词语未在上述各表中找到相匹配的词,或者键入的词是一个后面跟有 1～2 个字母的短语,PubMed 即查著者索引。

在基本检索中,配合以下技巧可以提高查询效率:

1)短语精确检索:将检索词加上双引号,PubMed 直接将双引号内短语作为一个检索词进行检索,避免自动词语匹配时将短语拆分可能造成的误检,提高查准率。例如,输入加上双引号的"HIV infections",PubMed 直接在所有可检索字段中查找含有短语 HIV infections 的文献。

2)截词检索:在检索词后加"*"可实现截词检索,提高查全率。例如,输入 immun * 可检索出以 immun 开头的所有词语,如 immunity, immunology,immune, immunotherapy, immunoglobulin 等。截词检索时,PubMed 关闭自动词语匹配功能。

3)字段限定检索:利用字段标识(表 2-6-2),可进行字段限定检索,以提高查准率。字段限定检索的形式为:检索词[字段标识]。例如 myocardity [TI]可检索出篇名中含有 myocardity 的文献。

表 2-6-2　PubMed 主要可检索字段一览表

字段标识	字段名称	简要说明
AD	Affiliation	第一作者的单位、地址
ALL	All Fields	全字段
AU	Author Name	著者姓名
EDAT	Entrez Date	录入 PubMed 系统数据库的日期
IP	Issue	期刊的期号
TA	Journal Title	期刊名称或 IISN 号
LA	Language	语种
MH	MeSH Terms	全部 MeSH 主题词
PG	Page Number	期刊页码
PS	Personal Name as Subject	人名主题词
DP	Publication Date	文献出版日期
PT	Publication Type	文献类型
SHP	Subheadings	MeSH 副主题词
NM	Substance Name	化学物质名称
TI	Title words	题名词
UID	Unique Identifiers	惟一记录标识号
VI	Volume	期刊卷号

2. 高级检索

点击 PubMed 主页面或搜索结果页面中的检索词输入框下方“advanced”即可进入到高级检索页面(图 2-6-5)，包括了 Search Builder(检索构建器)、Search History(检索历史)和 More Resources(包括 MeSH 主题词检索、期刊数据库检索等)三个栏目。

(1)Search Builder　虽然可以在检索框中直接输入包含布尔运算符和字段限定的检索式，但在输入过程中往往由于检索式过于复杂而出错。利用 Search Builder 可以方便地构建复杂检索，提高检索效率。检索时，先在左侧的下拉菜单中选择检索字段(默认为 All Fields，各字段说明见表 2-6-2)，输入检索词(点击下方的“Show Index”可帮助正确选词)，选择布尔逻辑算符 AND、OR 或 NOT 后点击“Add to Search Box”，该条检索即进入输入框。重复上述步骤，完成检索式的构建，点击“Search”，返回检索结果。

(2)Search History　检索历史包括序号、检索式、检索时间及检索结果数。单击检索式序号，显示 Options 选项，可将该历史检索式通过 AND、OR 或 NOT 逻辑运算并入检索输入框，或进行删除保存等不同操作。

(3)MeSH 主题词检索　点击 PubMed 主页面或高级检索页面 More Resources 下的 Mesh Database 链接即可进入 MeSH 主题词检索页面。在检索输入框内输入检索词后回车，即可显示该检索词在 Mesh 库中的检索结果(图 2-6-6)，选择与选题相适应的主题词点

NCBI Resources How To　My NCBI Sign In

PubMed Advanced Search　« Back to PubMed

Limits　Details　Help　Search　Preview　Clear

Search Builder

All Fields　AND　Add to Search Box

Search Builder Instructions　Show Index

Search History

Search	Most Recent Queries	Time	Result
#2	Search **heart failure**	04:24:11	144328
#1	Search **myocardia**	04:24:00	173260

Clear History

Search History Instructions

More Resources

MeSH Database
Journals in NCBI Databases
Single Citation Matcher
Clinical Queries
Topic-Specific Queries

图 2-6-5　PubMed 高级检索页面(局部组合)

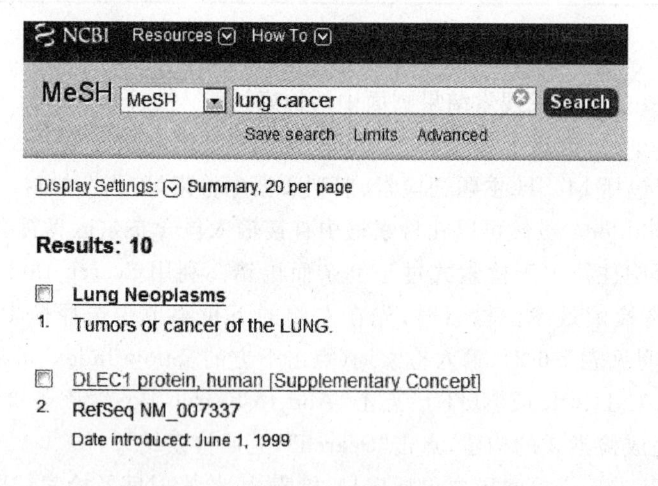

图 2-6-6　在 Mesh 库中的检索结果(局部组合)

击进入详细页面(图 2-6-7)。在这里,可以勾选与选题相适应的副主题词(subheadings)以提高检索效率。勾选完毕后点击右上方的“Add to search builder”按钮,配合后面的逻辑运算符选择可以构建复杂的检索式,最后点击“Search PubMed”按钮提交检索。MeSH 主题词检索是 PubMed 最具特色的检索功能之一,能保证较好的查全率和查准率,这是因为:

①主题词对同一概念的不同表达方式进行了规范。②主题词可以组配相应的副主题词，使检索结果更加专指。③用主题词的树状结构表，可以很方便地进行主题词的扩展检索(Explode)，提高查全率。默认状态下，系统自动对含有下位概念的主题词进行扩展检索。④用主要主题词(MAJR)检索，可以使检索结果更加准确。点选"Restrictions Search to Major Topic headings only"，即可限定检索结果为主要主题词。需要注意的是，主题词检索也有一些固有的缺陷，首先，主题词检索只对来源于 Indexed for MEDLINE 的文献记录有效，PubMed 中其他来源的文献记录不支持主题词检索。因此采用主题词检索可能漏掉那些已经入库但尚未标引的最新文献。

图 2-6-7 主题词点击进入详细页面(局部组合)

(4)Limits(检索限定) 检索限定可以对检索结果进行精确的限定，通过单击检索输入框下方的 Limits 进入限定选择页(图 2-6-8)。可限定的选项有：Dates(日期)、Type of Article(文献类型)、Language(语种)、Species(物种)、Gender(性别)、Subsets(子集)、Ages(年龄)等。需要注意的是，检索限定的选项一经确定，会保持激活状态而在此后的检索中持续起作用，并在检索结果显示页的右上方提示检索限定的具体内容。

3. 检索结果的输出

PubMed 的检索结果默认以 Summary 格式显示(图 2-6-9)，包括每篇文献的题目、作者、出版杂志信息、相关文献(Related Citations)链接等，如果该篇文献可以免费获取全文，则有 Free Article 链接。显示方式可以通过点击页面上方的"Display Setting"进行更改。

NCBI　Resources　How To　My N

PubMed.gov　PubMed　heart failure　Search
US National Library of Medicine
National Institutes of Health　Advanced

Limits

Dates
Published in the Last　Any date

Type of Article
Clinical Trial
Editorial
Meta-Analysis

Languages
English
French
Italian

Species
Humans
Animals

Sex
Male
Female

Subsets
AIDS
Bioethics

Ages
All Infant: birth-23 months
All Child: 0-18 years

Text Options
Links to full text
Links to free full text
Abstracts

Search Field Tags
Field:　All Fields

Reset　Search

图 2-6-8　限定选择页面(局部)

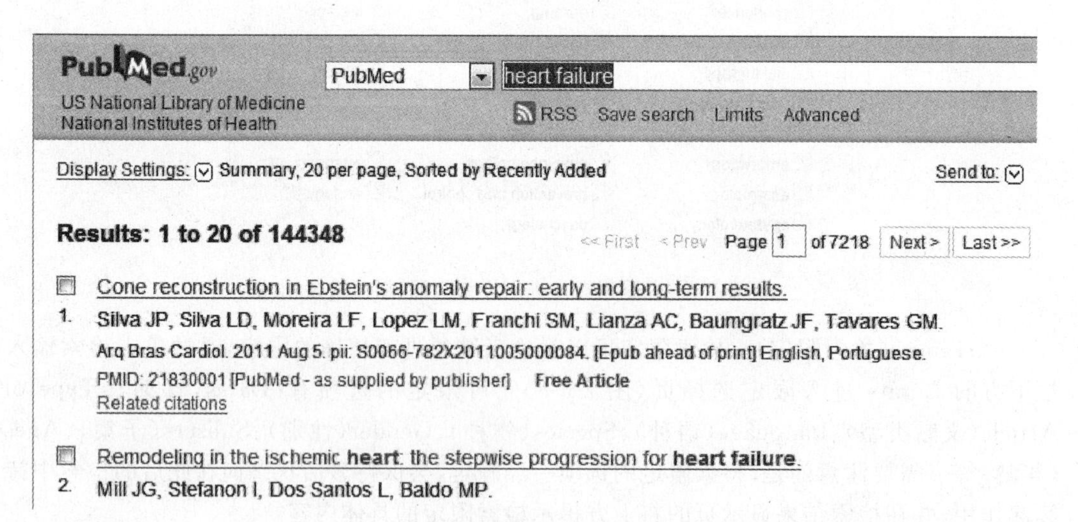

图 2-6-9　检索结果页面(左上部)

该设置还可对每页显示的记录条数(Items per page)、记录排序方式(Sort by)进行更改,更改设置后点击“Apply”生效。页面右上方的“Send to”下拉菜单可以设置并输出检索结果,包括 File(将结果保存为文件),Clipboard(将结果复制到剪贴板),Collections(将检索结果保存在 My NCBI 中),E-mail(将结果发送到指定的电子邮箱),Order(向 NLM 订购全文,付费)等。

页面右侧有多个栏目(图 2-6-10),主要有:①Filter your results:可选择显示总结果(All)、免费全文(Free Full Text))或综述(Review)。点击"Manage Filter", My NCBI 用户可以对检索结果滤过功能进行个性化设置。②Titles with your search terms:提供篇名包含检索词的文献,可视为最密切相关的检索结果;③free full-text articles in PubMed Central:提供在 PubMed Central 中能获取免费全文的文献;④Find related data:可以选择在 NCBI 其他数据库中检索该课题,以扩大检索范围。

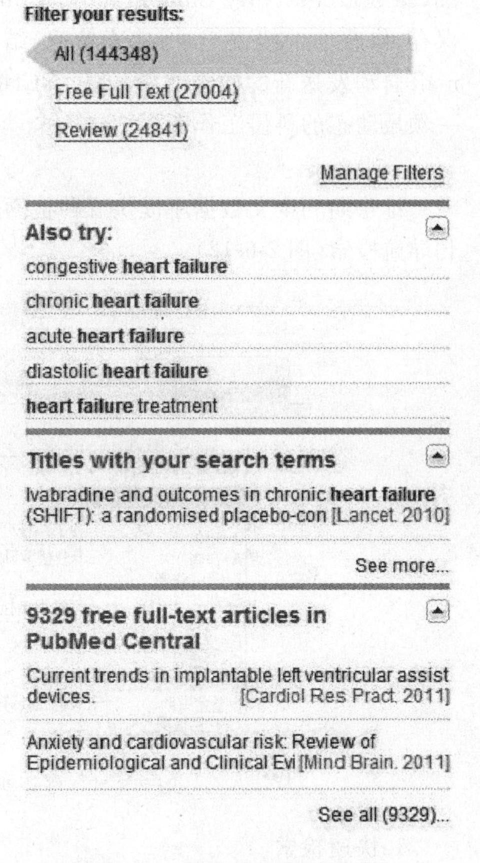

图 2-6-10　检索结果页面(右部)

4. 辅助工具

除了检索功能外,PubMed 还提供了一系列辅助工具,使检索工作更为方便。如 My NCBI (NCBI 账户)、LinkOut(外部链接)、Clinical Trials (临床指南数据库)及 Batch Citation Matcher(批量引文匹配器)等。这里对 My NCBI 功能作一简单介绍,其他工具请查阅"帮助"了解。

My NCBI 是一个非常实用的文献管理工具,是 NCBI 数据库提供的个性化服务。PubMed 各页面右上方均有"My NCBI Sign In"链接。点击后进入登录界面。初次使用需要点击"Register for an account"注册账号,也可以使用你的 Google、NIH 及其他"via Partner Organization"账号登录。

进入 My NCBI 主页面(图 2-6-11),主页面支持定制,默认有 Search NCBI database,

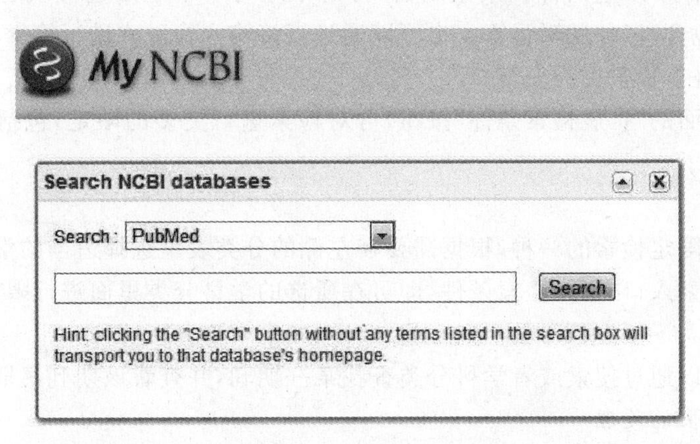

图 2-6-11　My NCBI 主页面(局部)

Saved Searches，My Bibliography，Collections，Recent Activity，Filters 等项目，分别可以保存、修改你的搜索记录、检索策略、结果过滤、个人书目记录等，还可以设置定期通过 E-mail 自动发送新的检索结果。My NCBI 大大方便了检索工作，尤其适用于需要长期跟踪某一领域动态的科研工作者。

(三)维普

维普期刊全文数据库提供五种检索途径：快速检索、传统检索、高级检索、分类检索和期刊导航检索(图 2-6-12)。

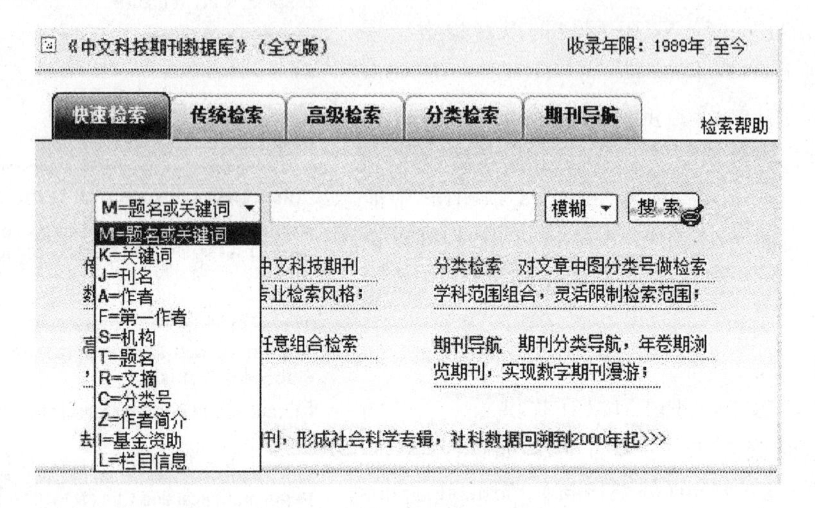

图 2-6-12　维普期刊全文数据库检索界面(局部)

1. 快速检索

在检索框中输入一个或多个检索词，点击“搜索”即可。多个检索词之间用空格隔开，默认其为“与”关系。检索词间使用符号“ * 、+、—”分别代表逻辑“并且、或者、不包含”含义。可以限定检索字段，默认为在“题名或关键词”字段中检索，也可从下拉框中选择其他字段进行检索。

2. 高级检索

高级检索提供了多重条件检索生成器，可简单地对 5 个字段进行限定，字段之间支持“并且、或者、不包含”三种逻辑运算。也可以通过直接输入检索式进行检索。对于初学者来说，通过生成器进行检索更为安全。

通过点击页面的“扩展检索条件”按钮，可对检索进行更多的限定，包括时间条件、专业限制、期刊范围。

3. 分类检索

分类检索是限定检索的一种，根据需要在左侧的分类表里选择适当的学科分类，然后在检索框内选择检索入口，输入检索条件，即可在所选的学科分类里面进行限定检索。

4. 期刊导航

期刊导航可以通过搜索或者学科分类查找某一期刊，并查看该期刊某期刊载的文献。

(四)检索结果的处理

检索结果默认为概要显示按照时间倒序排序，每页显示 20 条(图 2-6-13)。在页面上方区域，可以对结果显示方式和每页条目数进行调整，显示方式可以在概要显示、文摘显示、全记录显示之间切换。同时，可以根据需要在该页面进行再次检索并配合下方的“重新检索、在结果中检索、在结果中添加、在结果中去除”选项。

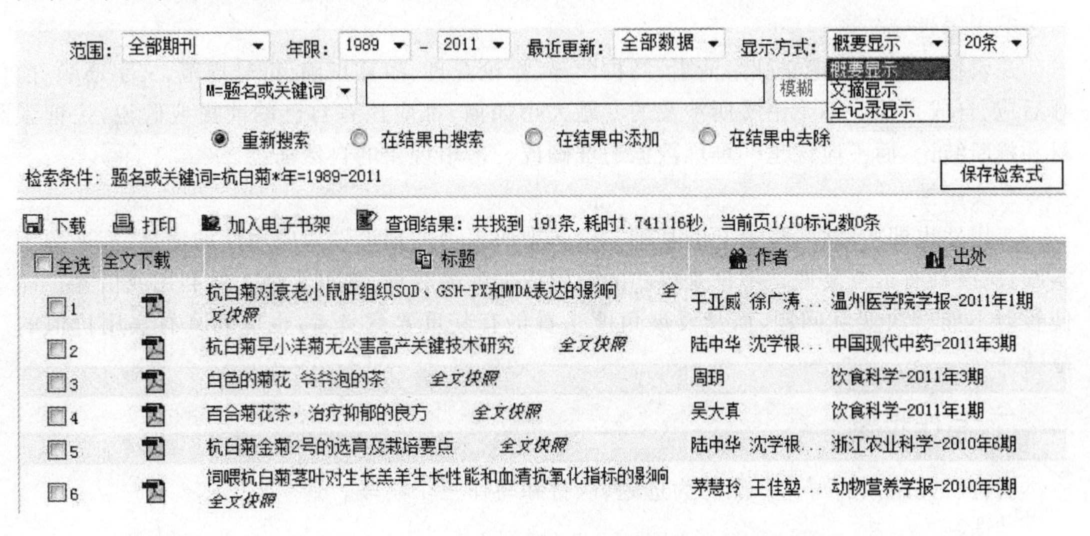

图 2-6-13　《中文科技期刊数据库》检索结果页面(局部)

在概要显示模式下，检索结果显示文献标题、作者和出处，在标题前方如果有 pdf 图标则说明该文可以下载全文，点击该图标即可弹出文件下载对话框，可以选择打开或者保存该文件，文件为 PDF 格式。点击文献标题可进入摘要页面，详细显示该文献的题目、作者、中英文摘要、关键词等信息。在该页面也有全文下载之链接。

（叶治国）

第七节　实验研究论文的撰写

一、基本要求

1. 科学性

就描述对象而论，科学性是指论文只涉及科学与技术领域的命题。就描述内容来看，科学性是指它要求文章的论述具有真实性、可信性。文章必须有足够的、可靠的和精确的实验数据、现象或逻辑推理作为依据。实验的整个构成可以复核验证，论点的推理要求严密，并正确可信。为此要求做到以下几点：

(1)科研设计严谨、周密、合理，要排除影响结果的各种干扰因素。

(2)实验方法要正确，设必要的对照组，要采用随机双盲对照法。

(3)实验结果进行统计学处理。

(4)讨论从实验资料出发，以事实为依据，实事求是评价他人和自己的工作。结论要精确、恰当，要有充分论据，切忌空谈或抽象推理。

2. 首创性

首创性是科技论文的灵魂，它要求论文所揭示的事物现象、属性、特点以及事物运动时所遵循的规律,或者这些属性、特点以及运动规律的运用必须是前所未见的、首创的、或部分首创的,而不是对他人工作的复述。

3.逻辑性

逻辑性是指要求论文脉络清晰、结构严谨、推论合理、演算正确、符号规范、文字通顺、前呼后应、自成系统。不论论文所涉及的专题大小如何,都应该有自己的前提或假说,论证素材和推断结论,而不应该是一堆堆数据的堆砌或一串串现象的自然描绘。

4.实用性

实用性也即实践性,是论文的基础。论文中所报道的理论性或应用性的信息,都来源于实践,应该具有可重复性。不论是成功的经验或失败的教训,都可为他人所利用或借鉴。即使暂时不能解决实际问题,而从发展角度来看仍有其重要意义者,也应列入有实用价值的范畴。

二、写作步骤

实验研究论文的写作一般分为选题、取材和写作三个阶段。

1.选题

选题应尽可能做到:

(1)从创新的角度出发,选取他人尚未做过的课题或有发展前途的课题;或从国家经济建设角度出发,选择有实用价值的课题。要进行充分的文献检索,避免重复劳动。

(2)课题要明确、具体。

2.取材

医学论文是用资料表现主题,占有或积累的资料愈多,愈充实,形成的观点和提炼的主题就更能正确反映客观事物的本质和主流。

3.写作

主要应做好几点:①构思;②拟写题纲;③成稿和润色。

三、格式与内容

为了方便写作和学术交流,科研论文有固定而符合逻辑的格式及一定的顺序和要求,并为医学作者接受和习惯通用。一篇优秀的论文尽管涉及的内容各不相同,论证方法各有差异,但均有精炼的文题、创新的内容、科学的方法、精确的论据、充分的论证。

医学学术论文的格式一般分为三个部分:前置部分、主体部分和附录部分。

(一)论文的前置部分

1.题目(title)

题目(标题、题名、篇名)是论文中心思想和主要内容的高度概括,反映研究对象、手段、方法与达到的程度。应简明扼要、确切醒目且具信息,便于检索和编目。题目像一种标签,切忌用冗长的带有主、谓、宾语结构的完整语句逐点描述论文的内容,也要避免过分笼统,反映不出每篇文章的主题特色。具体要求是:

(1)醒目　准确得体,有特色和新意;

(2)副题　题目在语意未尽时才借助于主题目后面的副标题来补充论文的下层次内容,但尽量省略;

(3)简短 题目一般不超过20字,最多30字,英文文题不超过10个实词,尽量省去“的研究”或“的观察”等非特定词;

(4)缩略词和符号 避免使用化学分子式及非众知通用的缩略词语、字符和代号;

(5)数字 题目中的数字宜采用阿拉伯数字,但作为名词或形容词的数字仍用汉字。

2.著者署名

著者系指论文主题内容的构思者、研究工作的参与者及具体的撰稿执笔人员。署名应遵从下列规定:

(1)严肃认真,写真名、全名;

(2)个人署名是基本形式,单位署名极少;

(3)署名按对论文贡献大小排序;

(4)署名后列出作者的单位全称或通信地址,方便读者在需要时与作者联系。

3.摘要

结构式摘要(structured abstract)由目的、方法、结果、结论四个部分组成。

(1)目的 说明研究要解决的问题,突出论文的主题内容;

(2)方法 说明研究所采用的方法、途径、对象、仪器等,新的方法须详细描写;

(3)结果 介绍所发现的事实,获得的数据、资料,发明的新技术、新方法,取得的新成果;

(4)结论 在对结果分析的基础上得出的观点或看法,提出尚待解决、或有争议的问题。

摘要是从论文内容中提炼出来的要点,是概括而不加注释或评论的简短陈述,既可供读者检索或判断,也可为二次文献转载或重新编写提供信息。能独立成章,尽量避免引用正文中列出的公式、图、表或参考文献。以300字左右为宜,最多不超过500字。我国多数刊物要求同时有中英文的题目、作者及摘要(包括关键词)。

4.关键词

关键词(key words)是文稿中最能反映中心内容的名词或词组,是最能说明全文含义的词。列出3~8个参考MeSH词表。关键词一般在中文摘要的后面。

(二)论文的主体部分

论文的主体部分内容和格式通常包括引言、方法、结果、讨论和参考文献五个部分。它们分别回答为什么研究本课题、怎样研究、有何发现、该发现在医学理论和技术上有何意义以及文内的引证出自何处等。

1.引言

引言(introduction)作为论文正文的开端,主要介绍论文的背景、相关领域的前人研究的历史与现状(包括研究成果与知识空白)以及作者的意图与依据,包括论文的目标、研究范围、理论依据和方案选取技术设计等。引言要求精炼、简短,200~300字。

2.材料

材料(materials)和方法是论文的基础,对论文质量起关键作用,故须叙述具体真实。试剂药物等写国际通用名,少用代号,不用商品名,便于供他人学习或重复验证。

(1)实验对象 病人或实验动物的年龄、性别、品系及其他重要特征等;

(2)实验仪器 应说明所用仪器的型号、制造的国别和厂家等详细的参数等;

(3)实验药品和试剂 材料的来源、制备、选择标准,包括普通名等。

3. 方法(methods)

方法(methods)包括实验对象的分组,实验环境和条件的控制,样品的制备方法,实验动物的饲养条件,药物、试剂的配制过程和方法,实验步骤或流程,操作要点,观察方法和指标,记录方式,资料和结果的收集整理和统计学方法的选用。方法若为改进的,要着重写出改进部分和原法的比较;要评述创新部分。

4. 结果(results)

结果(results)部分要针对研究的问题,逐一列出结果。结果内容包括真实可靠的观察和研究结果,测定的数据,导出的公式,取得的图像,效果的差异(阴性和阳性)。论文的结果具有精确性和可重复性,因此,要对实验结果的数据作分析筛选,在核对后作相应的统计学处理,列出其均值、标准差、标准误,根据不同的数据采取不同的显著性检验方法以观察组与组之间的差别有无显著性,并标明 t 值和 p 值。同时要注意实验次数或观察例数是否足够,有无可比性。

结果的表达形式有文字叙述、表和图三种。图表要规范化,图表可作为文字叙述的补充,甚至可表达用文字难以叙述的材料,使读者易懂。

5. 讨论

讨论(discussion)是从实验和观察的结果出发,从理论上对其进行分析、比较、阐述、推论和预测。实验型论文的讨论部分要体现创造性发现与独到见解。讨论的内容包括:

(1)对研究结果的理论阐述。从理论上对实验结果的各种资料、数据、现象等进行综合分析。归纳分析问题须以实验资料为依据,其所讨论的结果不仅客观真实,数量准确,而且研究方法正确,要观点明确,摆事实讲道理。为了估计实验结果的正确性和实验条件的可靠性,可与他人的结果进行比较,并解释其因果关系。用科学的理论阐述自己的观点,分析实验结果。但在陈述中要有一定的把握,切不可用未经实践证明的假说当作已被证明的科学理论。

(2)类似问题的国内、外研究进展情况,本研究资料的独特之处,其结果和结论与国内、外先进水平比较居何地位,实事求是地提出自己的见解。可以引用其他作者或其他领域的研究成果以说明和支持自己的观点和结果,但不要大量引用他人资料,无把握的看法则不能草率作出结论。

(3)指出结果和结论的理论意义及其大小,对实践的指导作用与应用价值(经济效益、社会效益)如何等。

(4)研究过程中遇到的问题、差错和教训,同预想不一致的原因,有何尚待解决的问题及其解决的方法,提出今后的研究方向、改进方法以及工作的设想和建议,以便读者从中受益。

(5)讨论中的逻辑性要强,要有新的独特的见解。提出新观点新理论时要讲清,以便读者参考或接受。不要回避相反的理论或自身的缺点。必要时可列出不同的观点和理论,对此,要明确肯定什么或反对什么,并说明理由;但要避免文献堆砌。

6. 结论

结论(conclusion)文字要简短,一般少于 200 字,不用表和图。结论是根据研究结果和讨论所作出的论断,主要指出解决了什么问题,总结发现的规律,对前人的研究或见解做了哪些修正、补充、发展、证实或否定。结论是论文最终的和总体的精华论述,结论总结概括了整个研究工作,但并非简单重复正文各部分内容的小结,而是作者在实验结果和理论分析的基础上,经过严密的逻辑推理,更深入地归纳文中能反映事物本质的规律和观点得出有创造性、指导性、经验性的结论,要突出新发现、新认识和新创造。其措词必须严谨、精炼,表达要准确,有条理性。结论要与引言呼应。现多数论文已不写结论部分,而将此项内容写入讨论中或写入摘要部分。

7. 致谢

致谢(acknowledgements)是作者对在本科研及论文的某些工作中,曾帮助和指导过的有关单位或个人表示感谢的文字,事先应征得本人同意后方可刊出其姓名,置于文末,参考文献之前。致谢对象有:

(1)对本科研工作参加讨论或提出过指导性建议者;

(2)协助或指导本科研工作的实验人员;

(3)为本文绘制图、表和为实验提供样品者;

(4)提供实验材料、仪器以及给予其他方面帮助者。

8. 参考文献

参考文献(references)是论文在引用他人的资料,在论文最后列出的文献目录,这既是为了反映科研和论文的科学依据,表明作者尊重他人的研究成果,同时也向读者提供有关原文信息的出处,便于检索,故参考文献不能省略,同时应符合下列要求:

(1)尽可能选用最近3～5年内的和最主要的文献;

(2)作者亲自阅读过的;

(3)对本科研工作有启示或较大帮助的;

(4)与论文中的方法、结果和讨论关系密切的、必不可少的;

(5)已公开发表的参考资料。

参考文献的书写有规定的格式,常用的格式为温哥华(Vancouver)格式,例如:

[1]徐淑君,沈海清,陈忠,等. 大鼠海马NMDA受体NR1亚单位蛋白的基础表达量与学习记忆相关. 浙江大学学报(医学版),2003,32(6):465－469

[2] Klausmeier CA, Litchman E, Daufresne T, Levin SA. Optimal nitrogen-to-phosphorus stoichiometry of phytoplankton. Nature,2004, 429(6988):171－174

[3] 张志敏. 实验小儿腹泻病学. 北京:人民卫生出版社,1996

[4] Philips SJ, Whisnant JP. Hypertension and stroke. In: Laraph JH, Brenner BM, editors. Hypertension: pathophysiology, diagnosis, management. 2nd ed. New York: Raven Press,1995:65－78

(三)附录部分

必要时,可在文后增加附录。附录主要有插图和表格。

四、应注意的几个问题

(一)表

医学论文中最常用的表是统计表,其次为文字叙述表或非统计表。一般用三线表,表内不用纵线和横线,取消端线及斜线。表题应简明,一般少于15字,其末不用标点符号。

栏目要合理,单位名称(例、只、mg、kg、mmol/L、kPa、%等)加圆括号集中写在栏目之后。

表序用阿拉伯数字编号,全文只有一表者可写为“附表”。表内类同的数据应竖排,数据的有效位数应一致,上下行数字的位数应对齐,合计数纵横要相符,表内数字必须与正文中相符。表宜少而精,凡用少量文字能交代清楚的不用表,表的内容以数字为主,文字从简。可用非标准的缩略词,但须在表下注明。

(二)图

图是一种形象化的表达形式。表达结果最常用的图主要有线图、条图、点图、坐标图、描记图、照片等。要求主题明确真实,突出重点,线条美观,黑白分明,影像清晰。统计图采用SigmaPlot、Prism等专业绘图软件或Excel软件在计算机上制作,常用尺寸为127mm×173mm。纵、横坐标宜画细线,图中线条应稍粗。坐标刻度宜稀不宜密,其刻度要朝内。纵横坐标内不要留过多的空白,图例尽量排在图内。照片要求清晰,层次分明。不易看懂之处可画箭头标示或附简单线条图说明。标本照片应在图内放置标记尺度。显微照片或电镜照片均需说明放大倍数和染色方法。图面清洁无皱褶,以便制版。照片背面注明图序号,上下左右位置、染色方法、放大比例和作者姓名,以防丢失、混淆或贴错顺序与方向。照片和原始记录图也可扫描后制成电子版图片,但必须有足够分辨率。图在正文中用占3行稿纸的长方框标出其相应的位置。用阿拉伯数字标出图序,全文仅1图者,其图序可写为“图1”。图题要简明,一般少于15字,写于图正下方。插图说明或图注应写在另页纸上,并注明相同的图序号。

(三)法定计量单位的使用方法

法定计量单位的使用以《中华人民共和国法定计量单位使用方法》为准则,现就实际使用中的具体问题简要介绍如下:

1.在阿拉伯数字后有计量单位时,一律用法定计量单位或用单位符号,如2cm,4mg等。不应写2厘米,4毫克等。

2.法定计量单位符号在句末,应采用相应的标点符号。

3.一组同一计量单位的数字,应在最后一个数字后标明计量单位符号,如8、16、24kg等。

4.当叙述到计量单位时,一般应写汉字。如“每升”不应写成“每L”。

五、生理科学实验报告和创新性实验论文撰写的具体要求

(一)实验报告和创新性实验论文撰写的意义

实验报告和创新性实验论文是对实验的全面总结。通过书写报告和论文,可学习和掌握科学论文书写的基本格式、图表绘制、数据处理、文献资料查阅的基本方法,并利用实验资料和文献资料对实验结果进行科学的分析和总结,提高实验者分析、综合、概括问题的能力,为今后撰写科学论文打下良好的基础。

(二)实验报告和创新性实验论文格式及内容

实验报告和创新性实验论文除按本节实验研究论文格式、内容要求撰写外,还应注意以下要求:

1.实验报告题目

实验报告可用实验讲义上的题目,也可自己根据实验内容拟定。题目前加实验序号。自拟实验报告题目和创新性实验论文题目应按本节实验研究论文题目的要求撰写。

2.作者署名

实验报告或论文的第一作者为参加实验的报告撰写者，第二、第三等作者应为同组或同一研究团队的成员，根据贡献大小排名。署名应写全名，作者单位为第一作者所在的学校、年级、专业、实验班级和组号，后加浙江 杭州 310058。如：

实验 12　家兔动脉血压的神经和体液调节

李文，张咏

（浙江大学 2009 级临床医学专业 4 班 2 组，浙江 杭州 310058）

3.摘要

实验报告和论文采用结构式摘要，按目的、方法、结果、结论格式书写。结果用文字、统计描述和统计结果表述。篇幅要求参见本节或根据教师要求。

4.引言或背景

主要介绍实验的背景、与本实验相关的研究情况及意义等。引言一般为 200～300 字。

5.材料和方法

材料方法部分应根据实验现场情况撰写，可参照教材、文献，但切忌照抄。

（1）实验对象　实验动物的种类、品系、性别、年龄和健康情况，人体性别、体重、年龄等。

（2）实验仪器　仪器设备的名称、生产厂商，实验仪器系统的组成方法及参数。

（3）实验药品和试剂　药品和试剂的名称、规格、剂型和生产厂商。

（4）实验方法　实验环境和条件的控制，样品的制备方法、实验动物的饲养条件，药物、试剂的配制过程和方法。实验对象的分组及处理，实验主要步骤、操作方法。

（5）数据记录　观察方法和指标，数据记录方式，资料和结果的收集整理。

（6）统计学分析　数据的表示方法和统计方法。

6.结果

（1）文字叙述　针对观察项目，用文字、统计描述、统计结果逐一列出结果。该项内容是必不可少的。进行不同处理项比较，应将不同处理项的结果合并列出。

（2）图、表　正文中采用经过统计处理的图、表，实验数据统计结果表（表 2-7-1）。图表应标注图序、图题、表序和表题，图、表中数据的有效位数应一致，上下行数字的位数应对齐，统计结果的标注要规范。

（3）原始数据　以表格形式记录的实验原始数据（表 2-7-2），经过编辑标注的原始记录曲线、照片等（图 2-7-1）及对图、表的说明文字，放在报告的附录部分，该项内容是必不可少的。

表 2-7-1　钙离子对离体蟾蜍心脏的收缩、舒张作用

处理项目	n	心脏收缩末期张力(g)		心脏舒张末张力(g)	
		处理前	处理后	处理前	处理后
无钙任氏液	10	0.83±0.23	1.07±0.30**	4.24±1.89	1.88±0.52**
22×10^{-4} mol/L Ca^{2+} 任氏液	10	0.86±0.31	0.71±0.29**	3.58±1.46	5.54±1.89**

* $P<0.05$，** $P<0.01$，与处理前比。

表 2-7-2 肾上腺素对心肌收缩力和心率的影响

样本号	心肌收缩力(g)		心率(次/min)	
	对 照	肾上腺素	对 照	肾上腺素
1				
2				
⋮				
$\overline{X}\pm S$				

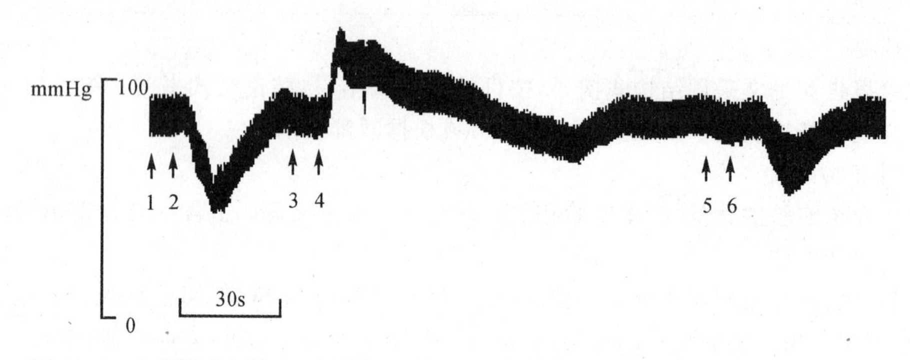

图 2-7-1 电刺激迷走神经、减压神经、静脉注射去甲肾上腺素对家兔动脉血压的影响

1、3、5:处理前对照;2:刺激迷走神经末梢端;4:静注去甲肾上腺素;6:刺激减压神经中枢端。仪器灵敏度:20mmHg/cm;纸速:50mm/min。家兔体重 2.6kg。1999.10.25,13:30;气温 20℃。实验者:朱军。

7. 讨论

(1) 按本节实验研究论文的讨论要求撰写。

(2)对实验结果的各种资料、数据、现象等进行综合归纳分析,阐明实验现象的规律,从理论上阐明实验结果、实验现象规律的机制。对关键或重要的理论要表明依据,引用文献要恰当,引用其主要观点或结论,不要大段引用原文。

(3)讨论要注意论述的逻辑性。一般应从实验结果出发,综合分析得出处理因素的作用或实验现象的规律,再阐明其机制。

(4)对实验过程中遇到的问题、差错和教训,与预测结果不一致的情况,要分析原因,提出解决问题的方法、注意事项和改进意见。该项陈述放在讨论的最后。

8. 结论

根据实验结果和讨论,指出解决了什么问题,总结发现的规律等。结论要与实验目的相呼应。

9. 参考文献

参考文献不能省略。除按本节实验研究论文的参考文献要求外,须注意参考文献引用标注,标注方法为在引用句末根据引用顺序用上标序号(用方括弧括住序号)表示。

10. 缩略词

如果需要在文中使用英文缩略词,必须在第一次出现时给出该词的中文和英文全称及缩略词,如肾上腺素(adrenaline, Adr)。

(陆 源 夏 强)

第八节　科研训练项目的申请

国内有许多高校设立大学生科研训练计划(Student Research Training Program,简称SRTP)、挑战杯等项目。其中SRTP是为本科生提供科研训练的机会而设立的,目的是使学生尽早进入各专业科研领域,接触学科前沿,了解学科发展动态;增强学生创新意识,培养学生创新和实践动手能力;加强合作交流,培养团队协作精神,提高学生综合素质。

医学生积极参加科研活动,有利于提高自身的工作能力、科研能力和创新能力,有利于自己的今后医疗、科研工作或进一步深造和创业。

一、SRTP项目的申请

(一)SRTP基本情况介绍

1. SRTP项目来源

SRTP的项目来源主要是学生自定的科研项目或研究课题,学生可以在教师指导下进行申报。

2. SRTP申报

SRTP申请对象以本科生二、三年级为主(五年制和七年制为二、三、四年级为主)。

SRTP项目的申请者向学部教育办公室领取和填写《浙江大学SRTP学生立项申请表》。SRTP立项年限大部分项目为1年,部分项目可为半年。

3. SRTP经费资助与实施

学生SRTP校级和院级项目有一定资助经费。立项人应按项目进度要求组织实施。学部有一次项目中期检查和一次结题答辩。项目负责人要做好项目中期检查和一次结题答辩的准备工作。

(二)SRTP立项申请

1. 项目

SRTP立项申请的首要问题是提出研究项目,可从以下几个方面着手提出研究项目:

(1)关注某一研究领域,经常性地查阅有关文献资料,了解研究动态和尚需解决的问题,提出研究项目。

(2)在课程和实验、实践教学过程中,勤于思考和探索,极积发现问题并勤于查阅文献资料,提出需要改进的方面或解决的问题,由此提出研究项目。

(3)积极参加教师的科研工作,查阅有关研究的文献资料,提出见解或假设,形成研究项目。

(4)通过生理科学实验课程的研究型实验教学,全面了解自己研究项目的背景,将该研究项目进一步完善、深入研究或进行相关研究。

(5)积极地与教师合作,在教师的指导下,查阅文献资料,提出研究项目。

2. 立项申请注意事项

要根据SRTP项目特点提出研究项目和研究计划,主要有以下几个问题:

(1)研究项目依据充分,科学合理,切实可行,不可为申报而申报和盲目申报,否则,研究项目难以实施。

(2)SRTP 项目资金有限、时间较短(1 年或半年)。研究项目的内容和计划要短小精悍,不可过大,否则不能按计划完成。

(3)聘请有研究经验的教师做指导教师,并落实好项目研究的场地、设备等资源。

(4)研究项目尽可能进行可行性分析和评估,必要时进行预试。

3. SRTP 学生立项申请表的填写

(1)项目名称　项目名称应确切反映研究内容、范围和特点,简明扼要,字数约 25 个汉字。

(2)项目内容　这是立项申请最重要的部分,应阐述与研究项目有关的研究领域的背景、尚待解决或要阐明的问题、本研究项目拟解决的问题、研究采用的方法和技术、本研究的特色及创新点、预期项目所能得到的结果及对科学、社会生产、医疗等的意义或应用价值。

(3)项目来源和类别　项目来源主要与指导教师有关,如项目与指导教师的研究课题有联系,根据课题来源进行填写。项目类别根据研究项目内容所涉及学科填写。

(4)对合作者要求　可邀请若干名同学参加项目申请和研究,参加项目的同学应有助于项目的完成。

(5)项目执行环节　根据研究项目制定出项目实施的具体方案和步骤。

(6)项目创新的体现　简要阐明本研究项目的特色及创新点,依据应充分客观。该项内容是评价研究项目价值的重要部分。

(7)拟聘请导师　可聘请 1～2 位有研究经验的教师担任导师,填写时应征得教师的同意。导师是完成研究项目的关键,导师将为项目研究提供设备、资金及技术和学术指导。

(8)预期成果　预期项目完成可发表论文、成果鉴定等,学习了哪方面的知识和技能。

(9)项目年限　本项内容应根据项目执行环节制定出完成项目每一部分的时间表(项目进度安排),如"某年某月～某年某月完成某项内容"。根据时间表推出完成项目的年限。项目进度安排应与导师协商制定。

(10)项目经费　写明申请 SRTP 经费的数额及用途,导师资助数额及用途。

(11)现有资源　研究项目所需的设备、实验室等,申请时一定要落实好,并征得有关科室负责人和教师的同意。

二、"挑战杯"学生科研立项资助项目的申请

(1)"挑战杯"项目要求较 SRTP 项目高,主要支持有创新学术思想、科技发明和创造思想的本科生、硕士和博士研究生开展研究工作。

(2)项目分为自然科学类学术论文、社会科学类社会调查报告和学术论文、科技发明制作共三大类。自然科学类学术论文类作者限本、专科生。科技发明类要求侧重解决社会生产生活中的具体问题。

(3)立项年限为一年,可跨学院联合申报,由两名副教授以上职称的教师填写推荐意见。

(4)SRTP 立项已结题的科研项目优先考虑。正在进行的 SRTP 立项不可重复申报。

(5)填写"挑战杯"项目申请表可参照 SRTP,但要更详尽,作品(研究项目)要有一定的水平和价值,填写时要突出作品(研究项目)的创新点和价值。

(夏　强)

第三章 生理科学实验常用仪器和设备

生理科学实验以动物为主要实验对象,观察和研究机体功能和代谢变化。机体功能和代谢的变化以生物信号的形式表达,有些生物信号是生理过程自发产生的,例如血压、心电信号、体温、血液氧分压、神经细胞动作电位等,另有一些信号是外界因子施加于机体,机体响应后再产生出来的,例如超声信号、同位素信号、X 射线信号、血药浓度等。对绝大多数的生物信号,人的感官不能直接感知,需要借助仪器设备才能对其进行观察和测量。一般可将生物信号分成三大类:

(1)化学信号　包括机体各种生命物质的化学组成成分和机体内物质含量。

(2)生理信号　包括生理和心理信号,如血压、呼吸、肌肉张力、视觉、情绪等。

(3)物理信号　包括生物电、生物声、生物光、生物磁等。

生理科学实验研究涉及上述三类生物信号的观察和测量,但各有所侧重:在化学信号中比较侧重于机体内物质含量的信号,如血糖浓度等;在生理信号中主要研究肌肉张力、血压、血流量等;在物理信号中目前以研究生物电、生物声为主。

生理科学实验中的多数内容是通过观察测量生物信号来了解机体功能代谢的情况,其实验过程如图 3-0-1 所示。在这一过程中,实验对象(动物)的信号反映机体功能代谢的情况,通过换能器从实验对象拾取生物信号并变换成电信号,该电信号(比较微弱)经记录测量仪器的放大后以人感官所能感知的信息形式显示和被记录。若对实验对象施加刺激,则反映机体功能代谢情况的信号就会相应变化,对这些变化的信号进行分析,便可获知机体功能代谢变化的情况。

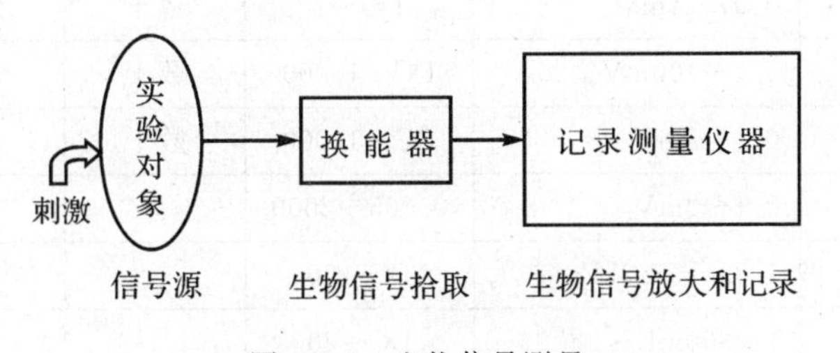

图 3-0-1　生物信号测量

第一节　生物信号特性及处理技术

我国生理学科教学实验室在 20 世纪 70 年代还在使用杠杆、检压计、记纹鼓、感应线圈做实验,70 年代中期至 80 年代初,沿用了 100 多年的杠杆、检压计等被各种传感器替代,感应线圈被电子刺激器替代,记纹鼓被记录仪替代,生物信号前置放大器和示波器进入实验室。新技术的应用,极大地提高了生理科学实验的水平和效率。同时,新技术的应用使一大批新的实验内容作为教学内容进入实验室成为可能。进入 90 年代,随着计算机技术的迅猛发展和普及,计算机生物信号实时采集处理系统开始进入实验室,为实验技术的自动化、信息化及开展研究型实验教学提供了有力支持。

生理科学实验仪器是根据被检测信号的性质而设计的。要正确使用实验仪器、保证实验顺利进行,就必须了解和掌握生物信号的基本特性及生物信号处理的基本知识。

一、生物信号的基本特性

在生理科学实验中,生物信号(如血压、肌肉张力、生物电等)通过换能器(如压力换能器、张力换能器、电极)将其转换为电信号,再经过放大后显示或被记录。生物信号是一类比较复杂的信号,了解生物信号的基本特性有助于实验的顺利和正确进行,有助于对实验结果进行分析。

表 3-1-1 列出的一些典型的生物电信号反映了低幅、低频、源阻抗大的生物电信号的基本特性。生物电信号的振幅最高的约为 100mV,低的仅 0.01mV,多数为 1mV 以下。与数百毫伏的电极极化电压和数伏的干扰信号比,生物电信号振幅就比较低。生物电信号的频率范围从 0Hz 至 10kHz,多数信号在 0.2Hz 到 100Hz 之间,从电信号频率的角度来看,生物电信号属低频信号。生物电有一定的电压和电流,根据欧姆定律,生物电信号源也有电阻(或阻抗),生物电信号源的阻抗(称源阻抗)可达几万欧姆。

表 3-1-1 生物电信号参数

信号名称	幅 度	频 谱(Hz)	源阻抗(kΩ)	极化电压(mV)	干 扰(V)
心电图(ECG)	0.1～8mV	0.2～100	数十	±300	数伏
脑电图(EEG)	0.01～1mV	1～60	数十	±100	数伏
皮肤电(SP)	0.05～0.2mV	1～100	数十	±300	数伏
视网膜电图(ERG)	0.001～1mV	DC～200	数十	±300	数伏
胃电图(EGG)	0.01～1mV	DC～1	数十	±300	数伏
膜电位(MP)	0.1～100mV	DC～10000	数十	±300	数伏
肌电图(EMG)	0.1～5mV	DC～10000	数十	±300	数伏
心音	0.1～2mV	0.005～2000			
动脉血压(直接)	1.33～53.3kPa	DC～50			
血流(主动脉)	1～300mL/s	DC～20			
心输出量	4～25L/min	DC～20			
心阻抗	15～500Ω	DC～60			
呼吸流量	50～1000mL/次	DC～5			

拾取生物电信号的电极常被称为引导电极,拾取生物电信号的过程称为生物电信号引导。在引导生物电信号时,往往受多种干扰信号的干扰,这些干扰信号主要有:

(1)电极极化引起的电极电位　电极电位为直流成分,用直流放大器时,信号直流成分被干扰,在高放大倍数时,使放大器饱和。

(2)电辐射干扰　50Hz 市电干扰信号，供仪器设备、照明等使用的电源，其 50Hz 及其谐波通过仪器、辐射等途径干扰生物电信号，其干扰信号的频率与生物电的频率重叠。

(3)生物电信号的相互干扰　肌电、皮肤电干扰心电，心电、皮肤电干扰脑电等。

生物电信号的检测是指从各种生物电、背景干扰和极化电压中检出需要测量的信号。

二、生物信号的交、直流特性

生物电信号可根据其与时间的关系分为交流信号、直流信号和交直流混合信号。

1. 交流信号

振幅和方向随时间变化的信号为交流信号，如交流电(图 3-1-1)。细胞外记录的生物电信号多数为交流信号，如心电信号(图 3-1-2)、脑电信号、神经干动作电位等。

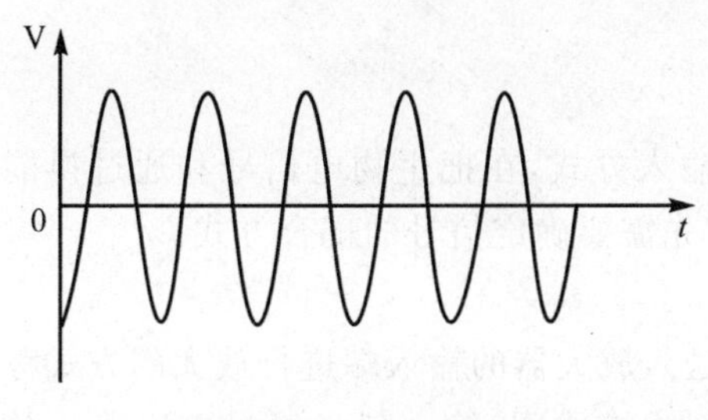

图 3-1-1　交流电

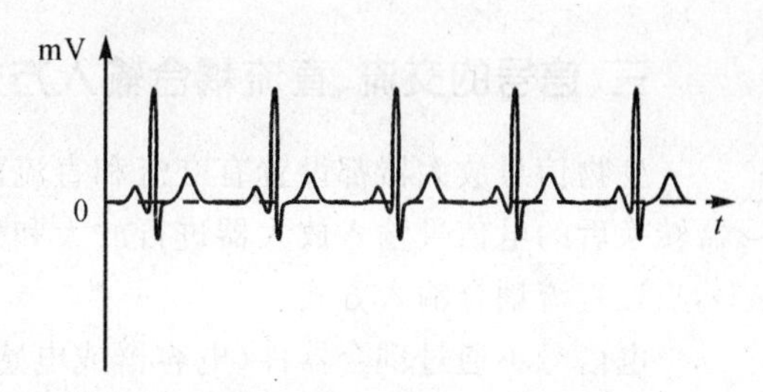

图 3-1-2　人体心电图

2. 直流信号

振幅和方向不随时间变化的信号为直流信号，如直流电(图 3-1-3)。振幅和方向随时间变化很缓慢的信号可视其为直流信号，如电极电位、细胞内记录的细胞静息电位(图 3-1-4)。

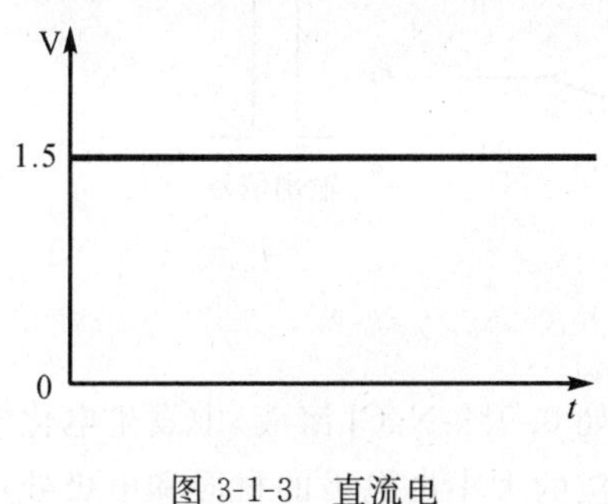

图 3-1-3　直流电

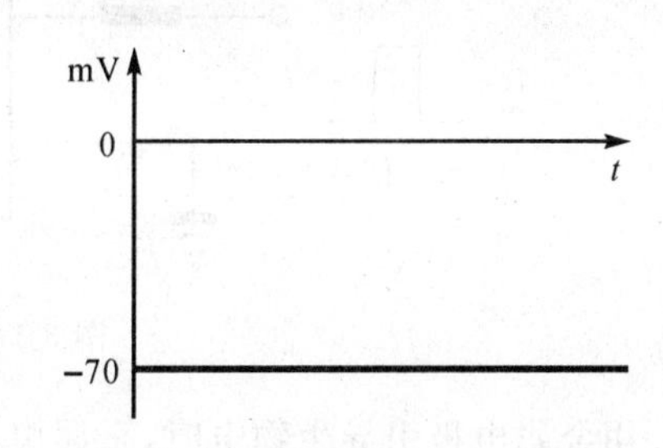

图 3-1-4　细胞静息电位

3. 交、直流混合信号

生物信号中往往既有直流成分又有交流成分。如细胞内引导膜电位变化过程，细胞静息时，记录到的静息电位是直流电信号，细胞兴奋时记录到的动作电位是交流电信号(图 3-1-5)。有些细胞的动作电位含有直流信号成分，如心肌细胞动作电位平台期电位。生物信号通过直流应变式换能器转换为电信号，这类信号往往为交、直流混合信号，如反映肌肉舒张期张力、动脉血压舒张压等是直流信号，而反映肌肉收缩、心脏射血引起的张力和动脉血压变化过程是交流信号(图 3-1-6)。

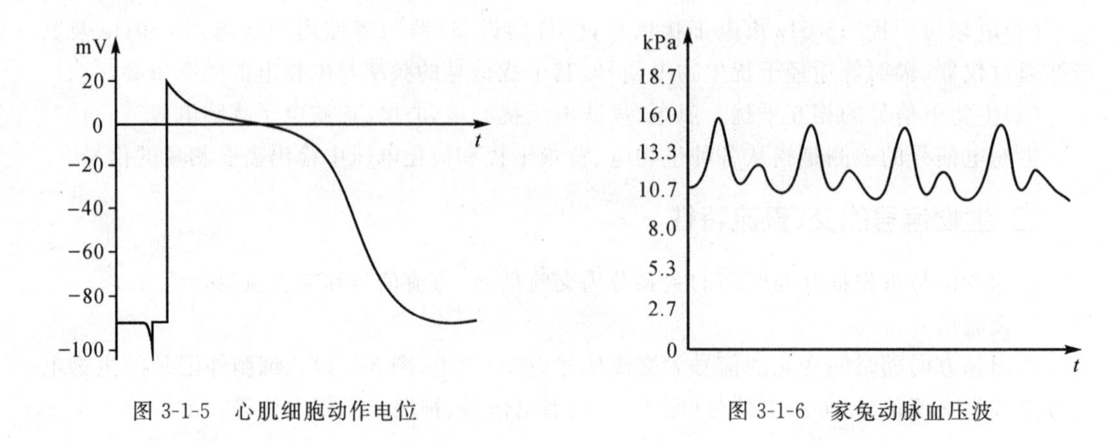

图 3-1-5　心肌细胞动作电位　　　　图 3-1-6　家兔动脉血压波

三、信号的交流、直流耦合输入方式

生物信号放大器都设置有交流和直流两种耦合输入方式,在把生物电信号和通过换能器转换后的电信号输入放大器进行放大和处理时,首先需要确定信号的耦合方式。

1. 直流耦合输入方式

电信号不通过耦合器件(电容器或电感器)直接送入放大器的输入端进行放大的方式称直流耦合输入方式。图 3-1-7 显示一直流耦合输入方式模式图:输入信号通过电阻输入放大器,经放大器放大后输出,输出信号的振幅变大,但时程和相位不变。采用直流耦合输入方式能观察到信号的真实情况。

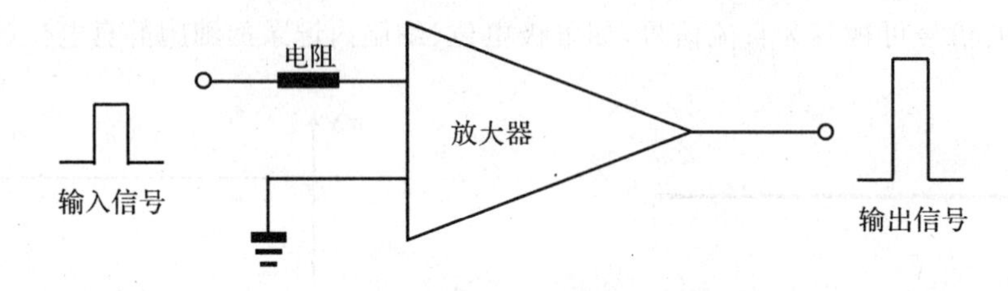

图 3-1-7　直流耦合输入方式

用金属电极引导生物电时,金属电极在极性溶液(如 0.9% NaCl 溶液)中发生电化学反应,使电极间产生电位,这种电位称电极电位。电极电位的大小由电极的材质和电极处理情况所决定。在生理盐水中,银电极的电极电位可达 100mV。电极电位一般表现为直流信号特性。电极电位比多数生物电信号的振幅大得多。当用直流耦合方式放大生物电信号到能被观察记录的程度时,电极电位也被放大并使放大器出现饱和,使生物电信号不能被观察记录到。电极电位也干扰了生物电信号的直流成分,用交流耦合方式可消除电极电位的影响。

2. 交流耦合输入方式

电信号经耦合器件(如电容器)送入放大器的输入端进行放大的方式称交流耦合输入方式。电容器有“隔直”效应,阻止直流电通过电容器。直流电信号不能通过电容器送入放大器的输入端进行放大,交流耦合方式的“隔直”作用使放大器只放大交流信号而不放大直流信号。交流耦合输入方式在放大生物电信号时避免了电极电位被放大后使放大器出现饱和的情况发生。交流耦合输入方式下观察和记录到的信号直流成分往往发生较大的改变(变化大小取决于时间常数)，如图 3-1-8 所示，方波信号经电阻一电容耦合输入放大器的输入端，方波信号的顶(直流)被电容器阻隔，方波信号通过交流耦合放大后变成了微分波。

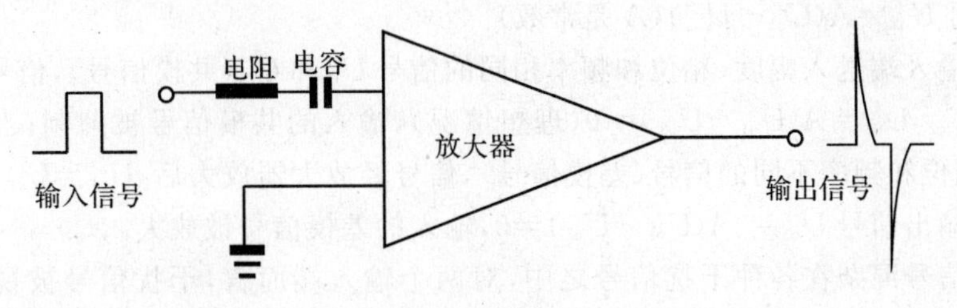

图 3-1-8　交流耦合输入方式

3. 信号的直流耦合输入

细胞内引导的生物电信号和应变式换能器输出的电信号选择直流耦合方式输入到放大器。

4. 信号的交流耦合输入

细胞外引导的生物电信号采用交流耦合方式输入放大器。在采用交流耦合方式时，应根据信号频谱选择合适的时间常数(或下限转折频率)，避免信号的有用频率成分被衰减(参见本节"信号的滤波")。

四、生物信号的输入方式

1. 单端输入方式

单端输入方式如图 3-1-9 所示。生物电信号输入以地电位为参考点，放大器在放大生物电信号的同时，干扰信号也被放大。放大的生物电信号混杂在各种干扰信号之中。单端输入方式抗干扰能力差，在生物电测量中较少采用。

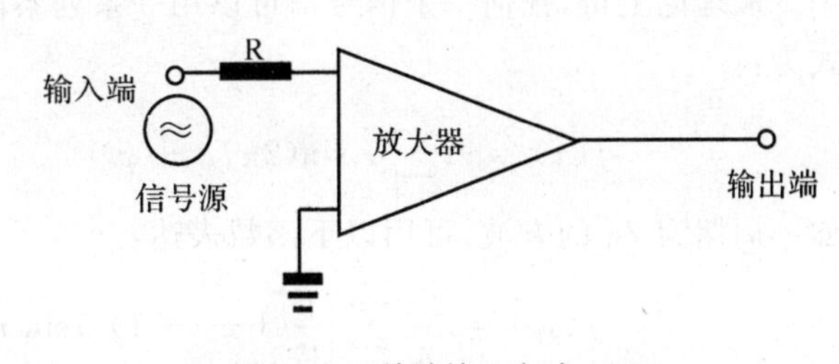

图 3-1-9　单端输入方式

2. 双端输入方式(差分输入)

双端输入方式如图 3-1-10 所示。生物电放大器多采用双端输入方式，即生物电信号通过两个输入端送入放大器放大。双端输入方式的优点是放大器在放大生物电信号的同时抑制干扰信号。

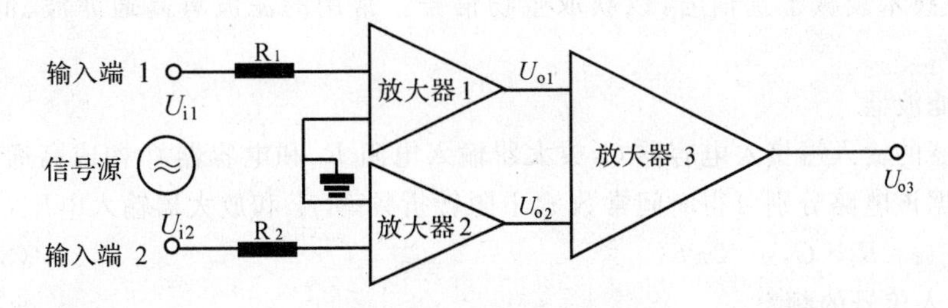

图 3-1-10　双端输入方式

双端输入放大器由两个对称的放大器组成，参数对应相同。信号经输入端 1 和输入端 2 送入放大器 1 和放大器 2 放大，放大器 1 和放大器 2 的输出信号分别为 U_{o1} 和 U_{o2}，放大器 3 的输出信号 $U_{o3}=A(U_{o1}-U_{o2})$(A 是常数)。

当两个输入端送入幅度、相位和频率相同的信号 U_{i1} 和 U_{i2}(共模信号)，信号经放大器放大后，$U_{o1}=U_{o2}$，$U_{o3}=A(U_{o1}-U_{o2})=0$(理想情况)，输入的共模信号被抑制；当两个输入端送入幅度、相位和频率不同的信号(差模信号)，信号经放大器放大后，$U_{o1}\neq U_{o2}$，在放大器输出端获得的输出信号 $U_{o3}=A(U_{o1}-U_{o2})\neq 0$，输入的差模信号被放大。

生物电信号混杂在各种干扰信号之中，对两个输入端而言，干扰信号被视作共模信号(幅度、相位和频率相同)，而生物电信号是差模信号。生物电放大器采用双端输入方式能极大地抑制干扰信号而放大生物电信号。

生物电放大器采用双端输入方式所观察和记录的生物电信号是生物体、组织或细胞两点之间的电位差。

五、生物信号的频率及滤波处理

生物电信号的检测是从各种生物电信号、背景干扰信号、极化电压中检出需要测量的生物电信号，通过滤波的方法，使背景干扰信号、极化电压和不需要的生物电信号衰减并获得所需的生物电信号。

1. 信号的频谱

从理论上讲，任何一个信号都可以用一系列不同频率的正弦波叠加而成，其函数的表达式为：

$$f(x)=A\sum_{n=1}^{\infty}a_n\sin(2\pi f_n t+\varphi_n) \qquad (3\text{-}1\text{-}1)$$

如一周期为 2π 的方波，可用以下函数表达：

$$\begin{aligned} f(\omega t) &= \frac{2A}{\pi}\sum_{n=1}^{\infty}\frac{1}{n}(1-(-1)^n)\sin n\omega t \\ &= \frac{4A}{\pi}(\sin\omega t+\frac{1}{3}\sin 3\omega t+\frac{1}{5}\sin 5\omega t+\frac{1}{7}\sin 7\omega t+\frac{1}{9}\sin 9\omega t \\ &\quad +\frac{1}{11}\sin 11\omega t+\cdots) \end{aligned} \qquad (3\text{-}1\text{-}2)$$

令 $V=4A/\pi$，函数的图形显示于图 3-1-11(a～h)中。

图 3-1-11 显示，函数 $f(\omega t)$ 的频率越高，$f(\omega t)$ 的值越逼近方波。利用信号的频谱特性，采用滤波技术衰减干扰信号，以获取生物信号。常用的滤波有高通滤波、低通滤波和 50Hz 陷波等。

2. 高通滤波器

在放大器的输入端接入电容器 C，放大器输入电阻 R_i 和电容器 C 构成高通滤波器(图 3-1-12)，根据该电路分别可得时间常数 τ、下限转折频率 f_L 和放大器输入电压 U_i。

$$\tau=R_i\times C,\omega=2\pi f \qquad (3\text{-}1\text{-}3)$$

式中：f 为输入信号的频率。

$$f_L=\frac{1}{2\pi\tau} \qquad (3\text{-}1\text{-}4)$$

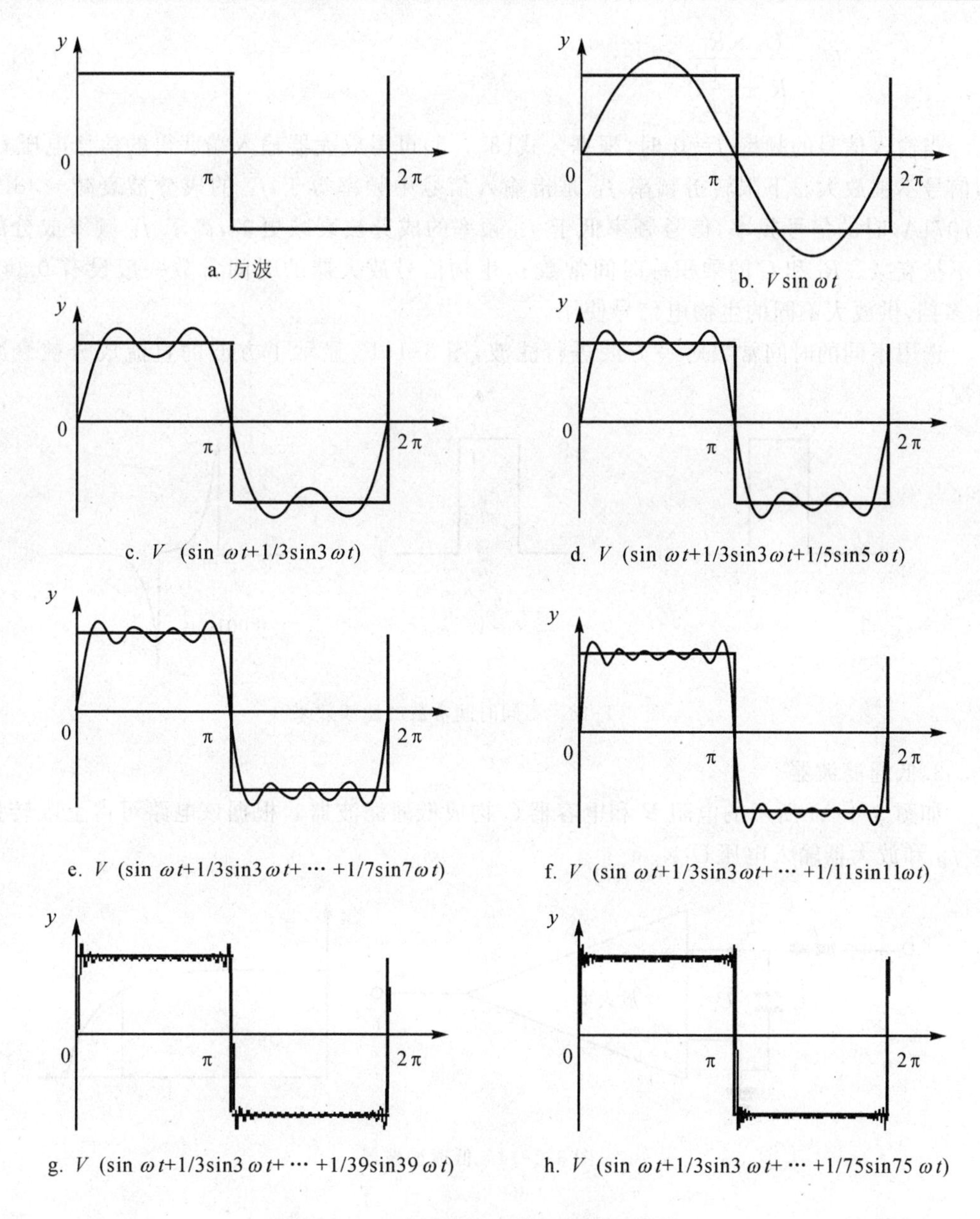

图 3-1-11　方波的富里埃级数叠加图形

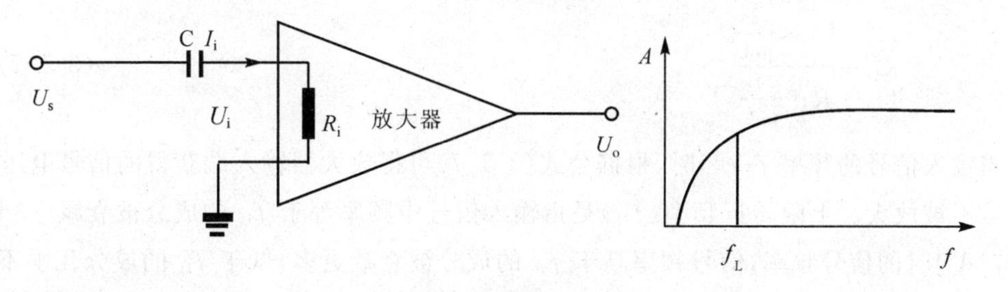

图 3-1-12　高通滤波器

$$U_i = \frac{U_s \times R_i}{R_i + \frac{1}{j\omega C}} \tag{3-1-5}$$

当输入信号的频率 $f=0$ 时，根据公式(3-1-5)可得放大器输入端获得的信号电压 $U_i=0$，信号不被放大。下限转折频率 f_L 是指输入信号中频率等于 f_L 的成分被衰减－3dB(约0.7071A)时的信号频率，信号频率低于 f_L 频率的成分被衰减更多，高于 f_L 频率成分的几乎不被衰减。R_i 和 C 的乘积称时间常数 τ，生物信号放大器的时间常数一般设有 0.001～5s 多挡，供放大不同的生物电信号使用。

选用不同的时间常数对一方波进行滤波，图 3-1-13 显示了方波的直流成分被衰减的情况。

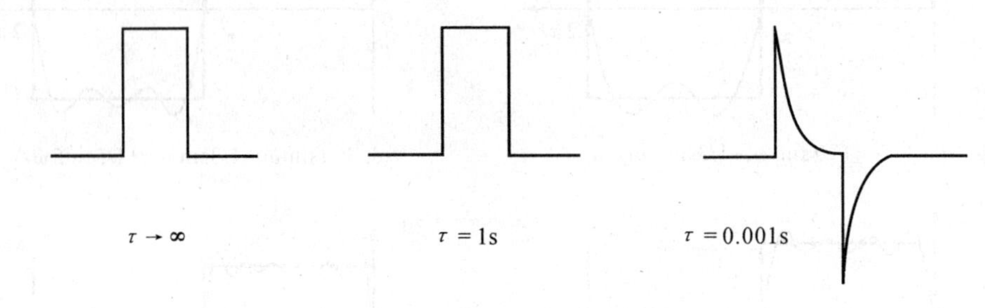

图 3-1-13　不同时间常数的滤波效果

3. 低通滤波器

如图 3-1-14 所示的电阻 R 和电容器 C 构成低通滤波器。根据该电路可得上限转折频率 f_H 和放大器输入电压 U_i：

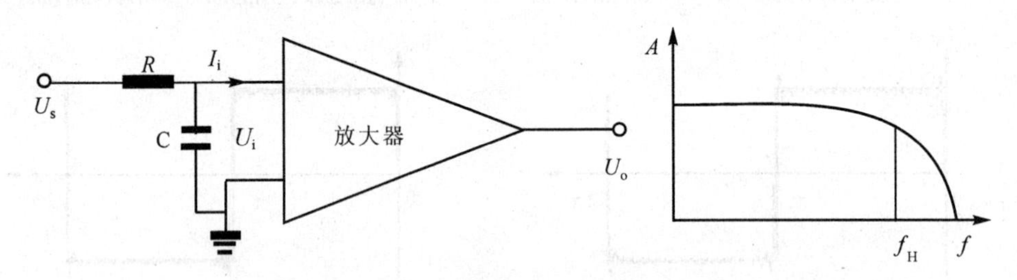

图 3-1-14　低通滤波器

$$f_H = \frac{1}{2\pi RC}, \qquad \omega = 2\pi f \tag{3-1-6}$$

$$U_i = \frac{U_s \times \frac{1}{j\omega C}}{R + \frac{1}{j\omega C}} \tag{3-1-7}$$

当输入信号的频率 $f\to\infty$ 时，根据公式(3-1-7)可得放大器输入端获得的信号电压 $U_i=0$，信号不被放大。上限转折频率(f_H)是指输入信号中频率等于 f_H 的成分被衰减－3dB(约0.7071A)时的信号频率，信号频率高于 f_H 的成分被衰减更多，低于 f_H 的成分几乎不被衰减。生物信号放大器的低通滤波一般设 3Hz～100kHz 多挡，供滤去不同高频信号使用。

图 3-1-15 显示了一方波选用不同的滤波频率，信号高频成分被衰减的情况。

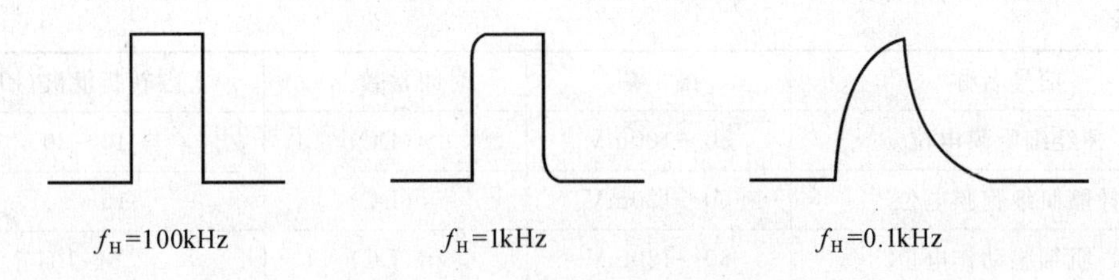

图 3-1-15　不同滤波频率的滤波效果

4. 信号滤波

在交流耦合输入方式下，生物电信号经高通滤波器输入放大器，信号的低频成分会被衰减，如果高通滤波器的时间常数(下限转折频率)选择不当，那么信号的有用成分就会失去。在放大生物信号时，如果有高频干扰信号干扰生物信号，并影响观察和测量时，可利用放大器的低通滤波器，上限转折频率从高到低逐渐降低，直到干扰信号对生物信号的观察测量的影响较小时为止。上限转折频率过低，会将有用的信号衰减掉。

生物信号放大器一般都设有高通滤波器和低通滤波器。设放大器的放大倍数为 A，放大器对下限转折频率 f_L 和上限转折频率 f_H 范围内的信号的放大能力大于 $0.7071A$，f_L 与 f_H 之间的信号频率范围称放大器的通频带(图 3-1-16)。正确调节放大器的通频带，对衰减高频、低频干扰信号，获得所需的高质量的生物电信号是非常重要的。实验前掌握被观察测量的生物信号的频率参数是非常必要的，表 3-1-2 提供了部分生物信号记录参数供参考。

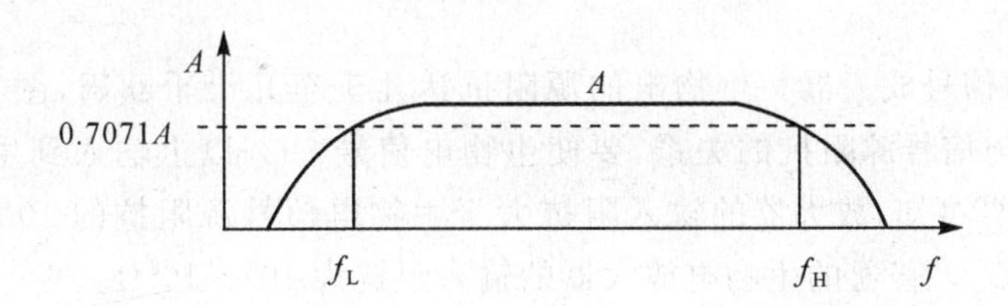

图 3-1-16　放大器上、下限转折频率与信号放大倍数的关系

表 3-1-2　生物信号记录参数

信号名称	振　幅	时间常数(s)	上限转折滤波(kHz)
坐骨神经动作电位	5～30mV	0.01～0.1	3～5
减压神经传入冲动	100～500μV	0.01～0.1	5
膈神经传出冲动	50～300μV	0.01～0.1	5
植物性神经冲动	50～100μV	0.01～0.1	3～5
骨骼肌动作电位	5～20mV	0.01～0.1	3～5
肠平滑肌慢波	2～10mV	1.5～∞	1
肌电图(EMG)	50～300μV	0.01～0.1	5
心电图(ECG)	0.1～2mV	0.1～1.0	1
脑电图(EEG)	30～200μV	0.3～1.0	1
视网膜电图(ERG)	0.5～1mV	0.3～1.0	1

续表

信号名称	振　幅	时间常数(s)	上限转折滤波(kHz)
神经细胞膜电位	50～100mV	∞(DC)	10～20
骨骼肌细胞膜电位	50～120mV	∞(DC)	10～20
心肌细胞动作电位	60～120mV	∞(DC)	5～10
中枢单位放电(细胞外)	100～300μV	0.01～0.1	5～10
应变式换能器输出信号	0.01～50mV	DC	0.1
心音换能器输出信号	0.1～2mV	0.2～0.02	0.1
脉搏换能器输出信号	1～10mV	DC	0.1

六、生物信号放大器的特点

1.高灵敏度

生物电信号比较微弱,要使生物电信号能在记录显示设备上记录和显示,必须对生物电信号进行放大,驱动记录显示设备进行记录和显示的电压需要5～10V。0.1mV振幅的生物电放大到10V,放大器的放大倍数需要达到100,000倍,0.01mV振幅的生物电放大到10V,放大器的放大倍数需要达到1000,000倍。

2.高输入阻抗

(1)普通生物信号放大器　生物电的源阻抗达几千至几十千欧姆,图3-1-17显示生物放大器输入阻抗与信号源阻抗的关系,要使生物电信号99%以上输入到生物电放大器,根据公式(3-1-8)计算可知,放大器的输入阻抗大于生物电信号源阻抗的100倍以上,放大器输入端电压$U_i \approx U_s$。普通的生物电放大器的输入阻抗为$10^6 \sim 10^8 \Omega$。

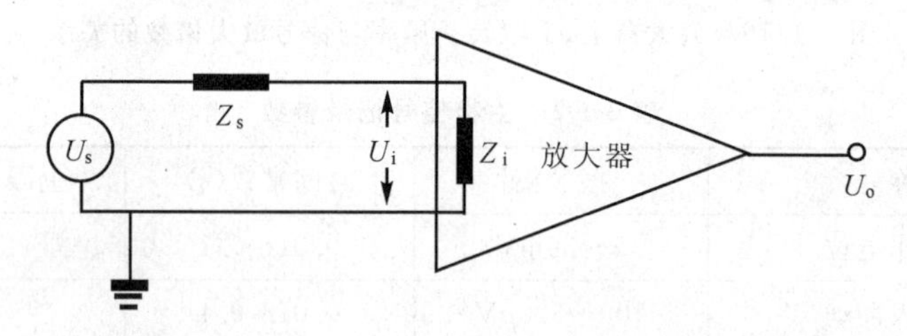

图3-1-17　生物放大器输入阻抗与信号源阻抗的关系

U_s:生物电信号源电压;Z_s:生物电信号源阻抗;

U_i:放大器的输入端电压;Z_i:放大器输入阻抗。

$$U_i = U_s\left(1 - \frac{Z_s}{Z_s + Z_i}\right), Z_i \geqslant 100Z_s, U_i \approx U_s \tag{3-1-8}$$

(2)微电极放大器　在生理学实验中,应用玻璃微电极从细胞内记录细胞的静息膜电位和快速变化的动作电位、终板电位和小终板电位以及胞外记录神经元的单位放电。这些都要求电极的尖端小于1μm甚至是小于0.5μm。尖端如此细微的电极,其电极电阻很高,通常在10MΩ至几十兆欧,甚至可高达100MΩ,它构成了组织电信号内阻的主要部分。普通生物信号放大器的输入阻抗只有 10MΩ 左右，则细胞电位绝大部分会因微电极电阻的分压作用而降落，输入放大器的只有很小一部分电位。微电极放大器是针对微电极高阻抗特性而设计的放大器，专门用于放大通过微电极引导的生物电信号。

高输入阻抗是微电极放大器的特点。例如，微电极电阻为 20MΩ，放大器的输入阻抗为 10MΩ(如图 3-1-18)，则根据分压原理，输入放大器的电位只有细胞电位的 33.3%，而 66.7%却在微电极上降落了(3-1-9 式)，由此可见，普通生物信号放大器不能被用来放大微电极引导的电信号。若把放大器的输入阻抗提高到电极电阻的 10 倍，即 200MΩ，则被微电极降落的电压只有细胞电位的 1%，而 99%则被输到放大器中进行放大(3-1-10 式)。若放大器的输入阻抗再提高到 10^{11} Ω，则 99.9%的细胞电位都被输入到放大器放大了(3-1-11 式)。

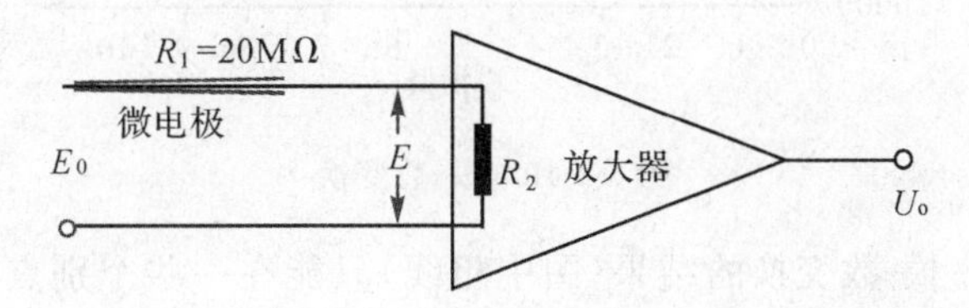

图 3-1-18　微电极放大器输入阻抗与信号源阻抗的关系

E_0：细胞内电压；E：放大器的输入端电压；

R_1：微电极阻抗；R_2：微电极放大器输入阻抗。

$$R_2 = 10\text{M}\Omega,\quad E = E_0\frac{R_2}{R_1+R_2} = E_0\frac{10}{20+10} = 0.333E_0 \qquad (3\text{-}1\text{-}9)$$

$$R_2 = 200\text{M}\Omega,\quad E = E_0\frac{R_2}{R_1+R_2} = E_0\frac{200}{20+200} = 0.99E_0 \qquad (3\text{-}1\text{-}10)$$

$$R_2 = 10^{11}\text{M}\Omega,\quad E = E_0\frac{R_2}{R_1+R_2} = E_0\frac{10^{11}}{20+10^{11}} = 0.999E_0 \qquad (3\text{-}1\text{-}11)$$

3. 频率响应

多数生物电信号的频率在 0.2～300Hz 之间，有的生物电信号频率比较高，如耳蜗微音器的频率达 5000Hz。生物电信号的高保真放大有赖于生物电放大器良好的低频特性和高频响应。一般生物电放大器频率响应为 DC～10kHz。

七、模拟测量与数字测量

血压、张力、体温、动作电位等生物信号从理论上讲大都是连续变化的模拟量，即在时域上是连续的。传统测量仪器的显示数值都模拟着被测量的变化。由于仪器本身的局限性，显示数值的分辨率只能达到 2～3 位有效数字(如指针式仪表)，而且模拟式信号(测量数据)在测量过程中易受噪声干扰的影响而变值。随着数字技术的发展，测量仪器日渐数字化，它使测得的模拟量通过模-数转换为数字量，再利用数字技术和计算机技术来提高测量的精确度、可靠性、灵活性和自动化程度。数字式仪器用数码显示结果，读数方便，不易读错，显示的示值分辨率可达 6～7 位有效数字或更高，而且数字信号(测量数据)采用高-低两个电平编码信号，不易受干扰而出错。

实现数字测量的第一步就是用模-数转换器将模拟量转换为数字量。数字量是离散量，以一定的跨步(量子值)跃变。每个数字量是一系列阶跃跨步的总和，通常用 n 比特二进制编码来表示，如图 3-1-19，细斜线表示一 0～10 的模拟量(十进制)，模-数变换后的数字量为

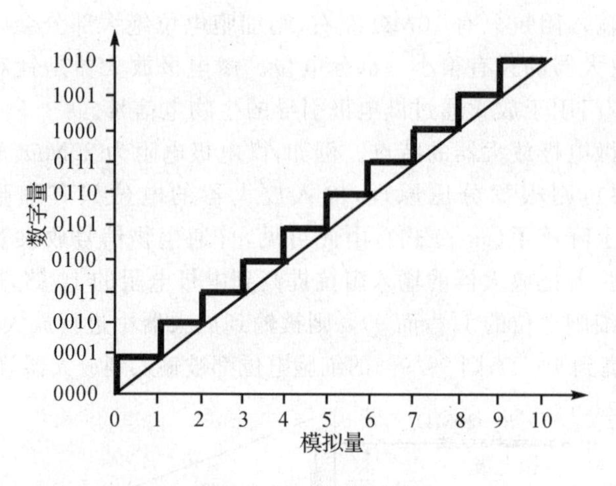

图 3-1-19　模-数变换

0000～1010(二进制)。模-数变换的结果(图中粗线)只能在一些个别点完全等同于模拟量(细线)。模拟量与数字量之间不可避免的差异,称为量化误差或量化噪声。二进制编码时,分辨率(一个量子)为 $1/(2^{n-1})$。

1. 模-数和数-模转换器

电子系统中用来连接数字部件与模拟部件的信息转换装置,以实现数字信号和模拟信号相互转换的装置,统称为数据转换器。模-数转换器(analog-to-digital converter)简称A/D,数-模转换器(digital-to-analog converter)简称 D/A。数据转换器用途很多,在信息处理、测量、通讯和自动控制系统等领域里广泛应用数据转换技术,数据转换器已成为电子系统的关键构件之一。20 世纪 70 年代初出现的集成化数据转换器,大多是用混合和单片集成电路工艺实现的。

(1)模-数转换器　主要有积分式转换、逐次逼近转换和并行比较转换三种,积分式转换器,具有高的分辨率和低的噪音,但转换速度低,主要用于数字电压表一类测量仪器。逐次逼近转换器具有高的转换精度和速度,主要用于数据采集和通信系统。

并行比较转换器(图 3-1-20)由比较器阵列组成。n 位数码需 2^n 个比较器。输入信号同时送至所有的比较器输入端。每个比较器的参考电压都不相同,分为 2^n 个量级,由电阻串分压器供给。输入电压值落入某个量级区间时,此量级以下的比较器输出逻辑"1"信号,而其余的比较器则输出逻辑"0"信号。比较器阵列的输出经过编码电路转换为标准二进制代码输出。并行转换器属于大规模集成电路,例如,一个双极型

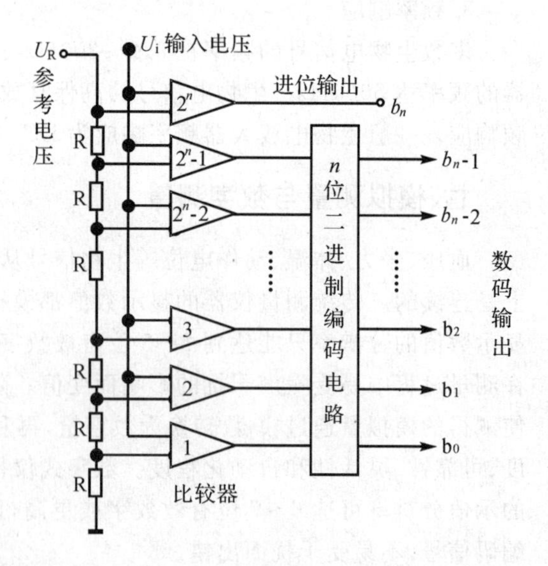

图 3-1-20　并行比较模-数转换器

10 位转换器有 1024 个比较器，包含几万个元件。并行比较转换器有极高的转换速度，主要用于雷达、电视图像和波形存储等高速信息处理系统。

(2)数-模转换器　模-数转换的逆过程就是数-模转换，即从数字式编码信号转换为对应的模拟信号。当被转换的信号变化时，所得模拟信号呈现出量化阶梯。用低通滤波器滤除阶跃所产生的谐波，即得到平滑的模拟信号。数-模转换器常用来产生模拟信号以驱动模拟终端设备(例如 *X-Y* 绘图仪、记录仪和示波器等)。

2. 数据转换器的主要指标

模-数转换器和数-模转换器的主要指标有转换时间(转换速度)、转换电压、精度、分辨率等。根据使用对象的不同，转换设备有通用型、高性能型、高分辨率型、高速型。

(1)分辨率　模-数转换器的分辨率用位数表示，位数越高，分辨率越大，转换绝对精度也越高，转换的数字量越接近模拟量。16 位模-数转换器，转换绝对精度可达满表值的 0.025%。如 12 位 A/D，转换电压为±5V，则

$$\text{分辨率}=\frac{\pm 5\text{V}}{2^{12-1}}=\frac{\pm 5\text{V}}{2048}=\pm 2.44\text{mV} \quad (3\text{-}1\text{-}12)$$

(2)转换时间　模-数转换过程需要一定时间 τ，即模-数转换器的采样时间和转换时间。τ 值正比于转换位数 n。实际使用中，τ 应与被测之量的变化率(dv/dt)相适应。根据采样定律：

$$\text{采样频率} \geqslant \text{信号频谱中的最高频率的 5～10 倍} \quad (3\text{-}1\text{-}13)$$

$$\text{采样频率}=\frac{1}{\text{采样时间}} \quad (3\text{-}1\text{-}14)$$

模-数转换器的采样时间是一个不变的值，而仪器的采样时间可使用软件和硬件延迟技术进行设置，仪器的最小采样时间总是大于或等于模-数转换器的标称时间。

生物信号模-数转换时，采样频率取信号频谱中的最高频率的 10 倍可获得比较好的效果。如心电信号频谱中的最高频率为 100Hz(高频心电信号除外)，用 1000Hz 的采样频率，即 1ms 的采样时间，转换得到的数字量保留心电信号绝大部分信息。

(陆　源)

第二节　多道生理信号采集处理系统

一、微机生物信号采集处理系统简介

近年来随着计算机技术的迅猛发展和普及及信号实时采集处理技术的日趋成熟，微机生物信号采集处理系统(图 3-2-1)已在生理学科实验室得到普及。一台生物信号采集处理系统往往具有对多个生物信号放大、记录、信号输出和刺激输出的功能，有的还具有对信号进行滤波、微分和积分的功能，生物信号采集处理系统完全替代了生理科学实验室的前置放大器、示波器、记录仪、监听器和刺激器、微分器和积分器。生物信号采集处理系统能对采集的信号进行自动分析、变换、频谱和功率谱分析。生物信号采集处理系统大大简化实验室仪器设备，提高了实验效率，为深化现有实验和开设新的实验提供了非常好的实验平台。

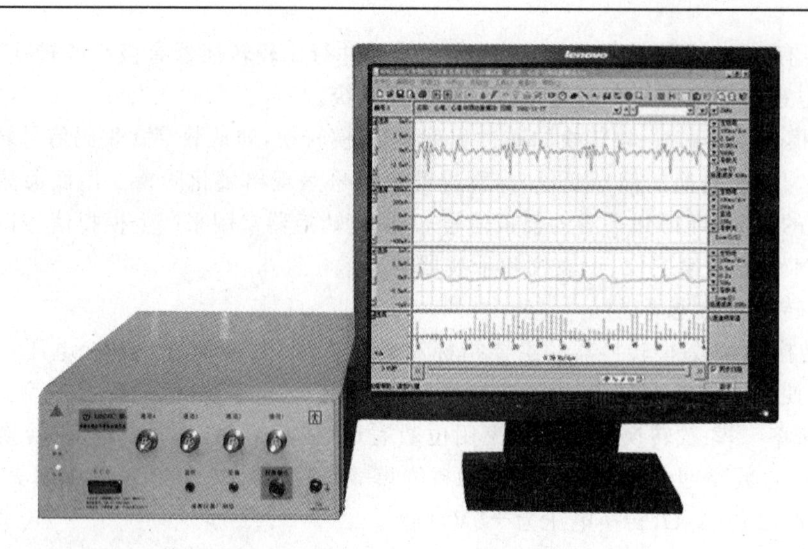

图 3-2-1　微机生物信号采集处理系统

1. 微机生物信号采集处理系统的构成

生物信号采集处理系统由硬件与软件两大部分组成。硬件主要完成对各种生物电信号(如心电、肌电、脑电)与非电生物信号(如血压、张力、呼吸)的调理、放大,并进而对信号进行模/数(A/D)转换,使之进入计算机。目前生物信号采集处理系统与计算机连接都采用USB(Universal Serial Bus)接口。软件主要用来对信号调理、放大、A/D 转换的控制及对已经数字化了的生物信号进行显示、记录、存储、分析处理及打印。软件借助 Windows 操作系统进行工作。

2. 微机生物信号采集处理系统的主要技术指标

微机生物信号采集处理系统的通道数一般有 3～4 个。多功能生物放大器有交流、直流耦合功能,能适应直流信号输入(如各种应变式换能器)和交流信号输入(如生物电)。频率响应 DC～10kHz,通频带内输入噪声小于 10μV(可将放大器输入端短路,增益调至最大进行测试),输入阻抗大于等于 10MΩ;共模抑制比大于等于 80dB;放大器增益多级可调。上述放大器的技术指标能满足普通生理实验和电生理实验的一般要求。生物信号采集处理系统的系统采样频率大于等于 100kHz,AD 位数大于或等于 12 位。国产微机生物信号采集处理系统多数带程控刺激器,程控刺激器比一般的刺激器功能要强。

微机生物信号采集处理系统一个非常重要的指标是自动分析测量数据的种类、生理指标数量及测量精度。微机生物信号采集处理系统与传统仪器相比,其主要的优势是数据自动分析测量功能,强大的数据自动分析测量功能将极大地提高实验的效率和质量。一台没有数据自动分析测量功能的微机生物信号采集处理系统等同于一台记录仪,没有测量精度或测量精度很低,从其获得实验数据可信度将大大降低。

二、多道生理信号采集处理系统的特点

RM6240 多道生理信号采集处理系统是一系列产品,有多种型号,其中 RM6240B/C 型可用于人体的医疗仪器级产品。RM6240 多道生理信号采集处理系统可运行于 Windows 各种操作系统,共享 Windows 资源。

RM6240 多道生理信号采集处理系统为全程控系统。采用 12 位 A/D 转换器,采样频

率 400kHz,有 4 个输入阻抗 100MΩ 信号输入通道,频率响应为 DC～10kHz,每一通道的放大器均可作生物电放大器、血压放大器、桥式放大器使用,还可作肺量计(配接流量换能器)、温度计(配接温度换能器)、pH 计(配接 pH 放大器),具有计滴、监听、全隔离程控刺激器(刺激器自带刺激隔离器)功能,6240C 型有符合国际标准的 12 导联转换器,可同时在任意通道观察不同导联的心电图。另有 4 个模拟通道,可在物理通道和模拟通道对各通道动态地进行微分、积分、频谱分析及相关分析等数据处理。

RM6240 多道生理信号采集处理系统最显著的特点是具有强大的数据自动分析处理功能,可实时和静态自动分析各类生理信号,生理指标完整,测量精度高。

三、多道生理信号采集处理系统的面板

RM6240C 型生物信号采集处理系统面板见图 3-2-2 所示。

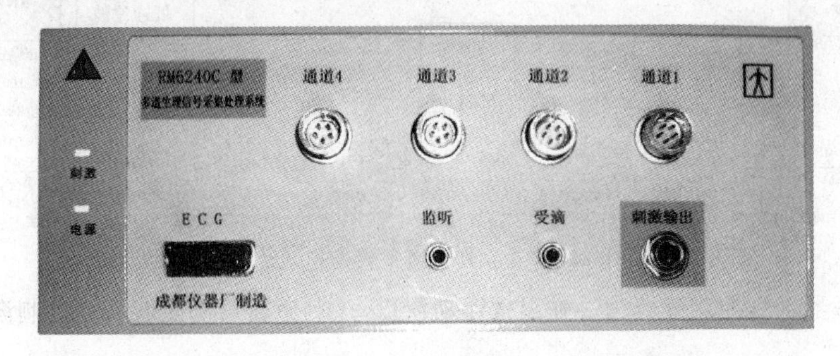

图 3-2-2　RM6240C 型多道生理信号采集处理系统面板

(1)通道输入接口　通道是模拟信号输入、处理放大、转换成数字信号并被显示记录的物理通路。一般生物信号采集处理系统有四个物理通道,可同时处理放大和记录四路信号。RM6240 四个物理通道输入接口采用五芯航空插座,插头与插座有对应的凹凸槽。

(2)刺激输出接口　输出刺激电压或电流,刺激波形为方波。

(3)受滴器输入接口　用于插入受滴器,记录液体的滴数。该接口也可用于外触发。

(4)监听输出接口　接有源音箱可监听第 1 通道信号的声音。

(5)ECG 接口　接 ICE 标准导联线,可观察、记录 12 导联心电图。

四、多道生理信号采集处理系统的软件窗口界面

RM6240 软件窗口界面如图 3-2-3 所示,可划分 6 个功能区:

(1)菜单条　显示顶层菜单项。选择其中的一项即可弹出其子菜单。

(2)工具条　工具条的位置在菜单条的下方。工具条提供了仪器所具有的基本功能的快捷按钮。

(3)参数设置区　位于窗口的右侧,有“采样频率”及各通道的“通道模式”、“灵敏度”、“时间常数”、“滤波”、“扫描速度”等功能键,选择各功能键可调节各通道的参数。

(4)数据显示区　实验数据以波形的形式显示于该区域内。

(5)标尺及处理区　该区显示各通道的通道号及对应信号量纲的标尺。鼠标点击“选择”按钮,弹出菜单,有对应通道定标、标记显示、分析测量、数据处理等功能选项。

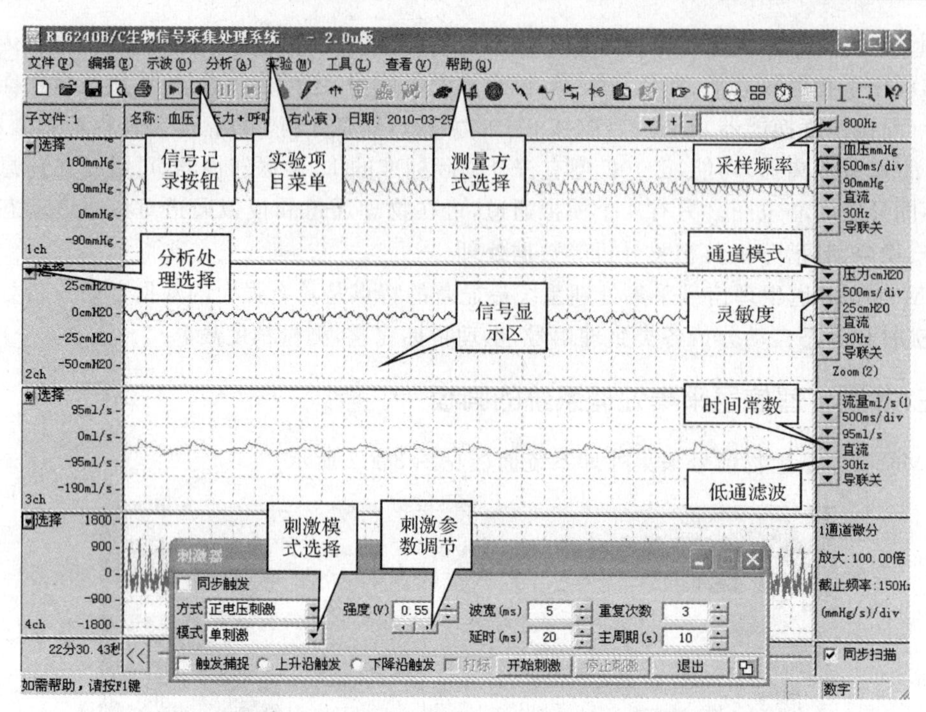

图 3-2-3　RM6240 多道生理信号采集处理系统软件窗口界面

(6)刺激器　程控刺激器为一弹出式浮动窗口，该刺激器可满足各种实验刺激的需要。

五、多道生理信号采集处理系统的基本功能及使用

(一) 仪器参数及设置

1. 仪器参数的快捷设置方法

仪器本身及实验室事先已将大多数实验项目的参数进行了预先设置，实验时仅需打开相应的实验项目，就可进行实验，无需进行各项参数的设置。操作方法:系统软件启动后，在“实验”(图 3-2-4)菜单选择所需实验项目，系统自动将仪器参数设置为该实验项目所要求的状态。

2. 仪器参数的通用设置方法

(1)采样频率　“采样频率”(图 3-2-5)在下拉菜单中选择。“采样频率”是指系统每秒采集数据的个数，如采样频率 100kHz 表示系统以 100000 个/秒的速度采集数据。系统采样频率从 1Hz～400kHz 共 21 档，实验时应根据信号的频率选择合适的采样频率，采样频率一般取信号最高频率的 10 倍。

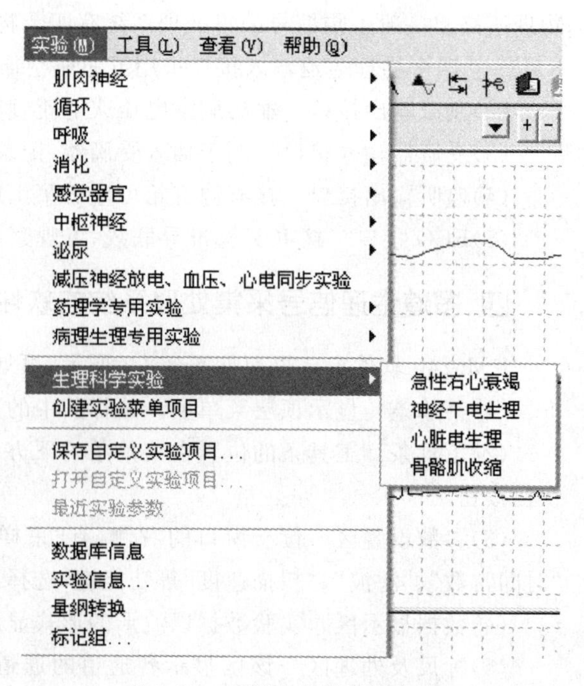

图 3-2-4　参数的快捷设置方法

(2)通道模式选择　点击“通道模式”,在下拉菜单中选择记录的信号形式(图 3-2-5)。

通过通道模式选择使各通道的放大器成为生物电放大器、桥式放大器或呼吸流量放大器等,如做血压实验时,应选择血压模式,并根据习惯选择血压单位。实验时根据信号输入的物理通道,选择相应的通道模式。正确选择通道模式可使测量数据时测量结果有相应的量纲。

(3)交、直流耦合及时间常数的设置　直接点击“时间常数”按钮,在下拉菜单中选择(图 3-2-5)。

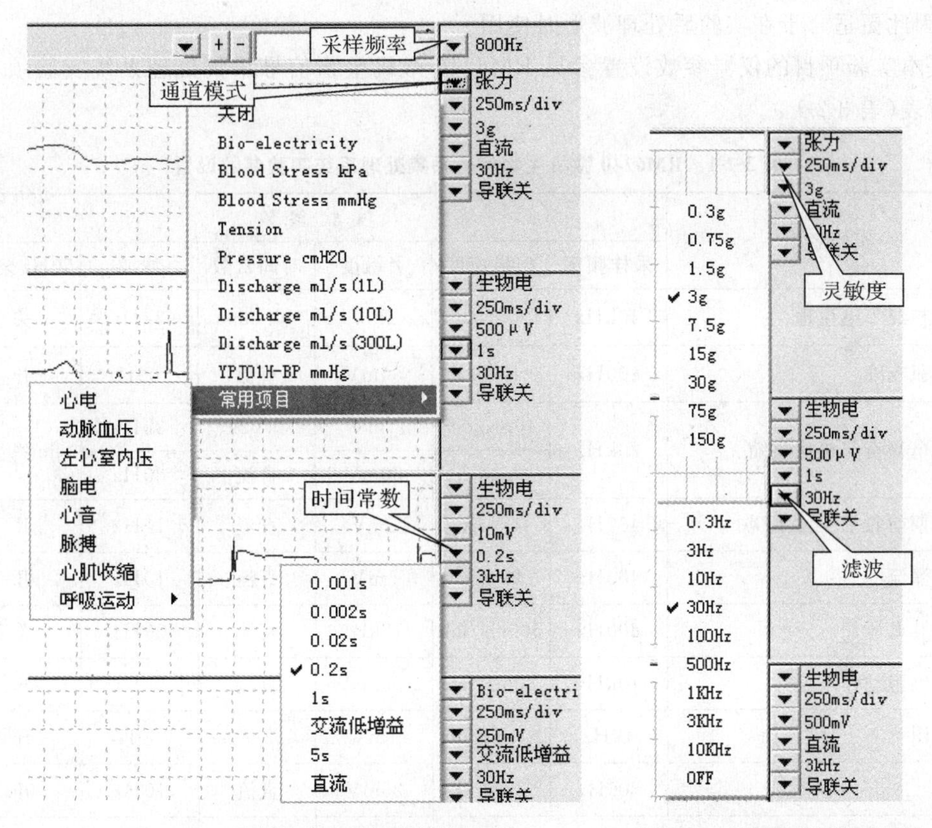

图 3-2-5　通道模式和时间常数设置　　　　图 3-2-6　灵敏度和滤波设置

根据信号的交、直流特性,选择交流或直流耦合,引导细胞外生物电信号一般采用交流(AC)耦合方式,根据信号低频特性选择时间常数。引导细胞内生物电信号和记录应变式换能器的信号采用直流(DC)耦合方式。时间常数用于调节放大器高通滤波器的滤波频率。高通滤波器用来滤除信号的低频成分,时间常数代表放大器低频滤波的程度,如 1s、0.1s、0.01s、0.001s 分别对应放大器的下限截止频率约为 0.16Hz、1.6Hz、16Hz、160Hz。时间常数越小,下限截止频率就越高,亦即对低频成分的滤波程度越大。信号的有效成分频率越高,应选择的时间常数越小,有效信号频率低时,应选择大的时间常数或选择直流,当选择直流时,系统对信号的低频和直流成分不进行衰减。如做胃肠电实验时选择的时间常数为 5s,做张力记录时选择直流等。

(4)灵敏度　“灵敏度”在下拉菜单中选择(图 3-2-6)。系统可对小信号进行放大,调节灵敏度使信号在显示区有适当的幅度以便观察和分析。

(5)滤波频率　点击“滤波”按钮(图 3-2-6)进行选择。滤波是用来滤除信号的高频成分。当信号有效成分的频率较低时,应选择低的滤波频率,以滤除高频干扰。如观察脉搏波时,选择 10Hz 的滤波,代表此时放大器的上限截止频率为 10Hz,可将 10Hz 以上的各种干扰滤掉。

上述“时间常数”和“滤波频率”均指硬件实现的高通和低通滤波的参数。该仪器还具有数字滤波功能,当需要更宽的滤波范围,或者在实验以后需对滤波效果进行调整时,可以使用数字滤波功能。该功能在效果上与硬件滤波相当,但需消耗计算机的系统资源,并会产生延时,因此更适合于在实验后处理波形时使用。

基本实验项目的仪器参数设置参见 RM6240 微机生物信号采集处理系统实验项目参数设置表(表 3-2-1)。

表 3-2-1　RM6240 微机生物信号采集处理系统实验参数设置

实验名称	实验参数					
	采样频率	扫描速度	灵敏度	时间常数	滤波	50Hz 陷波
蟾蜍神经干电生理	40kHz	1.0ms/div	2mV	0.02s	3kHz	关
骨骼肌收缩	400Hz	1s/div	50mV	直流	100Hz	开
肌肉电兴奋与机械收缩	20kHz	10ms/div	1mV	0.02s	3kHz	关
		10ms/div	50mV	直流	30Hz	
蛙心期前收缩-代偿间歇	400Hz	1s/div	5mV	直流	10Hz	开
蛙心灌流	400Hz	2s/div	5mV	直流	10Hz	开
兔动脉血压	800Hz	500ms/div	12kPa	直流	30Hz	关
心肌细胞动作电位	10kHz	80ms/div	50mV	直流	3kHz	开
心电图	4kHz	200ms/div	1mV	0.2～1s	100Hz	开
脉搏	800Hz	250ms/div	25mV	直流	10Hz	开
减压神经放电	20kHz	80ms/div	50μV	0.001s	3kHz	开
呼吸运动调节	800Hz	1s/div	5mV	直流	10Hz	开
膈神经放电	20kHz	80ms/div	50μV	0.001s	3kHz	开
消化道平滑肌的生理特性	400Hz	2s/div	5mV	直流	10Hz	开
大脑皮层诱发电位	20kHz	10ms/div	500μV	0.02s	100Hz	开
肌梭放电	40kHz	40ms/div	50μV	0.002s	3kHz	关
耳蜗生物电活动	100kHz	40ms/div	100μV	0.02s	1kHz	开
中枢神经元单位放电	20kHz	80ms/div	50μV	0.002s	1kHz	关
脑电图	800Hz	250ms/div	100μV	0.2s	10Hz	开

（二）信号记录

1. 信号记录快捷按钮

如图 3-2-7 所示，四个按钮的功能分别是：

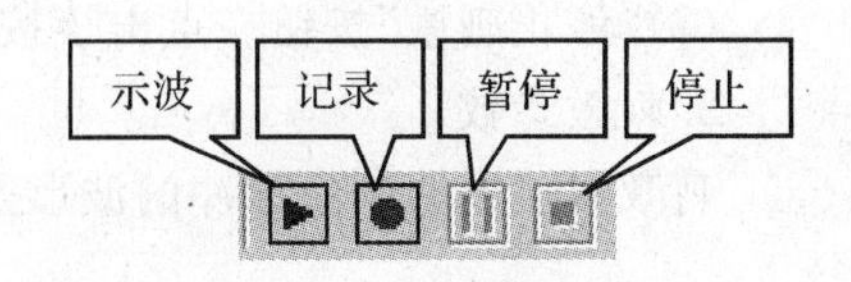

图 3-2-7　示波记录按钮

（1）“示波”按钮　启动“示波”按钮，信号实时动态地显示在“信号显示记录区”内，此时可进行系统参数设置、“采样频率”调节、打开“实时显示”、定标等操作。但系统不保存数据。

（2）“记录”按钮　启动“记录”，信号实时动态显示在“信号显示记录区”内，同时将数据保存在计算机硬盘上。

（3）“暂停”按钮　点击“暂停”按钮，数据停止采集和存盘，屏幕显示暂停前所采集的数据。如再点击“记录”按钮，信号继续采集存盘于同页内，屏幕显示新采集的数据。

（4）“停止”按钮　点击“停止”按钮，信号停止数据采集和存盘，并将已经记录的数据静态地显示于“信号显示记录区”。如再点击“记录”按钮，信号将换页显示和存盘（可用键盘上的“Page Up”和“Page Down”键显示各记录页）。

2. 同步触发记录

打开“刺激器”窗口（图 3-2-8），选中“触发同步”功能，此时记录观察信号需要点击“开始刺激”按钮，信号从左至右显示一“屏”。信号显示的“屏”数由“重复次数”决定。选中“记录当前波形”功能，信号同步显示和存盘。每一屏波形存放一子文件。

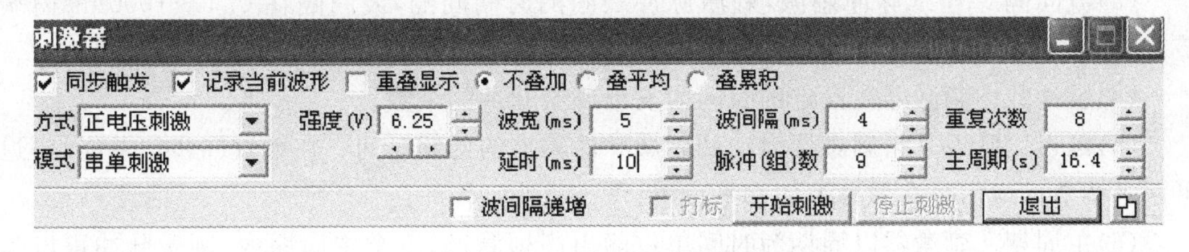

图 3-2-8　“刺激器”窗口

（三）刺激器功能及设置

需要对实验对象进行刺激时，可打开刺激器（图 3-2-8），选择刺激方式，调节刺激参数。设置完成后，启动“刺激”按钮，刺激器按设定的刺激方式和刺激参数输出刺激脉冲。

1. 功能选项

（1）同步触发　一旦选择此项，系统采集信号和刺激器发出刺激脉冲同步进行，每发一次刺激，系统采集并显示一屏波形。

（2）记录当前波形　选中此项，系统以子文件形式保存当前屏幕波形。每点击一次该键，即保存一屏波形，子文件以数字 1、2、3、…编号。可通过键盘上的“Page Up”和“Page Down”键依次查看各子文件的实验波形。在退出系统前，若选择保存命令保存实验结果，系统将全部子文件保存在同一文件内。

（3）不叠加　每发一次刺激，显示一屏最新采集的原始波形。

（4）叠平均　每发一次刺激，以当前采集的一屏波形和此前同步采集的所有波形叠加平均再显示。

（5）叠累积　以当前采集的一屏波形和此前同步采集的波形叠加后再显示。

(6)“开始刺激”按钮　点击该按钮,刺激器按设定的刺激方式和刺激参数发出刺激脉冲。

(7)“停止刺激”按钮　点击该按钮,刺激器停止发出刺激脉冲。

2.刺激参数

刺激器输出的刺激脉冲的波形是方波。刺激器的基本参数(图 3-2-9)如下:

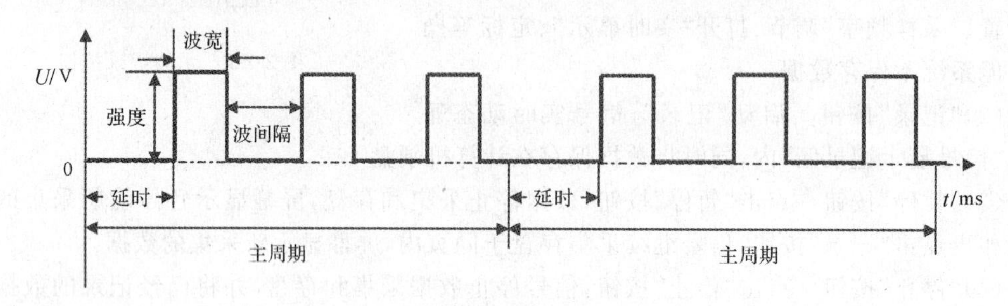

图 3-2-9　刺激脉冲参数图

(1)强度　输出脉冲的电压或电流的强度。脉冲电压范围为 0～50V,0～10V 内以步长 0.02V增减,10～50V 内以步长 0.05V 增减。脉冲电流范围为 0～10mA。

(2)波宽　单个脉冲(方波)高电平的持续时间,即刺激的持续时间,波宽可在 0.1～1000ms 调节。

(3)波间隔　连续脉冲刺激,刺激脉冲之间的时间间隔,波间隔在 0.1～1000ms 内调节。波间隔与波宽之和的倒数可理解为刺激频率,调节范围为 1～3000Hz。

(4)脉冲数　刺激器在设定的时间内发出刺激脉冲的个数。

(5)延迟　延迟是指刺激器启动到刺激脉冲输出的延搁时间。在触发同步记录时,延迟可用来调节反应信号在屏幕上的水平位置。

(6)主周期　刺激器以周期为时间单位输出序列脉冲,一个主周期内,刺激脉冲可以是一个、数个,甚至数百个,且波间隔可因需设定。“周期数”或“重复次数”是指以主周期为单位序列脉冲的循环输出次数,如“主周期”＝1s、脉冲数＝3、“延迟”＝5ms、“波间隔”＝200ms、“波宽”＝1ms、“强度”＝1V、“重复次数”＝7,点击“刺激按钮”,刺激器在 1s 内发出强度为 1V、波宽为 1ms 的 3 个脉冲,脉冲的时间间隔为 200ms,第一个脉冲在开始刺激的第 5ms 发出,如此重复 7 次。主周期、延迟、波宽、波间隔和脉冲数设置要符合:

主周期(s)＞ 延时(s)＋[波宽(s)＋波间隔(s)]×脉冲数。

3.输出方式

刺激器有恒压(电压)和恒流(电流)两种输出方式,刺激脉冲的波形是方波,恒压输出方式有正电压和负电压两种脉冲,恒流输出方式也有正电流和负电流两种脉冲。

4.刺激模式

将刺激脉冲按一定的主周期、脉冲数、波间隔等参数编成某种特定脉冲序列,这种特定脉冲序列称刺激模式。该仪器基本的刺激模式如图 3-2-10 所示,可满足各种实验的需要。

(1)单刺激　一个主周期内输出一个刺激脉冲,可采用同步触发的方式记录。该刺激模式常用于神经干动作电位、骨骼肌单收缩、期前收缩、诱发电位等实验。

(2)串单刺激　一个主周期内输出一序列刺激脉冲,序列脉冲的脉冲数为 3～999 个,可采用同步触发的方式记录。该刺激模式常用于刺激减压神经、迷走神经,刺激频率对骨骼肌收缩的影响实验。

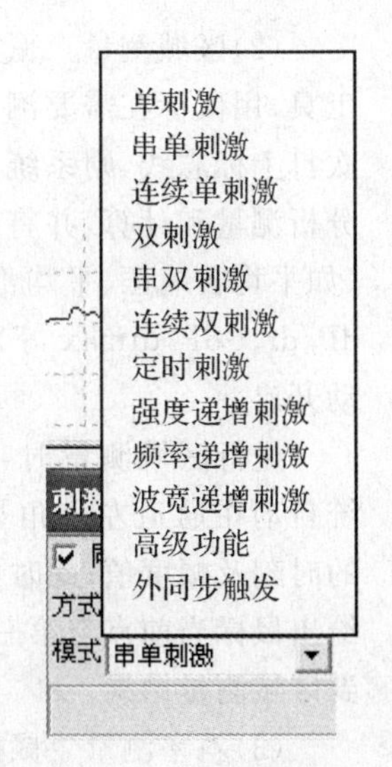

图 3-2-10　刺激模式

(3)连续单刺激　主周期等于 1s,无限循环的连续刺激,一个主周期内输出的脉冲数等于频率,脉冲的波间隔相等。该刺激模式常用于刺激减压神经、迷走神经,刺激频率对骨骼肌收缩的影响实验。

(4)双刺激　一个主周期内输出 2 个刺激脉冲,可调节参数有强度、波宽、延时、波间隔、主周期、重复次数,可采用同步触发的方式记录。该模式常用于骨骼肌收缩、不应期测定等实验。

(5)串双刺激　由两个刺激脉冲组成一个脉冲组,一个主周期内可输出数个至数百个脉冲组。

(6)连续双刺激　连续双刺激与串双刺激作用基本相同,主周期内的脉冲组数用频率表示。

(7)定时刺激　在设定的刺激持续时间内,刺激脉冲按设定的频率输出,常用于观察同一刺激时间内,不同刺激频率的刺激效果,如刺激减压神经、迷走神经,刺激频率对骨骼肌收缩的影响实验。可调节参数有延时、波宽、幅度、刺激时间、频率、主周期、重复次数。

(8)强度自动增减　单刺激或双刺激模式下,刺激强度从首强度按强度增量自动递增或递减至末强度。该模式常用于刺激强度与反应自动测定实验。

(9)频率自动增减　连续单刺激和定时刺激模式下,刺激频率从首频率按频率增量自动递增或递减至末频率。该模式常用于刺激频率与反应自动测定实验。

(10)波宽自动增减　单刺激和连续单刺激模式下,刺激波波宽从首波宽按波宽增量自动递增或递减至末波宽。该模式常用于基强度和时值自动测定实验。

(11)高级功能　可根据需要将不同主周期、强度、波间隔、脉冲数等刺激模式组成刺激序列,构成功能强大的程控刺激器。

(12)外同步触发　选择该模式,外部刺激器的触发信号经计滴端口输入,外部刺激器发出刺激时,本机接受到触发信号,便发出刺激并在记录通道上打出刺激标记。

(13)程控刺激　该模式与高级功能模式相仿,但编程功能更强,参数更精细。

(四)数据分析测量

微机生物信号采集处理系统将采集到的数据以波形的形式实时显示于屏幕上,系统可实时分析处理数据并显示主要生理指标数据,对已存盘的数据可进行可视化分析处理并给出各项指标。RM6240 微机生物信号采集处理系统提供信号动态实时分析测量和静态分析测量两种功能。

1. 测量工具

RM6240 微机生物信号采集处理系统的数据分析测量工具见图 3-2-11 所示,作用及使用方法分述如下:

(1)移动测量　鼠标左键点击移动测量工具,选择绝对测量,鼠标移动到信号的某一点,系统在通道左上角显示该点的时刻和幅度;选择相对测量,鼠标在信号区用左键点击某一点作为参照点(基准),再移动鼠标到信号的另一点,系统在通道左上角显示该点以参照点为基准的相对时间和幅度。

(2)区域测量　鼠标左键点击区域测量的工具，用鼠标在需要测量的区域两端各点击一次打上标志线，则系统自动完成该区域数据的分析测量和计算，并将对应该信号的生理指标(如平均收缩压、平均舒张压、平均脉压、心率、dP/dt、t-dP/dtmax 等)导入数据板，数据板自动开启。

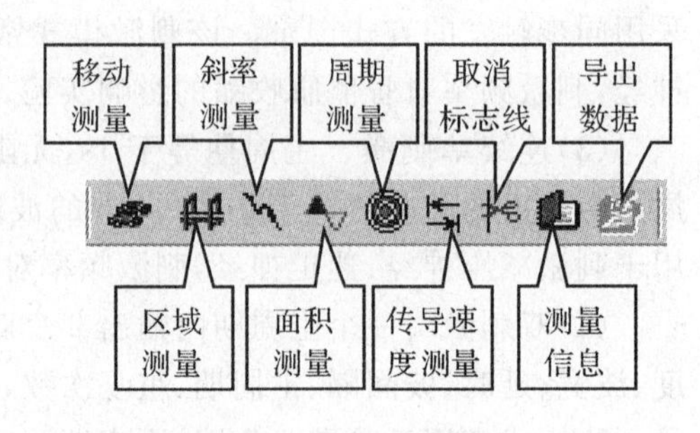

图 3-2-11　测量工具

进行区域测量时，鼠标在信号区移动，系统自动在通道左上角显示鼠标箭头所在位置的时刻及幅度值；此时可将鼠标用作移动标尺。在需测量的区域内点击第一点之后，系统将给出鼠标当前点与第一点的相对时间差与幅度差，此时可作相对测量。点击第二点后，将得到区域测量结果。

(3)斜率测量　鼠标移动到信号的某一点，系统就在屏幕上显示该点的斜率。

(4)面积测量　选择面积测量工具后，界面出现“面积参数设置”对话框，有三种方式可供选择，即正波方式(计算零线以上波形的面积)、负波方式(计算零线以下波形的面积)和绝对值方式(计算整个波形的面积)。方式选定后，用鼠标在需要测量的区域两端各点击一次即可完成该区域的面积测量。

(5)周期测量　用鼠标左键在若干个连续周期波的相同位置各点击一次，然后点击鼠标右键，系统即自动测量出若干个波的平均周期、频率和波动率。例如，在一段波形上选择两个连续的波峰(或波谷)各点击一次，这时再点击鼠标右键即可测量出这段波形的周期、频率和波动率。

(6)传导速度测量　用鼠标左键选择传导速度测量工具，在对话框中输入引导电极间距离，选择“自动测量”，系统在数据板上显示传导时间、电极距离和传导速度；若选择“手动测量”，则用鼠标在两动作电位起始点各点击一次(也可选同一动作电位的刺激伪迹和动作电位的起始点)，系统在数据板上显示传导时间、电极距离和传导速度。

(7)取消标志线　在进行上述各种测量时，会留下各种测量标志线，点击该键即可清除所有的标志线。

2.“选择”按钮功能

点击“标尺和处理区”中的“选择”按钮，出现一下拉式菜单(图 3-2-12)，菜单分四个功能块，依次为标定、标注显示、分析测量和数据处理。分析测量即对记录信号进行分析处理并计算出各项生理指标。

3.实时测量

(1)通用实时测量　实时测量也可称在线分析测量，即指系统实时监测显示实验对象的主要观察指标，同时采集和保存信号数据。选择该项中的“全屏”，在相应的通道左上部将实时显示当前屏波形的数据的最大值、最小值、平均值和峰峰值。选择该项中的“快速”，则显示两大格内最新波形的数值。

(2)专用实时测量

1)呼吸　实时显示呼吸主要生理指标。

2)血压　选中所选测量项目后，在弹出的对话框中输入测量时间长度(应大于 4 个信号周期)，系统将定时在所选通道左上角显示上述时间间隔内的测量结果。

其他还有脉搏、心室内压、心肌收缩、心电图自动测量项。

4. 静态统计测量

静态测量也可称离线分析测量，即系统在数据记录完毕后，对数据进行分析。

(1)张力　点击“选择”，在其下拉菜单中选择“静态统计测量”，在“静态统计测量”的二级菜单中选择“张力”(图 3-2-12)，“张力”的下拉菜单有两个选项：

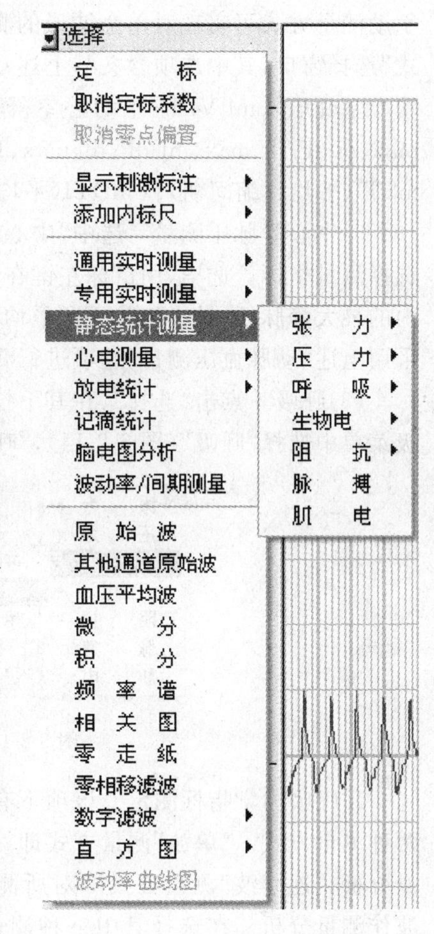

图 3-2-12　“选择”下拉菜单

1)肌肉收缩单波分析　在弹出的“肌肉收缩单波分析”窗口中有：Tmax(收缩最大张力)、Tmin(舒张最小张力)、ΔT(张力增量)、STI(收缩间期)、DTI(舒张间期)、+dT/dt max(肌肉收缩时张力最大变化速率)、t-dT/dt max(肌肉开始收缩至发生 dT/dt max 的间隔时间)等指标。选择上述全部或部分指标，然后用鼠标左键在一个肌肉收缩波起止各点击一下，数据板中自动给出选中的指标数据。

2)肌肉收缩连续波分析　在弹出的“肌肉收缩连续波分析”窗口中有：平均收缩峰张力、平均舒张谷张力、平均张力、mSTI(平均收缩间期)、mDTI(平均舒张间期)、频率(心率)、Tmax(收缩最大张力)、Tmin(舒张最小张力)、ΔT(张力增量)等指标。选择上述全部或部分指标，然后用鼠标左键在连续几个肌肉收缩波起止各点击一下，数据板中自动给出选中的指标数据。

(2)压力　点击“选择”，在其下拉菜单中选择“静态统计测量”，在“静态统计测量”的二级菜单中选择“压力”(图 3-2-13)，“压力”的下拉菜单有三个选项：

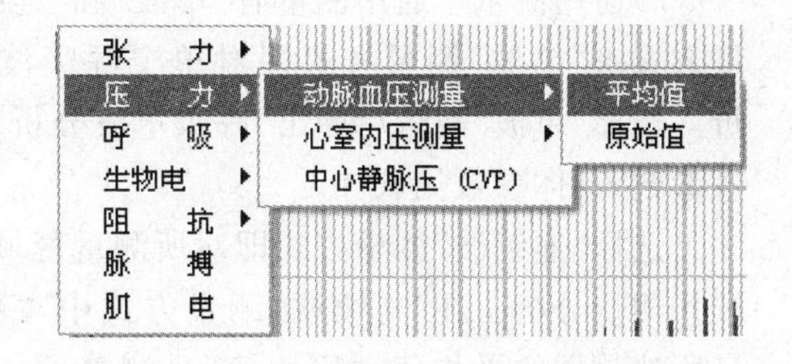

图 3-2-13　压力下拉菜单及下级选项

1)动脉血压测量　该选项有两种测量方式。“平均值”测量计算的是所选区域内数据的平均值，“原始值”测量计算的是所选区域内数据中每个波的值。选择其中一种测量方式后弹出“测量区域选择方式”选择窗口，可根据需要选择“测量区域选择方式”，多数情况选择“手动选择”项。“平均值”测量指标有：mSP(平均收缩压)、mDP(平均舒张压)、mAP(平均压)、平均脉压差、HR(心率)、+dP/dt max、t-dP/dt max 等。“原始值”测量可选指标有：收缩压、舒张压、平均压、脉压差、心率等。

2)心室内压测量　该选项有三种测量方式，“平均值”、“原始值”和“单波测量”，“平均值”、“原始值”测量的含义与上述动脉血压测量相同，“单波测量”即对单一波形进行测量，用手动测量方式可实现对单个波形的测量。选择其中一种测量方式后弹出“测量区域选择方式”选择窗口,其中选项含义与上述动脉血压测量相同。“平均值”测量指标有:mLVSP(平均心室峰压)、mLVDP(平均心室舒张压)、mLVP(平均心室内压)、mHR(心率)、mdP/dt max、m-dP/dt max、mt-dP/dt max、LVPmax(最大心室内压)、LVPmin(最小心室内压)、mSTI(平均收缩间期)和mDTI(平均舒张间期)。

3)中心静脉压测量　选中“中心静脉压测量”后弹出“中心静脉压”选择窗口,可按需要选择测量指标。选毕,用鼠标左键在测量波形上选择起止两点,系统将自动给出该测量区域内的最大静脉压、最小静脉压和平均静脉压。对波动大而规律的中心静脉压力曲线测量,拟采用上述“动脉血压测量”选项进行测量。

(3)呼吸　点击“选择”,在其下拉菜单中选择“静态统计测量”,在“静态统计测量”的二级菜单中选择“呼吸”(图 3-2-14),“呼吸”的下拉菜单有三个选项:

图 3-2-14　呼吸下拉菜单及下级选项

1)呼吸力学指标测定　该项下有“单波”和“连续波”两种测量方式。“单波”测量方式即对单个呼吸波进行测量分析;“连续波”测量方式即对所测量区域内多个呼吸波作测量分析。在选择其中一种测量方式后,在弹出的“呼吸单波分析”或“呼吸连续波分析”窗口选择测量参数,具体参数见软件。

2)通用测量　通用测量有“单波”和“连续波”两种测量方式。“单波”测量方式即对单个呼吸波进行测量分析。选择“单波”测量后弹出“呼吸单波分析”窗口选择测量参数,具体参数见软件。

选择“连续波”测量方式即对所测量区域内多个呼吸波作测量分析。在“连续波”测量方式中,“平均值”是测量所选数据的平均值,“原始值”是测量所选数据中的每一个呼吸波的指标。在选择“平均值”后,弹出“呼吸连续波分析”窗口(图 3-2-15),选择其中测量参数后按“确定”。用鼠标左键在连续数个呼吸波起止点各点击一次,系统在数据板中给出测量区间内呼吸指标:平均呼气流量、平均吸气流量、最大呼气流量、最小吸气流量、呼吸频率、通气量、每分通气量等指标。

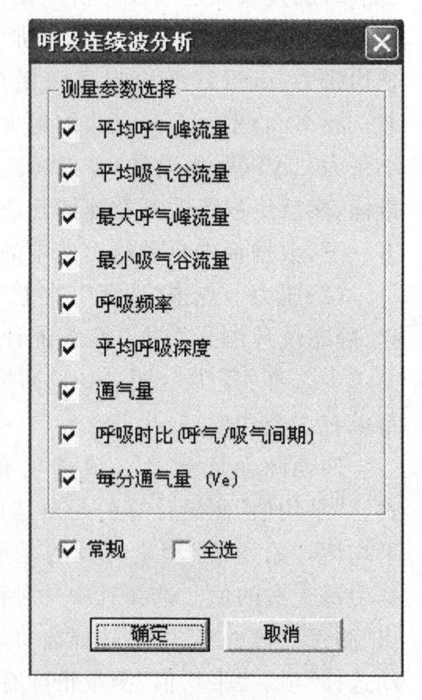

图 3-2-15　呼吸连续波分析窗口

(4)生物电　生物电分析测量的项目有:放电、放电(双阈值)、神经干、窦房结动作电位、心肌细胞动作电位、心肌细胞单动作电位、兴奋性突触后电位、LPT(海马群峰电位)。

1)神经放电　用鼠标左键在测量波形的起止点各点击一次选择测量区间,然后在波形上再点击一次选取测量阈值线,数据板即给出信号的最大电平、最小电平、平均电平、脉冲数、放电频率、放电周期。点击波形合适的地方可调整阈值线。在该通道用鼠标右键点击一下,再按上述操作可改变测量区间。

2)心肌动作电位　用鼠标左键在一完整的动作电位起止点各点击一次,系统将下列指标自动显示于数据板上:振幅、静息电位、超射幅度、APD10、APD20、APD50、APD90、最大上升速度(dV/dt)等。

3)兴奋性突触后电位(EPSP)　测量指标有峰-峰值(Vp-p)、斜率(Slope)等。

5. 静态专用测量

静态专用测量有心电测量、放电统计、计滴统计、脑电图分析、波动率/间期测量。用途及使用方法参见软件使用说明。

6. 数据板

点击测量信息工具,打开或关闭“数据板”。测量数据显示于“数据板”的“测量数据显示框”内,数据板除“测量数据显示框”外,还带有数据操作工具(图 3-2-16),其作用和使用方法简述如下:

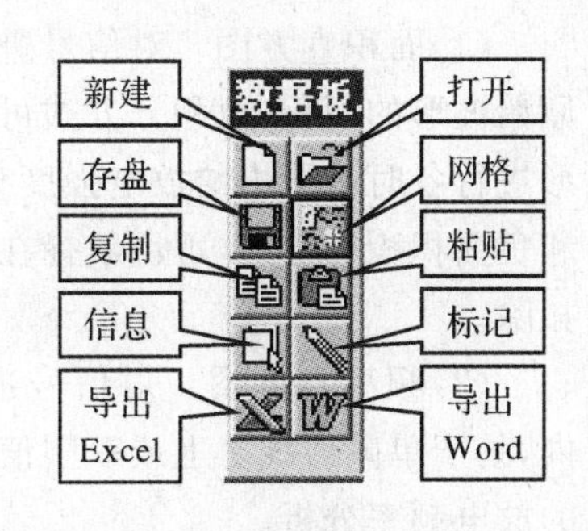

图 3-2-16　数据板工具

新建　清除“测量数据显示框”中的数据,并新建文档(尚未保存的数据将丢失)。

打开　在“测量数据显示框”中打开以文本文件保存的测量数据。

存盘　将“测量数据显示框”中的信息以文本(.txt)文件形式保存。

网格　数据显示在网格中。

复制　选取所需数据,点击该键将数据复制到“剪贴板”。使用 office 等文档中的“粘贴”功能便可将数据复制到文档中,也可粘贴到本系统的实验信息栏。

粘贴　可将复制的内容粘贴到“测量数据显示框”中。

信息　选中“测量数据显示框”中的数据(测量数据或用户编写的文字),点击该键,所选数据粘贴到“实验信息”的“实验评注”中。

标记　选择“测量数据显示框”中的信息,点击该键,被选中的信息进入“标记输入框”,可作标记之用。

导出 Excel　“测量数据显示框”中的所有信息以 Excel 文件格式导出。

导出 Word　“测量数据显示框”中的所有信息以 Word 文件格式导出。

(五)数据处理

用数学的方法对观察记录的生物信号进行分析计算和处理,给出分析计算结果或衰减信号中的某些成分。

1. 微分分析

对信号进行微分计算,并将计算结果以波形形式显示于物理通道或模拟通道中。微分分析可在实时或静态下进行。在微分分析的对话框中,放大倍数用于调节微分波的幅度。

高频截止频率用于调节微分通道的数字滤波截止频率,以滤除微分波中不需要的高频信号。

2. 积分分析

对信号进行积分分析,并将计算结果以波形形式显示于物理通道或模拟通道中。积分分析可在动态或静态下进行。如果选择时间归零,则在到达规定时间后重新从零值开始积分;如果选择满度归零,则在积分值积至满度值后,重新从零值开始积分。

3. 频率谱分析

对信号进行频率谱分析,即对某一通道内的频率成分进行分析。值得注意的是:输入信号频率应低于采样频率的1/2。

4. 相关图分析

对信号进行相关图分析,此时该通道相当于 X-Y 记录仪。

5. 原始波形

显示通道原始波形,即退出微分、积分、相关等状态回到原始状态。

6. 直方图分析

(1)面积直方图　对信号进行面积直方图处理,每一直方的高度反映了该直方时间段内原始波形的面积(由积分方式可确定正面积、负面积或绝对面积)。直方图可用于对放电波形进行各时间段内的放电强度分析。参数中,放大倍数用于调节直方图的幅度。对正面积和负面积积分方式,可用鼠标在通道内确定阈值线位置,此时小于阈值的面积作为基础值被扣除。

(2)频率直方图　对信号进行频率直方图处理,每一直方的高度反映了该直方时间段内,处于单阈值线之上或双阈值线之间的信号脉动频率,可用于对放电波形进行各时间段内的放电频率分析。

7. 数字滤波

对生物信号进行数字(软件)滤波。数字滤波有"低通"、"高通"、"带通"和"带阻"四种滤波模式。数字滤波处理后通过选择"原始波"选项可恢复原始信号。

8. 零相移滤波

零相移滤波器采用有限冲击滤波法(FIR)滤波器的设计,提供了8种滤波窗函数,可以让用户自己设计所需的滤波器。该滤波器适用于静态分析。

(六)标记

在实验过程中,对实验对象的反应及各种处理进行标注,有利于准确地进行实验数据的整理。快捷地对数据进行浏览和标记搜索,可大大提高实验数据整理的效率。RM6240微机生物信号采集处理系统具有灵活的信号标记及方便快捷的数据浏览和标记搜索功能。

1. 字符标记

如图3-2-17所示,以"字符标记输入、显示框"中的字符进行打标。在"标记类型"下拉菜单中选择"字符标记",在"字符标记输入、显示框"中输入字符,在记录状态下点击"打标记"按钮即可在每个通道上同时打上字符标记。

(1)字符标记输入　鼠标移动到"字符标记输入、显示框"点击,即可输入字符。

(2)标记组　系统内置了12个实验项目的字符标记组和12个用户定义实验项目标记组,并可对内置字符标记进行增删。在"标记类型"下拉菜单中选择"标记组"即可选择实验项目标记组。选择完毕,实验项目标记组加载到"字符标记库",点击"标记字符组"按钮,在

"字符标记库"中选择要标记的字符标记即可。

(3)字符标记增删　点击"增加字符标记"按钮，在弹出的输入框中输入字符，按"确定"按钮，字符就添加到"字符标记库"。点击"字符标记组"按钮，在"标记字符库"中选中某一字符标记，该字符显示于"字符标记输入、显示框"，点击"删除字符标记"按钮，该字符标记即被删除。

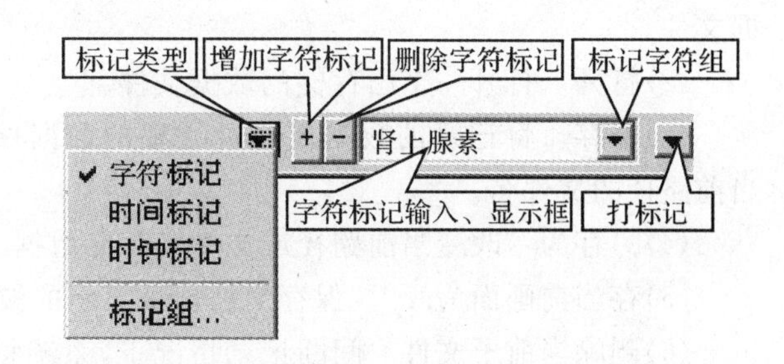

图 3-2-17　字段标记功能区

(4)右键打标法　用鼠标右键(记录、暂停或分析状态)在记录波形的任意位置点击，标记即被打在点击处。

(5)修改标记　在已有标记的周围右键点击，在弹出的移动菜单选择"修改"项，并在弹出的对话框中输入新标记字符，按"确定" 新标记字符替代了原标记。

(6)删除标记　在已有标记的周围右键点击，在弹出的移动菜单中选择"删除"项，标记即被删除。

(7)重叠标记　在已有标记的周围右键点击，在弹出的移动菜单中选择"打标"项，右键点击处添加新的标记。

2. 时间标记

以当前记录时间(起始记录时间为 0s)为标记进行打标。系统在记录状态，在"标记类型"下拉菜单中选择"时间标记"。在需要标记时刻，用鼠标右键在记录波形的任意位置点击，时间标记即被打在点击处。

3. 时钟标记

以计算机的时钟为标记进行打标。系统在记录状态，在"标记类型"下拉菜单中选择"时钟标记"，在弹出的对话框中输入标记的间隔时间，并选中"自动打标"，点击"确定"，系统按设定的时间间隔在各记录通道打上计算机的时钟标记。

4. 显示刺激标注

刺激器发出刺激脉冲的同时系统自动记录刺激脉冲参数，在"标尺和处理"下拉菜单(图 3-2-12)中，选择显示刺激标注菜单，刺激参数罗列其中，选中一个参数或几个参数组合，被选中的刺激脉冲参数即显示于每一刺激发出的时间点上。

(七)数据存取和输出

RM6240 多道生理信号采集处理系统的数据以文件的形式保存于计算机硬盘上，一个数据用同一文件名保存于两个文件，其扩展名分别是". lsd"和". dat"，"lsd"是系统信息文件，"dat"是数据文件，文件存取操作的对象是 lsd 文件。数据的存取操作与 Windows 系统的文件操作相同，其命令和快捷键也相同。文件操作菜单见图 3-2-18 所示。

1. 数据的存储

(1)新建命令

1) 按默认参数新建　按系统设置参数建立一个数据文件。

2) 按当前参数新建　按当前实验设置的参数或当前打开的数据文件参数建立一个数

据文件。

(2)打开　打开一个已存储的数据文件。

(3)保存　将记录的数据或经过处理的数据保存到当前路径的文件名。

(4)另存为　改变当前路径或文件名存储数据。

(5)存当前画面为...　保存当前屏幕显示的波形。

(6)删除当前子文件　间断记录情况下,系统将一次记录开始到停止阶段所记录的数据作为一个数据片断,并存储在一个子文件中。一项实验进行 n 次记录和停止操作,就有 n 个数据片断和子文件。子文件的编号显示于左上角工具栏的下方。当记录文件包含多个子文件时,该功能用于删除当前屏的数据子文件。

(7)另存当前子文件为...　当记录文件包含多个子文件时,该功能可将当前屏的数据子文件存为一个新的记录文件,以便以后单独使用。

(8)合并所有子文件为...　当记录文件包含多个子文件时,该功能用于将所有的子文件按编号顺序合并为一个只有一个子文件的新记录文件(注意:各子文件的采样频率、通道数目、扫描速度、灵敏度、时间常数、导联项目等参数必须一致)。

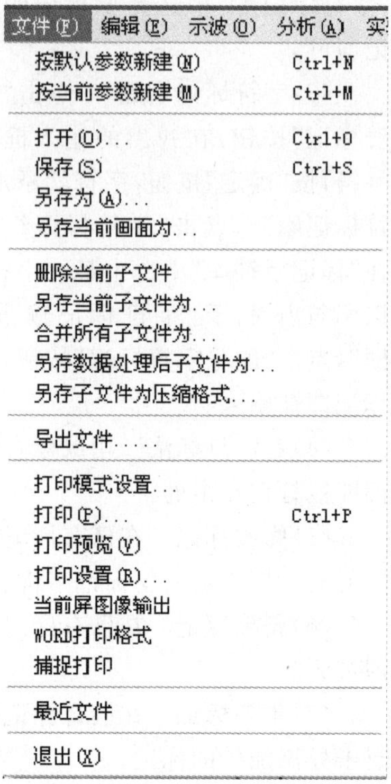

文件(F)　编辑(E)　示波(O)　分析(A)　实
按默认参数新建(N)　Ctrl+N
按当前参数新建(M)　Ctrl+M
打开(O)...　Ctrl+O
保存(S)　Ctrl+S
另存为(A)...
另存当前画面为...
删除当前子文件
另存当前子文件为...
合并所有子文件为...
另存数据处理后子文件为...
另存子文件为压缩格式...
导出文件.....
打印模式设置...
打印(P)...　Ctrl+P
打印预览(V)
打印设置(R)...
当前屏图像输出
WORD打印格式
捕捉打印
最近文件
退出(X)

图 3-2-18　RM6240 文件菜单

(9)另存数据处理后子文件为...　当记录文件包含多个子文件时,该功能可将当前屏经过数据处理后(滤波、微分等)的数据片断存为一个新的记录文件。

2. 数据的输出

(1)导出文件　该项功能可以导出当前子文件中任意通道的数据以数据文本文件(*.txt)和参数文本文件(*.doc)形式保存。"数据文本"记录波形数据的时刻和对应该时刻的数值,并可以用 Matlab、SPSS、SAS 等著名的数据分析软件进行分析;"参数文本"记录波形数据所在通道的采样频率、时间常数、灵敏度、滤波常数和导联方式。

(2)数据打印

1)打印模式设置　选中该菜单,在弹出的"打印模式设置"框中可设置需要打印的通道、数据打印范围和相同数据的打印份数等。

①打印通道设置　选择需要打印数据的通道。

②当前屏多块打印　将当前屏选中通道的数据打印在一张 A4 纸上,拷贝数在"打印块数"中选择。

③当前屏整体打印　将当前屏选中通道的数据打印在一张 A4 纸上,打印的份数为 1。

④区域打印　将当前屏选中通道中的一个区域里的数据打印在一张 A4 纸上,拷贝数在"打印块数"中选择。

⑤多通道连续屏打印　打印当前子文件被选中通道的数据,以当前屏数据为打印的第一页,每屏数据打印一页(一张 A4 纸),连续打印至数据结束,每屏数据宽度由扫描速度决定。

⑥单通道连续屏打印　打印当前子文件被选中一个通道的数据，以当前屏数据为打印的第一页，每屏数据打印一页（一张 A4 纸），连续打印至数据结束，每屏数据宽度由扫描速度决定。选择多行，每屏数据在一页纸上打印 4 份拷贝。

2）打印预览　在屏幕上显示被打印数据的排版格式，打印前一定要"打印预览"，如果对排版格式和打印份数不满意，可在"打印模式设置"中重新设置。

3）打印　将数据输出到打印机进行打印。

4）打印设置　一般情况下，不要改变"打印设置"窗口中的设置。

（八）数据编辑

在"编辑"菜单选择"数据编辑"或在工具栏点击"数据编辑"工具"I"，系统即进入数据编辑状态，并在屏幕右上角弹出浮动的数据编辑工具小窗口（图 3-2-19）。

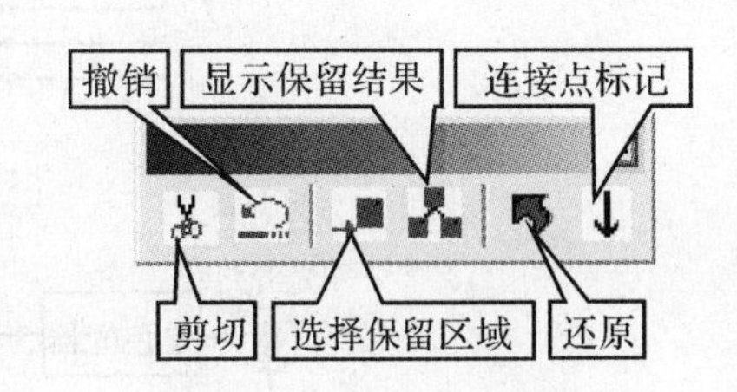

图 3-2-19　数据编辑工具

（1）数据选取　鼠标移到欲编辑波形的始端，按住鼠标左键并向左或右拖动鼠标至欲编辑波形的末端，释放鼠标左键，欲编辑波形的背景呈黑色。

（2）数据剪切　用鼠标点击"剪切"工具，当前选取的数据段即被删除。

（3）撤销剪切　用鼠标点击"撤销"工具，恢复上一次被剪切的数据（该功能只能撤销一次剪切）。

（4）保留剪切　当数据中只需要少量数据时，选取需要的数据，删除其余不需要的数据。其操作方法如下：

1）选择保留数据　选取一段数据后点击"选择保留区域"工具，以确定一段数据。反复操作即可选取多段欲保留的数据段。

2）显示保留结果　当选取完欲保留数据段后点击"显示保留结果"，即可将所选取的数据段自动连接并显示。

（5）还原　用鼠标点击"还原"工具，取消所有的编辑，数据恢复到原始状态。

（6）退出编辑　点击"数据编辑"工具"I"，使其弹出，系统退出"数据编辑"状态。

第三节　分析仪器

在生理科学实验中常常需要测定一些物质的含量，如测定血浆中某种药物的浓度、血液二氧化碳分压等。生理科学实验常用分光光度计测定物质的含量，而一些比较特殊的量如血气参数等的测定则需要专用仪器。

一、分光光度计

分光光度计种类很多，但最常用的是可见光分光光度计，7200 型分光光度计是一种数字式分光光度计。

（一）仪器的工作原理

分光光度计的基本原理（图 3-3-1）是溶液中的物质在光的照射激发下，产生了对光吸收的效应，物质对光的吸收具有选择性。各种不同的物质都具有各自的吸收光谱，因此当某单色光通过溶液时，其能量就会被吸收而减弱，光能量减弱的程度和物质的浓度有一定的比例关系，即符合比色原理——朗伯-比耳定律。

$$T=I/I_0 \tag{3-3-1}$$

$$\lg I_0/I=KcL \tag{3-3-2}$$

$$A=KcL \tag{3-3-3}$$

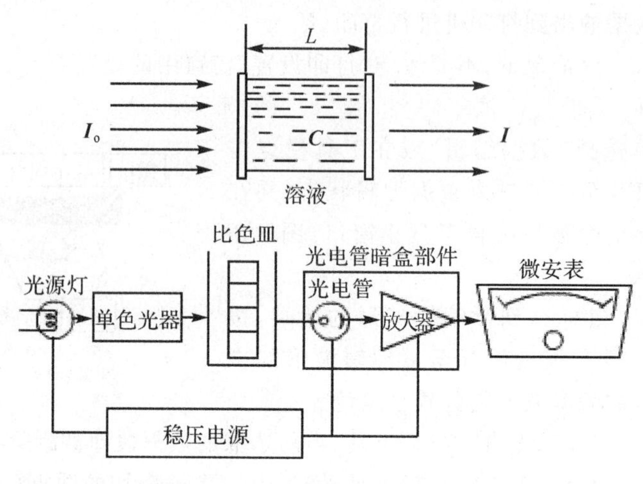

图 3-3-1　分光光度计工作原理

式中：T 为透射比，I_0 为入射光强度，I 为透射光强度，A 为吸光度，K 为吸收系数，c 为溶液的浓度，L 为溶液的光径长度。

从以上公式可以看出，当入射光、吸收系数和溶液的光径长度不变时，透过光是根据溶液的浓度而变化的。分光光度计的基本原理就是根据上述物理光学现象而设计的。

7200 型分光光度计在可见光谱区范围内(325～1000nm)进行定量比色分析。

(二)外部部件功能

7200 型分光光度计正面(图 3-3-2)主要部件功能如下：

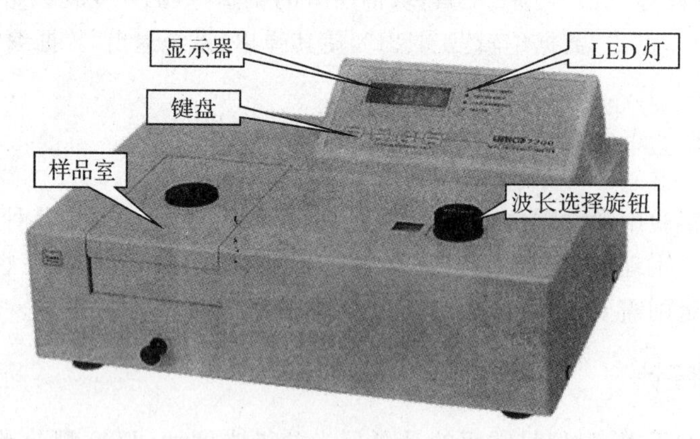

图 3-3-2　7200 分光光度计

(1)显示器　用于显示透射比、吸光度和浓度参数等。显示器右边四个 LED 圆点分别指示当前的测试方式。

(2)键盘　共有 4 个触摸式按键，用于控制和操作仪器。其基本功能如下：

1)测试方式选择键(MODE)　选择测试方式。

2)0ABS/100.0%T(100%INC.)设置键　按一下可自动调整0吸光度和100%透射比。该键是复用键,在浓度模式和浓度因子模式下,按此键可增加输入的浓度值或浓度因子值。

3)%T(0%DEC.)设置键　将%T校具(黑体)置入光路后,按此键可自动调整%T。该键是复用键,在浓度模式和浓度因子模式下,按此键可减小输入的浓度值或浓度因子值。

4)参数输出打印键(PRINT/Ent)　可将测试参数通过打印口(并行口)输出到打印机。该键同时也是设置浓度和浓度因子确认键。

(3)波长选择旋钮　设置分析波长。波长显示窗在旋钮的左侧。

(4)样品室　用于放置被测样品。样品室配置四槽位1cm吸收池架。

(三)仪器操作程序

无论你选用何种测量方式,都必须遵循以下基本操作步骤:

(1)连接仪器电源线,确保仪器供电电源有良好的接地性能。

(2)接通电源,使仪器预热20min(不包括仪器自检时间)。

(3)用"MODE"键设置测试方式:透射比(T)、吸光度(A)、已知标准样品浓度值方式(C)和已知标准样品斜率(F)方式。

(4)用波长选择旋钮设置所需的分析波长。

(5)将参比样品溶液和被测样品溶液分别倒入比色皿中,打开样品室盖,将盛有溶液的比色皿分别插入比色皿槽中,盖上样品室盖。一般情况下,参比样品放在第一个槽位中。

(6)将%T校具(黑体)置入光路中,在T方式下按"%T"键,此时显示器显示"000.0"。

(7)将参比样品推(拉)入光路中,按"0A/100%T"键调0A/100%T,此时显示器显示的"BLA"直至显示"100.0"%T或"0.000"A为止。

(8)当仪器显示器显示出"100.0"%T或"0.000"A后,将被测样品推(拉)入光路,这时,便可从显示器上得到被测样品的透射比或吸光度值。

(四)样品浓度的测量方法

1.已知标准样品浓度值的测量方法

(1)用"MODE"键将测试方式设置至A(吸光度)状态。

(2)用波长旋钮设置样品的分析波长,根据分析规程,每当分析波长改变时,必须重新调整0A/100%和0%T。

(3)将参比样品溶液、标准样品溶液和被测样品分别倒入比色皿中,打开样品室盖,将盛有溶液的比色皿插入比色皿槽中,盖上样品室盖。

(4)将参比样品推(拉)入光路中,按"0A/100%T"键调0A/100%T,此时显示器显示的"BLA"直至显示"0.000"A为止。

(5)用"MODE"键将测试方式设置至C状态。

(6)将标准样品推(或拉)入光路中。

(7)按"INC"或"DEC"键将已知的标准样品浓度值输入仪器,当显示器显示样品浓度值时,按"ENT"键。浓度值只能输入整数值,设定范围为0~1999。

(8)将被测样品依次推(或拉)入光路,此时,显示器分别显示被测样品的浓度值。

2.已知标准样品浓度斜率(*K*值)的测量方法

(1)用"MODE"键将测试方式设置至A(吸光度)状态。

(2)用波长旋钮设置样品的分析波长,根据分析规程,每当分析波长改变时,必须重新调整0A/100%和0%T。

(3)将参比样品溶液和被测样品分别倒入比色皿中,打开样品室盖,将盛有溶液的比色皿插入比色皿槽中,盖上样品室盖。

(4)将参比样品推(拉)入光路中,按"0A/100%T"键调0A/100%T,此时显示器显示的"BLA"直至显示"0.000"A为止。

(5)用"MODE"键将测试方式设置至F状态。

(6)按"INC"或"DEC"键输入已知的标准样品斜率值,当显示器显示标准样品斜率时,按"ENT"键。这时,测试方式指示灯自动指向"C",斜率只能输入整数。

(7)将被测样品依次推(或拉)入光路,这时,便可从显示器上分别得到被测样品的浓度值。

(五)使用注意事项

1.测试

(1)仪器所附的比色皿,其透射比是经过配对测试的,未经配对处理的比色皿将影响样品的测试精度。

(2)比色皿透光部分表面不能有指印、溶液痕迹,被测溶液中不应有气泡、悬浮物,否则也将影响样品测试的精度。

2.仪器通电检查

(1)接通电源,让仪器预热至少20min,使仪器进入热稳定工作状态。

(2)仪器接通电源后,即进入自检状态,首先显示"UNICO",数秒后显示为0.×××A(或-0.×××A),即自检完毕。

3.使用环境

(1)仪器应放置在室温在5~35℃、相对湿度不大于85%的环境中工作。放置仪器的工作台应平坦、牢固,不应有振动或其他影响仪器正常工作的现象。

(2)强烈电磁场、静电及其他电磁干扰,都可能影响仪器正常工作。

4.维护

(1)每次使用后应检查样品室是否积存有溢出溶液,经常擦拭样品室,以防废液对部件或光路系统的腐蚀。

(2)仪器使用完毕应盖好防尘罩,可在样品室及光源室内放置硅胶袋防潮,但开机时一定要取出。仪器长期不用时,要注意环境的温度、湿度,定期更换硅胶。

二、血气分析仪

血气分析是通过对人体血液及呼出气的酸碱度、二氧化碳分压、氧分压进行定量测定来分析和评价人体血液酸碱平衡状态。血气分析被用于肺心病、肺气肿、呕吐、腹泻中毒、急性呼吸衰竭、休克、严重外伤等疾病的诊疗及相关研究工作。

(一)仪器的工作原理及主要功能

血气分析仪是采用高灵敏度的离子选择电极,包括pH电极、氧电极和二氧化碳电极来测定血液中氧分压(PO_2)、二氧化碳分压(PCO_2)和pH值,并可根据所测对象的实际体温和血红蛋白浓度推算出:实际碳酸氢盐(AB)、标准碳酸氢盐(SB)、血浆总二氧化碳(TCO_2)、实际碱剩余(ABE)、标准碱剩余(SBE)、缓冲碱(BB)、血氧饱和度(SAT)、血氧含量(O_2CT)等参数。

(二)ABL700血气分析仪使用方法

1. 开机、关机程序

(1)安装好各种电极、标准气体和试剂，打开分析仪后背的电源开关，仪器即可自动执行液路试剂的充注、液体传感器的检测和校正、泵的校正、泄漏检测。

(2)仪器启动完毕，执行"两点定标"至定标值稳定。屏幕左上角的"分析仪状态"键显示绿色，键，该表示仪器状态良好，可执行下一检测任务。如"分析仪状态"键显示红色或黄色，则仪器处于非正常状态，需检查维修。

(3)临时关机，依次选择"菜单"、"应用"、"临时关机"即可。临时关机后应在24小时内开机，以免长时间关机影响电极和电极膜的寿命。

2. 日常保养

(1)连续测定时，每日需对管道测量系统进行去蛋白处理，并清空废液瓶。如试剂、标准气体的余量不足及时更换。

(2)每周需对分析仪进行去污处理。长时间不测定时，仪器设定于睡眠状态以节省试剂。

3. 样品测试

(1)注射器采集的血液或其他液体样品(Syringe Samples)按以下步骤测试：

1)在系统界面依次选择"菜单"、"应用"、"设置"、"分析设置"、"注射器模式"菜单，将仪器测定模式设置为"注射器-注165μL"，使仪器处于测定的"准备"状态。

2)将样品注射器上下颠倒混匀样品，观察样品是否处于密闭状态、有无气泡，了解样品采集时间，血样还需注意是否凝固，确定样品正常后，抬起"注射器进样口副翼"(图3-3-3)，拔去注射器针头，将注射器轻轻插入"注射器进样口"。

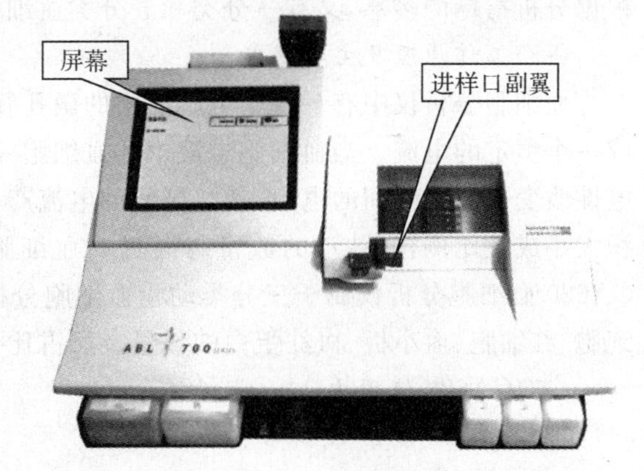

图3-3-3　ABL700血气分析仪

3)在系统界面上按"开始"键，进样针自动进入注射器中吸取样品。

4)当仪器发出"嘀嘀"提示音后，及时移去注射器，并关闭"注射器进样口副翼"。

5)当血气分析仪屏幕显示测试结果时，点击联机计算机上的"数据采集处理工作站"中的"刷新"键，选中测试结果并将实验对象的信息输入到"数据采集处理工作站"中，然后点击"保存"键。

(2)呼出气体样品(Expre Air Samples)按以下步骤测试：

1)在系统界面依次选择"菜单"、"应用"、"设置"、"分析设置"、"注射器模式"菜单，将仪器测定模式设置为"呼出气体"，使仪器处于测定的"准备"状态。

2)抬起"注射器进样口副翼"，拔去注射器针头，将注射器轻轻插入"注射器进样口"。

3)在系统界面上按"开始"键，按照屏幕上的体积条形柱的提示缓慢推入气体标本，推入的气体量与屏幕体积条形柱的提示量相同,注意尽量匀速连续不断推入气体标本,直至体积条形柱降至 0mL。

4)其余步骤与上述(1)中的 4)和 5)相同。

(3)毛细管采集的血液或其他液体样品(Capillary Samples)按以下步骤测试:

1)在系统界面依次选择"菜单"、"应用"、"设置"、"分析设置"、"毛细管模式"菜单,将仪器测定模式设置为"微-55μL pH+血气",使仪器处于测定的"准备"状态。

2)抬起"毛细管进样口副翼",移去插入进样口端的毛细管封闭帽,将毛细管插入"毛细管进样口"(注意不可移走混匀金属丝),移去另外一侧的毛细管封闭帽。

3)按"开始"键,仪器开始进样。

4)等仪器发出"嘀嘀"提示音后,及时移开微量管并关闭"微量进样口副翼"。

5)其余步骤与上述(1)中的 5)相同。

(三)注意事项

(1)为防止血凝块堵住仪器管道或导致测定结果误差,样品容器内应有足量肝素。

(2)抽血后,血样在测定前上下颠倒或水平搓滚样本容器 5~8 次,使之均匀。

(3)被测样品在检测前应与空气隔绝,防止样品与空气接触影响检测结果。

(4)血样应在 30min 内检测完毕。

三、血细胞分析仪

血细胞分析仪用于对血样中的红细胞、白细胞、淋巴细胞、血小板进行计数和性质分析。目前血细胞分析仪已广泛应用于临床和研究工作。血细胞分析仪有全自动或半自动两种。根据分析指标的多寡,又有三分类和五分类血细胞分析仪之分。

(一)工作原理及主要功能

血细胞分析仪中有一置于电解液中的微孔管,管内外各有一个电极,两电极通电后便形成一个恒定的电流。当血细胞悬液中的血细胞一个一个地通过微孔管时,血细胞的不良导电性改变了两电极间的电阻,使电极间的电流产生一个一个脉动,电脉动的幅度与血细胞体积大小成正比例,电脉动的数量与通过的血细胞数相等,由此实现血细胞的分类和计数。CA620 血细胞分析仪属于三分类动物血细胞分析仪,可用于检测人及 9 种动物血液中的白细胞、红细胞、血小板、血红蛋白的数量及所占比例等的统计分析。

(三)CA620 使用方法

1. 开机

(1)开启　开机前检查溶血剂、稀释液及管道系统,接上电源。待显示器主菜单显示后按"MENU"键,用左侧键盘的"↓"键翻动菜单至"8. Select flow menu"时,按"ENTER"键确认,再选择菜单"8.2 Start filling system"(冲注),按"ENTER"键,这个过程需持续数分钟。

(2)空白测试　用仪器的稀释液作标本,从全血通道进样测试,测试结果值应为:RBC<0.02、WBC<0.2、HGB<0.1、PLT<10。

(3)定标　用质控液按血样测定的方法测定,比较实测值与标准值,如两者的差异超出允许范围,则按手册说明进行校正。

(4)启动联机计算机,开启 CA620 血细胞计数仪的 Cell 记录软件。在"Main menu"菜单中选择"5. Setup menu"菜单,进入"5.10.11. Set PROG names"窗口,选择被检测动物的测定模式。

(5)唤醒　仪器休眠时,按一次“MENU”键,待仪器自动执行一次清洗周期后即可进入样本测定的操作状态,再按一次“MENU”键,则进入菜单操作状态。

2.样品测定

(1)全血标本测定

1)压下仪器“吸样针挡板”,将抗凝的新鲜全血样品置于“全血吸样针”下,使吸样针浸入血样,按“WHOLE BLOOD”板,等分析仪显示屏左上角的“ID”背景色变色后移去测试样本(图 3-3-4)。

2)在计算机上的“CA620 血细胞计数仪 Cell”的实验信息窗中填入组别、次别,实验对象名称、性别、体重等信息,等待屏幕上显示结果。

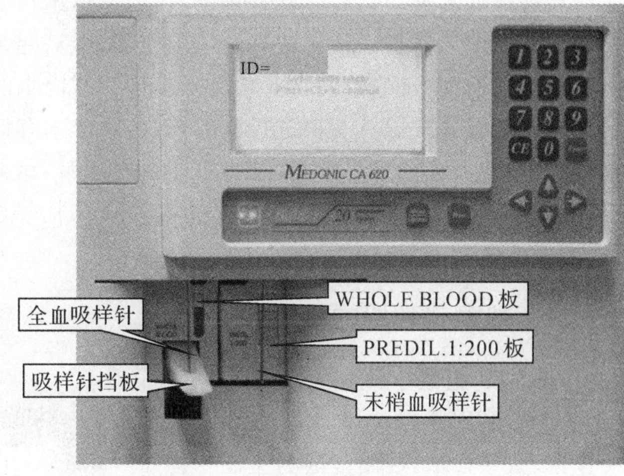

图 3-3-4　CA620 血细胞分析仪

(2) 稀释末梢血标本测定

1)将末梢血用等渗稀释液稀释成 1∶200 的比例。

2)将装有预稀释末梢血的杯子置于“末梢血吸样针”下,使吸样针浸入血样,按“PREDIL. 1∶200”板,等分析仪显示屏左上角的“ID”背景色变色后移去测试样本。

3)在计算机上的“CA620 血细胞计数仪 Cell”的实验信息窗中填入组别、次别,实验对象名称、性别、体重等信息,等待屏幕上显示结果。

3.关机操作

关机前须将试剂进样管移至一装有纯水的容器中,按“MENU”键显示主菜单,选择“8. System flow menu”菜单项,选择其中“8. 1 Start filling system”(充注系统)菜单项,按“ENTER”键确认,系统执行纯水的充注过程,冲注完毕后将试剂进样管从纯水中拿出。按“MENU”键,选择菜单“8. System flow menu”项下的“8. 3 Start Emplying System”(排空系统),按“ENTER”键确认,约 20min 后排空结束,断电。

4.使用注意事项

(1)原则上血细胞计数仪必须 24 小时开机处于运行状态。

(2)经常用酒精清除黏附于吸样针外部的蛋白质,用纯水洗去吸样针外部的盐类结晶,并仔细擦干,以提高吸样针自动清洗过程的效率和仪器功能的可靠性和准确性。

(3)在计算机上的“CA620 血细胞计数仪 Cell”中输入实验信息后,不要点击其上的“保存”键,否则会引起数据混乱。血细胞计数仪测试结果传入到“CA620 血细胞计数仪 Cell”后,软件会自动存盘。

(4)建议使用 EDTA-2K 作为血细胞分析仪的抗凝剂,用量为 1. 5～2. 2mg/mL 血。血样应密闭,室温保存不超过 6 小时,检测前颠倒混匀。

(5)血液分析必须建立严格的质量控制制度,保证结果的可靠性。

(陆　源　梅汝焕)

第四节　恒温器和人工呼吸机

在进行哺乳类动物离体器官实验时,给离体组织器官提供在体时的恒温环境是非常重要的。超级恒温器是一种比较好的恒温仪器,能满足离体组织器官生理恒温环境要求。超级恒温器规格型号很多,其主要功能是保持容器内水的温度恒定,用水泵提供恒温水循环。

动物实验常常需对动物进行麻醉,有些麻醉剂有抑制呼吸中枢作用,影响动物的呼吸运动;有些动物实验使用肌松剂,动物不能自主呼吸,做开胸腔手术时,动物的胸腔被打开,肺不能进行扩张和收缩。采用人工呼吸机为动物提供呼吸动力,可保证实验动物有效呼吸运动。

一、数字式超级恒温浴槽

HSS-1B 型数字式超级恒温浴槽(图 3-4-1)采用数控技术,温度采用数字设定、数字显示,控温范围为室温 ~ 95℃,温度波动度±0.03℃,温度显示分辨率 0.1℃,循环水流量 6L/min,加热功率 1kW。该装置还配有镇痛实验的热板。使用方法如下:

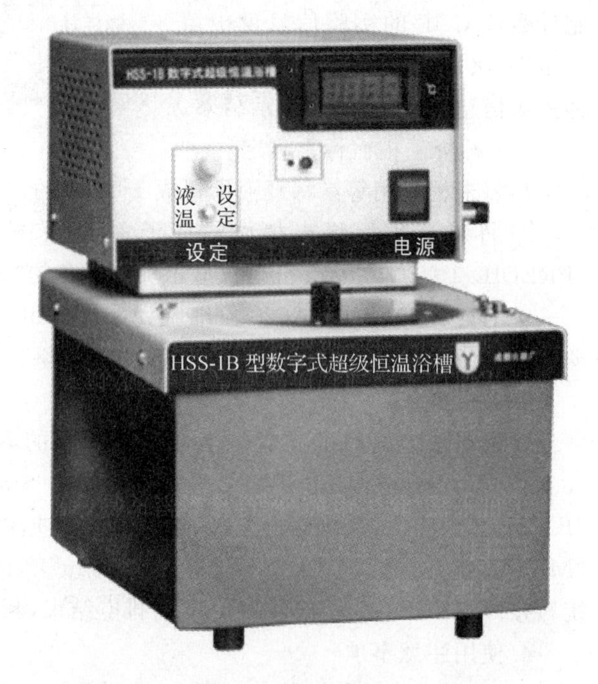

图 3-4-1　HSS-1B 型数字式超级恒温浴槽

(1)使用前槽内加入蒸馏水(或清水),水面与上盖平面的距离约 30mm,液面过高容易溢出,过低会损坏加热器。

(2)将出水管和回水管与外部灌流装置连接。

(3)开启“电源”开关,显示器显示浴槽内温度。

(4)温控器开关置“设定”位置,旋转温度调节旋钮至显示器显示的数字达到需要的工作温度。

(5)温控器开关置“显示”位置,此时温控器显示的是当前槽内水的温度。此后温控器进入自动控制状态。

(6)镇痛实验　关闭电源,将槽内水减少 1600mL,放入镇痛槽,用螺钉固定镇痛槽,用一胶管连通出水口和回水口。开启电源开关,进行温度设定,待显示器显示的温度达到设定温度时,可开始实验。

二、动物人工呼吸机

HX-200 动物人工呼吸机(图 3-4-2)适用动物为:大鼠、豚鼠、仓鼠、兔、猫、猴及小中型狗等常用实验动物。

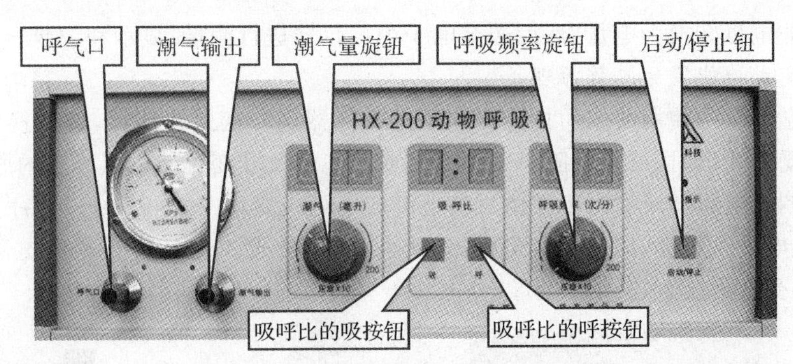

图 3-4-2　动物人工呼吸机

(一)使用方法

1.开机

主机平置,接上电源,然后将两根皮管分别插入“潮气输出”及“呼气口”接头。打开电源开关。

2.参数设置

首先估计实验动物所需潮气量、呼吸频率、吸呼比,然后进行参数设置。

(1)吸呼比　按“吸呼比的吸按钮”或“吸呼比的呼按钮”设置吸呼比,吸呼比可设定为 1～5 之间的任意比例关系。

(2)呼吸频率　旋转“呼吸频率旋钮”设置呼吸频率,顺时针旋转旋钮为增加频率,逆时针旋转旋钮为减小频率。

(3)潮气量　旋转“潮气量旋钮”设置潮气量,顺时针旋转旋钮为增加潮气量,逆时针旋转旋钮为减小潮气量。

3.机控呼吸

(1)将三通一头用软胶管与动物气管插管接通,这时动物的呼吸由呼吸机控制。

(2)当动物进行机控呼吸时,应及时注意观察动物呼吸,如选参数对动物不合适,应及时修正。

(二)注意事项

(1)在机器运行中,如改变潮气量参数,无需按“启动按钮”,机器可按最新设置的参数运行。若改变其他参数,则须按“启动按钮”,机器才按最新设置的参数运行。

(2)潮气量多数与呼吸频率及吸呼比的参数之间有一定的关系,如果在实验中需要将后两者进行再一次调整的话,那么应将潮气量输出值重新修正到所需值。

第五节　实验装置和器械

一、换能器

在生物医学中传感器又称为换能器(transducer)。换能器是一种能将机械能、化学能、光能等非电量形式的能量转换为电能的器件或装置。

在生物医学上,换能器能将人体及动物机体各系统、器官、组织直至细胞水平及分子水平的生理功能或病理变化所产生的如体温、血压、血流量、呼吸流量、脉搏、生物电、渗透压、血气含量等非电量转换为电量,然后送至电子测量仪器进行测量、显示和记录。

(一)应变式换能器的工作原理

生理科学实验中使用的张力换能器和压力换能器属应变式换能器,这类换能器是根据导电材料在受力变形时,材料电阻率发生变化或其几何尺寸变化使电阻改变的原理制成的。用导电材料制成电阻丝或喷涂于弹性材料上制成电阻应变片(图 3-5-1),应变片受水平拉力时,应变片的电阻丝长度(L)变长,截面(S)减小,根据公式 3-5-1,应变片的电阻(R)增大,同理,应变片受水平压力,其 R 减小。

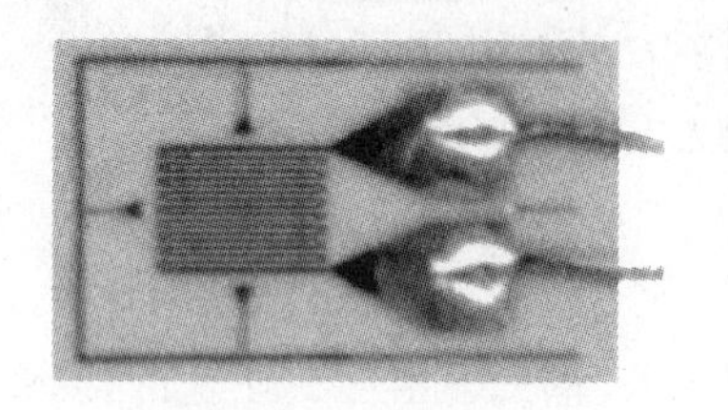

图 3-5-1　电阻应变片

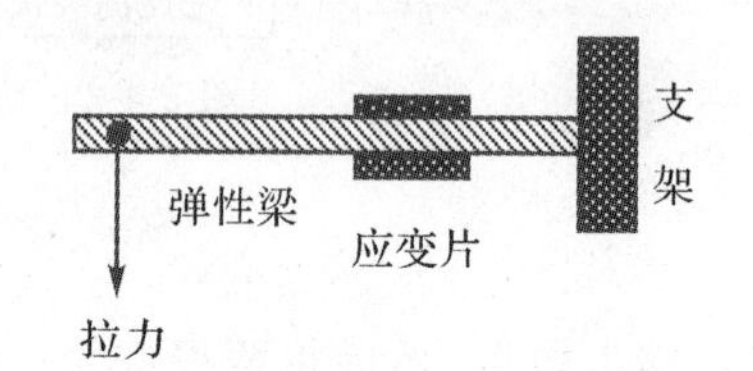

图 3-5-2　张力换能器结构

$$R=\rho\frac{L}{S} \tag{3-5-1}$$

以张力换能器为例,应变片粘贴在弹性悬臂梁上(图 3-5-2),贴在梁上面的应变片为 R_1、R_4,贴在梁下面的应变片为 R_2、R_3,用 R_1、R_4、R_2、R_3 构成惠斯登电桥的四臂(图 3-5-3),悬臂梁无外力作用时,$R_1=R_2$,$R_3=R_4$。根据公式 2-9-2,输出电压 $U_{out}=0$。

$$U_{out}=E\left(\frac{R_2}{R_1+R_2}-\frac{R_4}{R_3+R_4}\right) \tag{3-5-2}$$

悬臂梁受力(如向下),悬臂梁向下位移变形,贴在梁上面的应变片(R_1、R_4)受力被拉长,电阻增大,贴在梁下面的应变片(R_2、R_3)受力被缩短,电阻减小,电桥平衡被改变,电桥就输出一个电压,这个电压的值与电阻应变片所受力的大小成比例。力的变化转换成电桥输出电压的变化。测量血压、呼吸的换能器,基本的工作原理与张力换能器相似。

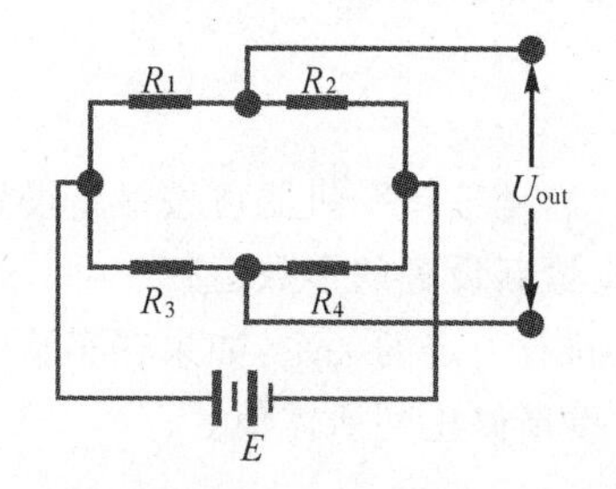

图 3-5-3　换能器的电桥线路

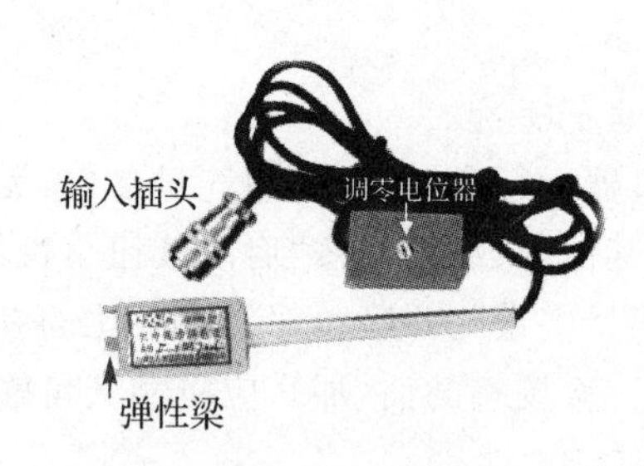

图 3-5-4　张力换能器

(二)常用的换能器

在生理科学实验中,常用的换能器有:

(1)生物电的引导电极　它能将离子电流转换成电子电流。电极多选用银、不锈钢、铂等材料制成,实验室引导动物心电图时常采用注射器针头作引导电极。

(2)张力换能器(图 3-5-4)　它能将各种张力转换成电信号。张力换能器有多种规格,根据被测张力的大小选用合适量程的换能器,常用的有 5、10、50 和 100g 等。

(3)压力换能器　它能将各种压力如血压、呼吸道气压转换成电信号。压力换能器根据测量对象的不同，可分为血压换能器(图 3-5-5)和呼吸换能器(图 3-5-6)，血压换能器用于测量高的压力(－6.7～48.0kPa)，而呼吸换能器用于测量低的压力(－0.98～4.9kPa)。

(4)流量传感器　它能将各种流体的流量转换成电信号，如呼吸换能器(图 3-5-6)。多数流量传感器应用光电或磁电原理工作。

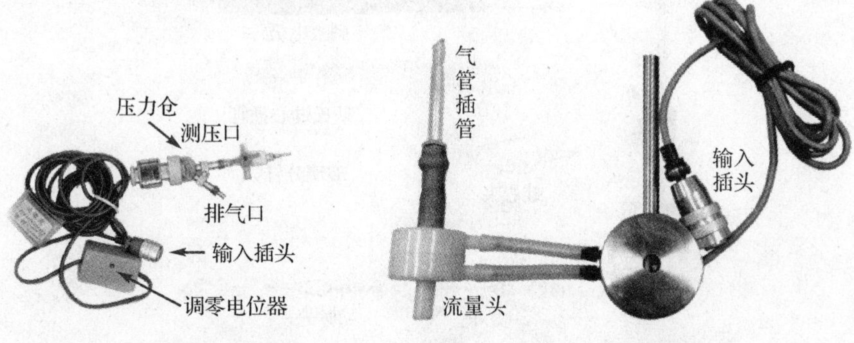

图 3-5-5　血压换能器　　图 3-5-6　呼吸换能器

(三)换能器使用注意事项

(1)防止过载　在使用时不能用手牵拉弹性梁或超量加载。张力换能器的弹性悬臂梁的屈服极限为规定量程的 2～3 倍，如 50g 量程的张力换能器，在施加了 150g 力后，弹性悬臂梁将不能恢复其形变，即弹性悬臂梁失去弹性，换能器被损坏。

(2)防水　防止水进入换能器内部。张力换能器内部没有经过防水处理，水滴入或渗入换能器内部会造成电路短路，损坏换能器，累及测量的电子仪器。

(3)防碰撞　压力换能器不能碰撞，应轻拿轻放。压力换能器的内部由应变丝构成电桥，应变丝盘绕在应变架上，应变架结构精密，应变丝和应变架在碰撞和震动时，会发生断丝或变形。

(4)压力换能器施加的压力不能超过其量程规定的范围。换能器的弹性膜片在过载情况下将不能恢复其形变，过载会发生应变丝断丝或应变架变形。

二、常用器械及使用方法

生理科学实验常用的器械如图 3-5-7 和图 3-5-8 所示，各器械的用途分别介绍如下：

(1)金属探针　用于破坏蛙类脑和脊髓。

(2)锌铜弓　锌铜弓用金属锌和铜铆接而成，锌铜弓在极性溶液中形成回路时，锌与铜两极产生约 0.5～0.7V 的直流电压，因此可用来刺激神经和肌肉，使神经或肌肉兴奋。这种刺激仅在锌铜弓与神经或肌肉接触瞬间产生，持续接触不能使神经或肌肉兴奋。

(3)刺激电极　刺激电极一般用铜或不锈钢丝制成，两极分别接刺激器输出的正极和负极。刺激电极有双极刺激电极、保护电极和锁定电极等多种。

(4)蛙心插管　蛙心插管有斯氏和八木氏插管两种。斯氏蛙心插管用玻璃制成，尖端插入蟾蜍或青蛙的心室，突出的小钩用于固定离体心脏，插管内充灌生理溶液。

(5)玻璃分针　用以分离神经肌肉标本等组织，因其光滑故对组织不易产生损伤。用时应沾少许任氏液或生理盐水。

(6)蛙心夹　使用时将一端夹住标本(如蛙心的心尖)，另一端借缚线连于换能器，以进

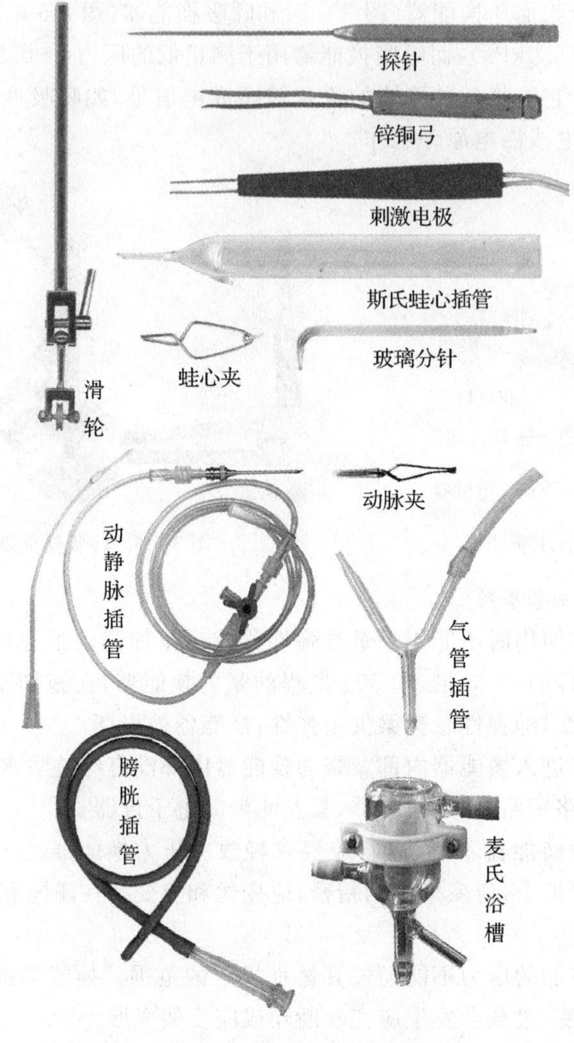

图 3-5-7 常用器械(一)

行标本(如心脏)活动的记录。

(7)滑轮 用来改变力的方向,多用于张力换能器与标本之间的连接。

(8)血管插管 血管插管常采用PVC管、静脉留置针、大号不锈钢注射器针头(磨去锋口),后接三通和动脉测压管。动脉插管在急性动物实验时插入动脉,另一端接压力换能器,以记录血压。静脉插管插入静脉后固定,以便于记录静脉压或在实验过程中随时用注射器通过插管向动物体内注射各种药物和溶液。

(9)动脉夹 用于阻断动脉血流。

(10)气管插管 急性动物实验时插入气管,以保证呼吸通畅,或作人工呼吸。一端接呼吸换能器可记录呼吸运动。

(11)膀胱插管 用玻璃制成的插管,后接导尿管,用于引流膀胱内的尿液和进行尿流量的测定。

(12)麦氏浴槽 用玻璃制成的双层套管,内管放置标本和灌流液,内壁和外壁间通恒温水以保持内管中标本的恒温。

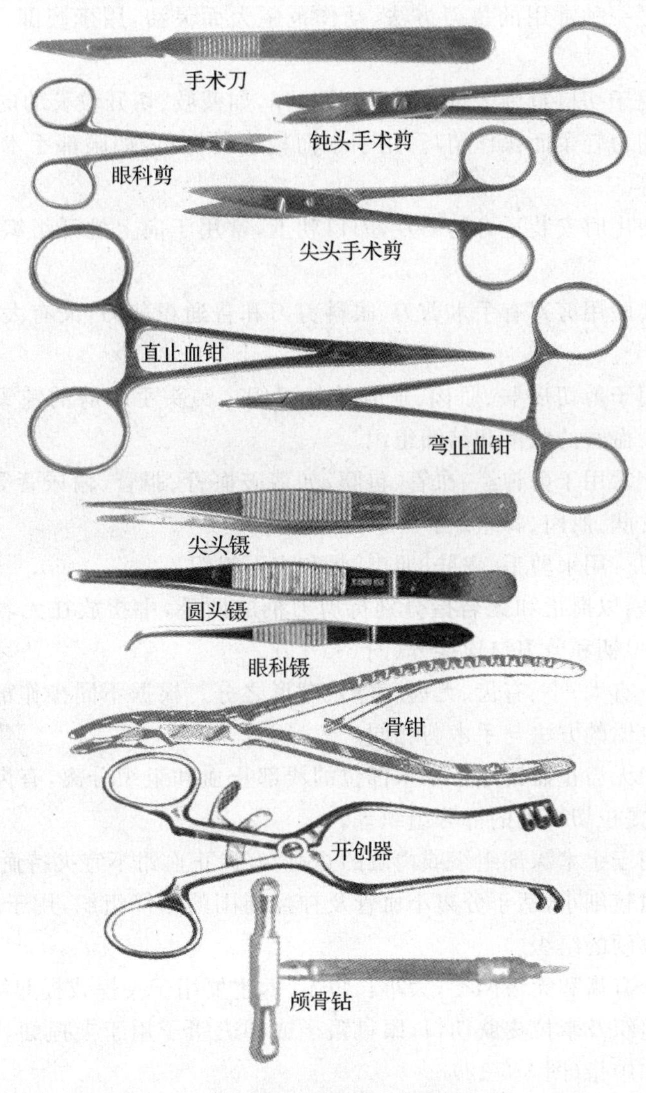

图 3-5-8　常用器械(二)

(13)手术刀　用于切开皮肤和脏器,不要随意用它切其他软组织,以减少出血。注意刀刃不要碰及其他坚硬物质,用毕单独存放,保持清洁干燥。手术刀刀片的安装见图 3-5-9 所示。常用的手术刀执刀方法有以下 4 种(图 3-5-10):

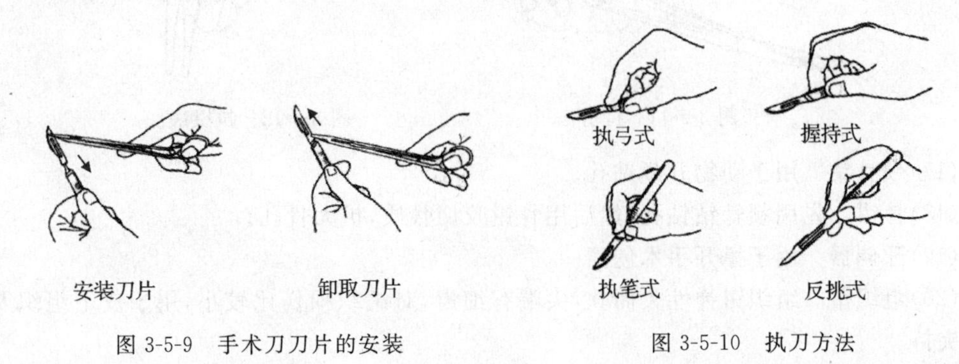

图 3-5-9　手术刀刀片的安装　　　　图 3-5-10　执刀方法

1)执弓式　是一种常用的执刀方法,动作范围大而灵活,用于腹部、颈部、股部的皮肤切口。

2)握持式　用于切口范围大、用力较大的操作,如截肢、切开较长的皮肤切口等。

3)执笔式　用力轻柔而操作精巧,用于小而精确的切口,如眼部手术、局部神经、血管、腹部皮肤小切口等。

4)反挑式　使用时安装适合的刀片,刀口朝上,常用于向上挑开组织,以避免损伤深部组织。

(14)剪刀　实验用剪刀有手术剪刀、眼科剪刀和普通粗剪刀,又有大小、类型(直弯、尖头、钝头)、长短之分。

1)手术剪　用于剪切皮肤、肌肉、血管等软组织。钝头手术剪的钝头端可插入组织间隙,分离、剪切无大血管的肌肉和结缔组织。

2)眼科剪刀　常用于剪神经、血管、包膜,如剪破血管、胆管、输尿管等以便插管。禁止用眼科剪刀剪切皮肤、肌肉、骨组织。

3)普通粗剪刀　用来剪毛、皮肤、肌肉、骨和皮下组织。

持剪的方法是:以拇指和无名指分别持剪刀柄的两环,中指放在无名指指环的外侧柄上,食指轻压在剪刀柄和剪刀口连接部(图 3-5-11)。

(15)止血钳　有大、小、有齿、无齿、直形、弯形之分。根据不同操作部位选用不同类型的止血钳。持止血钳的方法与手术剪相同。

1)直止血钳和无齿止血钳用于手术部位的浅部止血和组织分离,有齿止血钳主要用于强韧组织的止血、提拉切口处的部分组织等。

2)弯止血钳用于手术深部组织或内脏的止血,有齿止血钳不宜夹持血管、神经等组织。

3)蚊式止血钳较细小,适于分离小血管及神经周围的结缔组织,用于小血管的止血,不适宜夹持大块或较硬的组织。

(16)镊子　分有齿和无齿两类,大小长短不一,主要用于夹捏或提起组织。圆头镊子用于较大或较厚的组织及牵拉皮肤切口,眼科镊子或钟表镊子用于夹捏细软组织。执镊方法为用拇指对食指和中指(图 3-5-12)

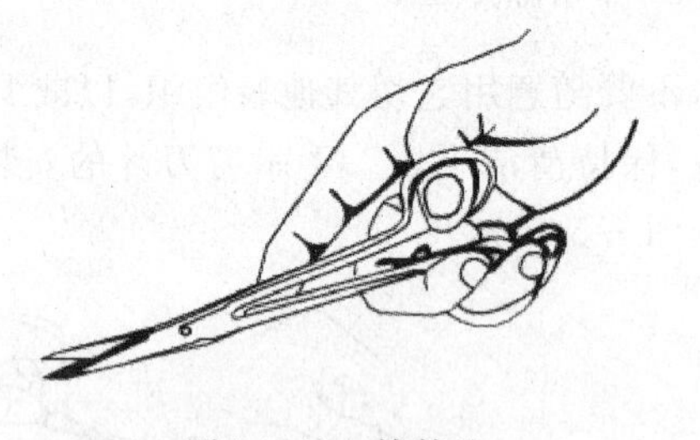

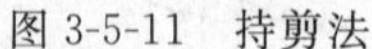

图 3-5-11　持剪法

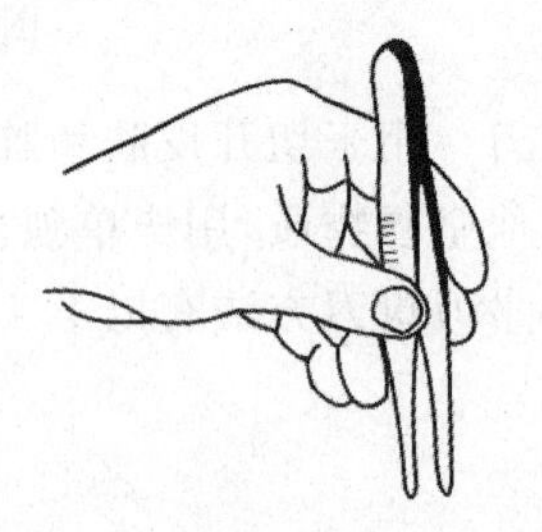

图 3-5-12　执镊法

(17)颅骨钻　用于动物开颅钻孔。

(18)骨钳　先用颅骨钻钻孔,然后用骨钳咬切骨质,扩大骨孔。

(19)开创器　用于撑开手术创面。

(20)组织钳　组织钳弹性大而软,尖端有细齿,对组织损伤比较小,用于皮下组织及水巾的夹持。

(21)持针器　持针器有大小之分，持针器的头端较短，内口有槽。

(22)注射器　注射器有可重复使用的玻璃注射器和一次性塑料注射器，容量有 0.1mL 的微量注射器和 100mL 的大容量注射器；常用的有 1～20mL 的注射器(图 3-5-13)。根据注射溶液量的多少选用合适容量的注射器。注射器抽取药液时应将活塞推到底，排尽针筒内的空气，安装针头，注射器针头的斜面与注射器容量刻度标尺在同一平面上，用旋力压紧针头。注射器握持方法有平握法和执笔法两种(图 3-5-13)。

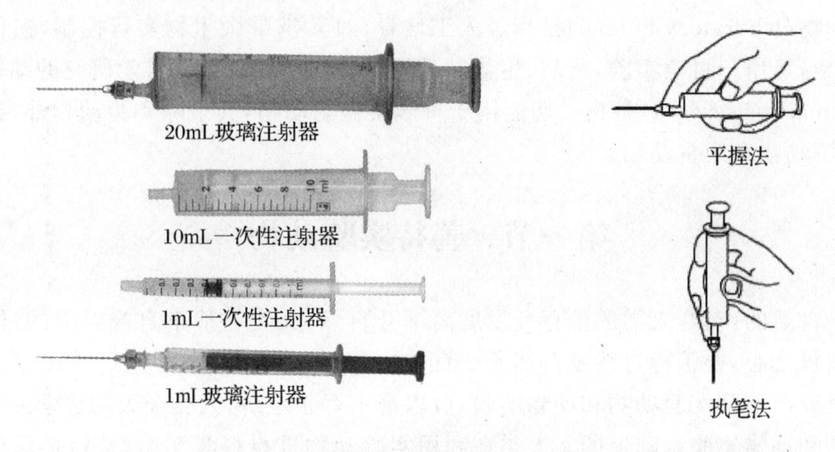

图 3-5-13　注射器及握持方法

(23)手术台　动物实验用手术台有蛙手术台(蛙板)、兔手术台和狗手术台。

1)蛙板　蛙板(图 3-5-14)一般用平整的松木板制成，长宽分别为约 20、15cm，用白漆粉刷。蛙板用来固定蛙体及标本制备，可用蛙钉或大头针将蛙体或标本钉在蛙板上。有的蛙板上开有一圆孔，将蛙的肠系膜覆盖在圆孔上，通过显微镜可观察微循环。

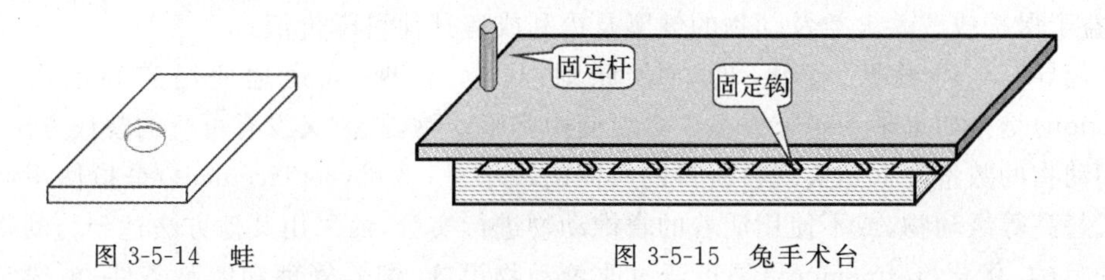

图 3-5-14　蛙　　图 3-5-15　兔手术台

2)兔手术台　兔手术台(图 3-5-15)有木手术台和金属手术台，构造基本相同，固定杆用于固定兔的头部，固定钩用来固定动物的四肢。为了防止动物的体温降低，手术台的底部安装了加热装置。

(陆　源)

第四章　实验动物基本知识

实验动物(laboratory animal)是指经人工培育,对其携带微生物实行控制,遗传背景明确,来源清楚,可用于科学实验,药品、生物制品的生产和鉴定及其他科学研究的动物。实验用动物(animal for reseach)是指一切能用于科学实验的动物,其中除实验动物外,还包括野生动物、经济动物和观赏动物。

第一节　善待实验动物

人类是自然的产物,人类的生存和发展离不开自然,人类在追求自身发展的过程中,对自然要有敬畏之心,要善待自然及自然所孕育的生命。

医学研究离不开实验动物和动物实验,可以毫不夸张地讲,人类今天的医学成就是建立在实验动物和动物实验基础上的。人类在利用实验动物进行科学实验,获得科学研究成果的同时,避免人类自身受到痛苦或伤害,而实验动物却不可避免地受到了生理或心理的伤害,甚至死亡。维护动物福利,是促进人与自然和谐发展的需要。为此,世界多数国家制定了善待实验动物的法律法规,我国科技部于 2006 年发布了《关于善待实验动物的指导性意见》,意见提出善待实验动物的主要要求和措施如下:

1. 使用实验动物进行动物实验应有益于科学技术的创新与发展,有益于教学及人才培养,有益于保护或改善人类及动物的健康及福利或有其他科学价值。

2. 倡导"减少、替代、优化"的"3R"原则,科学、合理、人道地使用实验动物。减少(reduction)是指如果某一研究方案中必须使用实验动物,同时又没有可行的替代方法,则应把使用动物的数量降低到实现科研目的所需的最小量;替代(replacement)是指使用低等级动物代替高等级动物,或不使用活着的脊椎动物进行实验,而采用其他方法达到与动物实验相同的目的;优化(refinement)是指通过改善动物设施、饲养管理和实验条件,精选实验动物、技术路线和实验手段,优化实验操作技术,尽量减少实验过程对动物机体的损伤,减轻动物遭受的痛苦和应激反应,使动物实验得出科学的结果。

3. 使实验动物免遭不必要的伤害、饥渴、不适、惊恐、折磨、疾病和疼痛,保证动物能够实现自然行为,受到良好的管理与照料,为其提供清洁、舒适的生活环境,提供充足的、保证健康的食物、饮水,避免或减轻疼痛和痛苦等。

4. 不得戏弄或虐待实验动物。在抓取动物时,应方法得当,态度温和,动作轻柔,避免引起动物的不安、惊恐、疼痛和损伤。在日常管理中,应定期对动物进行观察,若发现动物行为异常,应及时查找原因,采取有针对性的必要措施予以改善。

5. 实验动物应用过程中,应将动物的惊恐和疼痛减少到最低程度。实验现场避免无关人员进入。

6. 在对实验动物进行手术、解剖或器官移植时,必须进行有效麻醉。术后恢复期应根据实际情况，进行镇痛和有针对性的护理及饮食调理。

7. 保定（动物实验时采取适当的方法或设备限制动物的行动）实验动物时，应遵循"温和保定，善良抚慰，减少痛苦和应激反应"的原则。保定器具应结构合理、规格适宜、坚固耐用、环保卫生、便于操作。在不影响实验的前提下，对动物身体的强制性限制宜减少到最低程度。

8. 处死实验动物时，须按照人道主义原则实施安死术（用公众认可的、以人道的方法处死动物的技术，使动物在没有惊恐和痛苦的状态下安静地、无痛苦地死亡）。处死现场，不宜有其他动物在场。确认动物死亡后，方可妥善处置尸体。

9. 在不影响实验结果判定的情况下，应选择"仁慈终点"（动物实验过程中，选择动物表现疼痛和压抑的较早阶段为实验的终点），避免延长动物承受痛苦的时间。

10. 灵长类实验动物的使用仅限于非用灵长类动物不可的实验。除非因伤病不能治愈而备受煎熬者，猿类灵长类动物原则上不予处死，实验结束后单独饲养，直至自然死亡。

第二节　生理科学实验常用实验动物的种类

一、蟾蜍

蟾蜍属两栖纲，无尾目，蟾蜍科。蟾蜍品种很多，中华蟾蜍指名亚种（*Bufo gargarizans gargarizans Cantor*，Zhoushan Toad）（图 4-2-1）是我国大陆地区分布最广的品种之一，据报道上海郊区中华蟾蜍密度高达 4.8 万只/km^2。

图 4-2-1　中华蟾蜍指名亚种

（一）生物学特性

蟾蜍生活在田间、池边等潮湿环境中，以昆虫等幼小动物为食料。冬季潜伏在土壤中冬眠，春天出土。蟾蜍用肺呼吸。蟾蜍和蛙的身体背腹扁平，左右对称，头为三角状，眼大并突出于头部两侧，有上、下眼睑和瞬膜，以及鼻耳等感受器官。前肢有 4 趾，后肢有 5 趾，趾间有蹼。背部皮肤上有许多疣状突起的毒腺，分泌蟾蜍素，尤以眼后的椭圆状耳腺分泌毒液最多。雄性蟾蜍皮肤光滑，前肢 3 趾上有黑色、粗糙的斑块——婚垫（或婚刺），会鸣叫。雌性蟾蜍皮肤粗糙，前肢趾上无婚垫，不会鸣叫。

（二）在生物科学研究中的应用

蟾蜍的一些基本生命活动和生理功能与温血动物近似，其离体组织和器官所需的生活条件比较简单（无须人工给氧和恒温环境），易于控制和掌握。蟾蜍常用于神经生理、肌肉生理、心脏生理、微循环、水肿、肾功能不全等实验，蟾蜍是教学实验常用的小动物。

二、小鼠

小鼠（mouse）是目前世界上用量最大、用途最广、品种最多的实验动物。实验小鼠（图 4-2-2）来自野生小鼠，经过人们长期选择培育而成。

(一)生物学特性

(1)小鼠体型较小,是啮齿目实验动物中较小的动物,出生体重1.5g左右,1月龄体重可达12～15g,二月龄体重达25g左右。90日龄昆明小鼠体重可达37～40g左右,体长为90～100mm。面部尖突,触须长,耳耸立呈半圆形,尾长约与体长相等。小鼠性情温顺,胆小易惊,易于捕捉,夜间比较活跃。喜群居于光线较暗的环境,喜啃咬,群饲时生长发育较单饲时快。对外来刺激敏感,雄性好斗。雄鼠分泌醋酸铵臭气,是引起室内特异臭味的主要原因。不耐饥饿,不耐热,对环境适应性差,对疾病抵抗力低。实验小鼠自发肿瘤多。白化小鼠怕强光。

图4-2-2 小鼠

(2)正常生理值 寿命2～3年,性成熟期35～60日,体重20g以上,体温(直肠)36.5～39℃,呼吸频率163(84～230)次/min,心率625(520～780)次/min,通气量24(11～36)ml/min,潮气量0.15(0.09～0.23)ml,收缩压113(95～125)mmHg、舒张压81(67～90)mmHg,血容量占体重的7.78%,血红蛋白100～190g/L,红细胞(7.7～12.5)$\times 10^{12}$个/L,白细胞(4.0～12.0)$\times 10^{9}$个/L,血小板(15.7～152.0)$\times 10^{8}$个/L。

(二)在生物科学研究中的应用

小鼠具有广泛的用途,由于其繁殖力强,便于大量人工饲养,故可用于需要大量动物的实验,如药物筛选、毒性试验、药物效价比较等。由于其妊娠期短,繁殖力强,故也常用于避孕药和营养试验。小鼠对多种疾病比较敏感,如流行性感冒、血吸虫、疟疾、狂犬病和一些细菌性疾病,因此可用于实验治疗;人工接种方法或化学致癌物在小鼠中易引起肿瘤,可用于肿瘤的研究等。小鼠还广泛用于:血清、菌苗、疫苗等生物制品的生物鉴定;遗传性疾病的研究,如黑色素病、白化病、遗传性贫血、系统性红斑狼疮等;用于免疫学的研究,如利用各种免疫缺陷小鼠研究免疫机理等。

三、大鼠

大鼠(rat)属脊椎动物门、哺乳纲、啮齿目、鼠科、大鼠属的动物。实验大鼠(图4-2-3)系由褐色家鼠驯化而成,19世纪中期开始用作实验动物。欧美等国已培育成无菌大鼠。

图4-2-3 大鼠

(一)生物学特性

(1)生物学特性 大鼠性情温顺,行动迟缓,但捕捉方法粗暴或缺乏维生素A时常咬人。喜居安静环境,夜间活跃。嗅觉发达,味觉很差,汗腺不发达,温度过高时会流出唾液调节体温,易中暑死亡。对外界刺激反应敏感,对空气中的灰尘、氨、硫化氢敏感,长期慢性刺激,可引起肺部大面积坏死。湿度太低常导致大鼠坏尾症。大鼠不能呕吐。抵抗力较强,容易饲养,但对营养、维生素缺乏敏感,可发生典型缺乏症。有多种毛色,白、黑、棕、黄、斑驳等。

(2)正常生理值 寿命3～4年,性成熟期60～75日,雄性体重250g以上,雌性体重150g以上,体温(直肠)37.5～39℃,心率475(370～580)次/min,呼吸频率85.5(66～150)次/min,通气量7.3(5～10.1)mL/min,潮气量0.86(0.6～1.25)mL,麻醉时收缩压15.5

(11.7～18.4)kPa,血容量占体重的7.4%,血红蛋白120～178g/L,红细胞(7.2～9.6)×10^{12}个/L,白细胞(5.0～25.0)×10^{9}个/L,血小板(10.0～138.0)×10^{8}个/L,血液pH 7.26～7.44。

(二)在生物医学研究中的应用

在生物医学研究中,大鼠用量仅次于小鼠,占第2位。

(1)大鼠在营养学和代谢疾病的研究上,是首选的实验动物。如对维生素A、B、C,氨基酸,蛋白质缺乏和营养代谢异常研究,大鼠是至关重要的。大鼠在免疫学、内分泌学和神经生理的研究中,都有一定的价值。如应用大鼠切除内分泌腺,进行肾上腺、垂体、卵巢等实验及行为表现的研究。大鼠也可用于筛选新的心血管及老年病药物。

(2)对传染病的研究,如对于支气管肺炎、副伤寒的研究中大鼠是常选用的实验动物。

(3)畸胎、多发性关节炎、化脓性淋巴腺炎、中耳炎的研究,或筛选抗炎药物等研究。因其易患肝癌,故应用化学致癌物诱发肝癌,在培育肿瘤模型方面,应用广泛。

(4)应用于药物的毒理实验,由于大鼠无胆囊,故常用于胆管插管、收集胆汁,进行消化功能的研究。大鼠肝切除60%～70%后仍能再生,因此常用于肝外科。

四、豚鼠

豚鼠(guinea pig)属于啮齿目、豚属科、豚鼠属的动物。在分类上更接近于毫猪、栗鼠。豚鼠原产南美大陆西北部,16世纪由西班牙人带入欧洲,后向全世界传播。有多种称呼,如荷兰猪、天竺鼠、海猪等。习惯上把应用于动物实验的叫豚鼠(图4-2-4)。

图4-2-4　豚鼠

(一)生物学特性

(1)生物学特性　豚鼠性情温顺,轻易不伤人,胆小易惊,喜群居和干燥清洁的生活环境。嗅觉、听觉较发达,豚鼠调节体温的能力较差,易受外界温度变化的影响,新生仔鼠更为明显,主要依靠室内温度的恒定和母体的抚育来维持其正常的体温。温度过高或过低都会降低豚鼠的抵抗力。豚鼠对各种刺激有较高的反应,如空气混浊、气温突变、寒冷或炎热等,都会引起豚鼠体重减轻、厌食、妊娠末期流产、仔鼠发育迟缓,甚至诱发肺炎等多种疾病。豚鼠受到惊吓,特殊音响持续刺激,以及异形物体的出现等,也会使动物出现一系列不良反应。豚鼠对抗生素极为敏感,尤其是对青霉素及四环素族的致敏性很高。

(2)正常生理值　体温38.6(37.8～39.5)℃,心率280(200～360)次/min,呼吸频率90(69～104)次/min,潮气量1.8(1.0～3.9)mL,通气量160(100～280)mL/min,血压10.0～16.0kPa,血容量占体重的6.4%。

(二)在生物医学中的应用

豚鼠在实验和研究中的用途不断被人们所发现。根据豚鼠的固有特性,很多实验必须使用豚鼠而不能用别的动物代替。

(1)豚鼠对很多致病菌和病毒十分敏感,是微生物感染试验中常用的实验动物。如对结核杆菌、白喉杆菌、鼠疫杆菌、布氏杆菌、沙门氏菌、霍乱弧菌、Q热、淋巴细胞性脉络丛脑膜炎病毒、钩端螺旋体等易感,常用于上述传染病的研究,以及病原的分离、鉴别和诊断。

(2)豚鼠是研究维生素C的生理功能的重要动物模型。由于豚鼠体内不能合成维生素C,如果饲料中缺乏维生素C就会出现维生素C缺乏症,故常用于实验性坏血症的研究。

(3)在免疫学研究中常使用豚鼠进行过敏性反应和变态反应的研究。如给豚鼠注射马血清,很容易复制成过敏性休克动物模型,豚鼠迟发型超敏反应性的反应与人相似。另外豚鼠的血清可为免疫学补体结合试验提供所需要的补体。

(4)豚鼠的耳蜗发达,故听觉敏锐,听觉音域广,可用于听力试验以及一些内耳疾病的研究。

(5)具有对某些药物、毒物非常敏感,对缺氧耐受性强等特点,常用于有关方面的实验。

五、兔

兔(rabbit)属于哺乳纲、兔形目、兔科的动物。作为实验动物主要使用真兔属中的家兔,也使用野兔属和白尾棕色兔属的兔。家兔是由野生穴兔在欧洲驯化而成,我国养兔已有几千年的历史,但现在用作实验动物的兔(图4-2-5)都是欧洲兔的后代。我国在1985年已培育出无菌兔和SPF(无特殊病原体)兔。

(一)生物学特性

(1)家兔是草食性动物,喜食粗饲料,齿尖,喜磨牙,有啃木、扒土的习惯。夜间活跃,吃食多,白天多处于假眠和休息状态。听觉、嗅觉灵敏,胆小易惊。喜居安静、清洁、干燥、凉爽、空气新鲜的环境,耐冷不耐热,耐干不耐湿,有良好的卫生习惯。有夜间直接从肛门口吃粪的食粪癖。白天排圆形颗粒状硬粪,夜间排软粪。乳兔也有吃食母兔粪的习性。

图4-2-5 兔

(2)刚出生仔兔体裸无毛,闭眼,体重40～100g。兔生长很快,4周龄可达成年体重的12%。寿命可长达8年,甚至10年。

(3)被毛较厚,依靠耳和呼吸散热,易产生发热反应,对热源反应灵敏典型、恒定,有特殊的血清型和唾液型。小肠不能吸收大分子物质,仔兔不能从初乳中得到抗体,而是在胚胎期从母体获得抗体。有能产生阿托品脂酶的基因,所以吃了含有颠茄叶的饲料不会出现中毒症状。同胞兄妹交配容易产生近亲退化。

(4)正常生理值 寿命4～9年,性成熟期120～240日,体重1.5kg以上,体温(直肠)38.5～40℃,心率258±2.8次/min,动脉血压14.7(12.7～17.3)kPa,血量占体重的5.9%±2.3%,呼吸频率51(38～60)次/min,潮气量21.0(19.3～24.6)mL,通气量1070(800～1140)mL/min。尿液呈碱性,pH8.2,但饥饿时尿液变酸,pH在6～7之间,幼兔尿偏酸。血红蛋白71～155g/L,红细胞(4.0～6.4)$\times 10^{12}$个/L,白细胞(5.5～12.0)$\times 10^{9}$个/L,血小板(12.0～25.0)$\times 10^{8}$个/L,血液pH 7.21～7.57。

(二)在生物医学科学中的应用

(1)生殖生理研究 由于雌兔只能在交配后排卵、能准确判定其排卵时间,故可用于胚胎学的妊娠诊断等方面的研究。

(2)遗传性疾病 如软骨发育不全、血管性血友病、青光眼、高血压等症的研究。

(3)制造生物制品及各类抗血清的制剂　耳静脉粗，抽取血样方便，其血清量与其体重相比较其他动物多，广泛地用于各种抗血清的制备，制造预防家畜疫病的疫苗，如兔化猪瘟弱毒疫苗等。

(4)在实验生理学方面的应用　生理学科实验教学多采用家兔作为实验用动物。

(5)研究代谢失常　如低淀粉酶血症、维生素 A 缺乏、脑水肿和动脉硬化。

(6)肿瘤疾病和免疫学方面的研究　如肿瘤的移植；在免疫学研究中，尤其是涉及对抗原刺激的抗体应答保护方面，以兔为实验动物。

(7)其他　广泛应用于研究药物的致畸作用或其他干扰正常生殖过程的现象；食品药物的毒理学试验。

六、猫

猫(cat)属哺乳纲、食肉目、猫科、猫属动物(图 4-2-6)。

(一)生物学特性

(1)猫的大脑和小脑较发达，其头盖骨和脑具有一定的形态特征，对去大脑实验和其他外科手术耐受力也强。平衡感觉、反射功能发达，瞬膜反应锐敏。

图 4-2-6　猫

(2)猫的循环系统发达，血压稳定，血管壁较坚韧，对强心甙比较敏感。

(3)猫对吗啡的反应和一般动物相反，狗、兔、大鼠、猴等主要表现为中枢抑制，而猫却表现为中枢兴奋。猫对呕吐反应灵敏。猫的呼吸道黏膜对气体或蒸汽反应很敏感。猫对所有酚类(phenol)都敏感，如对杀蠕虫剂酚噻嗪(phenothiazine)非常敏感。

(4)猫在正常条件下很少咳嗽，但受到机械刺激或化学刺激后易诱发咳嗽。

(5)猫的眼睛能按照光线强弱的程度灵敏地调节瞳孔，白天光线强时，瞳孔可以收缩成线状，晚上视力很好。猫舌的形态学特征是猫科动物所特有的，舌表面有无数突起的乳头能舔除附在骨上的肉。猫的大网膜也非常发达。

(6)正常生理值　猫正常体温 38.7(38.0～39.5)℃，心率 120～140 次/min，收缩压 16.0～20.0kPa，舒张压 10～13.3kPa，呼吸频率 26(20～30)次/min，潮气量 12.4mL，通气量 322mL/min，血量占体重的 5%。

(二)在生物医学科学中的应用

猫主要用于神经学、生理学和毒理学的研究。猫可以耐受麻醉与脑的部分破坏手术，在手术时能保持正常血压，猫的反射机能与人近似，循环系统、神经系统和肌肉系统发达。实验效果较啮齿类更接近于人，特别适宜用作观察各种反应的实验。

七、狗

狗(dog)属哺乳纲、食肉目、犬科、犬属的动物(图 4-2-7)。

(一)生物学特性

(1)具有发达的血液循环和神经系统，内脏与人相似，比例也近似。胸廓大，心脏较大。肠道短，尤其是小肠。肝较大，胰腺小、分两支，胰岛小、数量多。眼水晶体较大。嗅脑、嗅觉器官、嗅神经发达，鼻黏膜上布满嗅神经。食管全由横纹肌构成。皮肤汗腺极不发达。雄狗无精囊和尿道球腺，有一块阴茎骨。

图 4-2-7　Beagle 犬

(2)正常生理值　寿命 10～20 年，性成熟期 180～300 日，体重 3～20kg 以上，体温 37～39℃，心率 80～120 次/min，呼吸频率 24(20～30)次/min，潮气量 320(251～432)mL，通气量 5210(3300～7400)mL/min，收缩压 19.9(14.4～25.2)kPa，舒张压 13.3(10～16.3)kPa，血量为体重的 7.7%(5.6%～8.3%)，心输出量 14mL/次，尿量 25～41mL/(kg·24h)，尿 pH 值为 6.1。血红蛋白 105～200g/L，红细胞(5.5～8.5)$\times 10^{12}$ 个/L，白细胞(6.0～17.0)$\times 10^{9}$ 个/L，血小板(12.0～30.0)$\times 10^{8}$ 个/L，血液 pH 7.31～7.42。

(二)在生物科学研究中的应用

(1)实验外科学　临床研究新的手术或麻醉方法时往往选用狗来做动物实验，取得经验和技巧后用于临床，如心血管外科、脑外科、断肢再植、器官和组织移植等。

(2)基础医学研究　是目前基础医学研究和教学的首选动物，尤其是生理、病理生理研究。狗的神经、血液循环系统发达，适合做失血性休克、高血压、脊髓传导实验、大脑皮层定位试验、条件反射实验、内分泌腺摘除实验、各种消化道和腺瘘，如肠瘘、胃瘘、胆囊瘘、唾液腺瘘、胰液管瘘等。

(3)药理、毒理学实验　各种化学物品和药品临床前的毒性实验。

(4)某些疾病研究　如高胆固醇血症、动脉粥样硬化、糖原缺乏综合征、先天性白内障、先天性心脏病、淋巴肉瘤、中性粒细胞减少症、肾盂肾炎、狂犬病等。

(5)行为学、肿瘤学研究以及核辐射研究等。

第三节　实验动物的品系及分类

科学研究须有可比性、可重复性和科学性。应用动物进行生物医学研究，其可比性、可重复性和科学性首先要求研究对象的同一性。生活于自然环境中的动物，其种群之间的生物学特性存在较大的个体差异和群体差异，采用这些动物进行生物医学研究，很难做到可比性和重复性，也就谈不上科学性。从遗传学、微生物学、营养和环境生态学等方面进行严格控制而培育的同一品系实验动物，它们的生物学特性基本相同或差异较小。采用这类动物进行生物医学研究，才有可能使同类的动物实验获得可比性或可重复性。

一、按遗传学特征分类

(一)近交系

近交系一般是指采用 20 代以上全同胞兄弟姊妹或亲子(子女与年轻的父母)进行交配，而培养出来的遗传基因纯化的品系。因全同胞兄弟姊妹交配较为方便而多被采用。如以杂种亲本作为基代开始用上述近交方式，至少要连续繁殖 20 代才初步育成近交系，这是因为到此时基本接近纯化，品系内个体间差异很小。一般用近交系数(F)代表纯化程度，全同胞兄弟姊妹近交一代可使异质基因(杂合度)减少 19%,即可使纯化程度增加 19%。全同胞兄妹或亲子交配前 20 代纯合度的理论值可达 $F=98.6\%$,然而纯与不纯仅从近交系数来说明并不足为凭,还要用许多检测遗传学纯度的方法加以鉴定。人们曾经习惯用"纯种"称呼近交系。

到 1980 年为止,近交系小鼠(图 4-3-1)已有 250 个品系。小鼠、大鼠等一些实验动物近交系的育成,大大促进了生物医学实验研究的发展,尤其对于肿瘤研究的进展起到更突出的作用。

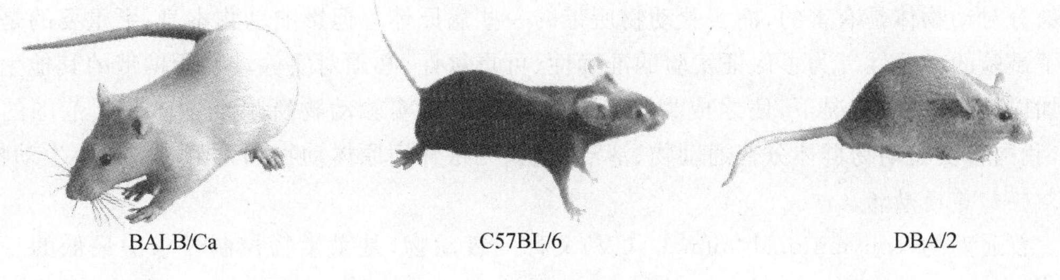

图 4-3-1　近交系小鼠

(二)突变品系

在育种过程中,由于单个基因的突变,或将某个基因导入,通过多次回交"留种"而建立一个同类突变品系,此类个体中具有同样遗传缺陷或病态,如侏儒、无毛、肥胖症、肌萎缩、白内障、视网膜退化等等。现已培育成的自然具有某些疾病的突变品系有裸鼠(无胸腺无毛)、贫血鼠、肿瘤鼠、白血病鼠、糖尿病鼠和高血压鼠(图 4-3-2)等等。这些品系的动物大量应用于相应疾病的防治研究,具有重大的价值。

图 4-3-2　BALB/cA 裸鼠

(三)杂交一代

由两个近交系杂交产生的子一代称为杂交一代,它既有近交系动物的特点,又获得了杂交优势。杂交一代具有旺盛的生命力、繁殖率高、生长快、体格健壮、抗病力强等优点。它与近交系动物有同样的实验效果。杂交一代又称为系统杂交性动物。

(四)远交系

远交系,又称封闭群。在同一血缘品系内,不以近交方式,而进行随机交配繁衍,经五年以上育成的相对维持同一血缘关系的种群,如 Sprague-Dawley (SD)大鼠(图 4-3-3)。我国已大量繁殖封闭群新西兰白兔和封闭群青紫蓝兔,可用于教学科研实验。

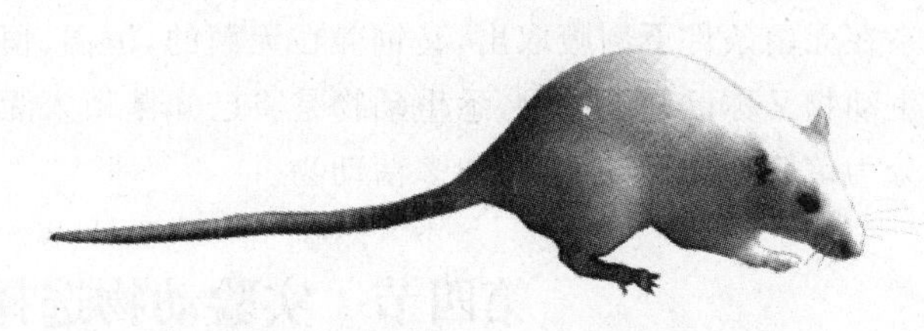

图 4-3-3　Sprague-Dawley 大鼠

(五)非纯系

非纯系即一般任意交配繁殖的杂种动物。杂种动物具有旺盛的生命力,适应性强,繁殖率高,生长快,易于饲养管理。个体差异大,反应性不规则,实验结果的重复性差,其中包含有最敏感的与最不敏感的两种极端的个体。杂种动物适用于筛选性实验,比较经济,在教学实验中最常用。

二、按所携带的微生物分类

动物体内外存在着许多细菌、病毒、寄生虫等生物体,其中一部分是动物生存所必须的,一部分对动物体是有害的,而实验动物所带的一些病原体不但影响动物本身,更重要的是影响了试验的准确性。为了保证实验的准确性、可重复性,必须对实验动物所携带的其他生物体加以控制,特殊情况下,使之成为无菌动物。根据对实验动物所带生物体控制范围的不同,我国将实验动物群体分普通动物、清洁动物、无特殊病原体动物和无菌动物及悉生动物。

(一)普通动物

普通动物(conventional animals,CV)又称一级动物,是微生物控制要求中最低的一个级别的动物,要求不带有动物烈性传染病和人畜共患病原体。普通动物对实验的反应性较差,但因价格低,是教学实验中常用的动物。

(二)清洁动物

清洁动物(clean animals,CL)又称二级动物,除不带有普通动物应排除的病原体外,还不应携带对动物危害大和对科学实验干扰大的病原体。清洁动物外观健康无病,主要器官组织在病理组织学上不得有病变发生。清洁动物是我国自行设立的一种等级动物,这类动物适宜于用作短期和部分科学研究,其敏感性和重复性较好,目前我国已逐步广泛应用。

(三)无特殊病原体动物

无特殊病原体动物(specific pathogen free animals,SPF)又称三级动物,除不带有普通动物、清洁动物应排除的病原体外,还应排除有潜在感染或条件性致病的病原体,以及对实验干扰大的病原。如SPF动物小鼠应排除金黄色葡萄球菌、绿脓杆菌、小鼠肺炎病毒、小鼠腺病毒、小鼠微小病毒、毛滴虫、鞭毛虫等。这类动物是目前国际公认的标准级别的实验动物,适合于所有科学实验。这种动物因其繁殖饲养条件复杂,价格昂贵,故不适用于教学。

(四)无菌动物和悉生动物

无菌动物(germ free animals,GF)和悉生动物(gnotobiotic animals,GN)属四级动物。无菌动物是指采用当前的技术手段无法在动物体表、体内检出一切其他生物体。这种动物系在无菌条件下剖腹取出,又饲养在无菌的,恒温、恒湿的条件下,食品饮料等全部无菌。悉生动物又称已知菌动物,悉生动物是将已知菌植入无菌动物体内,因植入的菌类数量不同可分为单菌动物、双菌动物和多菌动物。

第四节　实验动物选择的一般要求

根据不同的实验目的,选择使用相应的种属、品系和个体实验动物,是实验研究成败的关键之一。

一、种属的选择

实验动物选择，应注意影响动物实验效果的各种因素。以医学为目的的实验尽可能选择其结构、功能和代谢特点接近于人类的动物。不同种属的动物对于同一刺激的反应也不同，例如，过敏反应或变态反应的研究宜选用豚鼠，因为豚鼠易于致敏；因家兔体温变化灵敏，故常用于发热、热原检定、解热药和过热的实验；狗、大白鼠、家兔常用于高血压的研究；肿瘤研究则大量采用小鼠和大鼠。

二、品系的选择

同一种属动物的不同品系，对同一刺激的反应也有很大差异。例如，津白2号小鼠容易致癌，而津白1号小鼠就不易致癌。再如，以嗜酸性粒细胞为变化指标，C_{57}BL小鼠对肾上腺皮质激素的敏感性比DBA小鼠高12倍。

三、个体的选择

同一品系的实验动物，对同一刺激物的反应存在着个体差异。年龄、体重、性别、生理状态和健康情况不同，往往导致对同一刺激的不同结果。

(一)年龄

年幼动物一般较成年动物敏感。应根据实验目的选用适龄动物。动物年龄一般可按体重大小来估计。急性实验选用成年动物。大体上，成年小鼠为20～30g，大鼠为180～250g，豚鼠为450～700g，兔为2.0～2.5kg，猫为1.5～2.5kg，狗为9～15kg。慢性实验最好选用年轻一些的动物。减少同一批实验动物的年龄差别，可以增加实验结果的准确性。

(二)性别

不同性别对同一刺激的反应也不同。在实验研究中，对性别无特殊需要时，在各组中宜选用雌雄各半。如已经证明无性别影响时，可雌雄不拘。

(三)生理状态

动物的特殊生理状态(如妊娠、授乳期)机体的反应性有很大变化，在个体选择时，应该予以考虑。

(四)健康情况

动物处于衰弱、饥饿、寒冷、炎热、疾病等情况下，对刺激的反应是很不稳定。健康情况不好的动物，不能用作实验。判定哺乳动物健康状况的一般特征：

(1)一般状态　身体匀称，发育良好，眼睛有神，好动，反应灵活，食欲良好。

(2)头部　眼结膜不充血，瞳孔清晰；眼鼻部均无分泌物流出；呼吸均匀，无罗音，无鼻翼扇动；不打喷嚏。

(3)皮毛　皮毛清洁柔软而有光泽，无脱毛、蓬乱现象；皮肤无真菌感染。

(4)腹部　不膨大，肛门区清洁无稀便、无分泌物。

(5)外生殖器　无损伤、脓痂和分泌物。

(6)爪趾　无溃疡和结痂。

第五节　实验动物的选择与应用

一、中枢神经系统实验

(一)镇静催眠和抗精神病药物实验

(1)选择实验动物时常用两个种属的动物　第一种是用实验比较方便的动物,如小鼠、大鼠;第二种是用非啮齿类动物,最好选用猴子或猩猩。

选择动物时应注意各种系动物的特点。如大鼠适用于作刺激研究,因为大鼠视觉、嗅觉较灵敏,做条件反射等实验反应良好;但大鼠对许多药物易产生耐药性。猫和狗的自然行为多样而稳定,常用于神经药理、神经生理以及行为观察的补充实验。猴子和猩猩则更接近于人类。大鼠和小鼠的活动因夜间比白天多,故研究中枢神经抑制药在夜间进行实验较好。

(2)药物对动物一般活动的影响　对动物的观察一般常用且简易的方法是直接观察法,观察动物的一般行为和特殊情绪,如激怒、躁狂、瞳孔大小、对捕捉抵抗等行为。

(二)抗精神病药物的行为实验

去水吗啡能增强大白鼠舔、嗅、咬等定向行为,这是由于药物增强黑质-纹状体脑内多巴胺(DA)能系统功能的缘故。地西泮抑制大鼠的定向运动的作用强度与地西泮抑制脑内DA能受体功能有相关性。常选用150～200g大鼠,皮下注射去水吗啡2mg/kg,作定向运动强度实验。

(三)抗惊厥和抗震颤麻痹药实验

(1)化学物质引起惊厥法　常选用小鼠,也可用大鼠,猫或兔则可作特殊观察。采用戊四唑惊厥法,在小鼠皮下注射85mg/kg(最大也有用150mg/kg),此剂量已是LD98,腹腔注射为100mg/kg(最大175mg/kg)。做实验时,不同种系小鼠可有不同反应,因此,作药物活性比较时,应选用同一品系动物。

(2)听源性发作法　某些敏感动物(主要是鼠类)在受到强铃声刺激时,能产生一种定型的运动性发作,称为“听源性发作”,这是研究抗癫痫药物的一种常用模型。常选用DBA/2J系小鼠(听源阳性鼠)供科研用。也可采用一些药物来提高大鼠听源性发作阳性率,如在亚惊厥剂量戊四唑(16mg/kg)、士的宁(1mg/kg)或咖啡因(150mg/kg)作用基础上,给予铃声刺激,可使部分听源阴性鼠也能产生发作。上述药物所致的阳性发作率分别为40.7%、66.5%、38.4%、18.1%。

(3)慢性实验性癫痫模型　各种动物的大脑皮质感觉运动区是癫痫敏感区之一,特别是猴极易在此区形成癫痫病灶。将铝剂注入到猴和猫的颞叶前部,可引起运动性和精神运动性发作;大脑皮质其他区域不敏感。此外,还报道注于杏仁核和壳核也可引起发作。病理模型的形成以猴最为敏感,猫次之,其他动物不敏感。所以,常选用猴做此实验,麻醉后无菌条件下将消毒后的4%氢氧化铝乳剂用皮内针头注到前脑和后脑皮质感觉运动区,可在注后35～60天出现自发性癫痫发作。如果铝剂形成的病灶严重,也可在往后2～3周发作。

(4)点燃效应引起发作是一种较好的慢性实验性癫痫模型。其形成方法是以一定的刺激强度和时间间隔刺激脑的一定部位。动物常选用大鼠、猫、猴、兔等。刺激强度:大鼠杏仁核和海马为50～400μA,猫为100～500μA,猴和狒狒为200～400μA。

(5)抗震颤麻痹药物筛选方法　目前筛选抗震颤麻痹药物的方法，常用药物诱发震颤和损伤锥体外系某些核团以诱发震颤。如常选用豚鼠药物诱发震颤法，按 0.02%水杨酸毒扁豆碱溶液以 0.3mg/kg 剂量注入右侧颈动脉，注射速度要严格控制在 20～85s 之间，并在注射时暂时夹住左侧颈动脉，以保证药液进入右侧椎动脉。动物多于注射毒扁豆碱后 15～20s 出现症状，典型阳性反应是头左偏，身体强迫性向左侧旋转作环形运动，同时可伴有眼球左偏并向对侧震颤，全部症状持续 5min。还可选用小鼠，按 25mg/kg 腹腔注射 0.25%槟榔碱溶液；腹腔注射 0.5%匹鲁卡品 50mg/kg，腹腔注射 0.0014%氯化震颤素 0.14 mg/kg，均可出现明显震颤。

(四)镇痛药物实验

目前国内外筛选镇痛药的常用致痛方法，概括起来有物理性(热、电、机械)和化学性刺激法两类。这些方法各有优缺点，其中以热、电刺激及钾离子皮下透入致痛法使用居多。常用的动物有小鼠、大鼠、豚鼠、家兔、狗、猴等。动物实验中常用的痛反应指标为嘶叫、舔足、甩尾、挣扎及皮肤、肌肉抽搐等。应用猴子研究镇痛剂的依赖性较为理想，因为镇痛剂对它的依赖性表现与人较接近，戒断症状又较明显且易于观察，已成为新镇痛剂进入临床试用前必须的试验。

(五)解热、抗炎药实验

发热和炎症都是临床常见的症状。实验室常用病毒、细菌、细菌产物、内毒素和抗原抗体复合物引起发热，也有用微量前列腺素(PGE)直接注入动物脑室或下丘脑进行致热。常用的致炎方法有以血管通透性增加为主无菌性胸(腹)膜炎、佐剂性关节炎、紫外线红斑法、放射线照射法以及其他无菌性炎症；有观察白细胞游走的羟甲基纤维素囊法、大鼠角膜法、毛细管法和小室滤膜法；有制造肉芽肿模型的棉球法、纸片法、琼脂法、巴豆油囊袋法和受精鸡卵法等。此外亦有用妊娠大鼠子宫自发收缩为指标，间接反映炎症过程的方法。

(六)中枢兴奋药实验

引起食欲抑制的药物大多为中枢兴奋药，所以测定药物对动物食物摄取量的影响，可作为中枢兴奋药的筛选指标之一。常选用猫来研究食欲抑制药物有无耐药性及其发生速度。亦可选用小鼠或采用全硫葡萄糖喂饲的小鼠肥胖模型来研究食欲抑制药。

(七)骨骼肌松弛药实验

不同种属动物对神经肌接头阻断药反应的差异不仅表现在作用强度上，而且反映在作用性质上，如猫对琥珀酰胆碱、十烃季铵的反应与人近似，呈单纯去极化型阻断作用，而在兔、豚鼠、大鼠常表现为双相阻断作用，鸡对十烃季铵与筒箭毒的反应介于猫和狗之间而与猫近似。

二、心血管系统实验

(一)血流动力学实验

猫、狗的神经系统和循环系统较发达，与人很相似，血压稳定。狗是血流动力学实验的理想动物，其次是猫，但由于价格昂贵，不宜得到，故实验室多采用大鼠和兔。兔是教学实验的常用动物，其减压神经自成一束，对观察降压反射非常有利。

(二)实验性高血压

(1)直接刺激中枢神经法　采用埋藏电极或借助于立体定位仪，电刺激大鼠或猴的侧下丘脑防御警觉区,可使动物血压明显升高、心率加快和心输出量增加等。神经反射性隔离性高血压,如采用大白鼠隔离饲养,高血压发生率和血压升高程度均不及小白鼠显著。大灰鼠长时期处于噪音或钥匙叮响声刺激造成的听源性紧张情况下,可诱发神经原性高血压,它与人的高血压病相类似,适用于降压药物的筛选。大灰鼠正常血压为15±1.07kPa,噪音刺激3个月后升高到17.3~18.7kPa,有40%的动物收缩压可高达21.3kPa。

(2)去抑制性高血压　常选用家兔,切断其减压神经或选用狗,切断颈动脉窦神经后引起的高血压。采用狗进行实验时,最好选择宽脸面的狗,因为这种狗较易找到颈动脉窦。

(3)肾性高血压　常选用狗、家兔和大鼠,将动物一侧肾动脉狭窄,肾动脉血流量减少50%以上或同时狭窄两侧肾动脉,均可导致血压长期升高。狭窄家兔肾动脉分支部上方的腹主动脉,或造成肾脏小动脉及其分支的多发性栓塞,均可形成高血压。

(4)内分泌型高血压　选用狗和大鼠注射垂体前叶提取物或给家兔静脉注射垂体后叶素0.5~0.7mg,数周后可引起血压上升。

(三)抗心肌缺氧缺血实验

(1)脑垂体后叶素能使冠状动脉痉挛,造成急性心肌供血不足,加以外周阻力增加,导致心脏负荷加重,心肌缺血。常选用家兔,从耳缘静脉注射脑垂体后叶素2.5μg/kg(2μg/U,用生理盐水稀释为3mL),注射时间30s。

(2)异丙肾上腺素为强β受体兴奋药,连续应用可形成心肌梗死样变化,用心电图和病理切片可检测病变程度。常选用豚鼠、家兔或狗,豚鼠和狗每天皮下注射异丙肾上腺素2~8mg/kg,家兔10~16mg/kg,连续两天,可见心电图T波由正变负或双相,并伴有ST段抬高;窦性心动过速,早搏或其他心律失常。

(3)结扎豚鼠、家兔、猫、狗、猴、猪等动物的左冠状动脉前支均可引起心肌梗死,其中选用家兔和狗最多且效果明显。

(4)心肺灌流是分析药物对心脏的作用的经典方法。一般用狗或猫,但用小动物有其优点,研究强心甙可采用豚鼠;而研究心肌耐缺氧,则宜选用大鼠。

(四)血管阻力测定

(1)器官或局部血管恒速灌流泵法　根据血管阻力(R)与灌流压(P)成正比,与流量(Q)成反比的原理,可以用各种流量计测定血流量,并且同步记录动脉血压(即灌注压),用上述原理即可推算出血管阻力。常选用体重12kg以上的狗做实验,可采用颈内动脉灌流法、椎动脉灌流法、后肢血管灌流法、肾动脉灌流法等来测定血管阻力。

(2)大鼠离体后肢交叉灌流法　从甲鼠的颈动脉引出血液,灌注到受血动物乙鼠的离体后肢,通过接受器和泵使灌注血回到甲鼠颈静脉,在该制备中,利用乙鼠离体后肢只保留神经与其他部分联系,故药物只能通过神经影响后肢,而给予甲鼠的药物,则只通过血流来影响所灌注的后肢血管,以此来观察分析药物是直接作用还是通过神经起作用。还可采用大鼠离体后肢灌流法和大鼠离体后肢自身灌流法进行实验。大鼠肾灌流实验法可用于研究肾血管阻力等血液动力学变化及肾重吸收、分泌等生理生化功能。

三、消化系统实验

(一)胃液分泌实验

胃液收集常选用狗和大鼠。由狗右侧嘴角插入胃管收集胃液;大鼠则需剖腹,从幽门端向胃内插入一直径约 3mm 的塑料管，在紧靠幽门处结扎固定，以收集胃液。

(二)胰液分泌实验

胰液收集可选用狗、兔或大鼠。在全麻下进行手术，狗的主胰管开口于十二指肠降部，距幽门 12cm 左右处将十二指肠翻转，在其背面即可找到。兔的胰腺很分散，胰管位于十二指肠的升段，距幽门 17cm 左右处。分别向主胰管内插入细导管收集胰液。大鼠的胰管与胆管汇集于一个总管，在其入肠处插管固定，并在近肝门处结扎和另行插管，就可分别收集到胆汁和胰液。大鼠的胰液很少，插入内径约 0.5mm 的透明导管后，以胰液充盈的长度作为观察分泌的指标。慢性实验时可选用狗作胰瘘手术后收集胰液。

(三)胆汁分泌实验

可分别给动物作胆囊瘘和胆总管瘘收集胆汁。胆囊瘘常选用狗、猫、兔和豚鼠进行，而以狗为佳。在全麻下进行手术，以右肋缘下横切口的暴露最为满意。如欲观察肝胆汁的分泌情况，需要结扎胆囊管可选用大鼠，因后者无胆囊，所以作胆总管造瘘手术时常选用大鼠。收集胆汁后可进行各种胆汁的化学分析。

(四)消化系统运动实验

(1)动物离体标本实验 标本制备大都选用兔、豚鼠、大鼠等动物的组织，也可利用手术中取下或猝死剖检时取下的消化道器官进行实验。取禁食 24h 的动物，通常用击头致毙法处死，以避免麻醉或失血等对胃肠运动机能的影响。立即常规剖腹，取出所需的胃、肠、胆囊等，去除附着的系膜或脂肪等组织。迅速放入 95%O_2+5%CO_2、4℃的灌流液中，并以注射器用灌流液将管腔内的食物残渣洗净。若以肌片为标本，一般剪取 1～5mm 宽、1～2cm 长的一段即可。若用动物的肠管做实验，通常取十二指肠或回肠。十二指肠的兴奋性、节律性较高，呈现活跃的舒缩运动。回肠运动比较静息，其运动曲线的基线比较稳定，所用的标本大都取 1.5cm 左右一段即可。以狗的胆囊做实验时可截取 4mm 宽、2cm 长的全层肌片。兔、豚鼠等的胆囊较小，取材时常与胆管一起摘下。兔的胆囊可沿其长轴一剖为二，豚鼠则可以取其整个胆囊进行实验。做胆管的离体实验时，通常取狗的总胆管，将相连的十二指肠组织切除，留下乳头及胆道末端括约肌组织。

(2)消化器官运动在体实验 狗、猫或兔，择其健康成年者，性别不拘，由于巴比妥类麻醉剂对消化道运动有抑制作用，故有些作者在用猫或兔做实验时，喜欢用乌拉坦 1.0～1.5g/kg 静脉或腹腔注射进行麻醉。观察胆管系统的运动则以母狗为佳，因为肋弓角较大容易暴露，在禁食 12～24h 后进行实验。

进行胆道口括约肌部胆管内压测定实验时，可选用狗或猫，也可用兔。狗的胆道位置较深，要求有良好的手术暴露。猫的胆总管相对地较粗，操作也较容易，但手术耐受性稍逊于狗。兔的胆总管容易辨认，壶腹胆总管粗约 2～3mm，位于十二指肠降部、循小网膜右缘而下，在下腔静脉之前、门脉之右。

(五)催吐、镇吐和厌食实验

(1)催吐和镇吐实验常选用狗和猫做实验。给狗皮下注射盐酸阿朴吗啡 1mg/kg，注后 2～3min 就可以引起恶心呕吐。用 1%硫酸铜或硫酸亚铝溶液 50mL 给狗灌胃，约 2～3min 后也可引起呕吐，但几乎无恶心现象。

(2)厌食实验是防治肥胖病及其并发症的研究内容之一。可以选用狗、猫、大鼠、小鼠等进行实验，猴因有颊囊及有精神因素参与，故选用者不多。狗容易呕吐，也有行为因素，故也不理想,一般多选用大鼠。

四、呼吸系统实验

(一)镇咳药的筛选实验

豚鼠对化学刺激物或机械刺激都很敏感,刺激后能诱发咳嗽;刺激其喉上神经亦能引起咳嗽,加之一般实验室较易得到。因此,豚鼠是筛选镇咳药最常用的动物。猫在生理条件下很少咳嗽,但受机械刺激或化学刺激后易诱发咳嗽,而猫较豚鼠难得,猫选用刺激喉上神经诱发咳嗽,在初筛的基础上,进一步肯定药物的镇咳作用。狗不论在清醒或麻醉条件下,化学、机械、电等刺激胸膜、气管黏膜或颈部迷走神经均能诱发咳嗽;狗对反复应用化学刺激所引起的咳嗽反应较其他动物变异少,故特别适用于观察药物的镇咳作用及持续时间。但从经济上和来源上较豚鼠和猫都昂贵、困难,只能用于进一步肯定药物的镇咳作用。

(二)呼吸道平滑肌实验

(1)离体气管法　该法是常用的筛选平喘药的实验方法之一。常用实验动物中,豚鼠的气管对药物的反应较其他动物的反应更敏感,且更接近于人的支气管,因此豚鼠的气管常为实验标本。

(2)肺支气管灌流法　该法是测定支气管肌张力的研究方法之一,方法简便、可靠,所得的结果反映全部气管平滑肌张力情况。常选用豚鼠和兔,也可用小鼠。

(3)药物引喘实验　常选用豚鼠,不少药物以气雾法给予豚鼠可引起支气管痉挛、窒息,从而导致抽搐而跌倒。这种动物模型可用于观察药物的支气管平滑肌松弛作用。目前最常用的引喘药物是组织胺和乙酰胆碱。实验时豚鼠必须选用幼鼠,体重不超过200g,并引喘潜伏期不起过120s。

五、泌尿系统实验

(一)利尿药及抗利尿药筛选实验

要判断所试药物是否有利尿作用,可选用大鼠、小鼠、猫或狗进行实验,其中以大鼠较为常用。对人体有利尿作用的药物均可在大鼠实验中获得较好的效果,但汞撒利的作用较差。因此,筛选利尿药实验的首选动物虽多采用大鼠,但必要时还应再选用另一种动物进行实验,加以验证。

(二)肾清除率测定实验

(1)肾清除率是检查肾功能的一项重要方法,它表示肾对血液里某物质的清除能力,还可以了解肾血流量、游离水的生成和重吸收等方面的情况。菊糖清除率实验常选用大鼠进行。清除率是指每毫升血浆被"清除"物质的比例。血浆里的物质大多能被肾小球滤过,又能被肾小管细胞分泌或重吸收。唯独菊糖仅被肾小球滤过,而不被肾小管细胞分泌或重吸收,故它的清除率就是肾小球滤过率。

(2)游离水清除率实验常选用健康成年狗进行。游离水清除率实验,是一种测定尿中游离水生成的方法。利用这种方法可以衡量肾对尿液浓缩和稀释的能力、分析利尿药对尿浓缩和稀释机制的影响,从而推测利尿药的作用部位。

(3)对氨基马尿酸清除率实验常选用大鼠或狗,但以大鼠更为常用。对氨基马尿酸的清除率可作为有效肾血浆流量的客观指标。

（三）截流分析实验

截流分析实验常选用10kg以上健康狗做实验。截流技术系一种分析肾小管各段运转功能的方法，利用这种方法可对利尿药作用部位作初步分析。

（四）肾小管微穿刺实验

该实验常选用大鼠或狗进行。如欲穿刺集合管，可用幼年大鼠或金黄地鼠；如欲穿刺肾小球，常用Munich Wistar大鼠，因其小球位置表浅，易于穿刺。大鼠体重一般采用200～250g较好。

图4-5-1　常用实验动物的正常生理生化值

	狗	兔	大 鼠	小 鼠
寿命（年）	10～20	4～9	3～4	2～3
性成熟期（日）	180～300	120～240	60～75	35～60
成年体重	3～20kg	1.5kg以上	♀150g以上，♂250g	20g以上
体温（直肠℃）	37～39	38.5～40	37.5～39	36.5～39
心率（次/分）	30～130	120～150	200～360	520～780
呼吸（次/分）	20～30	38～80	66～150	84～230
血压（kPa） （mmHg）	14.40～25.19 （108～189）	12.00～17.33 （90～130）	9.33～24.53 （70～184）	12.40～18.40 （93～138）
血色素（g/L） （g/dL）	105～200 （10.5～20.0）	71～155 7.1～15.5	120～178 （12.0～17.8）	100～190 （10.0～9.0）
红细胞（10^{12}/L）	5.5～8.5	4.0～6.4	7.2～9.6	7.7～12.5
白细胞（10^9/L）	6.0～17.0	5.5～12.0	5.0～25.5	4.0～12.0
血小板（10^8/L）	12.0～30.0	12.0～25.0	10.0～138.0	15.7～152.0
血液pH	7.31～7.42	7.21～7.57	7.26～7.44	
总血量（占体重%）	8.00～9.00	5.46	5.76～6.94	7.78
血非蛋白氮（mmol/L） （mg/dL）	14.28～31.42 （20～44）	19.99～36.41 （28～51）	14.28～31.42 （20～44）	25.70～83.54 （36～117）
血清钾（mmol/L） （mEq/L）	3.7～5.0 （3.7～5.0）	2.7～5.1 （2.7～5.1）	3.8～5.4 （3.8～5.4）	7.7～8.0 （7.7～8.0）
血清钠（mmol/L） （mEq/L）	129～149 （129～149）	155～165 （155～165）	126～155 （126～155）	143～156 （143～156）
血清钙（mmol/L） （mEq/L）	1.9～3.2 （3.8～6.4）	2.8～4.0 （5.6～8.0）	1.5～2.6 （3.1～5.3）	2.4～2.6 （4.9～5.3）
血清氯（mmol/L） （mEq/L）	104～117 （104～117）	92～112 （92～112）	94～110 （94～110）	111～120 （111～120）
血清胆红素（μmol/L） （mg/dL）	1.71～5.13 （0.1～0.3）	<1.71 （<0.1）	1.71～5.13 （0.1～0.3）	1.71～15.39 （0.1～0.9）
尿比重	1.020～1.050	1.010～1.050	1.040～1.076	

（陆　源　夏　强）

第五章　动物实验技术

动物实验技术是进行动物实验时的各种操作技术和实验方法,如动物的捉拿、麻醉、手术、生理指标和生化测定等,也包括实验动物本身的饲养管理技术和各种监测技术等。本章主要介绍与生理科学实验相关的动物实验技术。掌握动物实验基本操作技术,并在实验中正确应用是保证实验成功的关键步骤。

第一节　动物实验的基本操作

一、常用实验动物的捉拿和固定方法

(一)蟾蜍

捕捉时可持其后肢。操作者以左手食指和中指夹住动物前肢,用左拇指压住动物脊柱,右手将其双下肢拉直,用左无名指和小指夹住(图 5-1-1A),此法用于毁蟾蜍脑脊髓。作注射操作时,将蟾蜍背部紧贴手心,实验者左手用拇指及食指夹蟾蜍头及躯干交界处,左手其他三指则握住其驱干及下肢(图 5-1-1B)。

在捉拿蟾蜍时,注意勿挤压两侧耳部突起的耳后腺,以免毒液射到实验人员的眼中引起损伤。

对蟾蜍进行手术或其他复杂操作时,则按实验需要的体位,用蛙钉或大头针将四肢钉于蛙板上(图 5-1-2)。

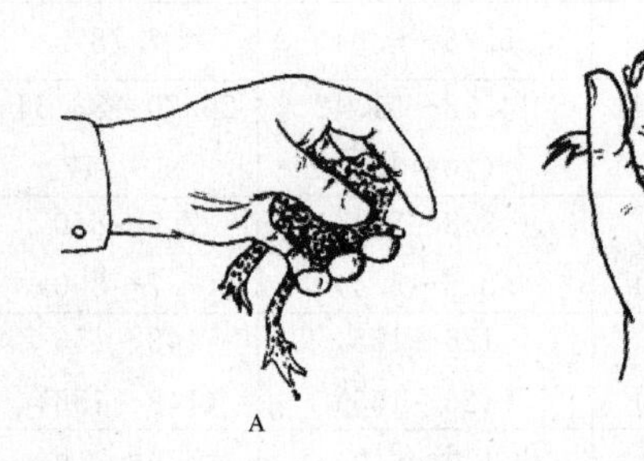

图 5-1-1　青蛙(或蟾蜍)捉拿法

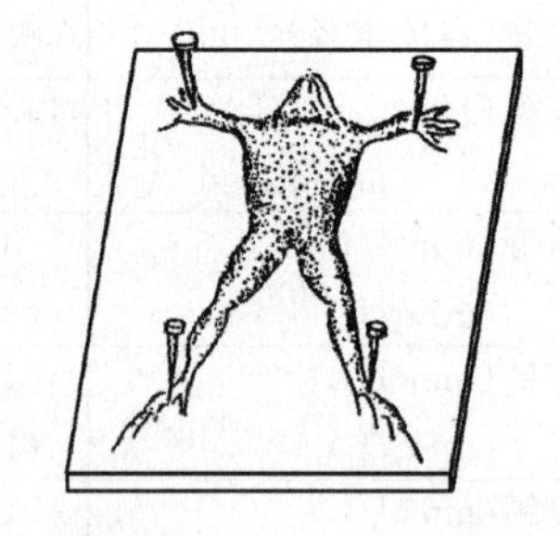

图 5-1-2　青蛙(或蟾蜍)固定法

(二)小鼠

捕捉时可持其尾部末端。作腹腔穿刺或测量体温时,可按下法固定:实验者以右手拇指及食指抓住其尾巴,并令其在粗糙台面上或鼠笼上爬行,轻轻向后拉鼠尾,这样小鼠会四肢紧紧抓住笼面,起到暂时固定的作用。以左手拇指、食指沿其背向前抓住其颈部皮肤,拉直鼠身,以左手中指抵住其背部,翻转左手,小鼠腹部向上。然后以左手无名指及小指固定其躯干下部及尾部。右手可进行其他简单实验操作(图 5-1-3)。

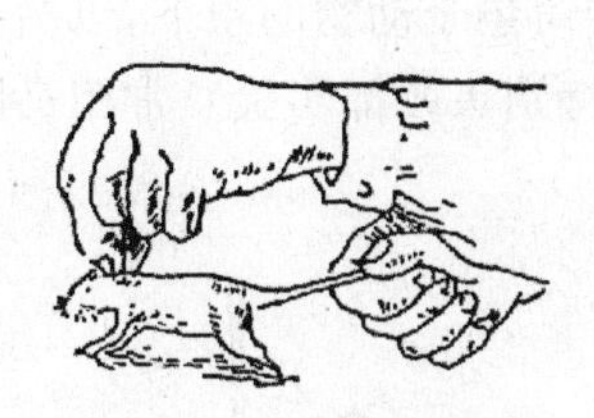
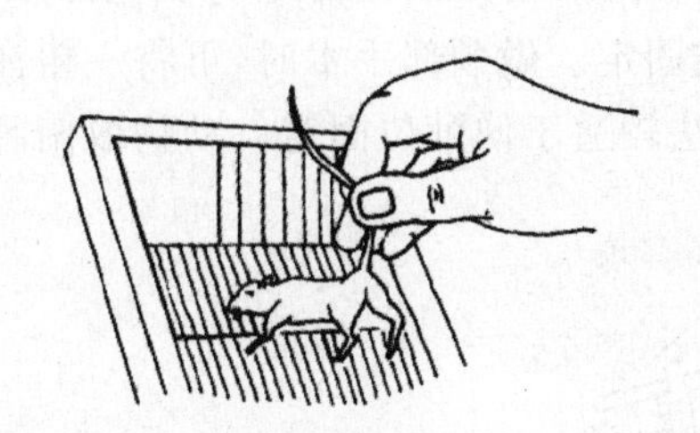

图 5-1-3　小白鼠的捉拿法

（三）大鼠

大鼠被激怒后易咬人，所以实验前应尽量避免刺激它。捉拿时不得用止血钳夹其皮肤，戴纱手套或用一块布盖住后捉拿，这样对大鼠的刺激小，并可防咬伤。

对大鼠进行注射、灌胃等操作时，用右手将鼠尾抓住提起，放在较粗糙的台面或鼠笼上，抓住鼠尾向后轻拉，左手抓紧两耳和头颈部皮肤，余下三指紧捏鼠背部皮肤，如果大鼠后肢挣扎厉害，可将鼠尾放在小指和无名指之间夹住，将整个鼠固定在左手中，右手进行操作(图 5-1-4A)。

若进行手术或解剖，则应事先麻醉或处死，然后用绳缚四肢，用棉线固定门齿，背卧位固定在手术台上。需取尾血及尾静脉注射时，可将其固定在大鼠固定盒里，将鼠尾留在外面供实验操作。

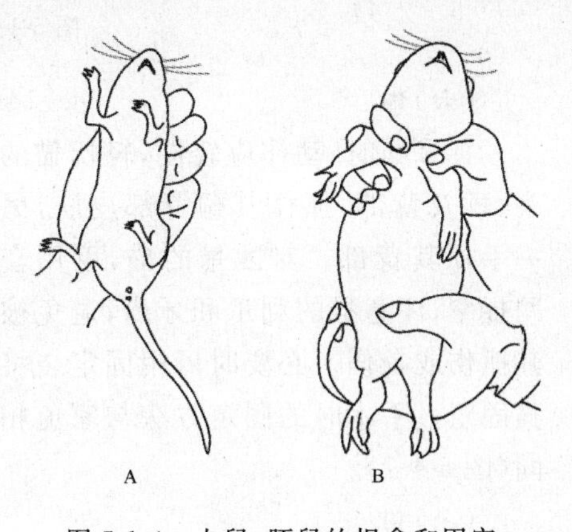

图 5-1-4　大鼠、豚鼠的捉拿和固定

（四）豚鼠

豚鼠具有胆小易惊的特性，因此抓取时要求快、稳、准。先用右手掌轻轻地扣住豚鼠背部，抓住其肩胛上方，以拇指和食指环握颈部，对于体型较大或怀孕的豚鼠，可用另一只手托住其臀部(图 5-1-4B)。

（五）家兔

捕捉时以右手抓住其颈背部皮肤(不能抓两耳)，轻轻把动物提起，迅速以左手托住其臀部，使动物体重主要落在抓取者的左掌心上，以免损伤动物颈部(图 5-1-5)。家兔一般不咬人，但脚爪锐利，在挣扎反抗时容易抓伤捕捉者，所以捕捉时要特别注意其四肢。此外，抓动物的耳朵、腰部或四肢易造成动物耳、颈椎或双侧肾脏的损害。

图 5-1-5　兔捉拿方法

对家兔施行手术，须将兔固定于手术台上。多数实验采用仰卧位固定，缚绳打套结绑缚四肢在踝关节上(打活结便于解开)，然后将两后肢拉直，把缚绳的另一头缠绕于家兔手术台后缘的钩子上打结固定，再将绑前肢的绳子在家兔的背部穿过，并压住其对侧前肢，交叉到兔手术台对侧的钩上打结固定。最后固定头部。兔头夹固定时先将兔颈部放在半圆形的铁圈上，再把铁圈推向嘴部压紧后拧紧固定螺丝，将兔头夹的铁柄固定在兔手术台的固定柱上

(图 5-1-6)。棉绳固定头部时,用一根粗棉绳勾住兔两颗上门齿,将棉绳拉直后在手术台的固定柱上绕两圈后打结固定。做颈部手术时,可将一粗注射器筒垫于动物的项下,以抬高颈部,便于操作。以上方法较适于仰卧位固定。动物取俯卧时(特别头颅部实验),常用马蹄形头固定器固定。

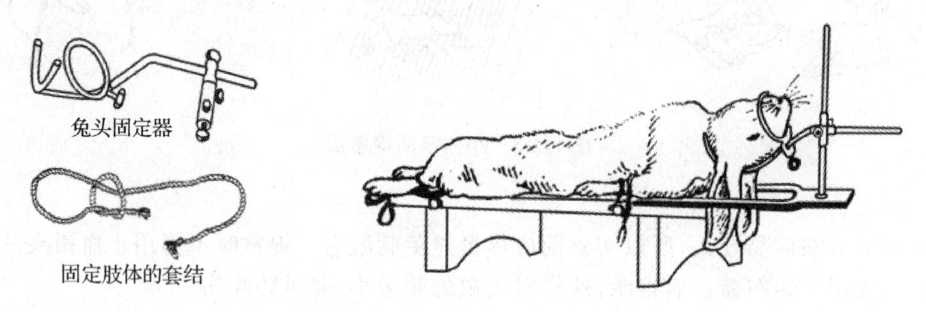

图 5-1-6　兔仰位固定于手术台

(六)猫

捉拿猫时,动作应轻慢,轻抚猫的头、颈及背部,抓住其颈背部皮肤,另一手抓其背部。对凶暴的猫,可用套网捉拿,注意猫的利爪和牙齿,避免被其抓伤或咬伤。必要时可用固定袋将猫固定。手术时的固定方法与家兔相同(图 5-1-7)。

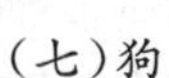
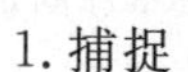

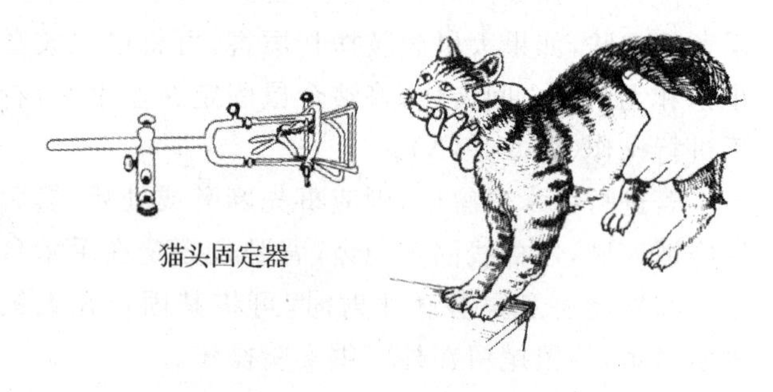

图 5-1-7　猫的捉拿法

(七)狗

1. 捕捉

捉狗时,首先是用狗头钳捕捉,用一长棉带(约 1m 长)打一空结绳圈,操作者从狗背面或侧面将绳圈套在其嘴面部,迅速拉紧绳结,将绳结打在上颌,然后绕到下颌再打一个结,最后将棉带引至后颈部打结,把带子固定好,防止被挣脱(图 5-1-8)。也可用狗头钳捕捉后直接进行腹腔麻醉。当动物麻醉后,应立即解绑,尤其用乙醚麻醉时更应特别注意。因狗嘴被捆绑后,动物只能用鼻呼吸,如此时鼻腔有多量黏液填积,可能会造成窒息。

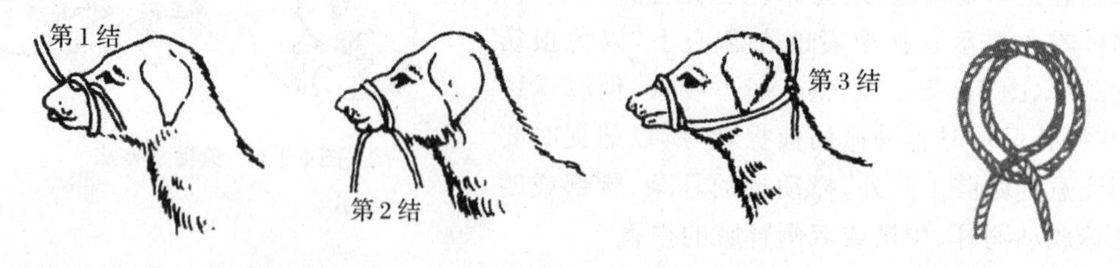

图 5-1-8　狗嘴固定

2. 头部固定

麻醉后,将动物以仰卧位或俯卧位固定在手术台上。仰卧便于进行颈、胸、腹、股等部的实验,后者便于脑和脊髓实验。固定狗头可用特别的狗头夹。狗头夹(图 5-1-9)为一圆铁圈,圈的中央横有一根铁条和固定弧圈,固定弧圈与一螺杆相连,下面的一根铁条平直并可抽出。固定时先将狗舌拽出，将狗嘴伸进铁圈，再将平直铁条插入上下颌之间，然后下旋螺杆，使固定弧圈在鼻梁上(俯卧位固定时)或下颔上(卧位固定时)。铁圈附有铁柄，用以将狗头夹固定在手术台上。

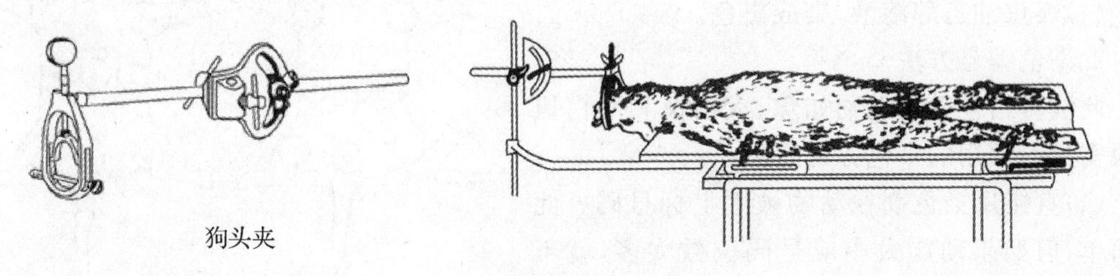

图 5-1-9　狗固定

3. 四肢固定

头部固定后，再固定四肢。先用粗棉绳的一端缚扎于踝关节的上方，再将两后肢左右分开，将棉绳的另一端分别缚在手术台两侧的木钩上，而前肢须平直放在躯干两侧。将缚左右前肢的两根棉绳从狗背后交叉穿过，压住对侧前肢小腿，分别缚在手术台两侧的木钩上(图 5-1-9)。

二、实验动物性别的辨别

(一) 蟾蜍

雄性者背部有光泽，前肢的大趾外侧有一直径约 1mm 的黑色突起——婚垫，捏其背部时会叫，前肢多半呈曲环钩姿势；雌性者无上述特点。

(二) 小鼠

雄性者外生殖器与肛门之间的距离长，两者之间有毛生长；雌性者外生殖器与肛门之间的距离短，两者之间无毛，能见到一条纵行的沟(图 5-1-10)。此辨别方式亦适用于大鼠。

雄性　　雌性

图 5-1-10　小鼠性别的特征

(三) 家兔

雄者可见阴囊及其内之睾丸，有突出的外生殖器，雌者无上述特征。

三、实验动物的编号

为了分组和辨别的方便常需要给实验动物编号。动物实验中，常用的编号标记有染色法、挂牌法、烙印法等 3 种方法。

(一) 染色法

染色法是用化学药品涂染动物体表一定部位的皮毛，以染色部位、染色颜色不同来标记区分动物的方法。

1. 常用染色剂

(1) 3%～5%苦味酸溶液，黄色。

(2)0.5%中性红或品红溶液，红色。

(3)20%硝酸银溶液，咖啡色(涂上后需在日光下暴露 10min)。

(4)煤焦油乙醇溶液，染成黑色。

2.染色编号方法

此法对白色毛皮动物如兔、大白鼠和小白鼠都很实用。常用的染色方法有：

(1)直接用染色剂在动物被毛上标号码。此法简单，但如果动物太小或号码位数太多，就不可能采用此法。

(2)用一种染色剂染动物的不同部位，其惯例是先左后右(也可先右后左)，从上到下；其顺序为左前腿 1 号，左腹部 2 号，左后腿 3 号，头部 4 号，腰部 5 号，尾根部 6 号，右前腿 7 号，右腹部 8 号，右后腿 9 号，10 号不染(图 5-1-11)。

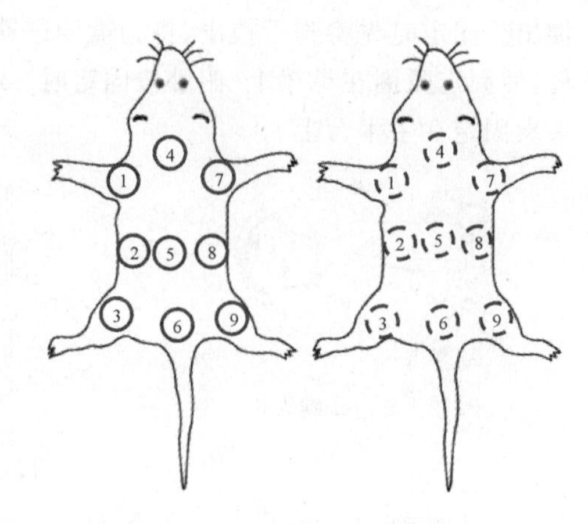

图 5-1-11　小鼠背部的编号方法

(3)用多种染色剂染动物的不同部位。可用另一种颜色作为十位数，照(2)法染色，配合(3)法，可编到 99 号。比如要标记 13 号，就可以在左前腿涂上 0.9%品红(红色)，左后腿涂上 3%苦味酸(黄色)。

染色法虽然简单方便，又不给动物造成损伤和痛苦，但这种标记法对慢性长久实验不适用，因为时间久后，颜色会自行消退，加之动物之间互相摩擦，动物舔毛，尿、水浸湿以及动物自然换毛脱毛，容易造成混乱。

(二)挂牌法

挂牌法是将编号烙压在金属牌上，挂在动物身上或笼门上以示区别。

狗的号码牌挂在颈链绳上最好。豚鼠可挂在耳朵上，挂时应注意避开血管，将金属小牌直接穿过耳廓折叠在耳部。但挂牌使动物感到不适，会用前爪搔抓金属号牌而致耳部损伤。金属牌应选不易生锈、对动物局部组织刺激较小的金属。

(三)烙印法及耳孔法

(1)烙印法　烙印法是把编号烙压在动物身上。可将号码烙在狗的被毛上；家兔和豚鼠可用数字钳在耳朵上刺上号码，刺上号码后如加上墨汁等颜料，即可清楚读出号码。

(2)打孔法　用打孔机直接在动物耳朵上打孔编号。据打在耳朵上的部位和孔的多少，可标记三位数之内的号。特别要注意的是：打孔后用消毒滑石粉抹在打孔局部，以免伤口愈合后辨认不出来。用剪刀在动物耳廓上剪缺口也有同样效果。

四、常用给药方法

生理科学实验中，无论是急性动物实验，还是慢性动物实验，都需要对实验动物进行处理，用药物对实验动物进行处理是一种常规方法。对实验动物进行药物处理涉及给药方法。下面主要介绍在生理科学实验中常用的一些给药方法。

较常见的给药方法有摄取法给药、注射法给药、涂布法给药和吸入法给药，其中前两种方法较为常用。

在急性实验中所进行的各种注射，一般都不需要无菌操作。做慢性动物实验时，应根据给药途径选择无菌操作。

(一)经消化道给药法

1.自动摄取法

自动摄取法,是把药物放入饲料或溶于动物饮水中让动物自动摄取。此法的优点是操作简便,不会因操作损伤动物。不同个体因各种原因其饮水和摄食量有差异,故摄入的药量难以控制,不能保证剂量准确。饲料和饮水中的药物容易分解,难以做到平均添加。该方法一般适用于对动物疾病的防治或某些药物的毒性实验,复制某些与食物有关的人类疾病动物模型。

2.喂药法

如药物为固体,对体形较大的动物如豚鼠、兔、猫和狗,可用喂药法给药。抓取动物并固定好,操作者的左手拇、食指压迫动物颌关节处或其口角处,使口张开,用镊子夹住药物,放进动物舌根部,然后闭合其嘴,使动物吞咽药物。

不温顺的猫,可固定在猫固定袋里操作。给狗喂药,先用狗头钳固定其头部,用粗棉带绑住狗嘴,操作者用双手抓住狗的双耳,两腿夹住狗身固定,然后解开绑嘴绳,由另一操作者用木制开口器将狗舌压住,用镊子夹住药物从开口器中央孔放入狗嘴,置舌根部,然后迅速取开开口器,使动物吞下药物。给药前可先用棉球蘸水湿润动物口腔,以利吞咽药片。

3.灌胃给药法

灌胃给药能准确掌握给药量、给药时间、发现和记录药效出现的时间及过程。但灌胃操作会对动物造成损伤和心理影响。熟练的灌胃技术可减轻对动物的损伤。

小动物灌胃用灌胃器,灌胃器由注射器和灌胃管构成,市售灌胃管较好,其前端有圆弧,不易损伤动物。小鼠的灌胃管长约4～5cm,直径约1mm(10～12号针头),大鼠的灌胃针长约6～8cm,直径约1.2mm(12～14号针头)。胃管插入深度大致是从口腔至最后一根肋骨后缘,成年动物插管深度一般是:小鼠3cm,大鼠5cm,家兔15cm,犬20cm。

(1)小鼠灌胃　左手拇指和食指捏住小鼠颈背部皮肤,无名指或小指将尾部紧压在手掌上,使小鼠腹部向上,右手持灌胃器经口角将灌胃管插入口腔。用胃管轻压小鼠上腭部,使口腔和食管成一直线,再将胃管沿上腭缓缓插入至预定深度,如稍感有阻力且动物无呼吸异常,可将药注入(图5-1-12)。如动物挣扎厉害、憋气,就应抽出重插。胃管插入气管时,动物立即死亡。药液注完后轻轻退出胃管,操作宜轻柔,以防损伤食管及隔肌,灌注量为0.01～0.03mL/g体重。

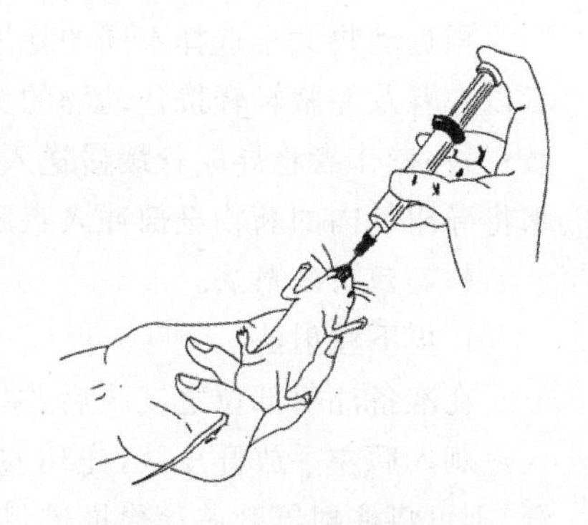

图5-1-12　小鼠灌胃法

(2)大鼠灌胃法　一只手的拇指和中指分别放到大鼠的左右腋上,食指放于颈部,使大鼠伸开两前肢,握住动物。灌胃法与小鼠相似。插管时,为防止插入气管,应先回抽注射器针芯,无空气抽回说明不在气管内,即可注药。灌注量为0.01～0.02mL/g体重。

(3)豚鼠灌胃法　一操作者以左手从动物背部把后肢张开,握住腰部和双后肢,用右手拇、食指夹持两前肢。另一操作者右手持灌胃器沿豚鼠上腭壁滑行,插入食管,轻轻向前推进(5cm)插入胃内。

插管时亦可用木制或竹制的开口器,将 9 号导尿管穿过开口器中心的小孔插入胃内。将导尿管一端置于水杯中,若有连续气泡,说明插入呼吸道,应立即拔出重插,如无气泡,即可注入药物,注药完毕后再注入生理盐水 2mL,以保证给药剂量的准确。灌胃完毕后,先退出胃管,后退出开口器。拔插管时,应慢慢抽出,当抽到近咽喉部时应快速抽出,以防残留的液体进入咽喉部,返流入气管。灌胃量每次 4～7mL/只。

(4)兔灌胃法　用兔固定箱,可一人操作;如无固定箱,则需两人协作进行,一人坐好,腿上垫好围裙,将兔的后肢夹于两腿间,左手抓住双耳,固定其头部,右手抓住其两前肢;另一人将开口器横置于兔口中,把兔舌压在开口器下面(图 5-1-13),将 9 号导尿管自开口器中央的小孔插入,慢慢沿上腭壁插入约 15～18cm。插管完毕将胃管的外口端放入水杯中,切忌伸入水中过深,如有气泡从胃管逸出,说明胃管在气管内,应拔出来重插,如无气泡逸出,则可将药推入,并以少量清水冲洗胃管,以保证给药剂量的准确。灌胃完毕后,先退出胃管,后退出开口器。灌胃量每次 80～150mL/只。

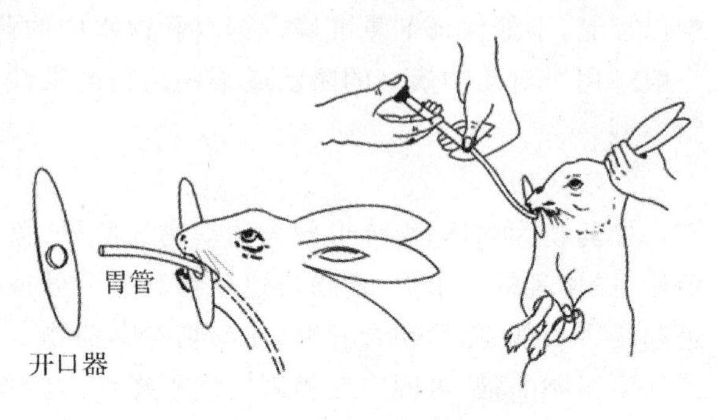

图 5-1-13　兔灌胃方法

(5)狗灌胃法　给狗灌胃时,用狗头钳捕捉狗,一人坐姿,将狗的后肢夹于两腿间,左手抓住双耳,固定其头部,右手抓住其两前肢;另一人将开口器横置于狗口中,将狗舌压在开口器下面,将 12 号导尿管自开口器中央的小孔插入,慢慢沿口腔上腭壁插入食管约 20cm 即可推入胃内。其余过程与兔灌胃法相同。灌胃量每次 200～500mL/只。

4.经直肠给药

根据动物大小选择不同的导尿管,在导尿管的头部涂上凡士林,使动物取蹲位,一操作者以左臂及左腋轻轻按住动物的头部及前肢,用左手拉住动物尾巴以暴露肛门,右手轻握后肢;另一操作者将导尿管缓慢送入肛门,插管深度以 7～9cm 为宜。药物灌入后,取生理盐水将导尿管内的药物全部冲入直肠内,然后将导尿管在肛门内保留一会儿再拔出。

(二)注射给药法

1.皮下注射法

在准备注射部位之皮肤后,左手将注射部位附近之皮肤提起,右手握住注射器,斜向刺入。刺入后左手放开皮肤,先用左手将针芯回抽,若无血液流入注射器则表明并未刺伤血管,则可将注射器针芯徐徐推进,将预定剂量的药物注入。若注射针头已刺伤血管,则应将针头拔出,重新注射。

(1)小鼠　用左手拇指和中指将小鼠颈背部皮肤轻轻提起,食指轻按其皮肤,使其形成一个三角形小窝,右手持注射器从三角窝下部刺入皮下,轻轻摆动针头,如易摇动则表明针尖在皮下,回抽无血后可将药液注入。针头拔出后,以左手在针刺部位轻轻捏住皮肤片刻,以防药液流出。大批动物注射时,可将小鼠放在鼠笼盖或粗糙平面上,左手拉住尾部,小鼠自然向前爬动,此时右手持针迅速刺入背部皮下,推注药液。注射量约为 0.01～0.03mL/g 体重。

(2)大鼠 注射部位可在背部或后肢外侧皮下，操作时轻轻提起注射部位皮肤，将注射针头刺入皮下，一次注射量约为0.01mL/g体重。

(3)豚鼠 注射部位可选用两肢内侧、背部、肩部等皮下脂肪少的部位，通常在大腿内侧。注射针头与皮肤呈45°角的方向刺入皮下，确定针头在皮下后推入药液，拔出针头后，拇指轻压注药部位片刻。

(4)兔 注射方法参照小鼠皮下注射法。

2.腹腔注射法

动物腹部向上固定，腹腔穿刺部位一般多在腹白线偏左或偏右的下腹部。

(1)小鼠 左手固定动物，使鼠腹部面向捉持者，鼠头略朝下。右手持注射器进行穿刺，注射针与皮肤面呈45°角刺入腹肌，针头刺入皮肤后进针3mm左右，当感到落空感时表示已进入腹腔，回抽无肠液、尿液后即可注射(图5-1-14)。注射量0.01～0.02mL/g体重。应注意切勿使针头向上注射，以防针头刺伤内脏。

(2)大鼠、豚鼠、兔、猫等皆可参照小鼠腹腔注射法。但应注意家兔与猫在腹白线两侧注射，离腹白线约1cm处进针。大鼠注射量0.01～0.03mL/g体重。

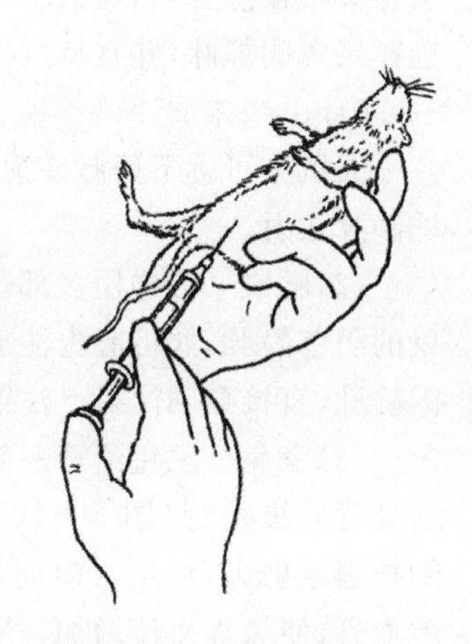

图5-1-14 小鼠腹腔注射方法

3.肌肉注射法

肌肉注射主要用于注射不溶于水而悬于油或其他剂型中的药物。肌肉注射应选择肌肉发达、血管丰富的部位，如大鼠、小鼠和豚鼠的大腿外侧缘，家兔、猫、犬、猴的臀部或股部。注射时固定动物，剪去注射部被毛，与肌肉层组织接触面呈60°角刺注射器针头，回抽针芯无回血后注入药液(小动物可免回抽针芯)。注射完毕后用手轻轻按摩注射部位，促进药液吸收。

小鼠、大鼠、豚鼠一般不做肌肉注射，如需要时，小鼠一次注射量不超过0.1mL/只。

4.静脉注射法

静脉注射应根据动物的种类选择注射的血管。大鼠和小鼠多选用尾静脉，家兔多选用耳缘静脉，犬多选用后肢小隐静脉，豚鼠多选用耳缘静脉或后肢小隐静脉注射。因为静脉注射是通过血管给药，所以只限于液体药物。如果是混悬液，可能会因悬浮粒子较大而引起血管栓塞。

(1)小鼠、大鼠多采用尾静脉注射。鼠尾静脉有3根，两侧及背侧各1根，左、右两侧尾静脉较易固定，应优先选择。注射时，先将动物固定于固定器内(图5-1-15)，可采用筒底有

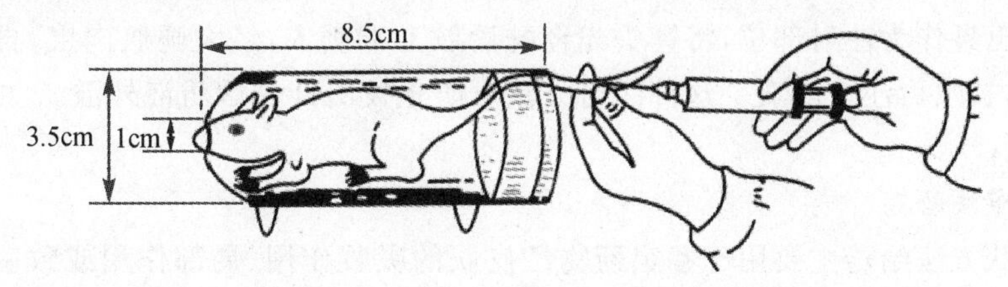

图5-1-15 小鼠尾静脉注射法

小口的玻璃筒、金属或铁丝网笼)。将全部尾巴露在外面,以右手食指轻轻弹尾尖部,必要时可用45～50℃的温水浸泡尾部或用75%乙醇擦尾部,使全部血管扩张充血、表皮角质软化,以拇指与食指捏住尾部两侧,使尾静脉充盈明显,以无名指和小指夹持尾尖部,中指从下托起尾巴固定之。用4号针头,针头与尾部呈30°角刺入静脉,推动药液无阻力,且可见沿静脉血管出现一条白线,说明针头在血管内,可注药。如遇到阻力较大,皮下发白且有隆起时,说明针头不在静脉内,需拔出针头重新穿刺。注射完毕后,拔出针头,轻按注射部止血。一般选择尾两侧静脉,并宜从尾尖端开始,渐向尾根部移动,以备反复应用,一次注射量为0.005～0.01mL/g体重。

大鼠亦可舌下静脉注射或把大鼠麻醉后,切开其大腿内侧皮肤进行股静脉注射;亦可颈外静脉注射。

(2)豚鼠　可选用多部位的静脉注射,如前肢皮下头静脉、后肢小隐静脉、耳壳静脉或雄鼠的阴茎静脉,偶可心内注射。一般前肢皮下静脉穿刺易成功。也可先将后肢皮肤切开,暴露静脉,直接穿刺注射。注射量不超过2mL/只。

(3)家兔　家兔给药一般采用耳缘静脉注射。兔耳缘静脉沿耳背后缘走行(图5-1-16)。将覆盖在静脉皮肤上的兔毛仔细拔去或剪去,可用水湿润局部,将兔耳略加搓揉或用手指轻弹血管,使兔耳血流增加,并在耳根压迫耳缘静脉,以使其淤血而发生血管怒张。注射者用左手食指和中指夹住静脉近心端,拇指和小指夹住耳缘部分,以左手无名指和小指放在耳下作垫,待静脉充盈后,右手持注射器使针头尽量由静脉末端刺入,顺血管方向平行、向心端刺约1～1.5cm,放松左手拇指和食指对血管的压迫,右手试推注射器针芯,若注射阻力较大或出现局部肿胀,说明针头没有刺入静脉,应立即拔出针头重刺,若推注阻力不大,可将药物徐徐注入。注射完毕后,与血管平行地将针头抽出,随即用一块棉花压迫针眼,以防止出血。

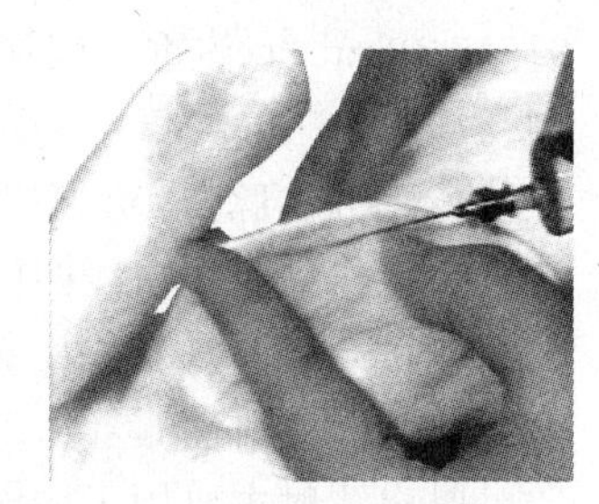

图5-1-16　兔耳缘静脉注射法

实验过程中需反复静脉给药,也可不抽出针头,用动脉夹将针头与兔耳固定,换一有肝素生理盐水的注射器接上,防止血液流失和凝血,以备下次注射时使用。

(4)狗　用狗头钳夹住狗颈部,将其压倒在地,并固定好,剪去前肢或后肢皮下静脉部位的被毛(前肢多取内侧的头静脉,后肢多取外侧面的小隐静脉),用碘酒消毒,在静脉近心端用胶管绑扎或用手捏紧,使血管充盈,针头自远心端向心刺入血管,待回抽有血后,松开绑扎的胶管,缓缓地注入药液。

5.淋巴囊注射法

蛙及蟾蜍常经淋巴囊给药。它们有数个淋巴囊(图5-1-17),该处注射药物易吸收。一般多以腹淋巴囊作为注射部位,将针头先经蛙后肢上端刺入,经大腿肌肉层,再刺入腹壁皮下腹淋巴囊内,然后注入药液。这种注射方法可防止拔出针头后药液外溢。注射量为0.25～1.0mL/只。

(三)涂布法给药

涂布皮肤方法给药主要用于鉴定药物经皮肤的吸收作用、局部作用或致敏作用等。药液与皮肤接触的时间可根据药物性质和实验要求而定。

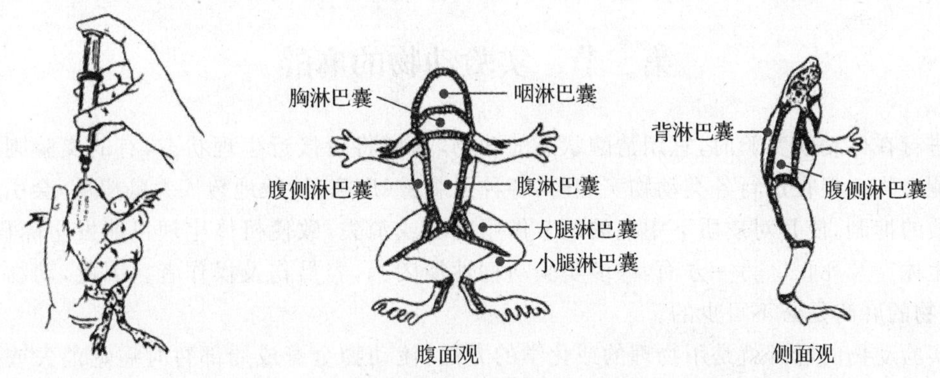

图 5-1-17 蟾蜍或蛙的淋巴囊分布及淋巴囊注射法

五、动物被毛的去除法

对动物进行注射、手术、皮肤过敏试验前，应先去除手术部位或试验局部的被毛。常用的除毛法有下列几种：

(一)拔毛法

将动物固定好后，用食指和拇指将要暴露的部位的毛拔去。此法一般用来暴露采血点或动、静脉穿刺部位。如兔耳缘静脉和鼠尾静脉采血法，就需拔去顺静脉走行方向的被毛。拔毛不但暴露了血管，又可刺激局部组织，起到扩张血管、利于操作的作用。

(二)剪毛法

备冷水 1 杯，用来装剪下的被毛，以免被毛到处飞扬。将动物固定好后，用水润湿要剪去的被毛，然后用剪刀紧贴动物皮肤剪毛。剪毛过程中要特别小心，切不可提起被毛，以免剪伤皮肤。这种方法适用于暴露中等面积的皮肤。做家兔和狗的颈部手术以及家兔的腹部手术常采用这种除毛法。

(三)剃毛法

动物固定好后，用刷子蘸温肥皂水将所要暴露部位的被毛浸润透，剪去被毛，然后用剃毛刀顺被毛倒向剃去残余被毛。这种除毛法最适用于暴露外科手术区。剃毛时用手绷紧动物皮肤，不要剃破皮肤。剃毛刀除专用的外，可用半片剃胡刀片夹在有齿止血钳上代替。刀片要用新的，钝刀片不但剃毛不方便，还很容易损伤动物皮肤。

(四)脱毛法

这是用化学脱毛剂脱毛。常用的脱毛剂配方有：

(1)硫化钠 8g 溶于 100mL 水中。

(2)硫化钠 3 份、肥皂粉 1 份、淀粉 7 份，加水调成糊状软膏。

(3)硫化钠 10g、生石灰 15g，加水 100mL。

用脱毛剂前，要剪去脱毛部位的被毛，以节省脱毛剂。切不可用水浸润被毛，否则脱毛剂会顺被毛流入皮内毛根深处，损伤皮肤。动物应放在凹型槽等容器内，以免脱毛剂及洗毛水四处流淌。用镊子夹棉球或纱布团蘸脱毛剂涂抹在已剪去被毛的部位，等 3～5min 后，用温水洗去脱下的毛和脱毛剂。操作时动作应轻，以免脱毛剂沾在实验操作人员的皮肤黏膜上，造成不必要的损伤。脱毛剂配方(1)和(2)适用于给家兔和啮齿类动物脱毛，配方(3)适用于给狗脱毛。

第二节 实验动物的麻醉

进行在体动物实验时,宜用清醒状态的动物,这样将更接近生理状态,有的实验则必须用清醒动物。但在进行各类动物实验时,各种强刺激(疼痛)持续地传入大脑皮质,会引起大脑皮质的抑制,使其对皮质下中枢的调节作用减弱或消失,致使机体生理机能发生障碍,甚至发生休克及死亡。另一方面,许多实验动物性情凶暴,容易伤及操作者。因此,动物实验时,动物的麻醉是必不可少的。

实验动物的麻醉就是用物理的或化学的方法,使动物全身或局部暂时痛觉消失或痛觉迟钝,以利于进行实验。

动物的麻醉与人类的麻醉有不同之处,特别是麻醉毒性、副作用、使用剂量等方面是与人类有差别的,不能完全通用。

动物麻醉的方法有全身麻醉、局部麻醉、针刺麻醉、复合麻醉、低温麻醉等。一般实验室所采用的大部分是全身麻醉和局部麻醉。

麻醉药的种类较多,作用原理也各有不同,它们除能抑制中枢神经系统外还可引起其他一些生理机能的变化,所以需根据动物的种类和实验手术的要求加以选择。麻醉必须适度,过浅或过深都会影响手术或实验的进程和结果。

一、常用麻醉药

麻醉药按其使用方法分为局部麻醉药与全身麻醉药两大类。前者常用于浅表或局部麻醉(如1%普鲁卡因局部浸润麻醉,0.1%地卡因黏膜喷洒麻醉等)。后者又分为挥发与非挥发性麻醉药两类。挥发性麻醉药(如乙醚等)作用时间短,麻醉深度易掌握,动物麻醉后苏醒快,但麻醉过程中要随时注意动物的反应,防止麻醉过量或过早复苏。非挥发性麻醉药(如乌来糖、巴比妥、氯醛糖等)作用时间较长,且不一定需专人照管,但苏醒慢,不易掌握麻醉深度。

(一)氨基甲酸乙酯

氨基甲酸乙酯(urethane)又名乌拉坦、乌来糖、脲酯。氨基甲酸乙酯可导致较持久的浅麻醉,对呼吸无明显影响,常用于兔、猫、狗、蛙等动物。氨基甲酸乙酯对兔的麻醉作用较强,是家兔急性实验常用的麻醉药,对猫和狗则奏效较慢。诱发大鼠和兔产生肿瘤,需长期存活的慢性实验动物最好不用它麻醉。氨基甲酸乙酯易溶于水,使用时可配成20%~25%的溶液。优点:价廉,使用简便,一次给药可维持4~5h,且麻醉过程较平稳,动物无明显挣扎现象。缺点:苏醒慢,麻醉深度较难掌握。

(二)氯醛糖

氯醛糖(α-chloralose)溶解度较小,常配成1%水溶液。使用前需先在水浴锅中加热,使其溶解,但加热温度不宜过高,以免降低药效。本药的安全度大,能导致持久的浅麻醉,对植物性神经中枢的机能无明显抑制作用,对痛觉的影响也极微,故特别适用于研究要求保留生理反射(如心血管反射)或研究神经系统反应的实验。

(三)氯醛糖氨基甲酸乙酯混合麻醉剂

1g氯醛糖和10g氨基甲酸乙酯,分别用少量0.9%氯化钠溶液加温助溶后再混合,然后加0.9%氯化钠溶液至100mL。氯醛糖加温过高可降低药效。静脉注射剂量为5mL/kg混合液。氯醛糖氨基甲酸乙酯混合麻醉剂常用于中枢性实验，如大脑皮层诱发电位等。

(四)巴比妥类

巴比妥类药物(barbiturate)种类很多，是由巴比妥酸衍生物的钠盐组成，是有效的镇静及催眠剂。根据作用的时限可分为长、中、短、超短效作用四大类。戊巴比妥钠作用时间为3～5h，属中效巴比妥类，硫喷妥钠作用时间仅10～15min，属超短效巴比妥类，适用于较短时间的实验。长、中效作用的巴比妥类药物多用于动物实验抗痉和催眠，实验麻醉所使用的则属于中、短、超短效作用的巴比妥类药物。

巴比妥类药物的主要作用是阻碍冲动传到大脑皮质，从而对中枢神经系统起到抑制作用。巴比妥类药物对呼吸中枢有较强的抑制作用，麻醉过快或过深时，导致呼吸肌麻痹甚至死亡，故应注意防止给药过多过快。对心血管系统也有复杂的影响，抑制微循环导致血压降低，直接抑制心脏的收缩功能，影响基础代谢，降低体温。故这类药物不太适合用于心血管机能研究实验。

(1)戊巴比妥钠(sodium pentobarbital) 是最常用的一种动物麻醉剂，白色粉状，毒性小，作用发生快，持续时间约3～5h。一般用生理盐水配制成1%～5%的溶液。用该药麻醉时中型动物多为静脉给药，也可腹腔给药，小型动物多为腹腔给药。

(2)硫喷妥钠(sodium thiopental) 淡黄色粉末，其水溶液不稳定，故需临时配制成2.5%～5%溶液作静脉注射。一次给药可维持0.5～1h。实验时间较长时可重复给药，维持用量可控制在原剂量的1/10～1/5，以维持一定的麻醉深度。

(五)水合氯醛

水合氯醛(chloral hydrate)为乙醛的三氯衍生物，为白色或无色透明的结晶，有刺激性特臭，味微苦，在空气中渐渐挥发，在水中极易溶解。水合氯醛对中枢神经系统的抑制作用类似于巴比妥类药物。

(六)吗啡

吗啡对中枢抑制作用很强，尤其是对呼吸和心血管中枢。呼吸或循环系统实验最好不用。慢性实验消毒手术时，常用吗啡作为基础麻醉(2～4mg/kg，静脉注射)，然后再加乙醚。吗啡止痛效力很强，有利于维持动物术后的安静，故在消毒手术时极为有用。猫、兔及鼠等小动物不宜用吗啡。

(七)氯胺酮

氯胺酮主要阻断大脑联络径路和丘脑反射到大脑皮质各部分的径路，选择性地阻断痛觉，是一种具有镇痛效应的麻醉剂。注射后，可使整个中枢神经系统出现短暂的、自浅向深的轻微抑制，称为浅麻醉。

(八)乙醚

乙醚(ether)无色透明，极易挥发，气味特殊，易燃易爆，与空气中的氧接触能产生刺激性很强的乙醛及过氧化物。乙醚应保存于暗色容器中置阴凉处。乙醚的麻醉作用主要是抑制中枢神经系统，对其他系统影响不明。使用时能刺激呼吸道黏膜使分泌物增加，使用乙醚麻醉时应注意使用阿托品来对抗这一作用。有呼吸道病变的动物禁用乙醚麻醉。

(九)局部麻醉药

(1)普鲁卡因 手术局部浸润麻醉可用1%溶液，剂量按所需麻醉面的大小而定，骨髓穿刺、局部皮肤切开等均可采用。如用犬作实验时,为避免兴奋躁动,可先给半量吗啡作皮下注射,这种局麻加全身镇静方法,实验结果受麻醉药的影响较小,在急性实验中被广泛使用。另外,神经封闭可采用2.5%普鲁卡因注射,脊髓麻醉可用1%~2%普鲁卡因。

(2)氯乙烷　氯乙烷的特点是沸点低,在高于12℃的室温中即可沸腾,具有强大的挥发性,故必须装在密闭的瓶内,用时按下瓶上开关,氯乙烷迅速蒸发,皮肤急剧冷却,因而使皮肤感觉神经末梢发生暂时性麻痹。氯乙烷可用于无痛皮肤切开。氯乙烷获得的麻醉,不向深处扩散,比地卡因和其代用品的麻醉有一定优点,对于炎症组织亦能出现麻痹作用。

黏膜麻醉,常用0.1%地卡因黏膜喷洒麻醉。

二、麻醉方法

麻醉方法可分为全身麻醉和局部麻醉两种。

(一)全身麻醉法

全身麻醉法简称全麻。全身麻醉可使动物意识和感觉暂时不同程度地消失,麻醉动物肌肉充分松弛、感觉完全消失、反射活动减弱。全身麻醉有吸入麻醉和注射麻醉,一般吸入麻醉采用挥发性麻醉药,注射麻醉用非挥发性麻醉药。常用麻醉药的给药剂量和途径见表5-2-1所示。

表5-2-1　动物常用麻醉药物的剂量及作用特点

药物(常用浓度)	动物	给药途径	剂量(mg/kg)	作用时间及特点
乙醚	各种动物	吸入		实验过程中持续吸入麻醉剂麻醉时间由实验决定
戊巴比妥钠(1%~5%)	犬、兔、猫 豚鼠 大鼠、小鼠	静脉、腹腔 腹腔 腹腔	30 40~50 40~50	2~4h,中途加1/5量,可维持1h以上,麻醉力强,易抑制呼吸
硫喷妥钠(5%)	犬、兔、猫 大鼠 小鼠	静脉 腹腔 腹腔	15~20 40 15~20	15~30min,麻醉力强,抑制呼吸,宜缓慢注射
水合氯醛(10%)	犬、兔、猫 大鼠 小鼠	静脉 腹腔 腹腔	250 350 350	2~3h,毒性小,较安全,主要适用于小动物的麻醉
氨基甲酸乙酯(20%)	犬、兔、猫 大鼠、小鼠 大鼠、小鼠 蛙、蟾蜍	静脉 皮下或肌肉 腹腔 淋巴囊注射	750~1000 1350 1000~1500 2000~2500	2~3h,毒性小,较安全,主要适用于小动物的麻醉
氨基甲酸乙酯(10%)+氯醛糖(1%)	兔、猫、大鼠	静脉、腹腔	500+50	5~6h,安全,肌松不完全
普鲁卡因(1%~2%)	各种动物	脊髓黏膜	视情况而定	30min

1.吸入麻醉

吸入麻醉是将挥发性麻醉剂或气体麻醉剂经呼吸道吸入动物体内,从而产生麻醉效果的方法。吸入麻醉药常用的有乙醚、氟烷、甲氧氟烷、氯仿等。气体麻醉剂常用氧化亚氮、环丙烷等。现主要介绍乙醚的吸入麻醉。乙醚可用于各种动物，尤其是时间短的手术或实验，吸入后10～20min开始发挥作用。

(1)大鼠、小鼠、豚鼠 麻醉前准备好一密封、透明的容器(可用大烧杯代替)，再将乙醚与动物容器相通，也可用浸润乙醚的棉球或纱布放在密闭的容器内，再将动物放入，并注意动物的行为。开始时动物出现兴奋，进而出现抑制，自行倒下，当动物角膜反射迟钝、肌紧张降低即可取出动物，若动物逐渐开始恢复肌紧张(重新挣扎)则重复麻醉一次，待平静后即可进行实验。若实验时间长，可先固定动物在实验台上，将乙醚棉球或纱布靠近其鼻部，即可开始实验。实验过程中，应注意动物的反应，适时追加乙醚吸入量，维持其麻醉深度和时间。有些非吸入麻醉的实验，在动物出现苏醒行为时，可施乙醚吸入麻醉，维持实验的顺利进行。

(2)用于狗麻醉时，应提前半小时给动物皮下注射吗啡(1%盐酸吗啡0.7～1mL/kg)和阿托品(0.1～0.3mg/kg)。吗啡可镇静止痛，阿托品可对抗乙醚刺激呼吸道分泌黏液的作用。然后将狗嘴扎紧，以防麻醉初期动物兴奋时骚动咬人。按动物大小选用合适的麻醉口罩，并在口罩内放浸润乙醚的纱布。一人将狗按倒，用膝盖和两手固定动物的髋部及四肢。麻醉者一手握住下颌以固定头部(注意防止窒息)，另一手将口罩套在狗嘴上，使其吸入乙醚。动物吸入乙醚后，常先有一个兴奋加强期，动物开始挣扎，同时呼吸变得不规则，有时甚至出现呼吸暂停。此时应移开口罩，待动物呼吸恢复后，再继续吸入乙醚。随着麻醉的不断加深，动物可出现呼吸加深和肌张力增强的现象。深呼吸有吸入过量乙醚的危险，此时可让动物每呼吸数次乙醚后，取下口罩，让其呼吸一二次新鲜空气，则可避免这种危险。等度过这一时期后，麻醉将逐渐加深，动物呼吸渐趋平稳，肌张力逐渐降低，瞳孔缩小。如果出现角膜反射消失，表示麻醉已达足够深度，可以进行手术。这时应立即解去狗嘴上的绑绳，开始手术。

(3)给猫作乙醚麻醉时，可将其罩在特制的玻璃罩(或密闭箱等代用物)中，将浸有乙醚的脱脂棉花或纱布放入罩内。麻醉时间不可过长，以免缺氧。麻醉兔亦可用口罩法。在进行手术或实验过程中，需要继续吸入少量乙醚以维持麻醉，此时，仍可采用口罩给药。如实验中行气管切开术，则可通过气管插管用麻醉瓶滴加给药。

乙醚麻醉的优点是：麻醉深度易掌握，较安全，且麻醉后动物苏醒较快。缺点：需有专人照管，在麻醉初期常出现兴奋加强现象。乙醚可强烈刺激呼吸道，促使黏液分泌增加，从而有堵塞呼吸道的危险，故需特别注意。必要时可皮下或腹腔注射阿托品(0.1～0.3mg/kg)，以减少黏液分泌。

2.注射麻醉法

通过对动物的肌肉、腹腔、静脉等注射麻醉药，实现麻醉的方法。注射麻醉因给药的部位不同，麻醉药物的剂量、麻醉起效时间和麻醉持续时间都有差异。一般情况下，腹腔给药与静脉给药麻醉比，腹腔给药用药剂量大、起效时间慢、持续时间长，但麻醉深度不易控制，而静脉麻醉起效快、麻醉深度比较容易控制。

大鼠、小鼠和豚鼠多采用腹腔注射给药法进行麻醉。兔、猫和狗等动物，除腹腔给药外，还可静脉注射给药。

(二)局部麻醉法

局部麻醉指在用药局部可逆性地阻断感觉神经冲动的发出和传导，在动物意识清醒的条件下用药,使其局部感觉消失。局部麻醉药一般在用药后几分钟内起效,药效维持1h左右。局麻药对感觉神经尤其是痛觉神经的作用时间较运动神经长。

局部麻醉方法很多,有表面麻醉、浸润麻醉和阻断麻醉等。应用最多的是浸润麻醉。

浸润麻醉是将药物注射于皮内、皮下组织或手术野深部组织,以阻断用药局部的神经传导,使痛觉消失。常用的浸润麻醉药是1%盐酸普鲁卡因,此药安全有效、吸收显效快,但失效也快,注射后1～3min内开始作用,可维持30～45min。它可使血管轻度舒张,导致手术局部出血增加,且又容易被吸收入血而失效。

施行局部浸润麻醉时,先把动物抓取固定好,再将进行实验操作的局部皮肤区域用皮试针头先做皮内注射,形成橘皮样皮丘,然后换局麻长针头,由皮丘点进针,放射到皮丘点四周继续注射,直至要求麻醉区域的皮肤都浸润到为止。按实验操作要求的深度,按皮下、筋膜、肌肉、腹膜或骨膜的顺序,依次分别注入麻醉药,以达到浸润神经末梢的目的。每次注射时必须先回抽,以免把麻醉药注入血管内。注意进针后,如麻醉药用完,又需继续用药,不需拔出针头,只将注射器取下另抽吸麻醉药即可。这样可减少对动物痛觉的刺激,又可减少对局部组织的损伤。

三、麻醉操作要求

(一)麻醉的基本原则

(1)不同动物个体对麻醉药的耐受性是不同的。因此,在麻醉过程中,除参照一般药物用量标准外,还必须密切注意动物的状态,以决定麻药的用量。

(2)麻醉的深浅可根据呼吸的深度和快慢、角膜反射的灵敏度和有无四肢、腹壁肌肉的紧张性以及皮肤夹捏反应等进行判断。当呼吸突然变深变慢、角膜反射的灵敏度明显下降或消失、四肢和腹壁肌肉松弛、皮肤夹捏无明显疼痛反应时,应立即停止给药。

(3)静脉注药时应坚持先快后慢的原则,一般给药应先一次推入总量的1/2～2/3,按上述方法观察动物麻醉的深浅,若已达到所需的麻醉深度,则不一定全部给完所有药量。动物的健康状况、体质、年龄、性别也影响给药剂量和麻醉效果,因此实际麻醉动物时应视具体情况对麻醉剂量进行调整,避免动物因麻醉过深而死亡。

(二)麻醉并发症和急救

1.呼吸停止

呼吸停止可出现在麻醉的任何一期,如在兴奋期,呼吸停止具有反射性质。在深麻醉期,呼吸停止是由于延髓麻醉的结果或由于麻醉剂中毒时组织中血氧过少所致。

呼吸停止的表现是胸廓呼吸运动停止、黏膜发绀、角膜反射消失或极低、瞳孔散大等。呼吸停止的初期,可见呼吸浅表、呼吸不规则。此时必须停止供给麻醉剂,先张开动物口腔,拉出舌尖到口角外,立即进行人工呼吸。可用手有节奏地压迫和放松胸廓,或推压腹腔脏器使胸上下移动,以保证肺通气。与此同时,迅速作气管切开并插入气管套管,连接人工呼吸机以代替徒手人工呼吸,直至自主呼吸恢复。还可给予苏醒剂以促恢复。常用的苏醒剂有咖啡因(1mg/kg)、尼可刹米(2～5mg/kg)和山梗菜碱(0.3～1mg/kg)等。

2.心跳停止

吸氯仿、乙醚时,有时于麻醉初期出现反射性心跳停止,通常是由于剂量过大的原因。还有一种情况,就是手术后麻醉剂所致的心脏急性变性,心功能急剧衰竭而停跳。

心跳停止的到来可能无预兆，呼吸和脉搏突然消失，黏膜发绀。心跳停止应迅速采用心脏按摩，即用掌心（小动物可用指心）在心脏区有节奏地敲击胸壁，其频率相当于该动物正常心脏收缩次数。同时，心室注射强心剂 0.1%肾上腺素。

（三）补充麻醉

实验过程中如麻醉过浅，可临时补充麻醉药，但一次注射剂量不宜超过总量的 1/5，且须经一定时间后才能补充，如戊巴比妥钠须在第一次注射后 5min，苯巴比妥钠须在第一次注射后 30min 以上。

（四）麻醉注意事项

（1）乙醚是挥发性很强的液体，易燃易爆，使用时应远离火源。平时应装在棕色玻璃瓶中，储存于阴凉干燥处，不宜放在冰箱内，以免遇到电火花时引起爆炸。

（2）因麻醉药的作用，致使动物体温缓慢下降。所以应设法保温，不使肛温降至 37℃以下。在寒冷季节，注射前应将麻醉剂加热至与动物体温相一致的水平。

（3）犬、猫或灵长类动物，手术前 8～12h 应禁食，避免麻醉或手术过程中发生呕吐。家兔或啮齿类动物无呕吐反射，术前无需禁食。

第三节 实验动物用药剂量的计算方法和生理溶液

一、药物剂量的确定

在动物实验中，常会遇到给药剂量问题，药物对于某种动物的适当剂量均来自实验。在实验前，首先应查阅有关文献资料，确定某一药物对某一动物的剂量。如能查到相同实验目的用药记录，就可以直接照试。如果查不到待试动物的合适剂量，但知道其他动物的剂量或人用剂量，则可进行换算。如查不到相关资料，可先参考 LD_{50} 来设计剂量并进行实验。

关于不同种类动物间用药剂量的换算，一般认为不宜简单地按体重比例增减，而须按单位体重所占体表面积的比值来进行换算。下面将分述按体重换算和按体表面积换算的方法。

（一）按体重换算药物剂量

已知 A 种动物每千克体重用药剂量，欲估算 B 种动物每千克体重用药的剂量，可先查表 5-3-1，找出折算系数（W）（表 5-3-1），再按下式计算：

B 种动物的剂量＝W×A 种动物的剂量（mg/kg） （5-3-1）

例 1 已知某药对小鼠的有效剂量为 20mg/kg，求家兔的用药剂量。

查表 5-3-1，A 种动物为小鼠，B 种动物为家兔，交叉点折算系数 W＝0.37，根据（5-3-1）式计算得：

家兔的剂量＝W×小鼠的剂量（mg/kg）＝0.37×20＝7.4（mg/kg）

（二）按体表面积折算药物剂量

药物的剂量以往多用体重折算，以 mg/kg 表示。现研究认为，许多药物的体内代谢及作用与体表面积的关系比与体重的关系更为密切。剂量用 mg/m² 表示时，不同种类动物很接近（相当于等效剂量），即剂量与体表面积近似成正比；而用 mg/kg 表示剂量时不同种类动物相差很大。

表 5-3-1 动物与人体重的每千克体重等效剂量折算系数

折算系数 W		A种动物或成人及标准体重(kg)						
		小鼠 [0.02]	大鼠 [0.20]	豚鼠 [0.40]	兔 [1.50]	猫 [2.00]	犬 [12.0]	人 [60.0]
B种动物或成人及标准体重(kg)	小鼠 [0.02]	1.00	1.40	1.60	2.70	3.20	4.80	9.01
	大鼠 [0.20]	0.70	1.00	1.14	1.88	2.30	3.60	6.25
	豚鼠 [0.40]	0.61	0.87	1.00	1.65	2.05	3.00	5.55
	兔 [1.50]	0.37	0.52	0.60	1.00	1.23	1.76	3.30
	猫 [2.00]	0.30	0.42	0.48	0.81	1.00	1.44	2.70
	犬 [12.0]	0.21	0.28	0.34	0.56	0.68	1.00	1.88
	人 [60.0]	0.11	0.16	0.18	0.30	0.37	0.53	1.00

动物间药物剂量(mg/kg 或 g/kg)的换算可用(5-3-2)式。

$$\frac{D_1}{D_2}=\frac{R_1}{R_2}\times\left(\frac{W_2}{W_1}\right)^{1/3} \tag{5-3-2}$$

式中:D_1、R_1、W_1 为所求动物的用药剂量、体型指数(表 5-3-2)和体重;D_2、R_2、W_2 为已知动物的用药剂量、体型指数(表 5-3-2)和体重。

例 2 已知一体重为 20g 的小鼠,某药用量为 0.1mg,现该药用于一只体重为 0.25kg 的大鼠,求大鼠的用药剂量。

解:已知 $W_2=0.02$kg,$D_2=0.1$mg/0.02kg$=50$mg/kg,$W_1=0.25$kg,查表 5-3-2 得 $R_1=0.090$、$R_2=0.059$,求 D_1;根据(5-3-2)式:

$$D_1=D_2\times\frac{R_1}{R_2}\times\left(\frac{W_2}{W_1}\right)^{1/3}=50\times\frac{0.09}{0.059}\times\left(\frac{0.02}{0.25}\right)^{1/3}=32.86(\text{mg/kg})$$

所以大鼠的用药剂量为 32.86mg/kg。

表 5-3-2 实验动物及人的标准体重及体型指数

动物	小鼠	大鼠	豚鼠	兔	猫	犬	人
W(标准体重,kg)	0.02	0.2	0.4	1.5	2	12	60
R(体型指数)	0.059	0.090	0.099	0.093	0.082	0.104	0.110

(三)给药量的换算

动物实验所用药物多数配置成百分浓度,而给药剂量往往用 mg/kg(或 g/kg)体重来表示,实际给药量常常以毫升(mL)计算,实验时常常需要计算动物的给药量。

已知药物的百分浓度和用药剂量(mg/kg),用(5-3-3)式计算动物的给药量:

$$\text{动物给药量 } D(\text{mL})=\frac{W(\text{kg})\times D_w(\text{mg/kg})}{1000\times P(\text{mg/mL})} \tag{5-3-3}$$

式中:W 为动物体重,单位为 kg;D_w 为药物剂量,单位 mg/kg;P 为药物的百分浓度。

例 3 某药兔静脉注射剂量为 30mg/kg。现有 1.5%的药液,2.5kg 体重的兔应注射此种药液几毫升(mL)?

解:已知 $W=2.5\text{kg}$,$D_w=30\text{mg/kg}$,$P=1.5\%$,根据(5-3-3)式得:

$$\text{动物给药量 } D(\text{mL})=\frac{2.5\times30}{1000\times1.5\%}=5.0(\text{mL})$$

二、试剂(药物)配制及生理溶液

在生理科学实验中,药品试剂配制是一项重要的常规工作,药品试剂含量的准确性及其符合实验要求的理化性质是实验成功的前提条件。正确的配制方法、规范的操作程序是保证药品试剂质量的关键。

(一)试剂浓度的表示法

生理科学实验所用药品试剂,其有效成分的含量常常以浓度表示,药物试剂的浓度是指一定量液体或固体制剂中所含主药的量。药物试剂浓度表示方法常用的有下列3种:

1.百分浓度

百分浓度是按照每100份溶液或固体物质中所含药物的分数来表示的浓度,简写为%。由于药物或溶液的量可以用体积或质量表示,因而百分浓度又可分为:

(1)重量/体积(W/V)百分浓度　即每100mL溶液中所含药物的质量(g),如20%乌拉坦是指每100mL含乌拉坦20g。此法最常用,不加特别注明的药物试剂百分浓度即指重量/体积百分浓度。

(2)体积/体积(V/V)百分浓度　即100mL溶液中含药物的体积(mL)。此种表示法适用于液体药物,如消毒用75%乙醇是指100mL溶液中含无水乙醇75mL。

(3)重量/重量(W/W)百分浓度　即100g制剂中含药物的质量(g),适用于固体药物,如10%氧化锌软膏即100g中含氧化锌10g。

2.比例浓度

常用于表示稀溶液的浓度,例如1∶5000高锰酸钾溶液是指5000mL溶液中含高锰酸钾1g,1∶1000肾上腺素即0.1%肾上腺素。

3.摩尔浓度(mol/L)

1L溶液中含溶质的物质的量(mol)称为该溶液的摩尔浓度。如0.1mol/L NaCl溶液表示1000mL中含NaCl 5.84g(NaCl的相对分子质量为58.44)。

4.单位浓度(IU/mL)

生物制剂常常用生物效价作单位(IU),溶液以所含药物的单位数表示浓度。如150 IU/mL的肝素溶液,表示1mL溶液中含有150单位的肝素。

(二)试剂(药物)配制方法

1.试剂的配制用水

试剂的配制用水可分为两种:

(1)蒸馏水　通过蒸馏方法制成的水,其中有一次蒸馏水、二次蒸馏水和三次重蒸馏水。二次蒸馏水、三次重蒸馏水分别是将一次蒸馏水、二次蒸馏水再进行蒸馏制成的水。蒸馏水比较纯净,含杂质少,尤其是二次蒸馏水、三次重蒸馏水。配制试剂最好采用蒸馏水,对要求高的实验,最好用二次蒸馏水或三次重蒸馏水。

(2)去离子水　用树脂交换方法将水中离子、杂质去掉制成的水。去离子水的质量不够稳定,水偏酸性。去离子水适用于用水量大的普通教学实验。

2. 试剂的纯度

化学试剂根据其纯度分级，国产试剂分为一般试剂和专用试剂。一般试剂分为四级：

(1)一级品　优级纯度或保证纯度试剂(GR)，绿色瓶签。一般试剂中，一级品试剂杂质最低，纯度最高。该级试剂适用于科研，常用来配制标准溶液。

(2)二级品　分析纯试剂(AR)，红色瓶签。该级试剂的纯度仅次于一级品试剂。该级试剂是一般科研及教学实验常用的试剂。

(3)三级品　化学纯试剂(CP)，蓝色瓶签，适用于一般化学实验。

(4)四级品　实验试剂(LR)，黄色瓶签。该级试剂纯度较低，适用于要求不高的实验。

3. 试剂的配制方法

生理科学实验所用试剂以溶液居多，常用百分浓度和摩尔浓度配制。

(1)重量/体积(W/V)百分浓度试剂配制　取一定质量(g)的所需试剂，用溶剂溶解配制成 100mL 溶液。如配制 5% 葡萄糖 100mL，先称取葡萄糖 5g，用水溶解后再加水到 100mL。

(2)摩尔浓度试剂的配制方法　根据物质的量(mol)计算出试剂的质量，取该质量的试剂溶解在溶剂中再配制成 1L 溶液。如配制 0.1mol/L NaCl 溶液 1000mL：0.1mol NaCl 重 5.84g，取 5.84g NaCl 溶解在水中，再加水到 1000mL。

注意：有的试剂含有水分子，在称取试剂时应将水的质量加上，如要称取 NaH_2PO_4 1 mol，现有试剂是含有 2 个水分子的 NaH_2PO_4($NaH_2PO_4 \cdot 2H_2O$)，其相对分子质量是 156.02，应称取该试剂 156.02g，而不是 119.98g(NaH_2PO_4 的相对分子质量为 119.98)。

溶液中，溶质分子占据一定的空间。如称取 10g 的 $NaHCO_3$ 直接溶解在 100mL 的水中，溶液体积将大于 100mL，即得到的溶液并不是 10% $NaHCO_3$。配制溶液时，一定要将溶质先溶解后，再用溶剂稀释至规定浓度，以保证试剂浓度的准确。

(3)体积/体积(V/V)百分浓度试剂的配制：

① 浓溶液配制稀溶液可用(5-3-4)式计算并量取浓溶液的体积，然后用溶剂稀释至稀溶液的体积。

$$V_2(\text{浓溶液体积})=\frac{V_1(\text{稀溶液体积})\times c_1(\text{稀溶液浓度})}{c_2(\text{浓溶液浓度})} \tag{5-3-4}$$

如用 20%葡萄糖溶液配制 5%葡萄糖 500mL，据(5-3-4)式：

$$V_2(20\%\text{葡萄糖溶液体积})=\frac{500\text{mL}\times 5\%}{20\%}=125\text{mL}$$

② 两种浓度不同的同种溶液配制稀溶液可用(5-3-5)式计算两种不同浓度溶液的体积比，根据比例量取两种不同浓度溶液，混合就得到所需浓度的溶液。

$$V_{甲} : V_{乙}=|c_{乙}-c_{稀}| : |c_{甲}-c_{稀}| \tag{5-3-5}$$

式中：$V_{甲}$、$V_{乙}$ 为两种溶液的体积，$c_{甲}$、$c_{乙}$ 为两种溶液的浓度，$c_{稀}$ 为配制溶液的浓度。

如用 95%和 15%乙醇溶液，配制 75%乙醇溶液，根据(5-3-5)式计算：

$$V_{95} : V_{15}=|15-75| : |95-75|=60 : 20$$

95%乙醇溶液和 15%乙醇溶液体积比为 60：20，取 95%乙醇溶液 600mL 和 15%乙醇溶液 200mL 混合即得 75%乙醇溶液 800mL。

用蒸馏水作溶剂来稀释浓溶液，仍可用(5-3-5)式。如用 0.9%的 NaCl 溶液配制

0.65%的 NaCl 溶液，根据(5-3-5)式计算(蒸馏水作为浓度为0%的 NaCl 溶液处理)：

$$V_{0.9} : V_0 = |0-0.65| : |0.9-0.65| = 65 : 25$$

0.9% NaCl 溶液和蒸馏水的体积比为65 ∶ 25，取0.9%NaCl 溶液65mL 和蒸馏水25mL 混合即得0.65% NaCl 溶液90mL。

(三)生理溶液

细胞的生命活动受到它所浸浴的环境体液中各种理化因素的影响，如各种离子、渗透压、pH、温度等。无论浸浴离体标本还是机体输液，皆须配制各种接近于生理情况的液体，称之为生理溶液(physiological solution)。生理溶液的理化性质如各种离子、渗透压、pH、温度等与离体标本或机体的组织液相似。

1. 常用的生理溶液配制

生理溶液由无机盐、葡萄糖和水配制而成。配制生理溶液有两者方法：

(1)根据用量按表5-3-3计算出各成分的量，用天平称取各成分溶解于蒸馏水(氯化钙单独用一容器溶解)，将溶液用蒸馏水稀释至配制量的80%左右，再将氯化钙溶液一边搅拌一边缓慢加入。

表5-3-3　常用生理盐溶液的成分及配制

成分及基础液浓度		任氏液	拜氏液	乐氏液	台氏液	克氏液	克-亨氏液	豚鼠支气管液	大鼠子宫液
NaCl	(g)	6.50	6.50	9.20	8.00	6.60	6.92	5.59	9.00
20%	(mL)	32.5	32.5	46.0	40.0	33.0	3.46	27.95	45.0
KCl	(g)	0.14	0.14	0.42	0.2	0.35	0.35	0.46	0.42
10%	(mL)	1.4	1.4	4.2	2.0	3.5	3.5	4.6	4.2
$CaCl_2$	(g)	0.12	0.12	0.12	0.20	0.28	0.28	0.075	0.03
5%	(mL)	2.4	2.4	2.4	4.0	5.6	5.6	1.5	0.6
$NaHCO_3$	(g)	0.20	0.20	0.15	1.00	2.10	2.10	0.52	0.50
5%	(mL)	4.0	4.0	3.0	20.0	42.0	42.0	10.4	10.0
NaH_2PO_4	(g)	0.01	0.01	—	0.05	—	—	0.10	—
1%	(mL)	1	1		5			10	
$MgCl_2$	(g)	—	—	—	0.100	—	—	0.023	—
5%	(mL)				2.00			0.45	
KH_2PO_4	(g)	—	—	—		0.162	0.16	—	—
10%	(mL)					1.62	1.60		
$MgHSO_4 \cdot 7H_2O$	(g)	—	—	—		0.294	0.29	—	—
10%	(mL)					2.94	2.90		
葡萄糖(g)			2.0	1.0	1.0	2.0	2.0	—	0.5
pH				7.5	8.0				
蒸馏水		加至1000mL	加至1000mL	加至1000mL	加至1000mL	加至1000mL	加至1000mL	加至1000mL	加至1000mL

(2)按表5-3-3先将各成分分别配成一定浓度的基础溶液，然后按表所载分量混和之。氯化钙溶液在其他成分混和稀释后再一边搅拌一边缓慢加入。

葡萄糖应在临用时加入，加入葡萄糖的溶液不能久置，否则会发生变质。

2. 生理溶液的用途

各种生理溶液都有其适用的对象，实验时应根据实验对象选择合适的生理溶液。

(1)生理盐水(normal saline) 0.9% NaCl 溶液适用于哺乳类动物的输液、手术部位的湿润等;0.65% NaCl 溶液适用于蛙、龟、蛇等变温动物器官组织的湿润。

(2)任氏液(Ringer's solution) 适用于蛙类动物组织器官的湿润、离体器官的灌流。

(3)拜氏液(Bayliss' solution) 适用于离体蛙心。

(4)乐氏液(Locke's solution) 适用于哺乳类动物心脏、子宫等。

(5)台氏液(Tyrode's solution) 适用于哺乳类动物,特别适用于哺乳类动物的小肠。

(6)克氏液(Krebs' solution) 适用于哺乳类动物的各种组织。

(7)克-亨氏液(Krebs-Henseleit's solution) 适用于豚鼠离体气管、大鼠肝脏等。

(8)豚鼠支气管液(Thoroton's solution) 适用于豚鼠离体支气管。

(9)大鼠子宫液(De-Jalon's solution) 适用于离体大鼠子宫。

第四节 实验动物手术

生理科学实验除从动物的体表探测生物信号外,常常需从动物体的深部或将其器官组织取出体外进行生物信号的探测和记录,通过手术的方法将探测装置放置于动物的体内深部或获取动物的器官组织是生理科学实验的基本方法和技术。手术质量直接关系到实验结果的可靠性和实验的成败,实验者应高度重视动物手术环节,并熟练掌握实验动物的基本手术方法和技术。

一、术前准备

1.理论准备

术前应查阅资料,熟悉手术部位的解剖结构,了解麻醉、手术方法及应急措施,制定手术方案和手术材料清单。

2.材料准备

根据手术清单准备下述材料:

(1)动物准备 准备合适的笼具放养动物,术前使动物保持安静。必要时对动物进行清洁消毒处理。犬、猫或灵长类动物,术前8~12h应禁食,避免麻醉或手术过程中发生呕吐。家兔或啮齿类动物无呕吐反射,术前无需禁食。

(2)器械准备 根据手术要求准备手术刀、手术剪等手术器械及动物实验专用的头夹、玻璃分针、动脉夹、颅骨钻、骨钳等。器械准备要充分、完整,避免临时找器械而延误手术进程。

(3)药品准备 麻醉药品、生理盐水、肝素、急救药、消毒及抗菌药物等实验药品和试剂。

(4)其他准备 手术台、手术灯、解剖显微镜、纱布、棉球、绑带、手术线、棉线、骨蜡等。

(5)仪器准备 仪器应在术前连接、调试完毕,处于待机状态,人工呼吸机备用。

二、手术的基本程序与过程

(1)麻醉动物 按实验要求麻醉动物。

(2)固定动物 动物被麻醉后,动物的肢体会呈现软弱无力和角膜反射减弱或消失。此时可将动物四肢套上(活扣)绑带,以仰卧或俯卧位将动物固定于手术台上。

(3)备皮　选定手术部位,左手绷紧皮肤,用粗剪刀紧贴皮肤,将手术部位及其周围的被毛剪去(不可用手提起被毛,以免剪破皮肤)。

(4)皮肤切开　选好切口部位和范围,必要时做出标志。切口的大小,既要便于实验操作,又不可过大。术者先用左手拇指和另外四指将预定切口上端两侧的皮肤绷紧固定,右手持手术刀,以适当的力量一次全线切开皮肤和皮下组织,直至肌层表面。手术切口较大时,也可以用止血钳提起皮肤,用手术刀或手术剪切一小口,从切口处用止血钳分离皮肤和皮下组织,再用钝头手术剪剪开所需长度的皮肤。

(5)组织分离　根据实验需要从浅部向深部逐一分离组织。结缔组织用止血钳或玻璃分针作钝性分离。作肌肉分离时,若肌纤维走行方向与切口方向一致,可剪开肌膜,用玻璃分针顺肌纤维方向钝性分离至所需长度,将肌肉逐块分离,否则用两把止血钳夹住肌肉或用线作双结扎从中横行切断。用止血钳或玻璃分针分离血管,分离神经最好采用玻璃分针。

(6)结扎　在切除组织、切断神经和血管时,应先用手术线作双结扎,而后在两结扎处的中间切除组织或切断神经、血管。

(7)止血　在手术过程中必须注意及时止血。微血管渗血,用温热盐水纱布压迫止血。不可揩擦组织,以防组织损伤和血凝块脱落。较大血管出血需先用止血钳将出血点及其周围的少许组织一并夹住,然后用线结扎。

(8)手术部位保护　当手术部位需暴露较长时间时,应用浸有生理盐水的纱布覆盖或在创口内滴加适量温热(37℃左右)石蜡油,以防组织干燥、失去生理活性。

(9)消毒　术后需饲养的动物,备皮处应消毒处理并覆盖手术巾,手术器械、敷料应消毒处理,术中手术器械用碘酒消毒。

(10)缝合抗菌　术后需饲养的动物,手术部位应从里到外逐层缝合,肌肉注射抗菌素。

三、颈部手术及插管方法

大鼠、兔、猫和狗的颈部解剖结构比较相似,它们的颈部手术比较常见的有颈外静脉、颈总动脉和气管的暴露、分离及相应的插管术。

(一)术前准备

1. 理论准备

(1)颈部的解剖结构(图 5-4-1)

1)浅层肌肉　兔、猫、狗的颈部腹侧浅层肌肉的分布基本相同,仅个别肌肉名称有异,自浅入深有 3 对肌肉:

①胸骨乳突肌　起自胸骨,斜向外侧方,止于头部颞骨的乳突处(在狗颈部称为胸头肌),左右胸骨乳突肌呈“V”形斜向分布。

②胸骨舌骨肌　位于颈腹面正中线,左右两条互相接触,平行排列,起自胸骨,止于舌骨体,覆盖于气管腹面。该肌的胸骨端位于胸骨乳突肌的深处,其外侧的深面则有胸骨甲状肌平行排列。

③胸骨甲状肌　起自胸骨和第 1 肋软骨,止于甲状软骨后缘正中处。在靠近胸骨的一部分完全被胸骨舌骨肌所覆盖,仅在向前至喉的部位才渐渐显露出来。

2)颈外静脉　兔、猫、狗的颈外静脉很粗大,是头颈部静脉的主干。其前端在下颌腺的后缘,它是由上颌外静脉和上颌内静脉联合而成的。颈外静脉分布很浅,在颈部的皮下、胸

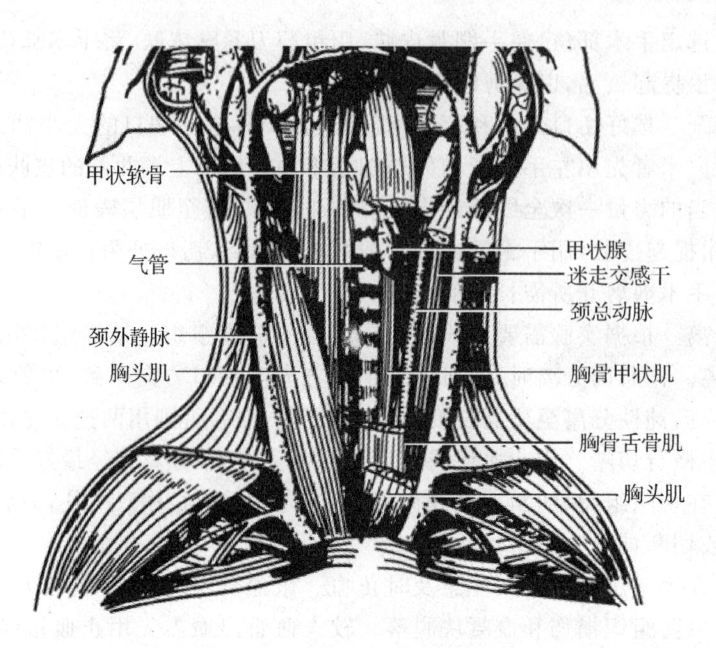

图 5-4-1 狗颈部解剖结构(右侧颈部浅层、左侧颈部深层)

骨乳突肌(狗为胸头肌)的外缘。

3)气管 气管位于颈部正中位,起自喉头环状软骨的下缘,向后伸展,呈圆筒状。颈部气管全部被胸骨舌骨肌和胸骨甲状肌所覆盖。

猫和狗的胸骨舌骨肌的腹侧,有较大面积被胸骨乳突肌(在狗为胸头肌)所覆盖。

气管的背侧为食管。喉头以下气管的两侧有甲状腺紧贴于气管壁上,左右各一叶,两叶之间可连接一个很窄的峡部,横跨在气管的腹侧面。甲状腺的侧叶多为长圆形,狗的甲状腺侧叶自喉的后端向后可达到第 6 或第 7 个气管软骨环处。每叶的侧面被胸头肌(猫为胸骨乳突肌)所覆盖,而其腹侧缘与胸骨甲状肌相接触。

4)颈总动脉 颈总动脉位于气管外侧,其腹面被胸骨舌骨肌和胸骨甲状肌所覆盖。分离胸骨舌骨肌与胸骨甲状肌之间的结缔组织,在肌缝下可找到呈粉红色较粗大的血管,用手指触之有搏动感,此即为颈总动脉。颈总动脉与颈部神经被结缔组织膜束在一起。在甲状腺附近颈总动脉发出一较大的侧支,为甲状腺前动脉。

5)颈动脉窦 位于颈内动脉基部的稍膨大处。在分离颈总动脉的基础上,沿着颈总动脉继续向头端分离至甲状腺附近处,注意勿损伤甲状腺前动脉,分离至下颌骨后缘附近时,注意分离至颈总动脉分叉处,较粗大的一支为颈外动脉,较小的一支向深层移行为颈内动脉,在其基部可见稍膨大部,即为颈动脉窦。

6)颈部神经 颈部神经的分布因动物种类而异。

兔:在气管外侧,颈总动脉与 3 根粗细不同的神经在结缔组织膜的包绕下形成血管神经束。其中最粗者呈白色为迷走神经;较细者呈灰白色为颈部交感神经干;最细者为减压神经,居于迷走神经和交感神经之间。

猫:迷走神经与交感神经干并列而行,粗大者为迷走神经;较细者为交感神经,主动脉神经并入迷走神经中移行。

狗:在颈总动脉的背外侧仅见一较粗大的神经干,称为迷走交感神经干。迷走神经与交感神经干紧靠而行，并被一总鞘所包。进入胸腔后，迷走神经与交感神经即分开移行。

(2)施行全身静脉麻醉，制定手术方案、应急措施和手术材料清单见下述。

2.材料准备

(1)动物准备　健康家兔一只，雌雄不拘，体重2.5kg。

(2)器械准备　手术刀柄及刀片各1，手术剪1把，眼科手术剪1把，粗剪刀1把，直、弯、蚊式止血钳各2把，圆头镊1把，弯头眼科镊1把，1mL、5mL、20mL注射器各1副，6、7号针头各3枚，兔头夹1个，玻璃分针2支，动脉夹1个，气管插管、动脉插管各1支，静脉插管、心导管(直径1.2mm聚乙烯导管)各1支，三通阀2个。

(3)药品准备　20%氨基甲酸乙酯(乌拉坦)溶液、生理盐水、肝素(或5%枸橼酸钠)、肝素生理盐水(125U/mL)、液体石蜡。

(4)其他准备　实验动物手术台、手术灯、医用纱布、2-0手术线、棉球、绑带。

(5)仪器准备　呼吸换能器1个、压力换能器2个、微机生物信号采集处理系统1台、人工呼吸机1台备用。

(二)颈静脉和右心导管插管术

颈外静脉插管可用于注射、取血、输液和中心静脉压测量。

(1)插管及仪器准备　静脉导管长10cm，用连接管接三通阀，管内充满125 U/mL肝素生理盐水，关闭三通阀。心导管长20cm，用连接管接三通阀，三通阀通过测压管连接压力换能器，管道排尽气体并充满125U/mL肝素生理盐水。换能器和微机生物信号采集处理系统在实验前连接调试并定标，处于工作状态。

(2)麻醉、固定和备皮　用20%氨基甲酸乙酯1g/kg剂量行耳缘静脉麻醉，动物仰卧固定，左手绷紧颈部皮肤，用粗剪刀紧贴皮肤，将手术部位及其周围的被毛剪去(不可用手提起被毛，以免剪破皮肤)。

(3)切开皮肤　术者先用左手拇指和另外四指将颈部皮肤绷紧固定，右手持手术刀，沿颈部正中线切开皮肤，上起甲状软骨，下达胸骨上缘，长度约5～7cm。也可用止血钳提起两侧皮肤，距胸骨上1cm处的正中线剪开皮肤约1cm的切口，用止血钳贴紧皮下向头部钝性分离皮下筋膜，再用钝头剪刀剪开皮肤5～7cm。用止血钳提起皮肤并分离结缔组织，将皮肤向外侧牵拉。

(4)颈外静脉分离　颈部皮肤切开后，用左手拇指和食指捏住颈部左侧缘皮肤切口，其余三指从皮肤外向上顶起外翻，可清晰地看见位于颈部皮下、胸骨乳突肌外缘的颈外静脉。沿血管走向，用玻璃分针钝性分离颈外静脉两侧的皮下筋膜，仔细分离3～5cm长，在血管的远心端穿丝线(或2-0手术线)，在靠近锁骨端用动脉夹夹闭颈外静脉的近心端，待血管内血液充盈后用手术线结扎颈外静脉的远心端。

(5)颈外静脉插管　靠远心端结扎线处用眼科剪向心方向呈45°角在静脉上剪一“V”形小口(约为管径的1/3或1/2)，用弯型眼科镊挑起血管切口，向心插入导管2.5cm。用线将血管和插管结扎在一起，此线在导管固定处打一活结，绕导管2圈打结固定。

(6)右心导管插管　测量颈外静脉的远心端结扎点到心脏的距离，并在心导管上作好标记，作为插入导管长度的参考。靠远心端结扎线处用眼科剪向心方向呈45°角在静脉上剪一“V”形小口(约为管径的1/3或1/2)，用弯型眼科镊挑起血管切口，向心插入导管2.5cm。用线将血管和插管结扎，去掉动脉夹(结扎血管的结既要血管切口处无渗血，又要使心导管可以继续顺利地插入),打开三通阀。将心导管向心沿血管平行方向轻缓地推送导管 5～6cm。如在此处固定心导管,可测量中心静脉压。

监视微机生物信号采集处理系统上波形,向前推送导管 5～6cm,此时会遇到阻力(接触锁骨的),应将心导管提起呈 45°的角度后退约 0.5cm,再继续插入导管,插管时出现一种“脱空”的感觉,表示心导管已进入到右心房。微机生物信号采集处理系统出现右心房压力波形(图 5-4-2),表明导管已进入右心房。如导管推送的长度超过标记处,导管仍未进入心房,此时应将导管退出 1～2cm,改变导管方向后再推送,可反复多次,直至导管进入心房。

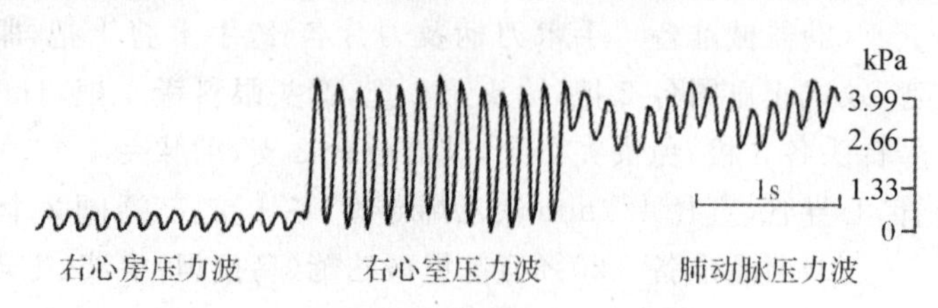

图 5-4-2　右心各部位血压波形图

(三)气管插管术

气管插管可用于气道压力、通气量测定及给动物进行人工呼吸。

(1)插管及仪器准备　“Y”形气管插管用连接管接呼吸换能器。换能器和微机生物信号采集处理系统在实验前连接调试并定标,处于工作状态。

(2)麻醉、固定和备皮　用 20%氨基甲酸乙酯 1g/kg 剂量行耳缘静脉麻醉,动物仰卧固定,左手绷紧颈部皮肤,用粗剪刀紧贴皮肤,将手术部位及其周围的被毛剪去。

(3)气管分离　气管位于颈腹正中位,全部被胸骨舌骨肌和胸骨甲状肌所覆盖,用玻璃分针或止血钳插入左右两侧胸骨舌骨肌之间,作钝性分离,将两条肌肉向两外侧缘牵拉并固定,再在喉头以下分离气管两侧及其与食管之间的结缔组织,使气管游离开来,并在气管下穿 2 根较粗结扎线。

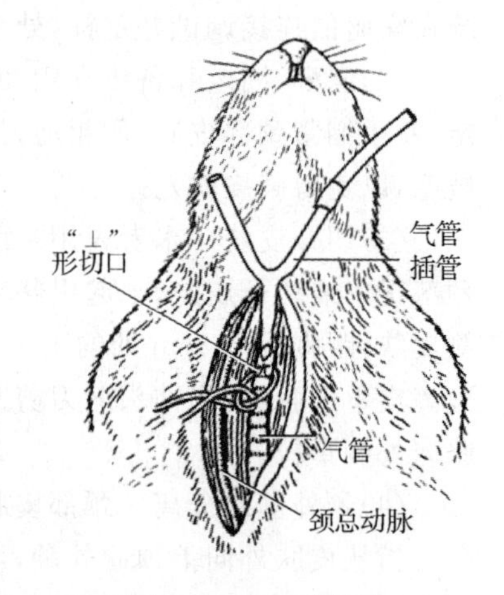

图 5-4-3　兔气管插管

(4)气管插管　提起结扎线,用手术刀或手术剪在甲状软骨下缘 1～2cm 处的气管两软骨环之间横向切开气管前壁(横切口不能超过气管口径的一半),再用剪刀向气管的向头端做一小的 0.5cm 纵向切口,切口呈一“⊥”形,如气管内有血液或分泌物,应先用棉签揩净,将气管插管由切口处向胸腔方向插入气管腔内,用一结扎线结扎导管,结扎线绕插管分叉处一圈打结固定,另一结扎线将头端的气管切口结扎,以免气管切口处渗血(图 5-4-3)。

(5)连接　记录呼吸运动时,将连接呼吸压力换能器的软管接在气管插管一叉管口,另一叉管用于动物通气。连接流量换能器时,流量换能器的软管分别接气管插管的两个叉管口。进行人工呼吸时,将气管插管的两个叉管分别接人工呼吸机的吸气和呼气管(图 5-4-4)。

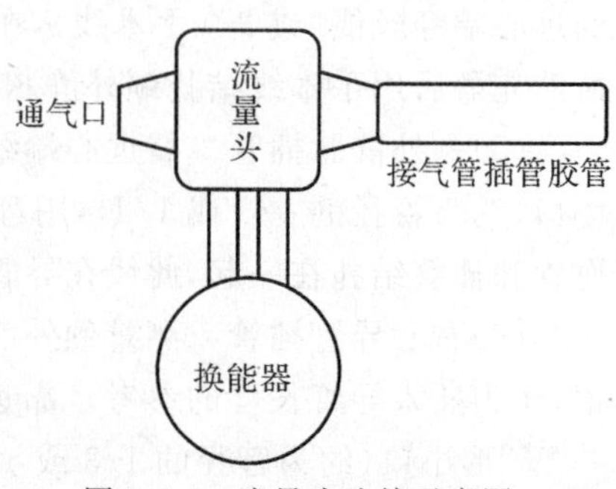

图 5-4-4　流量头连接示意图

（三）颈动脉和左心导管插管术

颈动脉和左心导管插管可用于动脉血压、心功能测定和采集动脉血。

(1)插管(心导管)及仪器准备 动脉插管长5～10cm(可用12～16号注射器针头,尖端锋口磨钝),接三通阀,管内充满125U/mL肝素生理盐水,关闭三通阀。心导管长20cm,接三通阀,三通阀通过测压管连接压力换能器,管道排尽气体并充满125U/mL肝素生理盐水。换能器和微机生物信号采集处理系统实验前连接调试并定标,处于工作状态。

(2)麻醉、固定和备皮 用20%氨基甲酸乙酯1g/kg剂量行耳缘静脉麻醉,动物仰卧固定,左手绷紧颈部皮肤,用粗剪刀紧贴皮肤,将手术部位及其周围的被毛剪去。

(3)切开皮肤 用止血钳提起两侧皮肤,距胸骨上1cm处的正中线剪开皮肤约1cm的切口,用止血钳贴紧皮下向头部钝性分离皮下筋膜,再用钝头剪刀剪开皮肤5～7cm。用止血钳提起皮肤并分离结缔,将皮肤向外侧牵拉。

(4)颈动脉分离 颈总动脉位于气管外侧,其腹面被胸骨舌骨肌和胸骨甲状肌所覆盖。在这2条肌肉组织的汇集点上插入玻璃分针或弯止血钳,以上下左右的分离方式分离肌肉组织若干次后,分离左、右胸骨舌骨肌和胸骨甲状肌,用左手拇指和食指捏住颈部皮肤和肌肉,其余三指从皮肤外向上顶起外翻,可清晰地看见总动脉及在其内侧与之伴行的三根神经。在距甲状腺下方较远的部位,右手用玻离分针轻轻分离颈总动脉与神经之间的结缔组织,分离出3～4cm长的颈总动脉,在其下穿两根线备用。动脉插管前应尽可能将动脉分离得长些,一般狗4～5cm,兔3～4cm,豚鼠和大鼠2～3cm。

(5)颈动脉插管 在分离出来的动脉的远心端,用线将动脉结扎,在动脉的近心端,用动脉夹将动脉夹住,以阻断动脉血流。两者之间的另一线打一活结。在紧靠结扎处的稍下方,用眼科剪向心方法与动脉呈45°角在动脉上做一"V"形切口,切口约为管径的1/2,用弯型眼科镊夹提切口边缘,将动脉插管由切口向心脏方向插入动脉约2.5cm后(图5-4-5),用备用线将插管固定于动脉血管内,并将余线结扎于插管的固定环上以防滑出。然后将插管放置稳妥,适当固定,以免扭转。去掉动脉夹,打开三通阀,观察动脉血压波形。

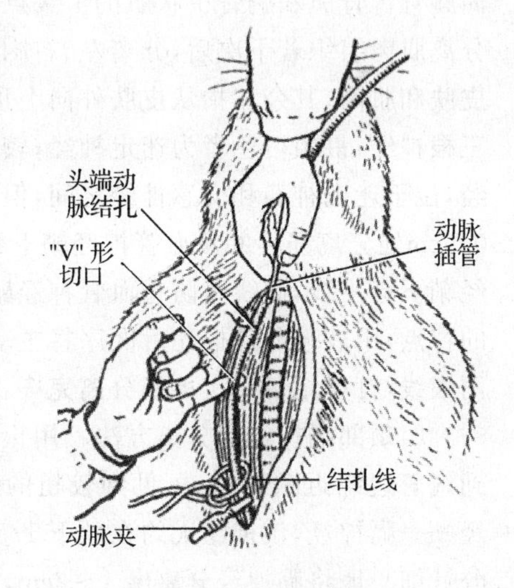

图5-4-5 颈总动脉插管

(6)左心导管插管 测量颈动脉的远心端结扎点到心脏的距离,并在心导管上作好标记,作为插入导管长度的参考。靠远心端结扎线处用眼科剪向心方向呈45°角在颈动脉上剪一"V"形小口(约为管径的1/3或1/2),用弯头眼科镊提起血管切口边缘,向心插入导管2.5cm。用线将血管和插管结扎,去掉动脉夹(结扎血管的结既要血管切口处无渗血,又要使心导管可以继续顺利地插入),打开三通阀。

监视微机生物信号采集处理系统上的波形,可以看到动脉压的曲线图形变化情况。当心导管到达主动脉入口处时,即可感觉到脉搏搏动,继续推进心导管,若遇到较大阻力,切勿强行推入,此时可将心导管略微提起少许呈45°角,再顺势向前推进;如此数次可在主动脉瓣开放时使心导管进入心室,插管时出现一种"脱空"的感觉,表示心导管已进入到心室部位。同时,在计算机屏幕上也即可见到血压波幅将突然下降,脉压差则明显加大的心室压力波形(图 5-4-6)。

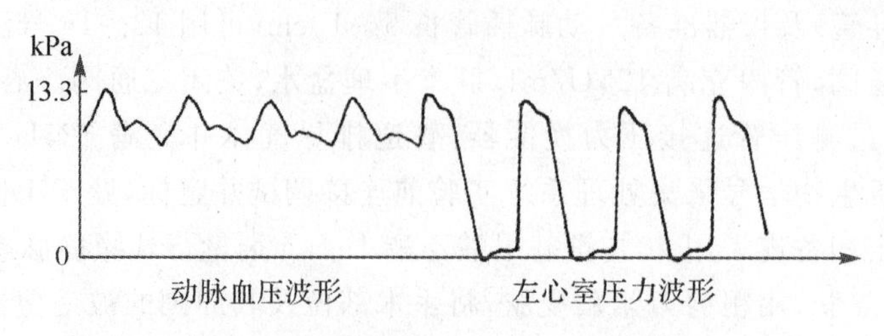

图 5-4-6 动脉血压和左心室压力波形

(四)颈部神经分离

(1)麻醉、固定和备皮 用 20%氨基甲酸乙酯 1g/kg 剂量行耳缘静脉麻醉,动物仰卧固定,用左手绷紧颈部皮肤,用粗剪刀紧贴皮肤,将手术部位及其周围的被毛剪去。

(2)切开皮肤 用止血钳提起两侧皮肤,距胸骨上 1cm 处的正中线剪开皮肤约 1cm 的切口,用止血钳贴紧皮下向头部钝性分离皮下筋膜,再用钝头剪刀剪开皮肤 5~7cm。用止血钳提起皮肤并分离结缔,将皮肤向外侧牵拉。

(3)神经分离

1)颈部主动脉神经(减压神经)、迷走神经和交感神经的分离方法 右手持玻璃针在腹面胸骨舌骨肌和胸骨甲状肌的汇集点上插入玻璃分针或弯止血钳,以上下左右的分离方式分离肌肉组织若干次后,分离左、右胸骨舌骨肌和胸骨甲状肌,用左手拇指和食指捏住颈部皮肤和肌肉,其余三指从皮肤外向上顶起外翻,可清晰地看见总动脉及在其内侧与之伴行的三根神经,最粗白色者为迷走神经;较细呈灰白色者为颈部交感神经干;最细者为主动脉神经,位于迷走神经和交感神经之间,但位置常有变异。用玻璃分针在气管外侧距血管神经鞘 0.5cm处分离筋膜并从血管神经鞘下穿过,在血管神经鞘外侧穿破筋膜,用眼科镊在血管神经鞘下穿一线,此线可防止血管神经鞘被打开后神经与筋膜、结缔组织混淆。根据三根神经的特点,用玻璃分针按先后次序将主动脉神经、迷走神经和交感神经逐一分离 2~3cm,各穿两根线,打虚结备用。神经分离完毕,及时用生理盐水润湿,并闭合伤口。

2)颈部膈神经的分离方法 用止血钳在颈外静脉和胸骨乳突肌之间向深处分离,分离到气管边缘近颈椎处,可见到较粗的臂丛神经从外方行走,在臂丛的内侧有一条较细的神经——膈神经,该神经大约在颈下 1/5 处横跨臂丛并与臂丛交叉,向内侧、后向行走,用玻璃分针细心地将膈神经分离出 1~2cm,在神经下穿一线,打活结备用。

四、家兔胸部手术

开胸手术主要用于心外膜电图记录、心肌缺血再灌注等实验。

(一)术前准备

1.理论准备

(1)兔胸部及心脏的解剖结构

1)胸廓 兔胸廓由脊柱、肋骨、胸骨及肋间肌等构成,底部由膈肌封闭。胸廓外侧腹侧为胸肌覆盖,胸肌分胸浅肌和胸深肌(图 5-4-7)。胸浅肌位于浅表,其中胸大肌位于后部,胸薄肌位于前部，它们起自胸骨柄，向下止于肱骨的内侧面。胸深肌位于深层，比胸浅肌厚，它起自胸骨向前方分两部分，一部分止于锁骨，另一部分至锁骨下肱骨上缘。肋骨间有肋间肌。

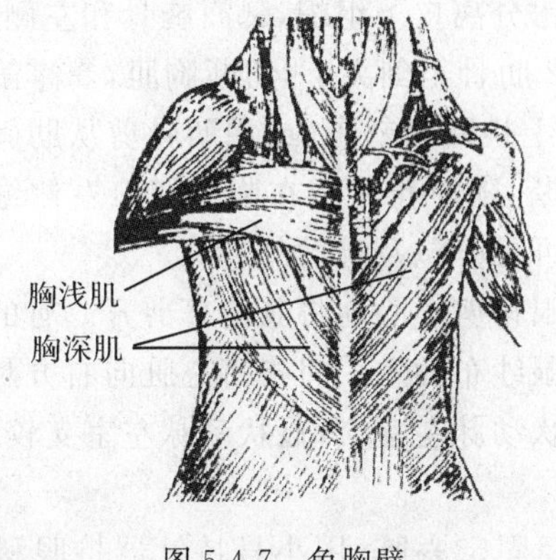

图 5-4-7　兔胸壁

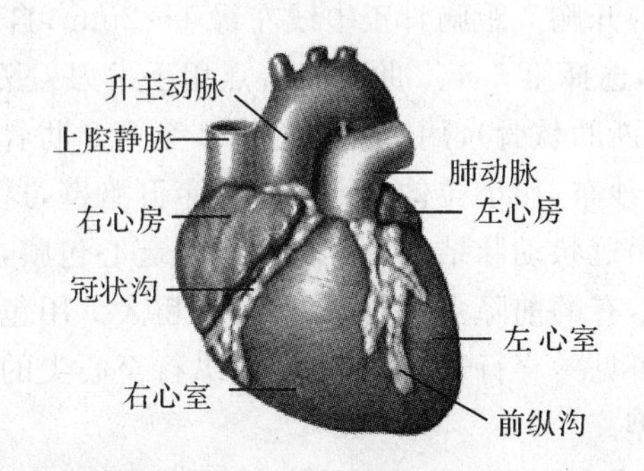

图 5-4-8　心腹面

2）胸腔结构　兔的胸腔中央有一层薄的纵隔膜将胸腔分为左右两半，互不相通。兔的心脏位于胸腔的前部，纵隔的中间位稍偏左，界于第 2 肋骨后缘至第 4 肋骨后缘（或第 5 肋骨的前缘）之间，心脏外有心包胸膜。在开胸并打开心包胸膜，暴露心脏时，纵隔完整不破，动物无须人工呼吸，这是兔胸腔结构的特点。

3）心脏血管　兔心脏血液供应来自左、右冠状动脉。左冠状动脉主干位于动脉圆锥和左心房之间（图 5-4-8），长度一般小于 3mm。左冠状动脉下行至冠状沟后主要分成两个分支：前降支下行至心脏腹侧面、左右心室之间的前纵沟，降支较短，61％止于前纵沟上 1/3 处，34％到达中 1/3 处；左旋支在冠状沟内转向心脏背侧，然后离开冠状沟向下沿前纵沟下行，除发出数个短支外，在前面还发出一粗大的左室支，起点在相当于左心房的 1/3 处，以单支或双支呈反“S”形走向心尖。

（2）施行全身静脉麻醉，制定手术方案、应急措施和手术材料清单见下述。

2. 材料准备

（1）动物准备　健康家兔一只，雌雄不拘，体重 2.5kg。

（2）器械准备　手术刀柄及刀片各 1，手术剪 1 把，眼科手术剪 1 把，粗剪刀 1 把，直、弯、蚊式止血钳各 2 把，圆头镊 1 把，弯头眼科镊 1 把，持针器 1 把，小圆针，肋骨剪 1 把，开创器 1 把，1mL、5mL、20mL 注射器各 1 副，6、7 号针头各 3 枚，兔头夹 1 个，玻璃分针 2 支，动脉夹 1 个，气管插管、动脉插管各 1 支，心导管（直径 1.2mm 聚乙烯导管）1 支，三通阀 2 个。

（3）药品准备　20％氨基甲酸乙酯（乌拉坦）溶液，生理盐水，肝素（或 5％枸橼酸钠），肝素生理盐水（125U/mL），液体石蜡。

（4）其他准备　实验动物手术台、手术灯、医用纱布、3-0 手术线、棉球、绑带。

（5）仪器准备　压力换能器 2 个、微机生物信号采集处理系统 1 台、人工呼吸机 1 台备用。

（二）开胸手术

（1）插管（心导管）及仪器准备　根据实验需要准备动脉插管、心导管插管，换能器和微机生物信号采集处理系统实验前连接调试并定标，处于工作状态。

（2）麻醉、固定和备皮　用 20％氨基甲酸乙酯 1g/kg 剂量行耳缘静脉麻醉，动物仰卧固定，行动脉插管、心导管插管术和接Ⅱ导联 ECG。左手绷紧胸部皮肤，用粗剪刀紧贴皮肤，将胸部及其周围的被毛剪去。

(3)切开皮肤　术者先用左手拇指和另外四指将胸部皮肤绷紧固定,右手持手术刀,沿胸骨正中线从锁骨下缘至剑突切开皮肤。用止血钳分离皮下组织,暴露胸骨和左侧胸肌。

(4)开胸　距胸骨正中线左缘1～2mm,自第2肋骨至剑突上,切断胸肌,暴露第2至第7肋骨,选择第3、4、5肋骨附着点用手术刀刀刃向上挑断肋软骨(或用肋骨剪从肋间斜插入胸腔剪断肋软骨),用肋骨剪将第2至第8肋骨剪断,随时止血。在胸壁切口左侧缘垫湿生理盐水纱布,用小拉钩或小开胸器牵开胸壁,这时可见心包及跳动的心脏。

(5)冠状动脉结扎术　用镊子提起心包膜,用眼科剪小心地将其前部剪开。有的兔前降支明显,有的前降支不明显,左室支粗大。用包裹湿纱布的左手拇指将心脏向右方翻动一个角度,可见一穿行于浅层心肌下、纵行至心尖的冠状动脉左室支,冠状动脉左室支较粗大,呈反"S"型。

左手食指将左心房推向上方,拇指和中指轻轻固定心脏,用小号持针器持眼科圆形弯针,在冠状动脉前降支根部下约1cm处左侧(或左室支管壁下)刺入,穿过血管下方心肌表层,引出一线(3-0线)备用。增加心肌缺血和心肌梗死范围,可在结扎线下约0.5cm处再穿第二根线。

连续观察动脉血压、心室内压和ECG,待心脏恢复规则跳动15min后,在动脉结扎处的心脏表面放置一细硅胶管结扎动脉,观察2～3min以确定动脉完全夹闭(左室前壁发绀并向外膨胀)钳夹关胸。如一定时间剪开硅胶管,即行心脏缺血-再灌注。

(6)心外膜电图引导　心外膜电图引导用专用的袜套多导(8～256导)电极。引导电极也可自制,根据标测区域的大小剪一片柔软的涤纶片,在涤纶片上规则地粘贴直径为1mm的银片,通过0.1mm的漆包线引出。使用前将电极片浸泡在生理盐水中。根据实验的进程,将电极片贴附在心脏的标测部位。

五、腹部手术

腹腔脏器众多,结构复杂,实验涉及神经、循环、消化、泌尿、内分泌、免疫系统等。本书仅介绍胆汁、胰液和尿液引流手术。

(一)术前准备

1.理论准备

(1)腹腔脏器(图5-4-9)

1)肝　肝脏位于腹腔前部,附着于膈肌的后方,前表面突出。

2)胆囊　位于肝的方形叶与右中叶之间的沟裂处,是一个绿色梨状的囊袋,胆汁经胆总管排入十二指肠,胆总管开口于十二指肠球部(幽门下1cm)。

3)胃　胃呈囊袋状,横卧于腹部的前方,肝的下方。

4)肠　成年兔肠管长5m,十二指肠长约50cm,空肠200～230cm,回肠35cm,盲肠50～60cm,结肠25cm,直肠65～70cm。

5)胰　兔胰腺大部分呈单独的小叶状,色呈浅粉黄,与脂肪相似。基本上可聚集成两叶,右叶沿着十二指肠袢内的肠系膜分布,从右叶的中间部分向前分出另一小部分分布至胃小弯和十二指肠的起始端,而且继续左侧顺胃小弯至与胃相连的脾的前端,即为左叶。

胰导管是一条薄壁的小导管,在十二指肠袢的后部,从胰腺右叶发出并立即开口于十二

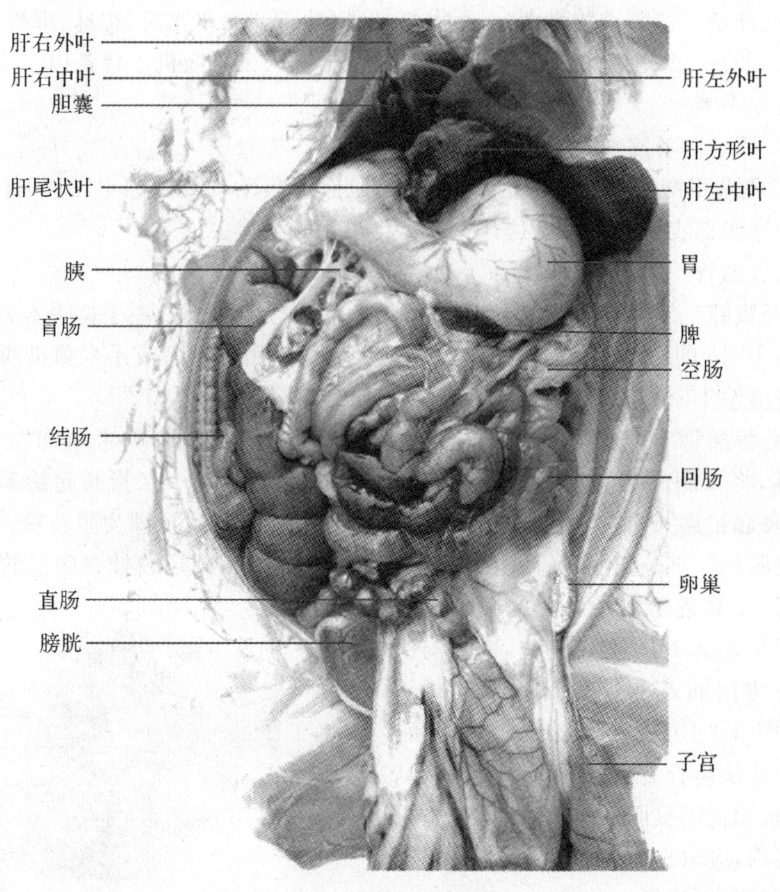

图 5-4-9　家兔腹腔器官

指肠的后段 1/3 处。

6)脾　兔的脾脏长 5.2cm，宽 1.5cm，脾悬挂在大网膜上，紧贴于胃大弯的左侧部，其长轴与胃大弯的方向一致，而曲度与胃大弯相适应。

7)肾　兔肾呈豆形，深红褐色，位于腹腔的背壁，分布在腰椎两侧并由脂肪组织包埋。右肾处于末肋和第 1、2 腰椎的横突的腹面，前端伸至肝的尾叶处。左肾的位置靠后外侧，位于第 2、3、4 腰椎横突的腹面。

8)膀胱　膀胱是一梨形肌质囊，位于腹腔后部。输尿管从肾发出，斜行至膀胱，开口于膀胱基部背侧。

(2)施行全身静脉麻醉，制定手术方案、应急措施和手术材料清单见下述。

2. 材料准备

(1)动物准备　健康家兔一只，雌雄不拘，体重 2.5kg。

(2)器械准备　手术刀柄及刀片各 1，手术剪 1 把，眼科手术剪 1 把，粗剪刀 1 把，直、弯、蚊式止血钳各 2 把，圆头镊 1 把，弯头眼科镊 1 把，持针器 1 把，小圆针，开创器 1 把，量筒 1 个，1mL、5mL、20mL 注射器各 1 副，6、7 号针头各 3 枚，兔头夹 1 个，玻璃分针 2 支，胆管、胰管插管、膀胱插管各 1 支个。

(3)药品准备　20％氨基甲酸乙酯(乌拉坦)溶液、生理盐水、肝素(或 5％枸橼酸钠)、肝素生理盐水(125U/mL)、液体石蜡。

(4)其他准备　实验动物手术台、手术灯、医用纱布、3-0手术线、棉球、绑带、棉线。

(5)仪器准备　微机生物信号采集处理系统1台、人工呼吸机1台备用。

(二)腹部手术

1.麻醉、固定和备皮

用20%氨基甲酸乙酯1g/kg剂量行耳缘静脉麻醉,动物仰卧固定,行颈迷走神经分离术。左手绷紧腹部皮肤,用粗剪刀紧贴皮肤,将腹部被毛剪去。

2.胆总管插管

(1)打开腹腔　术者先用左手拇指和另外四指绷紧腹部皮肤,左手持手术刀沿剑突下正中切开长约10cm的切口,用止血钳将皮肤与腹壁分离,用手术刀或手术剪沿腹白线自剑突向下切开腹壁约10cm。

(2)胆总管插管　打开腹腔,用手轻轻地将肝脏向胸腔部位推移,将胃向左下方推移,找到胃幽门端,将胃幽门端向左下方翻转,可见与胃幽门连接的十二指肠起始部有一圆形窿起,与圆形窿起相连并向右上方行走的一黄绿色较粗的肌性管道,即为胆总管。用玻璃分针在近十二指肠处仔细分离胆总管并在其下放置一棉线(或用圆形缝针在胆总管穿线),轻轻提起胆总管,在靠近十二指肠处的胆总管用眼科剪与胆总管呈30°角剪一斜口,向右与胆总管相平行方向插入直径1.5mm聚乙烯管结扎固定(图5-4-10)。管子插入胆总管后,可见绿色胆汁从插管流出,如不见胆汁流出,可按压胆囊,如仍不见胆汁流出,则可能是未插入胆总管内,应取出重插。

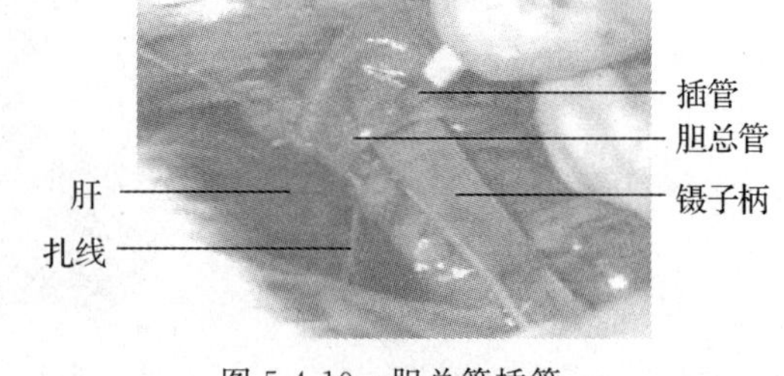

图5-4-10　胆总管插管

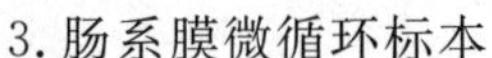

3.肠系膜微循环标本

(1)寻找小肠肠袢　按胆总管插管方法切开腹腔后,用手轻轻地将肝脏向胸腔部位推移,寻找到胃幽门,沿十二指肠找到十二指肠与小肠交界处后约5cm的部位,轻轻地牵拉出一段肠袢,置于微循环观察台上。一旦将小肠置于微循环观察台上后,立刻启动灌流装置(用克氏液灌流)。

(2)微循环观察部位　在低倍镜下,调试微循环观察盒,选择一个理想的微循环观察视野(镜下范围内肠袢血管中包括动脉、静脉和毛细血管)。

4.膀胱、输尿管插管

(1)打开腹腔　剪去耻骨联合以上腹部的被毛,在耻骨联合上缘处向上切开皮肤4~5cm,用止血钳分离皮肤与腹壁,用手术剪或手术刀沿腹白线切一0.5cm小口,用止血钳夹住切口边缘并提起。然后向上、向下切开腹壁层组织4~5cm。

(2)膀胱插管　双手轻轻地按压切口两侧的腹壁,如膀胱充盈,膀胱会从切口处滑出。如未见膀胱滑出,则用止血钳牵拉两侧切口,寻找膀胱。用止血钳提起膀胱移至腹外,用两把止血钳相距0.5cm对称地夹住膀胱顶,用手术剪在膀胱顶部剪一纵行小口,将膀胱插管插入(图5-4-11),用一棉线将膀胱壁结扎在插管的颈部处。膀胱上翻,在膀胱颈部穿

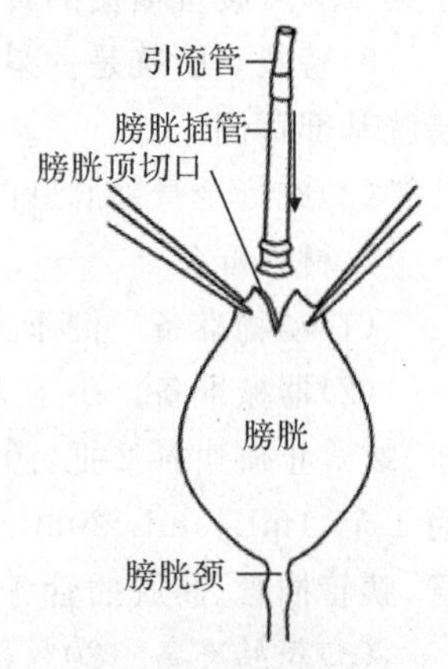

图5-4-11　膀胱插管示意

线，结扎尿道。完成上述操作后，将膀胱插管平放在耻骨处，引流管自然下垂，管口低于膀胱水平。

(3)如行输尿管插管术，将膀胱移至腹外，在膀胱背侧的部位(即膀胱三角)可见输尿管进入膀胱。在输尿管靠近膀胱处，细心地用玻璃分针分离出一侧输尿管(或用圆针通过输尿管下穿线)，穿一丝线扣一松结备用，用眼科弯镊托起输尿管，持眼科剪使其与输尿管表面呈 45°角剪开输尿管(约输尿管管径的二分之一)，用镊子夹住切口的一角，向肾脏方向插入输尿管导管(事先充满生理盐水)，用丝线结扎固定，防止导管滑脱，平放插管(图 5-4-12)。同样方法插入另一侧输尿管导管。

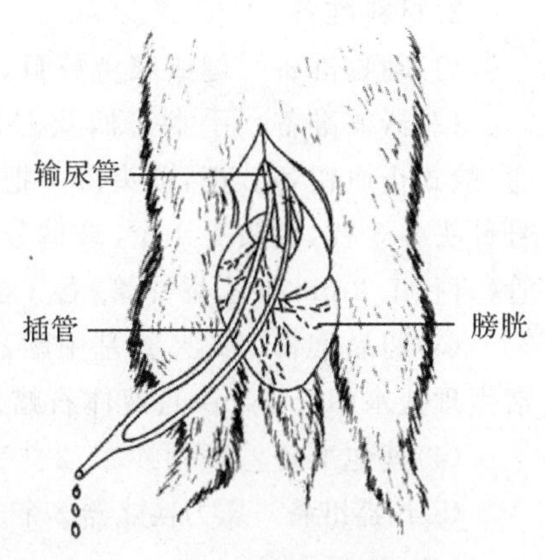

图 5-4-12　输尿管插管示意

手术完毕后，用温热(38℃左右)生理盐水纱布覆盖腹部切口。如果需要长时间收集尿样，则应关闭腹腔。

注意：输尿管分离、插管操作应轻巧，不能过度牵拉输尿管，防止输尿管挛缩导致尿液排出受阻，输尿管严重痉挛时，可在局部滴数滴 2%普鲁卡因。输尿管导管插入时应防止导管插入输尿管的黏膜下。导管内事先充满生理盐水，不能有气泡，不能扭曲，以免导尿不畅。

六、股部手术及插管方法

股部手术是为了分离股动脉、股静脉，并进行插管，供血压记录、放血、输血、输液及注射药物之用。

(一)术前准备

1.理论准备

(1)兔股部的解剖结构

1)股部皮下　股部内侧面正中线、腹股沟皮下，有浅层透明筋膜，大鼠有较多的脂肪。分离筋膜和脂肪，从外至内可见股内侧肌、缝匠肌和股薄肌。

2) 股三角　股三角上面以腹股沟韧带为界、外侧面以缝匠肌后部的内侧缘为界、内侧面以耻骨外侧缘为界形成的三角区域(图 5-4-13)。

3) 股神经、股动脉、股静脉　股神经、股动脉、股静脉组成的血管神经束在股三角内通过，由外向内分别为股神经、股动脉、股静脉(图 5-4-13)，股动脉的位置中间偏后，被股神经和股静脉所遮盖，血管神经束暴露时仅见股神经和股静脉。

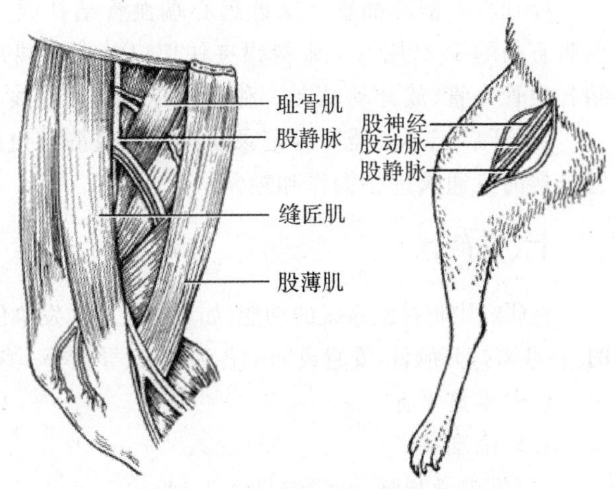

图 5-4-13　股三角和股部神经血管

股动脉血管呈鲜红或淡红色，壁厚、有搏动现象；股静脉颜色为深红或紫红色，壁薄、无搏动感。

(2)施行全身静脉麻醉,制定手术方案、应急措施和手术材料清单见下述。

2. 材料准备

(1)动物准备　健康家兔一只,雌雄不拘,体重2.5kg。

(2)器械准备　手术刀柄及刀片各1,手术剪1把,眼科手术剪1把,粗剪刀1把,直、弯、蚊式止血钳各2把,圆头镊1把,弯头眼科镊1把,1mL、5mL、20mL注射器各1副,6、7号针头各3枚,兔头夹1个,玻璃分针2支,动脉夹1个,气管插管、动脉插管各1支,静脉插管(直径1.2mm聚乙烯导管)各1支,三通阀2个。

(3)药品准备　20%氨基甲酸乙酯(乌拉坦)溶液、生理盐水、肝素(或5%枸橼酸钠)、肝素生理盐水(125U/mL)、液体石蜡。

(4)其他准备　医用纱布、2-0手术线、棉球、绑带、棉线、实验动物手术台、手术灯等。

(5)仪器准备　压力换能器2个、微机生物信号采集处理系统1台、人工呼吸机1台备用。

(二)股部手术

(1)插管及仪器准备　动脉插管接换能器,微机生物信号采集处理系统实验前连接调试并定标,处于工作状态,测压管道内充灌肝素生理盐水,排净空气。

(2)麻醉、固定和备皮　用20%氨基甲酸乙酯1g/kg剂量行耳缘静脉麻醉,动物仰卧固定。用左手绷紧股部皮肤,用粗剪刀紧贴皮肤,将股部的被毛剪去。

(3)切开皮肤　术者先用左手拇指和另外四指将股部皮肤绷紧固定,右手持手术刀,沿股腹面正中线从腹股沟下缘向膝部切开皮肤4～5cm。用止血钳分离皮下组织,暴露股部肌肉。

(4)血管神经分离　用玻璃分针或蚊式钳小心地沿缝匠肌后部内侧缘,暴露缝匠肌下方的血管神经束,用玻璃分针将股神经首先分离出来,然后再分离股动脉与股静脉之间的结缔组织(勿损伤血管小分支),如有渗血或出血的情况需要及时止血,分离出血管约2～3cm,在其下面穿入2根手术线备用。当确定游离的血管有足够的长度时结扎远心端的血管,待血管内血液充盈后再在近心端用动脉夹夹闭血管。

(5)股动、静脉插管　靠近远心端血管结扎线0.3cm处,用医用眼科直剪呈45°角剪开血管直径的1/3,用弯头眼科镊夹住切口游离尖端并挑起,插入血管导管2～4cm,在近心端结扎血管导管、放开动脉夹。利用远心端的结扎线再次结扎插管导管。

(6)开启记录仪器即可记录动脉血压或静脉血压。动脉放血、静脉给药可通过开启与插管连接的三通阀进行操作和控制。

七、开颅术

在研究中枢神经系统的功能(如大脑皮质诱发电位、皮质功能定位、中枢性病理模型复制等)时,往往需打开颅骨,安置或埋藏各种电极、导管等。颅骨开口及位置大小视实验需要而定。

(一)术前准备

1. 理论准备

(1)兔头骨和脑的解剖(图5-4-14)。

1)头骨　头骨顶部从前向后依次为鼻骨、额骨、顶骨和顶间骨。颅骨结合处形成三条骨缝,颅顶正中纵向的骨缝称矢状缝,颅顶中部横向的为冠状缝,颅顶后部顶间骨处的是人字缝(图5-4-14)。

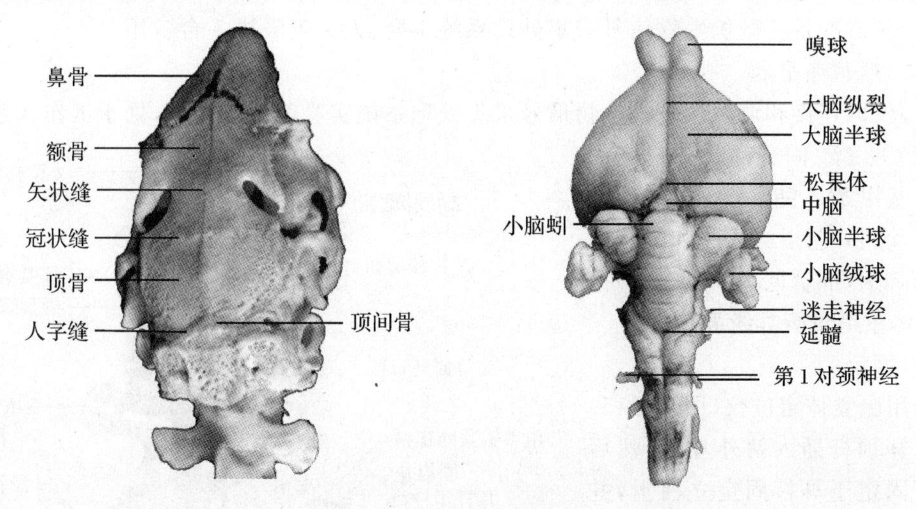

图 5-4-14　兔头骨和脑背面

2)兔脑　兔脑结构分六部分,有大脑、间脑、中脑、小脑、桥脑和延脑。

①大脑　大脑由左右两半球组成,大脑半球不发达,表面很少有脑沟和脑回,大脑半球前方发出很大的椭圆形嗅叶,从嗅叶发出嗅神经。两大脑半球之间有一深的纵沟,将此沟轻轻剥开,在沟底可见肥厚、白色、连接两半球的纤维束,叫胼胝体。

②间脑　由视丘、视丘下部和第三脑室组成,背面完全被大脑覆盖。视丘是成对的椭圆形体,位于中脑和纹状体之间,其背面被海马所覆盖。视丘的背后方与中脑四叠体前丘之间发出一带长柄的卵圆形小体,称松果体。

③中脑　位于延脑和间脑之间,背侧被大脑半球覆盖,可分为背侧的四叠体和腹侧的大脑脚两部。四叠体由四个圆形隆起组成,前两叶称前丘,为视觉反射中枢,后两叶称后丘,为听觉反射中枢。中脑内部有两对较大的神经核,即红核与黑质。

④小脑　位于颅腔的脑后窝内,与大脑半球分界处有横沟,沟内隔以小脑幕。小脑中央为蚓部,两侧形成两个小脑半球,半球外侧可见小脑绒球(小脑鬈)。

⑤桥脑　兔桥脑不很发达,位于小脑腹面及延脑与大脑脚之间,是由横行纤维束覆盖的隆起,两侧为脑桥臂进入小脑。

⑥延脑　脊髓前端的直接延续,结构上也与脊髓有相似之处。前端接脑桥,后端以第1对颈神经根附着处为界。延脑背侧面大部分被小脑覆盖,构成第四脑室底的后部。延脑之后接脊髓。兔脑解剖见图5-4-14所示。

(2)施行全身静脉麻醉,制定手术方案、应急措施和手术材料清单见下述。

2.材料准备

(1)动物准备　健康家兔一只,雌雄不拘,体重2.5kg。

(2)器械准备　手术刀柄及刀片各1,手术剪1把,眼科手术剪1把,粗剪刀1把,直、弯、蚊式止血钳各2把,圆头镊1把,弯头眼科镊1把,颅骨钻1把,骨钳2把,1mL、5mL、20mL注射器各1副,6、7号针头各3枚,马蹄形固定器或脑立体定位仪1台,玻璃分针2支,气管插管1支。

(3)药品准备　20%氨基甲酸乙酯(乌拉坦)溶液、生理盐水、液体石蜡。

(4)其他准备　医用纱布、棉球、绑带、棉线、实验动物手术台、手术灯等。

(5)仪器准备　微机生物信号采集处理系统1台、人工呼吸机1台备用。

(二)颅脑部手术

(1)仪器连接和调试　微机生物信号采集处理系统实验前连接调试,处于工作状态。

(2)麻醉、固定和备皮　用20%氨基甲酸乙酯(大脑皮层诱发电位实验用氨基甲酸乙酯和氯醛糖混合麻醉剂,剂量见本章第二节)按1g/kg体重剂量行耳缘静脉麻醉。

(3)固定

1)用脑立体定位仪(图5-4-15)固定　耳顶杆插入两外耳道,然后耳顶杆固定于耳杆固定立柱上,并使两耳杆的读数相同;动物门齿卡入固齿块圆孔,用其拉住动物的门齿并通过水平移动固紧,压鼻钩压住动物的鼻梁,调节压鼻钩紧固螺帽调节鼻钩压迫松紧。

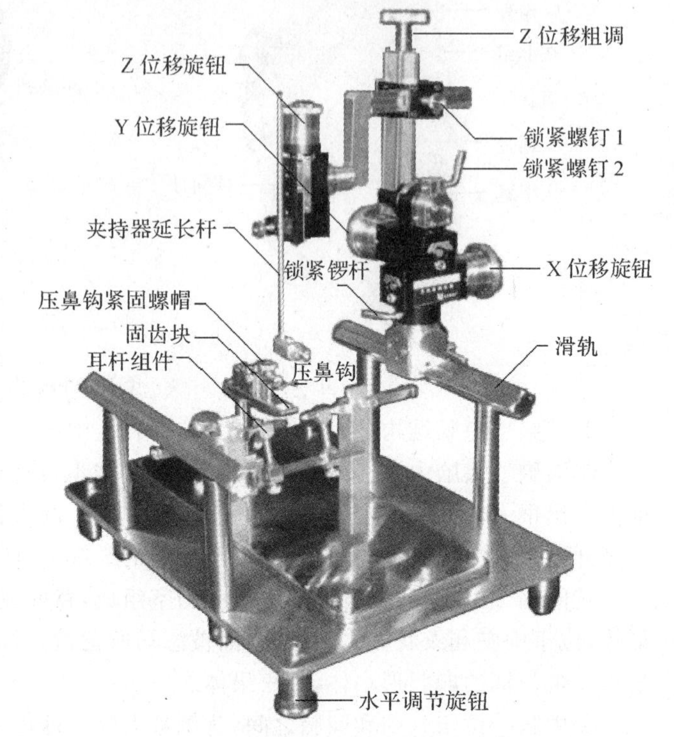

图5-4-15　脑立体定位仪

2)马蹄形固定器(图5-4-16)固定　动物左侧卧,在瞳孔下方约1cm处剪毛,切开皮肤1cm,分离软组织,暴露颧骨弓部位,用钻头钻一1mm的小孔。右侧也按此法钻一小孔,左右对称。用马蹄形固定器两侧的锥形金属杆嵌在小孔中固定,前方的金属杆尖头对准兔两上门齿的齿缝,压紧固定。固定时,头部要高于躯体,防止发生脑水肿。

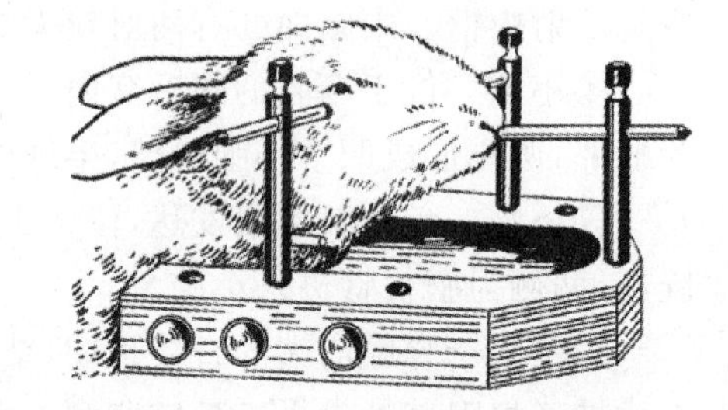

图5-4-16　马蹄形固定器固定兔头

(4)切开皮肤　剪去颅顶被毛,沿颅顶正中线切开皮肤4～5cm。用刀柄钝性分离骨膜,暴露前囟、人字缝和矢状缝,确定开颅位置,在其中心钻一小孔。调好颅骨钻头钻进的深度(兔一般为2～3mm),将钻头中心轴插入小孔,垂直向下压并旋转钻头。钻至有突破感,此时应减轻力度,缓缓进钻,以免损伤硬脑膜及脑组织,当旋转至有明显突破感时即停止钻孔,用镊子夹去骨片。如需扩大颅骨开口,可用咬骨钳一点一点咬除,不能大块撕下,以避免出血不止,咬除矢状静脉窦处的颅骨时要十分小心,一般应保留前囟、人字缝等骨性标志。如需剪除硬脑膜,可用弯针头挑起;用眼科剪小心剪开。

开颅过程中如果颅骨出血,可用湿纱布吸去血液后迅速用骨蜡涂抹止血。如遇硬脑膜上的血管出血,可结扎血管断头,或用烧灼器封口。如果是软脑膜出血,应该轻轻压上止血海绵。

第五节　实验动物体液的采集方法

无论是来自外界环境，还是机体自身代谢产生的物质，我们都可以在机体的内环境中找到它们的痕迹。采集动物的体液并测定所含细胞或物质成分和含量，可以了解动物的生理功能和代谢变化。采集和测定动物体液的物质成分和含量是生理科学实验的基本方法之一。实验动物体液的采集主要包括血液、淋巴液、消化液、脑脊髓液、尿液、精液、阴道内液体等。

一、血液的采集

(一)大鼠、小鼠的采血方法

1.尾尖采血

(1)剪尾尖采血法　把动物麻醉后，将尾巴置于50℃热水中浸泡数分钟(也可用二甲苯或酒精涂擦鼠尾)，擦干，使尾静脉充血后剪去尾尖(小鼠约1～2mm，大鼠约5～10mm长)，用试管接取血液，自尾根部向尾尖按摩，血液会自尾尖流入试管，每次可采血约0.3mL。

实验时如果需要间隔一定时间，反复采集少量血液，则每次采血时，可将鼠尾剪去一小段，取血后用棉球压迫止血，并用液体火棉胶涂于伤口处，以保护伤口。

(2)切割尾静脉采血法　动物麻醉后，如上法使尾部血管扩张，用锐利刀片切割开尾静脉一段(图5-5-1)，用试管等物接取血液，每次可取血0.3～0.5mL。采血后用棉球压迫止血，伤口短时间内即可结痂痊愈。鼠尾的三根静脉可交替切割，由尾尖开始，一根静脉可切割多次。这种方法主要适用于大鼠；小鼠尾静脉太细，不太适用。

(3)穿刺尾动脉采血法　麻醉、固定动物，动物取仰卧位。将针头刺入尾部腹动脉，将毛细管插入针芯，就可采到约0.5mL动脉血。采血完毕后，对穿刺部位进行加压止血。此法亦只适用于取大鼠血。

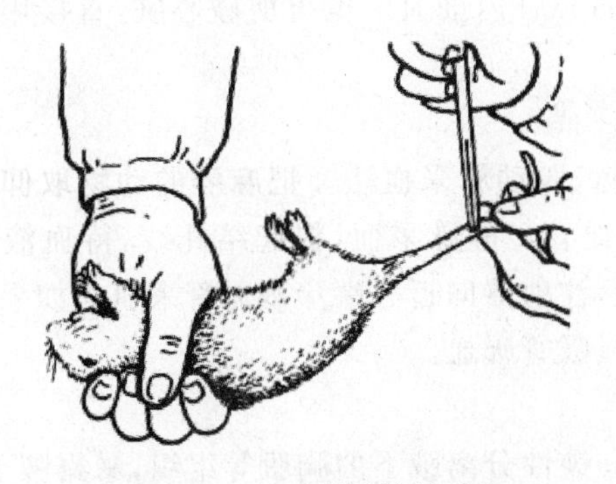

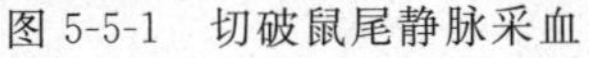

图5-5-1　切破鼠尾静脉采血

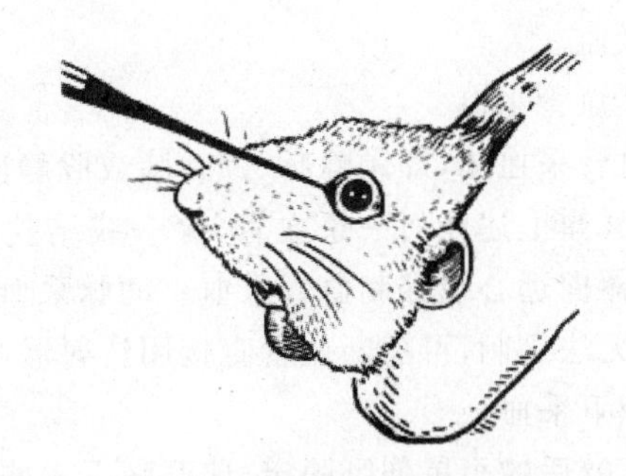

图5-5-2　眼眶静脉丛采血法

2.眼部采血

(1)眼眶静脉丛(窦)采血法　用毛细管(玻璃或塑料均可)或特制的眶静脉丛采血器，采血前将毛细管或采血器浸泡在1%肝素溶液中数分钟，然后取出干燥备用。将动物放在实验台上，左手抓住鼠耳之间的头皮，并轻轻向下压迫颈部两侧，致动物静脉血回流障碍，眼球外突。右手持毛细管由眼球和眼眶后界之间的尖端插入结膜(图5-5-2)，使毛细管与眶壁平行地向喉头方向推进约 3～5mm 深，如是小鼠即达其静脉窦，可见血液顺毛细管外流；如为大鼠，需轻轻转动毛细管，使其穿破静脉丛，让血液顺毛细管流出。用纱布轻压眼部止血。同一动物可反复交替穿刺双眼多次，按此法小鼠可一次采血 0.2mL，大鼠 0.5mL。

(2)眼眶动脉和静脉采血法　用左手抓住鼠，拇指和食指将鼠头部皮肤捏紧，使鼠眼球突出。用眼科弯镊在鼠右侧眼球根部将眼球摘去，并立即将鼠倒置，头朝下，此时眼眶内动、静脉很快流血，将血滴入预先加有抗凝剂的玻璃器皿内，直至动、静脉不再流血为止。此种采血法在采血过程中动物没有死，心脏跳动在继续，因此采集到的血液量比其他方法要多，若实验时需多量血液，此种方法最好。采血毕，立即用纱布压迫止血。这种方法易导致动物死亡，如需继续实验，就不能采用此法。

3.心脏采血

(1)穿刺法　此种采集血液的方法可分固定板和徒手两种。将鼠仰卧固定在固定板上(固定前最好给动物施行乙醚吸入麻醉)。剪去心前区被毛，在左胸 3～4 肋间，用左手食指摸到心跳最明显处，右手持注射器垂直进针，当感到有脱空感时，仔细体会，可注意到针尖随心搏而动，这时已插入了心脏(图 5-5-3)。如果事先将注射器抽一点儿负压，可见血液随心脏跳动的力量进入注射器，采血完毕后缓慢抽针，让动物卧位休息几分钟才将动物取下放回笼子。

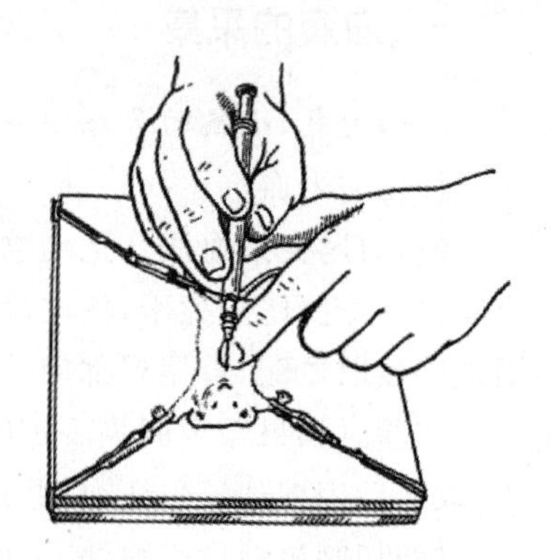

图 5-5-3　小鼠心内采血法

徒手采血，即左手拇指和食指握住颈部，小拇指压住鼠尾使之仰卧在左手心内，右手持注射器在左心区心搏最强处刺入心脏，即可采集血液，这种方法最适合小白鼠的心脏采血。

注射器刺入有脱空感后，而无血液流入注射器，可一边退针或进针，一边抽吸，一旦抽到血液，立即停止进针或退针，继续采血。注意：注射器只能上、下垂直进退，不可左右前后摆动针头，以免刺破心脏。

(2)开胸法　切开动物胸腔，直接从见到的心脏内抽血。也可剪破心脏，直接用注射器或吸管吸血。

4.大血管采血

大血管采血法，即颈静脉、颈动脉或股静脉、股动脉采血法。把麻醉的动物取仰卧位固定，分离暴露上述任何一条血管，穿一线结扎血管。静脉采血，提起结扎线，待血液充盈血管，注射器向远心端穿刺血管采血。动脉采血，注射器向近心端穿刺血管采血。如果动物血管太细，无法穿刺，可剪断血管直接用注射器或吸管吸血。

5.腋下采血

将麻醉后的小鼠仰卧固定，剪开腋下皮肤，钝性分离腋下的胸肌等组织，暴露腋下血管，剪断腋下动脉，用注射器或吸管吸血。

6.断头采血

左手拇指和食指握住鼠颈部，头部朝下，用利剪在鼠颈头间 1/2 处剪断，提起动物，将血液滴入放有抗凝剂的容器内。小鼠可采血 1mL 左右，大鼠可采血 10mL 左右。

上述采血法各有其长处，如果少量采血作涂片，可由尾尖采血，如果要求按无菌操作法采血，可由心脏采血。如果实验要求动物继续存活，绝不能用断头法或开胸法采血。注意：

如为慢性实验,应严格执行消毒和止血程序。

（二）豚鼠的采血方法

1.心腔穿刺采血法

将豚鼠仰卧固定于小手术台上,把左侧心区部位的被毛剪去。用左手触摸动物左侧第3～4肋间,触摸心跳最明显处穿刺进针。进针角度与胸部垂直,当针头接近心脏时,就会感到心脏的跳动,再向里穿刺就可进入心室。若将注射器抽成负压,血液可自动流入注射器内。采血时动作要迅速,缩短留针时间以防止血液凝固。一个星期后,可重复进行心腔穿刺采血。此种方法也适用于兔的心腔穿刺采血。

2.耳缘剪口采血法

用二甲苯或酒精反复擦拭耳缘使血管充分充盈,然后用刀片或剪刀割(剪)破耳缘血管,血液会从血管中流出,此法可采血0.5mL左右。

（三）兔的采血方法

1.耳(中央)动脉采血法

将兔置于固定器内固定好,用手轻揉或用加热的方法使兔耳充血,可发现在其中央有一条较粗、颜色较鲜红的血管,即为耳中央动脉。左手固定兔耳,右手持注射器在中央动脉末端,使针头沿动脉平行方向穿刺入动脉,血液即可进入注射器内。取血后作压迫止血。另一种方法是:待耳中央动脉充血后,在靠耳尖中央动脉分支处,用锋利的手术刀片轻轻切一小口(图5-5-4),血液就会从切破的血管中流出,立即取加有抗凝剂的容器在血管破口处采血。取血后应压迫止血。

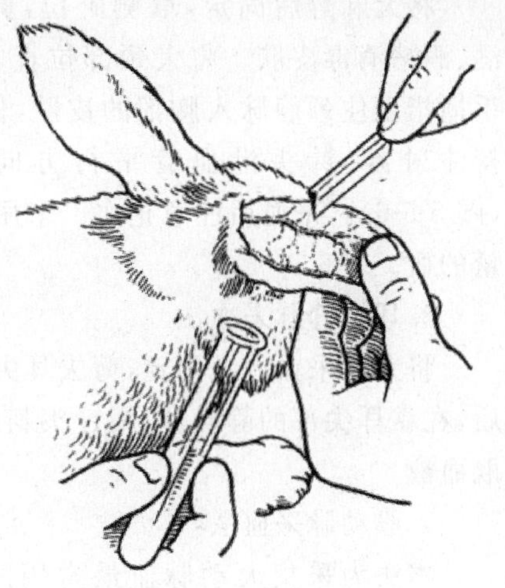

图5-5-4　兔耳中动脉采血法

2.兔耳缘静脉采血法

将动物固定好后,用手轻揉动物耳缘,待耳缘静脉充血后,在靠耳尖部的静脉处,用针头刺破静脉,血液即可流出,也可用6号针头沿耳缘静脉远端(末梢)刺入血管,抽取血液(图5-5-5)。取血后压迫止血。一次可采血5～10mL。此法也适用于豚鼠。

3.兔颈动、静脉采血法

采血前将动物麻醉固定后,暴露颈部皮肤,做颈侧皮肤切开,分离出颈动、静脉。根据所需血量可用注射器直接采血,也可行动、静脉插管术采血。

用注射器采血:结扎颈动脉远心端,动脉夹夹住颈动脉近心端,用连有7号针头的注射器,向心方向刺入血管,放开动脉夹,即可见动脉血流入注射器。静脉采血:结扎静脉近心端,待血液充盈静脉,提起结扎线,注射器针头向远心方向刺入血管,缓缓地抽取血液。动脉采血时要注意止血,可用纱布或动脉夹止血。

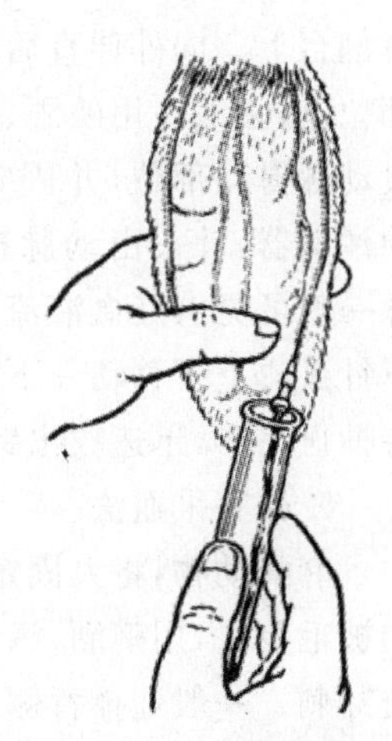

图5-5-5　兔耳缘静脉采血

4.兔股动、静脉采血法

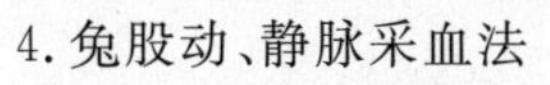

可参照兔颈动、静脉采血法。

(四)猫、狗的采血方法

1.前、后肢皮下静脉采血法

此法主要是前肢的桡侧皮静脉和后肢外侧的隐静脉为采血部位。桡侧皮静脉位于前肢前部,在下1/3处向内侧走行。犬可侧卧、俯卧或站立固定,助手从犬的后侧握住肘部和向上牵拉皮肤使静脉怒张,也可用橡皮条结扎使静脉怒张。操作者位于犬的前面,注射器针头由前腕的上1/3处刺入静脉,直接抽取血液。抽时速度要稍慢,速度快针口容易吸着血管内壁,血液不能进入注射器。抽血液时应解除静脉上端加压的手或胶皮管;采血后注意止血。

隐静脉前支位于跗关节外侧,距跗关节上方5～10cm处的皮下,由前向斜后上方走行,易于滑动。采血时,使犬侧卧固定,由助手握住膝关节上部或用止血带扎住上部,使静脉怒张。操作者位于犬的腹侧,手持注射器采血。其余方法同前肢皮下静脉采血。

2.颈静脉采血法

将犬麻醉后固定,取侧卧位,剪去颈部被毛,用碘酒、酒精消毒皮肤。将犬颈部拉直,头尽量后仰。用左手拇指压住颈静脉入胸部的皮肤,使颈静脉怒张,右手持注射器,针头沿血管平行方向向心端刺入血管(图5-5-6)。采血后注意止血。采用这种方法可取较多量的血。

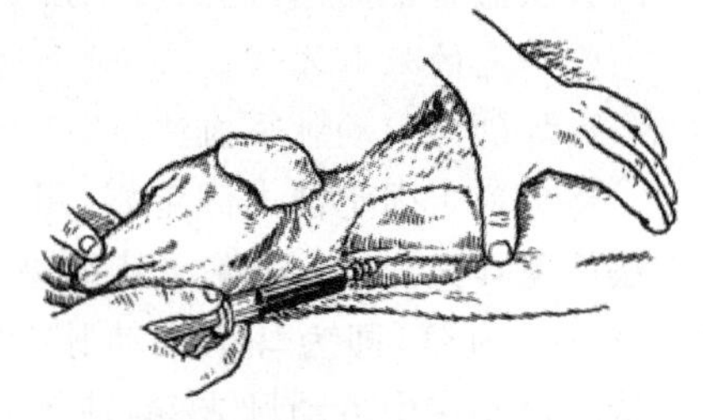

图5-5-6　犬颈静脉采血法

3.耳缘静脉采血法

将犬在采血台上固定,剪去耳尖部短毛,即可见到耳缘静脉。揉擦耳朵,待耳静脉充血后,在靠耳尖部的静脉丛,用针头刺破静脉,血液即可流出,或持注射器用针头刺入耳静脉抽取血液。

4.股动脉采血法

本法为采集犬动脉血最常用的方法,操作也较简便。稍加训练的犬,在清醒状态下将犬仰卧位固定于犬解剖台上。向外伸直后肢,暴露腹股沟三角动脉搏动的部位,剪去毛。用碘酒、酒精消毒。左手中指、食指探摸股动脉搏动部位,并固定好血管,右手取连有6号针头的注射器,针头由动脉搏动处直接刺入血管,若刺入动脉一般可见鲜红血液流入注射器,有时还需微微转动一下针头或上下移动一下针头,方见鲜血流入(图5-5-7)。待抽血完毕,迅速拔出针,用药棉压迫止血2～3min。

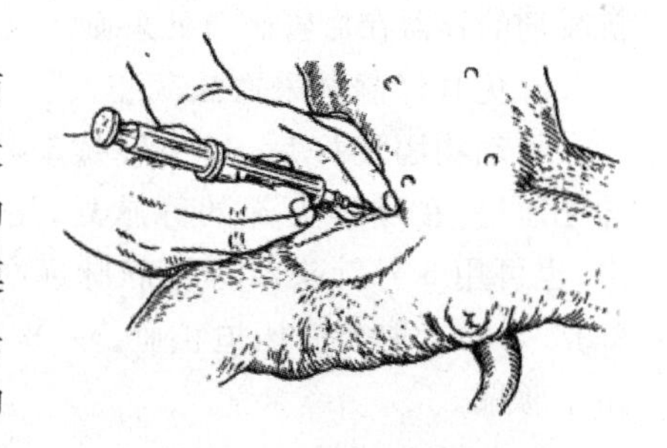

图5-5-7　犬股动脉采血法

5.心脏采血法

麻醉动物,将犬固定在手术台上,前肢向背侧方向固定,暴露胸部,将左侧第3～5肋间的被毛剪去,用碘酒、酒精消毒皮肤。采血者用左手触摸左侧3～5肋间处,选择心跳最明显处穿刺。一般选择背侧方向垂直刺入心脏。采血者取连有7号针头的注射器,由上述部位刺入,并向动物胸骨左缘外1cm第4肋间处进针,针接触到心脏,有心跳的感觉,随时调整刺入方向和深度,摆动的角度尽量小,避免损伤心肌过重,或造成胸腔大出血。当针头正确刺入心脏时,血即可进入注射器,可抽取多量血液。

猫的采血法基本与犬相同,常采用前肢皮下头静脉、后肢的股静脉、耳缘静脉取血。需大量血液时可从颈静脉取血。

根据实验时采血量的不同,可参考表 5-5-1 来采集动物不同量的血。

表 5-5-1　不同动物采血部位与血量的关系

<table>
<tr><th rowspan="2">动物</th><th colspan="3">采血血管</th><th colspan="2">采血量(mL)</th></tr>
<tr><th>少量采血</th><th>中量采血</th><th>大量采血</th><th>最大安全采血量</th><th>最小致死采血量</th></tr>
<tr><td>小鼠</td><td rowspan="2">尾静脉
眼底静脉丛</td><td rowspan="2">断头、心脏</td><td rowspan="2">摘眼球</td><td>0.1</td><td>0.3</td></tr>
<tr><td>大鼠</td><td>1</td><td>2</td></tr>
<tr><td>豚鼠</td><td>耳缘静脉</td><td>心脏</td><td rowspan="5">股动脉
颈动脉
心脏</td><td>5</td><td>10</td></tr>
<tr><td>家兔</td><td>耳缘静脉
眼底静脉丛</td><td>颈动脉、耳中央动脉</td><td>10</td><td>40</td></tr>
<tr><td>猫</td><td>耳缘静脉</td><td rowspan="2">后肢皮下小隐静脉、前肢皮下头静脉、颈动脉</td><td>20</td><td>60</td></tr>
<tr><td>犬</td><td>耳缘静脉
舌下静脉</td><td>50</td><td>300</td></tr>
<tr><td>猴</td><td></td><td>后肢皮下小隐静脉、前肢皮下头静脉</td><td>15</td><td>60</td></tr>
</table>

二、尿液的采集

1. 代谢笼采尿法

代谢笼是为采集动物各种排泄物而特别设计的封闭式饲养宠。有的代谢笼除可收集尿液外,还可收集粪便和动物呼出的二氧化碳。一般简单代谢笼主要是用来收集尿液,只要将实验动物放在代谢笼内饲养,就可通过其特殊装置采取到动物尿液。

2. 强制排尿法

(1)压迫膀胱法　在实验研究中,有时为了某种实验目的,要求每间隔一定的时间收集一次尿,可采用人工从体外压迫膀胱的方法来采集尿液。操作人员用手在动物下腹部加压,手法要既轻柔又有力。当增加的压力足以使动物膀胱括约肌松弛时,尿液即会自动由尿道排出。如果事先给动物用了镇静剂或麻醉剂,使膀胱和尿道括约肌麻醉,更易用此法采到尿液。此种采集尿液的方法,适用于兔、猫、犬等较大的动物。

(2)提鼠采集尿液　鼠类在被抓住尾巴提起时,有排便反射。特别是小鼠的这种反射更明显。要采集少量尿液时,可提起动物,当动物排尿时,尿液不会马上流走,而可看见挂在阴部开口处或其下方的被毛上,所以在提动物的同时,操作人员要很快用吸管或玻璃管接住尿液。

(3)膀胱导尿法　用导尿管经尿道插入导尿,可采集到没有受到粪便、食物污染的尿。如果严格按无菌操作法导尿,可得到无人为污染的尿液。施行导尿术,一般不必麻醉动物。以犬为例,一般雄犬插管导尿很容易。取一根自制的塑料导尿管(用内径 0.1～0.15cm、外径 0.15～0.2cm、长 30cm 较硬的塑料管,头端用酒精灯烧圆滑,尾端插入一个粗针头备接尿液用),先以液体石蜡湿润导尿管头端,然后由尿道口徐徐插入,一般均无阻力。插入深度约 22～26cm,可根据动物大小而定,一般中等犬插入 24cm 为适度。当导尿管插入膀胱时,尿液立即可从管中流出,证明插入正确,然后在尿道开口处缝一针,将导尿管固定好,并把导尿管尾端放入刻度细口瓶内,收集尿液。雌犬导尿比雄犬难一些,取一根临床上用的小号金属导尿管(内径为 0.25～0.3cm,长 27cm),插时头端先用液体石蜡湿润,用组织钳将犬外阴部皮肤提起,再用一把小号自动牵开器(头端先用液体石蜡湿润)将阴部扩开,即可见到尿道口,然后将导尿管由尿道口轻轻插入,至深度约 10～12cm 时即可插入膀胱,并可见到尿液从导尿管流出。在外阴道部皮肤缝一针,将导尿管固定好(不要固定得太紧,让其有一定的伸缩余地)。在导尿管尾端接一根细橡皮管通入玻璃量器内,收集、记录尿量。

(4)穿刺膀胱法　动物麻醉固定,剪去耻骨联合之上腹正中线双侧的被毛,消毒后用注射针头接注射器穿刺,穿刺取钝角角度,入皮肤后针头应稍改变一下角度,这样可避免穿刺后漏尿。猫和狗不用麻醉也很配合。

实验中已暴露动物的膀胱,可直视穿刺抽取尿液。穿刺时注意:常会因针头吸住膀脱壁而抽不出尿液,这时要转动、后退注射器。穿刺时先用无齿小平镊夹住一小部分膀胱壁,再在小平镊夹住的下方进针抽尿,可避免这种现象。

3. 膀胱瘘和输尿管瘘法

行膀胱插管或输尿管插管(本章腹部手术),即可采集尿液。这种采尿法一般用于要精确计量单位时间内动物尿排量的实验。可将插管开口置于计量容器上。在整个观察过程中,要用 38℃生理盐水纱布覆盖好切口及膀胱。

采尿之前,可让动物多饮水,特别是沙鼠、小鼠等动物尿量特别少,多饮水后,动物的排尿量增加,有利于采集尿液。

三、脑脊液的采集

脑脊液可通过脊髓腔穿刺和小脑延髓池穿刺采集。但后者危险性大,操作要求高。脊髓腔穿刺部位在两髂连线中点稍下方,相当于狗等大动物的第 7 腰椎间隙处。把动物浅麻醉后,取侧卧位固定,使头及尾部尽量屈曲。局部皮肤除毛、消毒后,如果麻药太浅,可在穿刺局部行浸润麻醉。实验操作者用左手拇、食指固定穿刺部位皮肤,右手持腰穿针垂直进针。当有落空感时,就进入了蛛网膜下腔(图 5-5-8)。此时抽去注射器针芯,可见脑脊液滴出。如果无脑脊液滴出,可能是没有刺破蛛网膜,可向内稍稍进针。如果脑脊液滴出太快,要用注射器针芯稍微阻塞,以免导致颅内压突然下降或脑疝形成。采集完后,应等量注入生理盐水以保持颅内压正常。

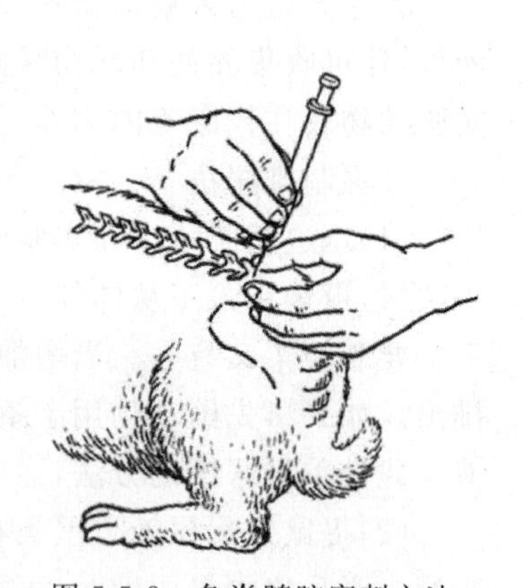

图 5-5-8　兔脊髓腔穿刺方法

小鼠脑脊髓液采集方法如下:乙醚麻醉小鼠,置于一三角形棒上,用胶带固定其头部,使头下垂与体位形成 45°,以充分暴露枕颈部。从头至枕骨粗隆做中线切开 4mm,再至肩部 1mm 钝性分离。用虹膜剪剪去枕骨至寰椎肌肉,如出血可用烧灼器烧,见白色硬脑膜。用金属探针在枕骨和寰椎间 2mm 处刺破,用微量吸管吸取脑脊液。

四、骨髓的采集

大动物骨髓采集法与人的骨髓采集法很相近,采取活体穿刺取骨髓。采骨髓应选择有造血功能的骨组织穿刺采集,一般取胸骨、肋骨、髂骨、股骨的骨髓。小动物因体型小,骨骼小,不易穿刺,一般采用处死后由胸骨或股骨采取骨髓。

(1)大鼠和小鼠的骨髓采集法　将动物处死,立即取仰卧位固定,解剖取出胸骨,从第 3 胸骨节处剪断,将其断面的骨髓挤在有稀释液的试管内或玻片上。

(2)大动物的骨髓采集法　动物可不予全麻,但应给镇静剂和局麻。体位根据穿刺部位而定,固定好后先做除毛、消毒等局部皮肤准备。局麻应分层浸润,直至骨膜。如果怕抽出的骨髓少或易凝,涂片困难,可事先准备好同种动物血清作为稀释液。

穿刺操作与人的骨髓穿刺相同,先估计好由皮肤到骨髓腔的距离,把骨髓穿刺针长度固定好。操作者戴消毒手术手套,左手拇、食指把穿刺点周围皮肤绷紧,右手持穿刺针垂直穿刺。手法应稳而有力,小弧度地左右旋转钻入。当感到有落空感时,即表示针尖已进入骨髓腔。抽出针芯,多可见针芯尖上有骨髓样物质。连接上注射器,缓慢抽吸骨髓组织。当见到注射器内有抽入的骨髓时,立即停止抽吸,以免外周血混入。如做涂片,另一操作者拿一玻片接住穿刺操作者由注射器推出的骨髓,迅速涂片,可事先在玻片上滴一滴稀释液,稀释后再涂片。

拔出穿刺针后,用棉球加压止血数分钟。如穿刺肋骨,除压迫止血外,还需特别注意用宽胶布封贴穿刺点,以防气胸发生。

五、消化液的采集

1. 胃液

(1)胃管法　灌胃管由动物口内正确插入食管再进入胃内,胃液可自行流出,也可在灌胃管的出口端连接注射器,轻轻抽取,采集胃液。

(2)胃瘘法　将特制的金属套管的一端安装在动物的胃大弯处的胃壁上,另一端通至腹壁处。用这种方法收集的胃液不够纯净,但比插管法方便,适用于须随时或定时反复抽胃液的实验。

(3)食管瘘　在动物食管上造一瘘管,胃上造一胃瘘。动物进食时,食物进入口腔,从食管瘘处流出体外。胃液等消化液却大量分泌。这种方法可收集到较纯净的胃液。

(4)小胃法　将动物的胃体分离出一小部分,缝合起来形成小胃,然后在小胃上造有瘘管,并将主胃的切口缝合,但仍与食管及小肠相连,进行正常消化。这样,主胃和小胃互不相通,从小胃可收集到纯净的胃液。

2. 胆汁

行胆总管插管,即可随时或定时采集。有胆囊的动物也可做胆囊瘘管,这样就可长期采取胆汁。

3. 胰液

将实验动物的十二指肠及与十二指肠连接的胰腺手术方法取出,并把胰腺向上翻过来,仔细分离到胰大管或胰小管(图 5-5-9)。一般从胰大管采集胰液,在胰大管上插入适当粗细的塑料管,就可采集到胰液。

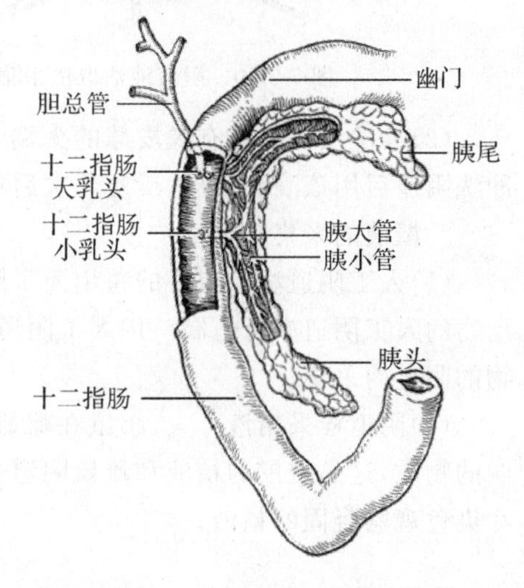

图 5-5-9　犬胰腺及胰管开口

4. 肠液

在实验动物的小肠上做造瘘手术,把肠瘘管缝到腹壁肌上,瘘管口伸出到动物腹部的皮肤外面。待伤口愈合后,即可从肠瘘管中采集肠液。

5. 腹腔液

小实验动物无菌腹腔细胞的采集,可用输入无菌盐水再回收腹腔无菌液的方法来收集,用该法可采集 80%~90%的腹腔液。

动物麻醉后腹部剃毛消毒皮肤,用消毒巾擦干。用无菌血管钳小心提起皮肤,用注射器刺入腹腔下部,分别从三个方向注入无菌盐水或培养液,将动物从颈部提起,用无菌血管钳将针头夹住,拔去注射器,无菌盐水洗液由针头流出到消毒容器内。

六、淋巴液的采集

淋巴液的采集较困难,一般只采集大动物的淋巴液。方法是:分离解剖出胸导管或右淋巴管后插管收集淋巴液。也可剪断淋巴管,让淋巴液自动流出积聚于局部组织的低凹处,用吸管抽吸。

七、阴道液和精液的采集

1. 阴道液体的采集

(1)沾取法　将消毒的细棉签用生理盐水润湿,轻轻插入实验动物阴道内,慢慢转动几下沾取出阴道内含物(图 5-5-10)。用该棉签涂片,即可进行镜下观察。

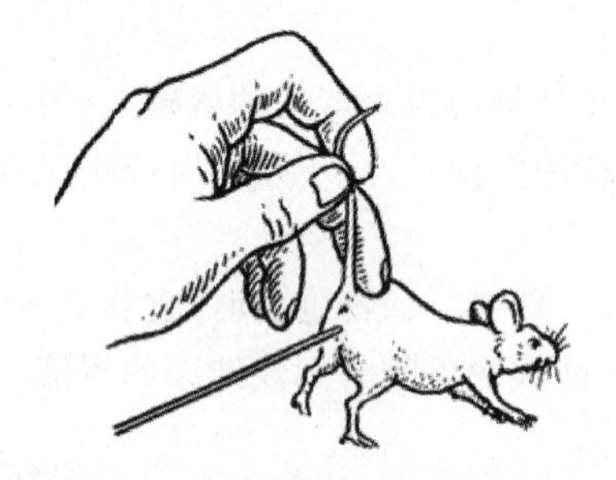

图 5-5-10　阴道液沾取法采集

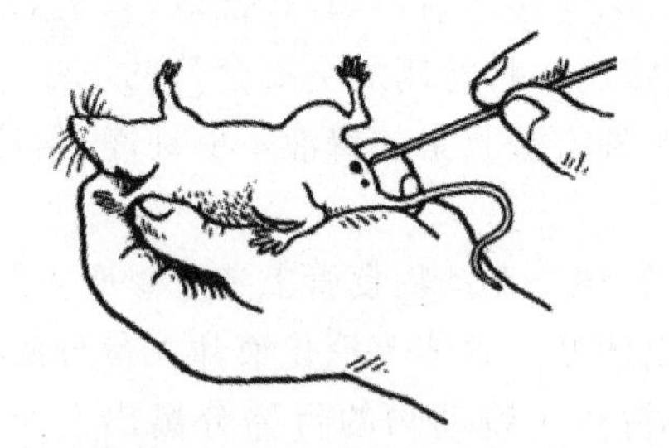

图 5-5-11　阴道液冲洗法采集

(2)冲洗法　用装有橡皮球的头端光滑的滴管吸少量生理盐水插入动物阴道,挤出盐水冲洗阴道后用该滴管吸出,反复几次后抽出洗液滴在玻片上凉干染色(图 5-5-11)。

2. 精液的采集

(1)人工阴道法　市售的兽用人工阴道,适用于牛、马、猪、羊等大动物。适用于兔、犬等动物的人工阴道亦可仿制。用人工阴道套在动物的外生殖器上采集精液,也可套在雌性动物的阴道内采集。

(2)阴道栓采精液　大、小鼠在雌雄交配后,24h 内可在雌性动物阴道口发现白色稍透明的物质,这是雄鼠的精液和雌鼠阴道分泌物在雌鼠阴道内凝固而成的。可通过阴道栓涂片染色观察凝固的精液。

第六节　实验动物的处死方法

我们应遵循人道主义精神，爱护和善待动物。在实验中应尽可能地减少动物的痛苦。实验结束，也应让动物无痛苦地死亡或尽量减少死亡的痛苦。

(1)蟾蜍的处死方法　蟾蜍可将头部剪去。

(2)大鼠和小鼠的处死方法：

1)脊椎脱臼法　右手抓住鼠尾用力后拉，同时左手拇指与食指用力向下按住鼠颈，将脊髓与脑髓拉断，鼠立即死亡。

2)断头法　在鼠颈部用剪刀将鼠头剪掉，鼠因断头和大出血而死。

3)打击法　用手抓住鼠尾并提起，将其头部猛击桌角，或用小木锤用力敲击鼠头，使鼠致死。

(3)豚鼠、兔、猫的处死方法：

1)空气栓塞法　向动物静脉内注入一定量空气，使之发生空气栓塞而致死。注入空气量，家兔约 10mL，可由耳缘静脉注入。

2)急性放血法　自动脉(颈动脉或股动脉)快速放血使动物迅速死亡。

3)药物法　10% KCl 溶液，家兔静脉注射 5～10mL，可使其心脏停跳而死亡，成年犬前肢皮下静脉注射 20～30mL 即可处死。

（陆　源　厉旭云）

第六章　生理科学实验

实验1　蟾蜍骨骼肌兴奋与收缩实验

【预习要求】

1. 实验理论　生理学教材中兴奋性、兴奋的概念，神经-肌接头化学传递的机制，骨骼肌的收缩原理和肌肉收缩的外部表现和力学分析。

2. 实验方法　第二章第四节常用统计指标和统计方法；第三章第二节多道生理信号采集处理系统；本项目的蛙类捉拿、毁脑脊髓和坐骨神经-腓肠肌标本制备方法。

3. 实验准备　预测各项试验的结果。绘制实验原始数据记录表和统计表。

4. 实验设计　用实验方法验证神经兴奋引起肌肉的电兴奋、肌肉的电兴奋再引起肌肉的机械收缩过程。

【目的】　学习RM6240多道生理信号采集处理系统和换能器的使用。掌握制备具有正常兴奋收缩功能的蛙类坐骨神经-腓肠肌标本基本操作技术。观察不同刺激强度、频率对肌肉收缩的影响。观察神经-肌接头兴奋传递和骨骼肌兴奋的电变化与收缩之间的时间关系及其各自的特点。

蛙类的某些基本生命活动和生理功能与哺乳类动物有相似之处，而其离体组织的生活条件比较简单，易于控制和掌握。因此，蛙或蟾蜍的坐骨神经-腓肠肌标本常被用来观察神经肌肉的兴奋性、刺激与反应的规律及肌肉收缩特点等实验。

肌肉、神经和腺体组织称为可兴奋组织，它们有较大的兴奋性。不同组织、细胞的兴奋表现各不相同，神经组织的兴奋表现为动作电位，肌肉组织的兴奋主要表现为收缩活动。因此，观察肌肉是否收缩可以判断它是否产生了兴奋。一个刺激是否能使组织发生兴奋，不仅与刺激形式有关，还与刺激时间、刺激强度、强度-时间变化率三要素有关，用单个方形电脉冲(方波)刺激组织，则组织兴奋只与刺激强度(电压或电流)、刺激时间(波宽)有关。用单个方波刺激组织，在一定的波宽下，刚能引起组织发生兴奋的刺激称为阈刺激，所达到的刺激强度称为阈强度；能引起组织发生最大兴奋的最小刺激，称为最大刺激，相应的刺激强度叫最大刺激强度；界于阈刺激和最大刺激间的刺激称阈上刺激，相应的刺激强度称阈上刺激强度。

肌肉收缩的形式，不仅与刺激本身有关，而且还与刺激频率有关。若刺激频率较小，使刺激间隔大于一次肌肉收缩舒张的持续时间，则肌肉收缩表现为一连串的单收缩；增大刺激频率，使刺激的间隔大于一次肌肉收缩的收缩时间、小于一次肌肉收缩舒张的持续时间，则肌肉产生不完全强直收缩；继续增加刺激频率，使刺激的间隔小于一次肌肉收缩的收缩时间，则肌肉产生完全强直收缩。

刺激神经使神经细胞产生兴奋，兴奋的运动神经通过局部电流将神经冲动传导至神经-肌接头，使接头前膜释放神经递质乙酰胆碱(acetylcholine，ACh)，ACh 与接头后膜 M 受体结合使后膜去极化产生终板电位，终板电位可引起肌肉产生兴奋(action potential，AP)传遍整个肌纤维，并经由横管膜进入肌细胞内到达三联体部位。AP 形成的刺激使终池膜上的钙通道开放，贮存在终池内的 Ca^{2+} 顺浓度差以易化扩散的方式经钙通道进入肌浆到达肌丝区域，使 Ca^{2+} 与细肌丝的肌钙蛋白结合，引发肌纤维中粗、细肌丝产生相对滑动，宏观上表现为肌肉收缩。

1　材料

蟾蜍；任氏液，甘油高渗任氏液；锌铜弓，一维微调器，BB-3G 屏蔽盒，针形引导电极，张力换能器，RM6240 多道生理信号采集处理系统。

2　方法

2.1　毁脑脊髓　取蟾蜍一只，用左手握住，动物前肢置于左手食指和中指之间，用左手拇指压住动物脊柱，右手将其双下肢拉直，用左手无名指和小指夹住，以食指抵住其头吻端并使其头尽量前俯(图 6-1-1)，右手持探针自枕骨大孔处垂直刺入，到达椎管，使探针改变方向刺入颅腔，向各侧搅动，彻底捣毁脑组织；再将探针原路退回，刺向尾侧，捻动探针使逐渐刺入整个椎管内，捣毁脊髓。此时蟾蜍下颌呼吸运动应消失，四肢松软，即成为一毁脑脊髓的蟾蜍(pithed toad)；否则须按上法再行捣毁。

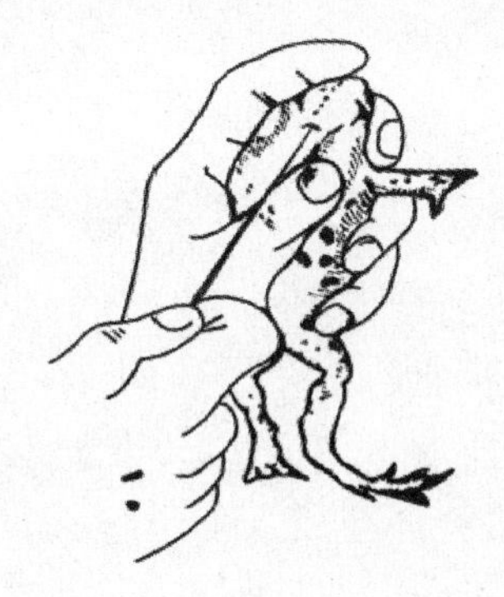

图 6-1-1　蛙脑和脊髓的破坏

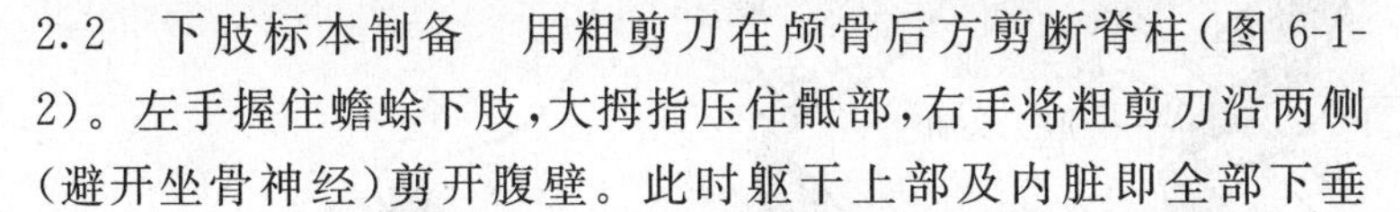

2.2　下肢标本制备　用粗剪刀在颅骨后方剪断脊柱(图 6-1-2)。左手握住蟾蜍下肢，大拇指压住骶部，右手将粗剪刀沿两侧(避开坐骨神经)剪开腹壁。此时躯干上部及内脏即全部下垂(图 6-1-3)。剪除全部躯干上部及内脏组织，弃于瓷盆内。避开神经，用右手拇指和食指夹住脊柱，左手捏住皮肤边缘，逐步向下牵拉剥离皮肤(图 6-1-3)。拉至大腿时，如阻力较大，可先剥下一侧，再剥另一侧。将全部皮肤剥除后的下肢标本置于盛有任氏液的培养皿中。

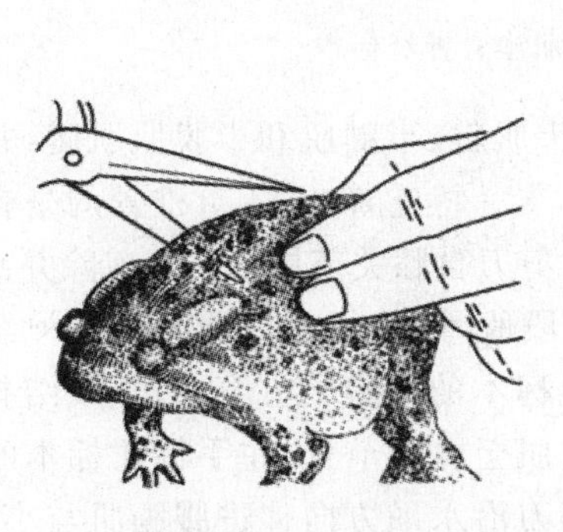

图 6-1-2　横断脊柱

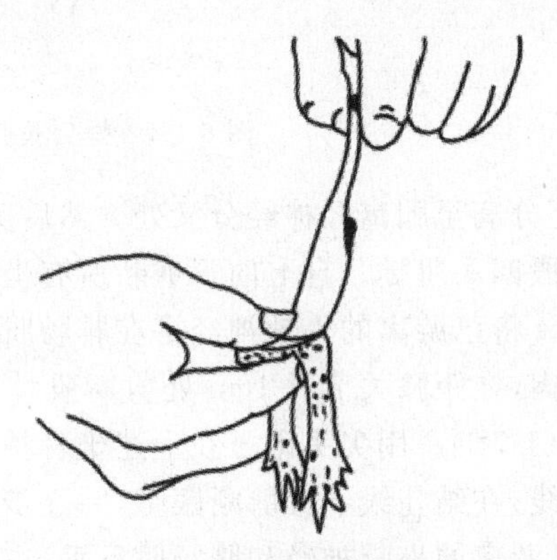

图 6-1-3　剥去皮肤

2.3　制备坐骨神经-腓肠肌标本　洗净双手和用过的全部手术器械。下肢标本俯卧，用大剪刀从背侧剪去骶骨,沿中线将脊柱剪成两半,再从耻骨联合中央剪开。取一条腿,用玻璃分针沿脊柱侧游离坐骨神经腹腔部,然后用大头针将标本背位固定于蛙板上。按图 6-1-4 所示,用玻璃分针循股二头肌和半膜肌之间的坐骨神经沟,纵向分离暴露坐骨神经之大腿部

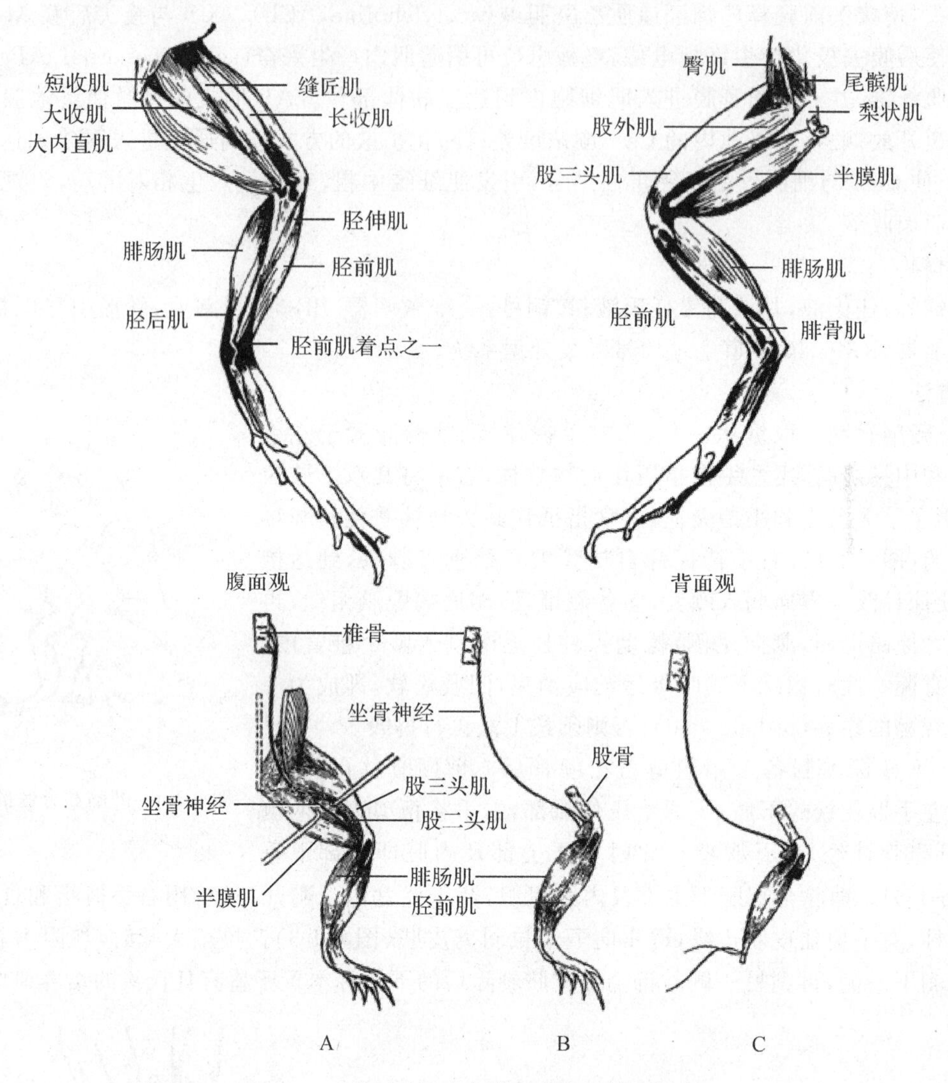

图 6-1-4　蛙后肢肌肉与腓肠肌坐骨神经标本

分,直至分离至腘窝胫神经分叉处。然后剪断股二头肌腱、半腱肌和半膜肌肌腱,并绕至前方剪断股四头肌腱。自上向下剪断所有坐骨神经分支。将连着 3～4 节椎骨的坐骨神经分离出来。将已游离的坐骨神经搭在腓肠肌上。用粗剪刀自膝关节周围向上剪除并刮净所有大腿肌肉,在距膝关节约 1cm 处剪断股骨。弃去上段股骨,保留部分即为坐骨神经小腿标本(图 6-1-5B)。用尖头镊子在上述坐骨神经腓肠肌标本的跟腱下方穿孔,穿线结扎之。提起结扎线,在结扎线下方剪断跟腱,并逐步游离腓肠肌至膝关节处,左手握住标本的股骨部分,使已游离的坐骨神经和腓肠肌下垂,右手持粗剪刀沿水平方向伸进腓肠肌与小腿之间,在膝关节处剪断,与小腿其余部分分离。左手保留部分即为附着于股骨之上的、具有坐骨神经支配的腓肠肌标本(图 6-1-4C)。将标本浸入盛有新鲜任氏液之培养皿中待用。

2.4　实验系统连接和参数设置　张力换能器输入 RM6240 系统第 1 通道，刺激输出接标本盒刺激电极（图 6-1-5）。开启计算机和 RM6240 多道生理信号采集处理系统的电源。启动 RM6240 多道生理信号采集处理系统软件，在其窗口点击“实验”菜单，选择“刺激强度（或频率）对骨骼肌收缩的影响”项。仪器参数：第 1 通道模式为张力，采样频率 400Hz～1kHz，扫描速度 1s/div，灵敏度 10～30g，时间常数为直流，滤波频率 100Hz。在“选择”下拉菜单中选择“强度/频率”项，显示刺激参数。

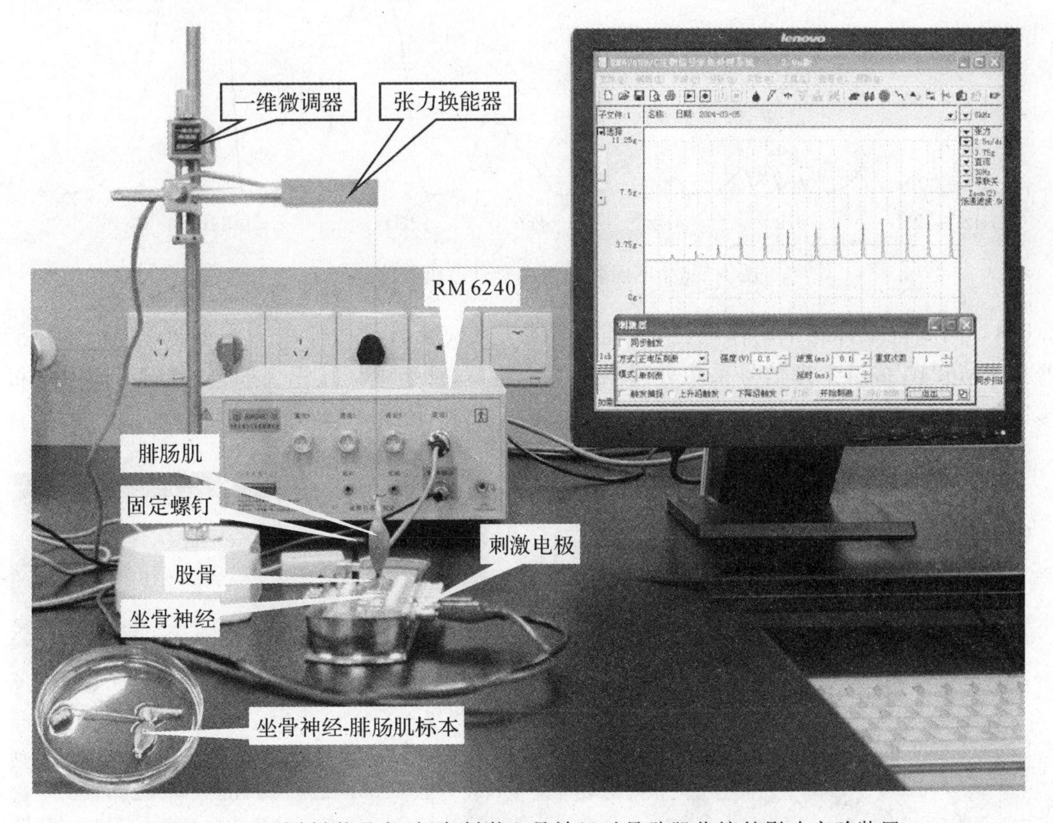

图 6-1-5　不同刺激强度、频率刺激坐骨神经对骨骼肌收缩的影响实验装置

2.5　实验装置连接　将离体坐骨神经腓肠肌标本的股骨插入标本盒的固定孔中，旋转固定螺钉固定标本，腓肠肌的跟腱结扎线系于张力换能器的悬臂梁上。坐骨神经放在刺激电极上，保持神经与电极接触良好（图 6-1-5）。调节一维微调器，将前负荷调至 2g。

2.6　实验观察

2.6.1　毁脑脊髓前后蟾蜍四肢肌张力的变化。用锌铜弓分别刺激坐骨神经和腓肠肌，观察肌肉的反应。

2.6.2　刺激强度对骨骼肌收缩的影响　刺激方式：单次，刺激波宽：0.1ms。点击记录窗口的“记录”按钮，开始记录，按刺激器的“刺激”按钮，刺激强度从 0.1V 逐渐增大，强度增量 0.01～0.05V，连续记录肌肉收缩曲线（图 6-1-5）。刺激强度增加至肌肉出现最大收缩反应（肌肉收缩曲线不再增高）。如采用“自动强度”刺激方法，设定起始强度 0V，结束强度 2～3V，步长 0.05V。

2.6.3　刺激频率对骨骼肌收缩的影响　将刺激强度设置为 1V 或最大刺激强度，波宽：

0.1ms。刺激模式为连续单刺激或频率递增方式(采用频率递增方式,起始频率 1Hz,结束频率 30Hz,步长 1Hz,组间延时大于 10s)。刺激频率按 1Hz、2Hz、3Hz、4Hz、5Hz、…、30Hz 逐渐增加,连续记录不同频率时的肌肉收缩曲线(图 6-1-6),观察不同刺激频率时的肌肉收缩形态和张力变化。

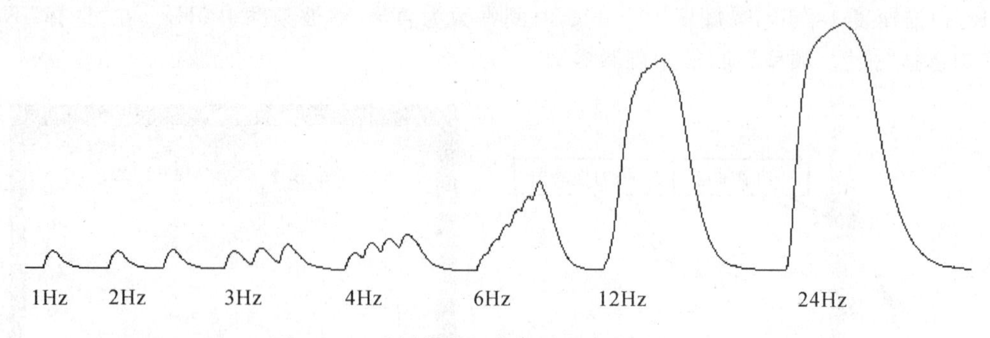

图 6-1-6　不同刺激频率对骨骼肌收缩的影响

2.6.4　同步记录神经干动作电位、骨骼肌动作电位、肌肉收缩曲线　按图 6-1-7 张力换能器接 RM6240 多道生理信号采集处理系统第 1 通道,针型电极接第 2 通道,神经干引导电极接第 3 通道,刺激器输出接标本盒的刺激电极。在 RM6240 软件窗口点击"实验"菜单,选

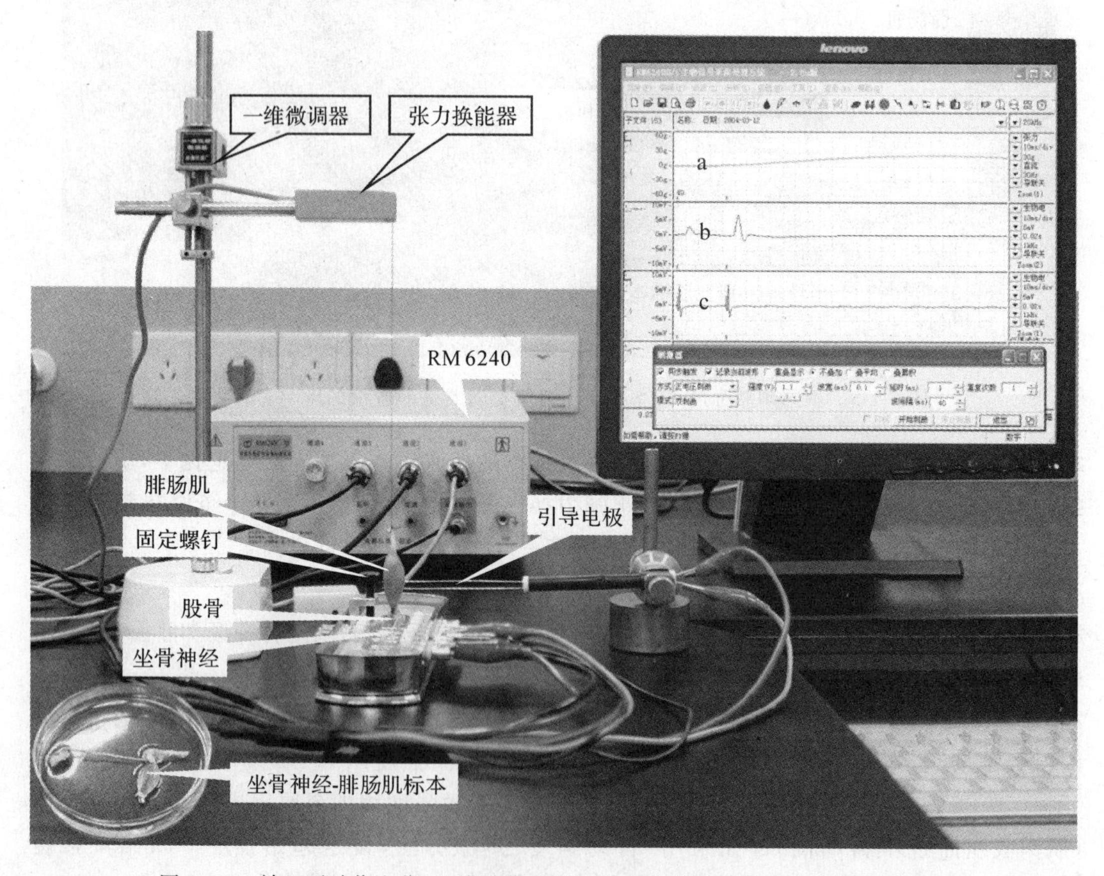

图 6-1-7　神经干动作电位、肌膜动作电位和肌肉收缩同步记录实验装置及波形

a:肌肉收缩曲线;b:肌膜动作电位;c:坐骨神经干动作电位

择“骨骼肌电兴奋与收缩”项。仪器参数：第1通道模式为张力，灵敏度10～30g，时间常数为直流，滤波频率100Hz；第2和第3通道模式为生物电，灵敏度5mV，时间常数为0.02s，滤波频率3kHz；采样频率100kHz，扫描速度20ms/div。刺激模式为双刺激，刺激强度为1V或最大刺激强度，刺激波宽0.1ms；波间隔0.1～1000ms，同步触发。针形引导电极插入腓肠肌并固定(图6-1-7)。观察记录刺激间隔等于0.1、0.5、1、10、100、1000ms情况下神经干动作电位、肌膜动作电位波形和腓肠肌的收缩曲线(图6-1-7)。

2.6.5　观察甘油高渗任氏液处理肌肉后的肌肉动作电位和收缩　用浸润20%～30%甘油高渗任氏液的棉花包裹腓肠肌，每隔3min用单刺激刺激标本一次。记录出现有动作电位无腓肠肌收缩的时间。

2.7　统计方法　结果以 $\overline{X} \pm S$ 表示，统计学分析采用Student's t-test方法。

3　结果

3.1　用文字描述锌铜弓刺激神经和肌肉时，腓肠肌的收缩反应。

3.2　测量每一刺激频率所对应的肌肉收缩张力，绘制刺激强度与肌肉收缩张力曲线。确定阈强度和最大刺激强度。

3.3　测量最大刺激时，肌肉的收缩期和舒张期时间(图6-1-8)。

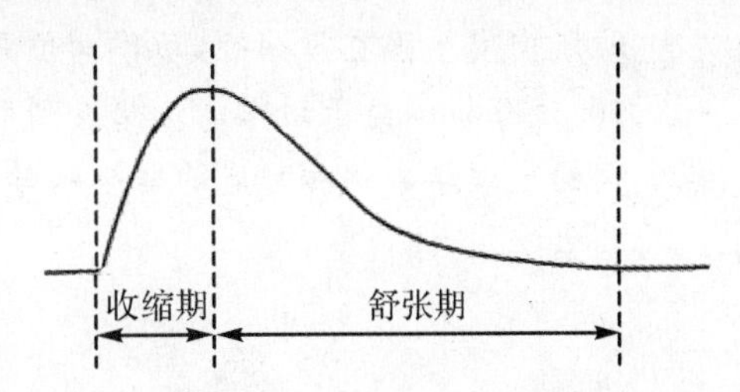

图6-1-8　骨骼肌单收缩曲线

3.4　测量每一刺激频率所对应的肌肉收缩张力，绘制刺激频率与肌肉收缩张力曲线。

3.5　测量不同刺激波间隔刺激坐骨神经的肌肉收缩张力、肌膜动作电位振幅和坐骨神经动作电位振幅原始数据，对数据进行统计。

3.6　测量刺激间隔等于1000ms时神经干动作电位起点、肌膜动作电位起点到肌肉收缩起点的时差数据，对数据进行统计。对出现有动作电位无腓肠肌收缩的时间进行统计学分析。

3.7　用文字和数据逐一描述实验结果。

4　讨论

分析用锌铜弓刺激神经和肌肉时，腓肠肌的收缩反应机理。论述刺激强度、刺激频率对肌肉收缩张力的影响及机制。论述神经干动作电位、骨骼肌动作电位、肌肉收缩曲线三者之间的生理学事件，改变刺激波间隔和甘油高渗任氏液处理肌肉后神经干动作电位、骨骼肌动作电位、肌肉收缩曲线的变化及机制。分析影响实验的主要干扰因素及改进方法。

【注意事项】

1. 毁脑脊髓时防止蟾蜍皮肤分泌的蟾蜍液射入操作者的眼内或污染实验标本。

2. 制备神经肌肉标本过程中，要适时滴加任氏液，以防标本干燥，丧失正常生理活性。操作过程中应避免强力牵拉和手捏神经或夹伤神经肌肉。

3. 离体坐骨神经腓肠肌标本制备好后需在任氏液中先浸泡一定时间。

4. 肌肉在未给刺激时即出现挛缩，是漏电等原因引起，需检查仪器接地是否良好。

5. 做肌肉最大收缩时，刺激强度不宜太大，否则会损伤神经。

6. 在肌肉收缩后，应让肌肉休息一定时间再作下一次刺激，特别是高频连续刺激时。

7. 实验过程中保持换能器与标本连线的张力不变。

【问题探究】

1. 毁脑脊髓后的蟾蜍应有何表现？

2. 制备好的神经肌肉标本为何要放在任氏液中？

3. 如何判断神经肌肉标本的兴奋性？

4. 锌铜弓刺激坐骨神经引起坐骨神经-腓肠肌标本的肌肉收缩是否属于反射？

5. 实验中观察到的阈刺激是神经纤维的阈刺激，还是肌肉的阈刺激？如此测出的阈刺激的可靠程度如何？有什么更好的方法？

6. 在一定的刺激强度范围内，为什么肌肉收缩的幅度会随刺激强度的增大而增大？

7. 不完全强直收缩与完全强直收缩是如何引起的？为什么刺激频率增高肌肉收缩的幅度也增大？

8. 连续电刺激神经，坐骨神经腓肠肌标本会出现疲劳现象吗？为什么？

9. 肌肉发生强直收缩时，动作电位是否发生融合？为什么？

10. 试分析神经干动作电位起点到肌膜动作电位起点、肌膜动作电位起点到肌肉收缩起点之间的生理学事件和可能的非生物学事件。

（陆　源　叶治国）

实验 2　蟾蜍坐骨神经干动作电位的实验研究

【预习要求】

1. 实验理论　生理学教材中兴奋性、兴奋的概念，静息电位和动作电位的形成机制，动作电位传导原理及神经纤维的分类。查阅有关影响神经兴奋传导因素的文献。

2. 实验方法　第三章第二节多道生理信号采集处理系统；实验 1 坐骨神经-腓肠肌标本制备方法和本项实验的神经干标本制备。

3. 实验准备　预测刺激强度、神经干放置方向、引导电极距离、机械损伤、KCl、普鲁卡因对神经干动作电位振幅、时程的影响。绘制实验原始数据记录表和统计表。

4. 实验设计　用实验的方法验证引导电极处神经纤维多寡是引起离体蟾蜍坐骨神经干双相动作电位正相波振幅大于负相波振幅的假设；用实验的方法验证因神经纤维动作电位传导速度的不同导致两引导电极处复合的动作电位正相波振幅大于负相波振幅，正相波时程小于负相波时程；用实验的方法验证神经干双相动作电位因由不对称的正相波和负相波相叠加导致正相波振幅大于负相波振幅，正相波时程小于负相波时程。

【目的】　应用电生理实验方法，测定蟾蜍坐骨神经干复合动作电位和神经冲动的传导速度，观察神经损伤、药物对神经兴奋传导的影响，探讨神经干双相动作电位形成机制。学习通过设计具体的实验方法和实验来验证假设。

用电刺激神经，在负刺激电极下的神经纤维膜内外产生去极化，当去极化达到阈电位时，膜产生一次在神经纤维上可传导的快速电位反转，此即为动作电位(action potential, AP)。神经纤维兴奋部位膜外电位相对静息部位呈负电性质，当神经冲动通过以后，膜外电位又恢复到静息时水平。

如果两个引导电极置于兴奋性正常的神经干表面，兴奋波先后通过两个电极处，便引导出两个方向相反的电位波形，称为双相动作电位(biphasic action potential, BAP)。如果两个引导电极之间的神经纤维被完全损伤、药物作用等，兴奋波只通过第一个引导电极，不能传至第二个引导电极，则只能引导出一个方向的电位偏转波形，称为单相动作电位(monophasic action potential, MAP)。

神经干由许多神经纤维组成，故神经干动作电位与单根神经纤维的动作电位不同，神经干动作电位是由许多不同直径和类型的神经纤维动作电位叠加而成的综合性电位变化，称复合动作电位(compound action potentials, CAP)，神经干动作电位幅度在一定范围内可随刺激强度的变化而变化。

动作电位在神经干上传导有一定的速度。不同类型的神经纤维传导速度不同，神经纤维越粗则传导速度越快。蛙类坐骨神经干以 Aα 类纤维为主，传导速度大约 30～40m/s。测定神经冲动在神经干上传导的距离(s)与通过这段距离所需时间(t)，可根据 $\nu=s/t$ 求出神经冲动的传导速度。

1　材料

蟾蜍；任氏液，KCl 溶液，普鲁卡因；BB-3G 标本屏蔽盒，RM6240 多道生理信号采集处理系统。

2　方法

2.1　系统连接和参数设置　系统连接按图 6-2-1 所示连接 RM6240 多道生理信号采集处理系统与标本盒。启动 RM6240 系统软件，设置仪器参数：点击“实验”菜单，选择“神经干动作电位”项目。第 1、2 通道时间常数 0.02s、滤波频率 3kHz、灵敏度 5mV，采样频率 100kHz，扫描速度 0.2ms/div。单刺激模式，刺激波宽 0.1ms，延迟 1ms，刺激电压 1V，同步触发。

2.2　制备蟾蜍坐骨神经干标本　按实验 1 介绍的方法毁脑脊髓和下肢标本制备。剥皮的下肢标本俯卧位置于蛙板上，用尖头镊子夹住骶骨尾端稍向上提，使骶部向上隆起，用粗剪刀水平位剪除骶骨。标本仰卧置于蛙板上，用玻璃分针分离脊柱两侧的坐骨神经，穿线，紧靠脊柱根部结扎，近中枢端剪断神经干，用尖头镊子夹结扎线将神经干从骶部剪口处穿出。标本俯卧位置于蛙板上，使其充分伸展呈“人”字形，用三枚大头针将标本钉在蛙板上。然后再用玻璃分针循股二头肌和半膜肌之间的坐骨神经沟，纵向分离暴露坐骨神经大腿部分，直至分离至腘窝胫腓神经分叉处，用玻璃分针将胫神经与胫骨前肌分离。用手轻提一侧结扎神经的线头，辨清坐骨神经走向，置剪刀于神经与组织之间，剪刀与下肢成 30°角，紧贴股骨，腘窝，顺神经走向，剪切直至跟腱并剪断跟腱和神经。用手捏住结扎神经的线头，用镊子剥离附着在神经干上的组织，将剥离出来的坐骨神经干标本浸入盛有任氏液的培养皿中待用。

2.3　实验观察

2.3.1　中枢端引导动作电位　神经干末梢端置于刺激电极处，用刺激电压 1.0V、波宽 0.1ms 的方波刺激神经干，测定第 1 和第 2 对引导电极引导的 BAP 正相波和负相波的振幅图注：1. BB-3G标本屏蔽盒；2. 蟾蜍坐骨神经干标本；3. S+，刺激电极正极；4. S-，刺激电极负极；5. 接地电极；6. R_{11}，第1对引导电极的负极；7. R_{12}，第1对引导电极的正极；8. R_{21}，第2对引导电极的负极；9. R_{22}，第2对引导电极的正极；10. 刺激器输出；11. 第1通道；12. 第2通道；13. RM6240多道生理信号采集处理系统。

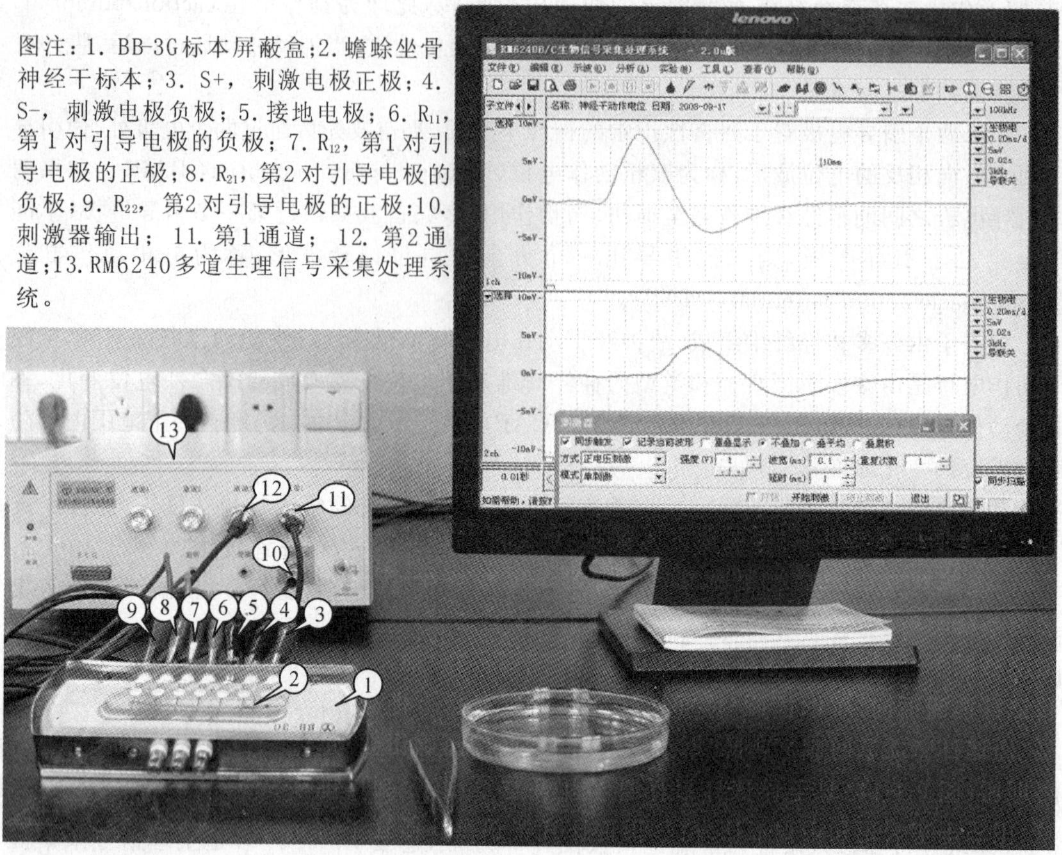

图 6-2-1　神经干动作电位引导实验仪器和装置

和时程。

2.3.2　改变引导电极距离　用刺激电压 1.0V、波宽 0.1ms 的方波刺激神经干中枢端，记录引导电极距离为 10mm 时的 BAP；移去 R_{21}、R_{22} 的鳄鱼夹，将 R_{12} 的鳄鱼夹先后夹在 R_{21}、R_{22} 处，分别记录导电极距离为 20mm、30mm 时的 BAP。分别测定上述三个引导电极距离的 BAP 正相波和负相波的振幅和时程。

2.3.3　末梢端引导 BAP 和测定 AP 传导速度　引导电极距离 10mm，神经干中枢端置于刺激电极处，用刺激电压 1.0V、波宽 0.1ms 的方波刺激神经干，测定第 1 对引导电极引导的 BAP 正相波和负相波的振幅和时程。分别测量两个动作电位起始点的时间差和标本盒中两对引导电极之间的距离 s(应测 $R_{11}-R_{21}$ 的间距)，计算动作电位传导速度。

2.3.4　MAP 引导　用镊子夹伤第 1 对引导电极之间贴近 R_{12} 处神经，用刺激电压 1.0V、波宽 0.1ms 的方波刺激神经干，动作电位呈现一正相波(注意：不能移动神经干的位置)。测量 MAP 的振幅和动作电位持续时间。测量 MAP 的上升时间和下降时间。

2.3.5　按一定步长，刺激强度从 0V 开始逐步增加至动作电位不再增大为止。测量 MAP 振幅与刺激电压对应数据(如采用自动强度递增刺激，设定起始强度 0.1V，结束强度 2V，步长 0.02～0.05V)。

2.3.6　换一神经干，用刺激电压 1.0V、波宽 0.1ms 的方波刺激神经干，若第 2 对引导电极引出一 BAP，用一小块浸有 3mol/L KCl 溶液的滤纸片贴附在第 2 对引导电极后一电极(R_{22})处的神经干上。记录 KCl 处理前及处理后 1min、2min、3min 第 2 对引导电极(R_{21}、R_{22})引导的 AP 振幅和时程。

2.3.7　用刺激电压 1.0V、波宽 0.1ms 的方波刺激神经干，用一小块浸有 40g/L 普鲁卡因溶液的滤纸片贴附在第 1 对引导电极后一电极(R_{12})处的神经干上。记录处理前及处理后 5min 第 1 对引导电极 R_{11}、R_{12} 引导的 AP 振幅和时程。

2.4　统计方法　结果以 $\overline{X}\pm S$ 表示，统计学分析采用 Student's t-test 方法。

3　结果

3.1　列阈强度、最大刺激强度、传导速度原始数据表，列神经干中枢引导和末梢引导 BAP 正相、负相振幅及持续时间原始数据表，列引导电极距离分别为 10、20、30mm 时的 BAP 正相、负相振幅及持续时间，列 BAP 正相、负相振幅及持续时间、MAP 振幅及持续时间的原始数据表，列 KCl、普鲁卡因处理前后 AP 振幅及持续时间原始数据表，对数据进行统计。

3.2　绘制刺激强度与动作电位振幅的关系图，标注双相、单相动作电位波形图。

3.3　用文字、统计描述、统计结果描述结果。计算动作电位波长，正、负波的叠加点。

4　讨论

围绕结果论述双相动作电位形成机制及各项处理引起动作电位参数变化的机理。

【注意事项】

1. 神经干应尽可能分离得长一些，要求自脊椎附近的主干分离至踝关节。

2. 神经干分离过程中勿损伤神经组织，以免影响神经的兴奋性。

【问题探究】

1. 什么叫刺激伪迹？应怎样鉴别？刺激伪迹是如何形成的？

2. 神经干动作电位的幅度在一定范围内随着刺激强度的变化而变化，这是否与神经纤维动作电位的“全或无”性质相矛盾？

3. 调换神经干标本的放置方向的目的是什么？BAP 是如何形成的？

实验 3　蟾蜍坐骨神经干不应期的测定

【预习要求】

参见实验 2。

【目的】　了解蛙类坐骨神经干产生动作电位后其兴奋性的规律性变化。学习绝对不应期和相对不应期的测定方法。

神经组织与其他可兴奋组织一样，在接受一次刺激产生兴奋以后，其兴奋性将会发生规律性的变化，依次经过绝对不应期、相对不应期、超常期和低常期，然后再回到正常的兴奋水平。采用双脉冲刺激，可先给予一个中等强度的阈上刺激，在神经发生兴奋后，按不同时间间隔给予第二个刺激,通过调节两刺激脉冲间隔,可测得坐骨神经的绝对不应期和相对不应期。将两刺激脉冲间隔由最小逐渐增大时,开始只有第一个刺激脉冲刺激产生动作电位(action potential,AP),第二个刺激脉冲刺激不产生AP,当两刺激脉冲间隔达到一定值时,此时第二个刺激脉冲刚好能引起一极小的AP,这时两刺激脉冲间隔即为绝对不应期。继续增大刺激脉冲间隔,这时由第二个刺激脉冲刺激产生的AP逐渐增大,当两刺激间隔达到某一值时,此时由第二个刺激脉冲刺激产生的AP,其振幅刚好和由第一个刺激产生的AP相同,这时两刺激脉冲间隔即为相对不应期。继续增大刺激间隔,此时由两刺激脉冲产生的AP将始终保持完全一致。

1　材料

蟾蜍或蛙;任氏液;BB-3G标本屏蔽盒,RM6240多道生理信号采集处理系统。

2　方法

2.1　系统连接和仪器参数设置　仪器装置按图6-2-1连接。开启计算机和RM6240多道生理信号采集处理系统电源,启动RM6240多道生理信号采集处理系统软件,在其窗口点击"实验"菜单,选择"神经干兴奋不应期的测定"项。仪器参数:1通道时间常数0.02s、滤波频率3kHz、灵敏度5mV,采样频率100kHz,扫描速度1ms/div。最大刺激强度,刺激波宽0.1ms,延迟1ms,同步触发。

2.2　蟾蜍坐骨神经干标本制备(参见实验2)。

2.3　实验观察

2.3.1　单相动作电位引导　将神经干置于标本盒的电极上,神经干中枢端置于刺激电极处。用单刺激模式,波宽0.1ms脉冲神经干,刺激强度为最大刺激,引导神经干双相动作电位。在R_{11}、R_{12}两电极间的近R_{12}电极处夹伤神经干,使双相动作电位变成单相动作电位。

2.3.2　不应期测定　刺激模式改变为双刺激,起始波间隔0.5ms。启动刺激,逐步增加波间隔,观察第二个动作电位幅度的变化。测量第2个动作电位出现时的刺激波间隔和第二个动作电位振幅刚开始与第1个动作电位振幅相等时的刺激波间隔。

2.4　统计方法　结果以$\overline{X}\pm S$表示,统计学分析采用Student's t-test方法。

3　结果

列第2个AP出现时和第2个AP振幅刚开始与第1个AP振幅相等时的刺激波间隔和对应的AP振幅原始数据表并进行统计,用文字、统计描述和统计结果表述结果。

4　讨论

对实验结果进行机制探讨。

【问题探究】

1. 根据实验数据,如何判定绝对不应期和相对不应期?
2. 产生绝对不应期和相对不应期的机制是什么?

(陆　源　厉旭云)

实验4　人体肌电图

【预习要求】

1. 实验理论　肌电图的产生原理及其图形。
2. 实验方法　肌电图的分析方法。
3. 实验准备　预绘制数据记录表。

【目的】　初步了解肌电图描记的常规方法及观察正常人体肌电图的波形。

将针形引导电极插入肌肉或将表面电极置于肌肉上的皮肤表面，用肌电图机或生物信号采集处理系统记录出肌肉兴奋时的电活动曲线图，这种曲线图称为肌电图(electromyogram，EMG)。由于人体是一个容积导体，所记录到的肌电不是单根肌纤维的电活动，而往往是许多肌纤维的电活动在空间和时间上的总和。由针形电极(point electrode)引导出的往往是在几个毫米范围内一个运动单位或亚单位的数十条肌纤维的电活动。由表面电极(surface electrode)记录的为多个运动单位的总合波形，以研究人体活动时整块肌肉的状态。

神经兴奋后，其动作电位以局部电流的方式进行传导，兴奋通过神经肌接头的传递，引起肌膜兴奋产生动作电位。用置于皮肤上的刺激电极，在两个刺激点上分别刺激运动神经，以贴在肢体远端皮肤上的引导电极记录两个诱发肌电图，用两个刺激点之间的距离除以两个肌肉动作电位起始点时间差就可以得到人运动神经传导速度(motor nerve conduction velocity，MNCV)。

神经、肌肉的兴奋性、兴奋传导有赖于神经、肌肉在结构上和在机能上保持完整性。神经病变，如神经脱髓鞘，轴索损伤，神经水肿、缺血、炎症等可导致神经兴奋阈值显著升高、潜伏期延长、动作电位振幅降低、动作电位时程延长和传导速度减慢等变化；严重的周围神经损伤，如神经离断，超强的刺激也不会引起所支配的肌肉产生反应。肌肉病变时，诱发的肌电在振幅、时程等方面也会出现不同程度的变化。根据神经传导速度和相应的肌电图，可用来确诊周围神经障碍的性质和部位。

肌电图检查主要有用表面电极完成的神经传导检查和某些特殊检查，主要用于了解神经和肌接头功能；用针电极完成的肌电图检查，主要了解肌肉本身的功能状态。通过表面电极采集肌电，因其无创性而易于接受，故广泛应用于医学和生理学等领域。临床上肌电图应用于神经科、外科、伤骨科、五官科等有关疾病的诊断，判定损伤部位，区分神经源性和肌源性疾病，判定治疗效果。在运动医学方面，用来研究肌肉运动生理、肌肉的力量和肌肉疲劳的客观指标。

1　材料

人；JD-4A 肌电图机或 RM6240C 多道生理信号采集处理系统，表面盘状电极；导电膏，70%酒精，棉棒等。

2　方法

2.1　仪器连接和参数设置

JD-4A 肌电图机线路连接和开机:电源线插头插入仪器电源输入插座,电源线的另一插头插入墙上电源插座。辅助接地线连接辅助接地端子,其另一端夹子夹在专用地线上,刺激电极连线插头插入刺激器输出口。引导电极输入线插头插入输入盒的左、右路输入口,人体接地电极线插头插入输入盒的人体接地端子(图 6-4-1)。开启总电源,启动计算机。在 Windows 桌面上点击 JDS 肌电图图标,启动 JDS 肌电图系统,在 JD-4A 肌电图机界面,鼠标点击主菜单的“检测内容”,在其下拉式菜单中选择肌电图检测项目后,系统进入相应的肌电图检测窗口。

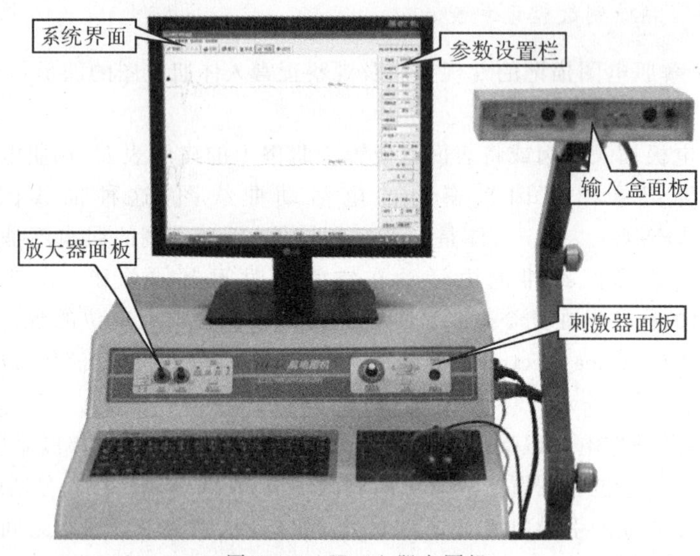

图 6-4-1　JD-4A 肌电图机

2.2　常规肌电图

2.2.1　参数设置　点击主菜单“检测内容”,选择其中的“常规肌电图”。记录静息、轻收缩肌电图时,灵敏度为 100μV,扫描速度为 10ms。记录重收缩肌电图时,灵敏度为 500～1000μV,扫描速度为 10～100ms。其余参数为默认值(开机时的参数)。

2.2.2　刺激器设置　将刺激器面板上“开关”置于“关”位置,连续按压仪器左侧放大器上的“触发方式”按键,使“触发”下的“自动”指示灯亮起。

2.2.3　电极放置　受试者端坐位,臂伸平,置于桌上,将受试者一侧大鱼际肌(拇短展肌、拇短屈肌、拇收肌、拇对掌肌,见图 6-4-2)表面的皮肤用酒精棉球充分擦拭脱脂和消毒。将两个涂以导电膏的表面引导电极沿肌肉的纵方向(距离约 2cm)贴附于大鱼际肌的皮肤面上,在腕部皮肤贴附接地电极,用胶布固定。接地电极与仪器输入线的地线连接,引导电极分别与仪器的正、负输入线连接。

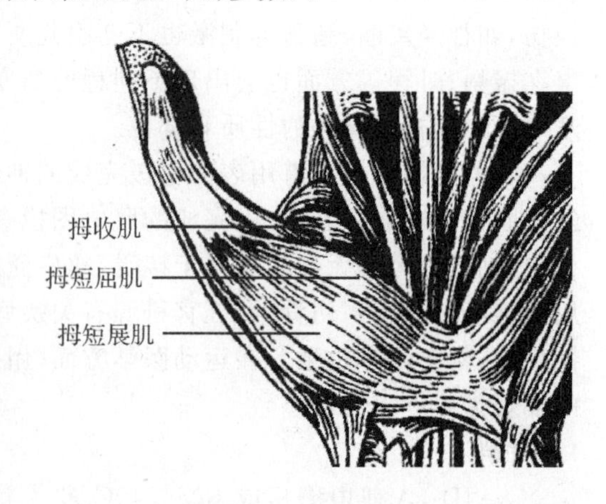

图 6-4-2　大鱼际肌

2.2.4　调整相位　电极放置完毕,鼠标点击肌电图检测窗口上的“检测”按钮,记录肌电图。

若记录的肌电图波形反相,则将输入盒"输入控制"拨键拨到 A 或 B。

2.2.5 记录测量 嘱受检者依次松弛、轻微和用力收缩受检部位肌肉,观察肌电图(图 6-4-3)。当出现肌肉松弛时的异常电位及肌肉轻微、用力收缩时的典型电位时,鼠标点击肌电图检测窗口右侧的"保存"按钮,冻结波形。鼠标点击"显示"按钮,并在被测电位波形首端和尾部点击,屏幕自动显示曲线时限值,再次点击波形波峰与波谷,屏幕自动显示该曲线电位值的幅度。

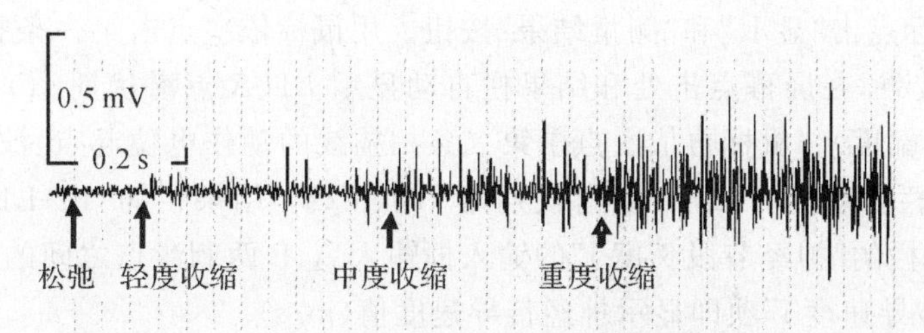

图 6-4-3 人体肌电图(表面电极)

2.3 运动神经传导速度

2.3.1 参数设置 在主菜单"检测内容",选择"运动神经速度",选择"二线"记录,灵敏度设置为 100～5000μV,其余参数为默认值。

2.3.2 刺激器设置 将刺激器面板上"开关"置于"开"位置,刺激频率 1Hz,刺激方式"重复"。连续按压仪器左侧放大器上的"触发方式"按键,使"触发"下的"刺激"指示灯亮起。

2.3.3 引导电极放置 受试者端坐位,臂伸平,置于桌上,将受试者一侧大鱼际肌(拇短展肌、拇短屈肌、拇收肌、拇对掌肌,见图 6-4-2)表面的皮肤用 75%酒精棉球充分擦拭脱脂。将一个涂以导电膏的表面引导电极贴附于大鱼际肌中央的皮肤上,另一引导电极贴附于拇指的近节指骨的根部,接地电极贴附手掌表面(图 6-4-4),用胶布固定。接地电极与仪器输入线的地线连接,引导电极分别与仪器的正、负输入线连接。

2.3.4 刺激电极放置 正中神经的第一刺激点在肱动脉内侧,尺骨窝的中央(图 6-4-4),刺激电极负极在远侧端(A 点),正极在距负极 2～3cm 近侧端。第二刺激点在腕部中央(B 点),刺激电极负极放在掌长肌腱和桡侧腕屈肌腱之间,正好是横腕韧带的近侧端。为了防止刺激尺神经,可将刺激电极正极放在负极的桡侧和近侧的方向。用酒精棉球充分擦拭刺激电极安置处的皮肤进行脱脂,按以上所述位置安置刺激电极。

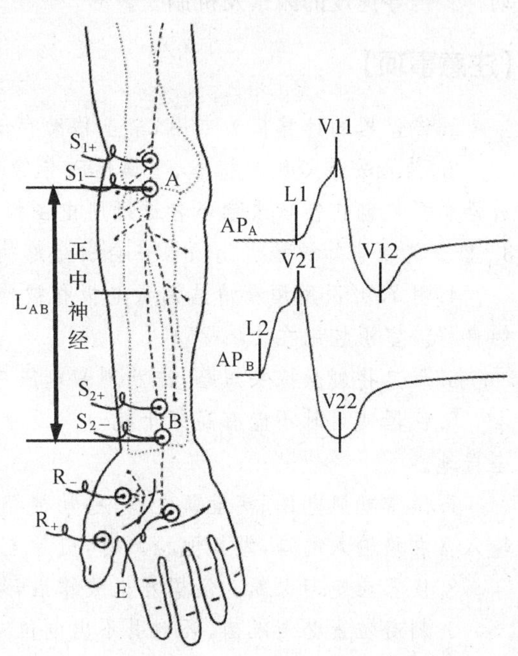

图 6-4-4 正中神经传导速度测定示意图

R_+、R_- 为引导电极;S_{1-}、S_{1+} 分别为第一刺激点的负、正刺激电极,S_{2-}、S_{2+} 分别为第二刺激点的负、正刺激电极,E 为接地电极

2.3.5 相位调整 电极放置完毕,鼠标点击肌电图检测窗口上的“检测”按钮,记录肌电图。若记录的肌电图波形反相,则将输入盒“输入控制”拨键拨到A或B。

2.3.6 记录测量 测量A、B两点之间一个节段的神经传导速度,先将刺激电极置于远端A点(图6-4-4),鼠标点击“检测”按钮,动作电位显示在第一条扫描线,调节(增大)刺激强度直至引出满意的动作电位,按“保存”按钮,第一条扫描线被冻结(AP_A)。屏幕自动显示第二条扫描线,将刺激电极置于近端B点,引出满意的动作电位,按“保存”按钮,冻结第二条扫描线(AP_B)。鼠标点击“显示”和“测量结果”按钮。用鼠标依次点击第一条扫描线的动作电位起点、波峰与波谷,在屏幕点击处和结果栏自动显示L1(A点潜伏期 t_A)、V11(峰电位幅度)、V12(谷电位幅度)。鼠标再依次点击第二条扫描线的动作电位起点、波峰与波谷,在屏幕点击处和结果栏自动显示L2(B点潜伏期)、V21、V22。结果栏的“L2-L1”项显示传导时间(ms)。向结果栏的“神经节段长度I”的输入框输入A、B两刺激点之间的距离 L_{AB}(mm),结果栏的“神经传导速度I”项即显示神经传导速度值(m/s)。

3 结果

3.1 测出肌肉做轻度、中度和用力收缩时,用表面电极引导记录的肌电图的频率和幅值,绘制不同收缩强度与肌电图的频率关系曲线和不同收缩强度与肌电图幅值关系曲线。

3.2 根据两个肌电图的刺激-反应时的时差与刺激电极的距离,计算正中神经的传导速度。

4 讨论

论述肌肉做轻度、中度和用力收缩时,肌电图的频率和幅值变化的机制。论述影响人运动神经传导速度的因素及机制。

【注意事项】

1. 该仪器的计算机为专用,禁止移动存储设备插入USB口,病毒可能会引发安全事件。

2. 禁止安装心脏起搏器、金属性心导管者及血友病、血小板减少等有明显出血倾向、开放性骨折或创伤伤口未愈合者进行肌电图检查。

3. 检查前须告知被检者此项检查会引起疼痛不适感。

4. 用75%医用酒精清洁消毒电极和被检查者皮肤,确保引导电极及接地电极与皮肤接触良好。室温控制在15～25℃。

5. 严禁将刺激探头短路,注意刺激电压应逐步提高。

6. 仪器使用时不能有高频干扰。应设专用接地线,不能用其他管道代替,以确保仪器安全接地。

7. 做常规肌电图、定量肌电图、感觉神经速度、体感诱发电位检测时,引导电极输入线接输入盒右路输入端口,做其他检测时,引导电极输入线接输入盒左路输入端口。

8. 仪器应定期保养。仪器发生故障后,须请生产厂家的专业维修人员维修。

9. 刺激位置必须准确,否则引不出电位。

【问题探究】

1. 肌张力增大是通过什么机制实现的?

2. 肌肉不做随意运动,能否记录到肌电图?运动神经切断后的两三周,肌肉不做随意运动,能否记录到肌电图?

3. 你认为哪些因素和疾病能影响神经传导速度？其影响方式如何？

4. 肌肉或神经肌接头受累，是否能通过上述实验检查出来？为什么？

5. 本实验有何临床意义？

（虞燕琴　梅汝焕　陆　源）

实验 5　家兔红细胞渗透脆性试验

【预习要求】

1. 实验理论　血浆晶体渗透压及其生理意义。
2. 实验方法　第五章第五节中的血液采集。
3. 实验准备　预绘制实验原始数据记录表。

【目的】　观察不同浓度的低渗盐溶液对红细胞的影响，加深理解血浆渗透压相对恒定对维持红细胞正常形态与功能的重要性。

正常情况下，将血液滴入不同浓度的盐溶液中，可以检查红细胞膜对低渗溶液的抵抗力。开始出现溶血现象的低渗盐溶液浓度，为该血液红细胞的最小抵抗力（正常人约为0.4～0.45％NaCl 溶液）；出现完全溶血时的低渗盐溶液的浓度，则为该红细胞最大抵抗力（正常人约为 0.3％～0.35％NaCl 溶液）。对低渗盐溶液的抵抗力小，表示红细胞的脆性大，反之，表示脆性小。

1　材料

抗凝兔血，氯化钠，蒸馏水。

2　方法

2.1　溶液配制　取小试管 10 支，编号后依次排列在试管架上，并按表 6-5-1 配制不同浓度的盐溶液。

表 6-5-1　各种低渗盐溶液的配制

试管号	1	2	3	4	5	6	7	8	9	10
1％氯化钠(mL)	0.9	0.65	0.6	0.55	0.5	0.45	0.4	0.35	0.3	0.25
蒸馏水(mL)	0.1	0.35	0.4	0.45	0.5	0.55	0.6	0.65	0.7	0.75
氯化钠浓度(％)	0.9	0.65	0.6	0.55	0.5	0.45	0.4	0.35	0.3	0.25

2.2　加抗凝血　用吸管吸取抗凝血，在各试管中各加一滴，摇匀，静置 30min。

2.3　用符号记入原始表　　未溶血（－）；部分溶血（±）；全部溶血（＋）。

2.4　实验观察

2.4.1　未发生溶血　液体下层为浑浊红色，上层为透明无色液体，说明红细胞没有发生破裂。

2.4.2　部分溶血　液体下层为浑浊红色，上层呈透明淡红色，说明部分红细胞被破坏和血红蛋白逸出溶解。最先出现部分溶血的盐溶液为红细胞的最大脆性(即最小抵抗力)。

2.4.3　完全溶血　液体呈完全透明红色,管底无红细胞,说明红细胞完全破裂。引起红细胞最先完全溶解的盐溶液的浓度即为红细胞最大抵抗力(表示红细胞的最小脆性)。

3　结果

用文字描述实验结果。

4　讨论

论述结果的机制。

【注意事项】

1. 小试管应干燥,蒸馏水和盐溶液的吸管应分别专用,以保证配制溶液的浓度准确。
2. 摇匀时用手指指腹堵住试管口,轻轻倾倒试管 1～2 次。避免人为溶血。
3. 抗凝剂最好用肝素,以保持溶液渗透压恒定。

【问题探究】

1. 扼要说明红细胞渗透脆性试验的意义。
2. 试举几种红细胞渗透脆性增加的原因。

实验 6　血液凝固和影响血液凝固的因素

【预习要求】

1. 实验理论　内源性凝血和外源性凝血途径,影响血液凝固的因素。
2. 实验方法　第五章第五节中的血液采集。
3. 实验准备　绘制促凝和抗凝试验表,预测各项实验结果。

【目的】　通过测定某些条件下的血液凝固时间,加深理解影响血液凝固的因素。

血液凝固过程是由许多凝血因子参加的酶促反应。根据血液凝固过程中凝血酶原激活途径不同,可将血液凝固分为内源性激活途径和外源性激活途径。内源性凝血是指参与血液凝固的凝血因子全部存在于血浆中;外源性凝血是指在组织因子参与下的血凝过程。本实验采用动物颈动脉放血取血,血液几乎未与组织因子接触,因此凝血过程主要是内源性凝血系统的作用。肺组织浸液中含丰富的组织因子,加入试管观察外源性凝血系统的作用。

1　材料

家兔;石蜡油,冰块,肝素,柠檬酸钠或草酸钾,氯化钙,氨基甲酸乙酯;恒温水浴槽,秒表。

2　方法

2.1　用 200g/L 氨基甲酸乙酯按 5mL/kg 体重剂量给家兔耳缘静脉注射麻醉,将兔仰卧固定于兔手术台上。

2.2　切开颈部皮肤后,分离颈外静脉,采血 10mL,制备血浆和血清。

2.3　分离一侧颈总动脉，头端用线结扎，向心端夹上动脉夹。用眼科剪在近结扎线处的血管壁剪一“V”形小口，向心方向插入动脉插管，用线结扎固定，以备取血之用。

2.4　取 10 支试管，编号。按表 6-6-1 实验条件准备完毕。

2.5　1～8 号试管每管加入血液 2mL，9～10 管分别加血浆和血清。立即用秒表计时，每隔 15s 将试管倾斜一次，观察血液是否凝固，至血液成为凝胶状时，记下所历时间。6～8 管加入血液后，用指腹盖住试管口将试管颠倒两次，使之混匀。

表 6-6-1　促凝和抗凝试验

加　样	试管编号	实验条件		凝血时间(结果)
每管加血 2mL	1	对照管(空管)		
	2	接触面	放棉花少许	
	3		石蜡油涂管内壁	
	4	温度	置于 37℃水浴槽中	
	5		置于冰浴槽中	
	6	加肝素 8 单位		
	7	加 38g/L 柠檬酸钠 3 滴		
	8	加肺组织浸液 0.1mL		
加血浆 2mL	9	加 30g/L $CaCl_2$ 溶液 3 滴		
加血清 2mL	10	加 30g/L $CaCl_2$ 溶液 3 滴		
小烧杯放血 10mL		放血时用竹签不断搅动，2～3min 后用水冲洗竹签后观察之		
小烧杯放血 10mL		对照		

2.6　观察、记录各管的凝血时间。

3　结果

用文字描述实验结果。

4　讨论

对实验结果进行对比分析，论述影响凝血时间的机制。

【注意事项】

1. 1～8 管按实验条件要求准备完毕后再加入血液。血清可提前制备，放入冰箱备用。

2. 小烧杯放血后用竹签搅出纤维蛋白一项，可在动物供血充足时做好，存入冰箱。

【问题探究】

影响血液凝固时间的因素有哪些？试讨论它们的作用机制。

（夏　强）

实验7　人体动脉血压的测定及运动、体位对血压的影响

【预习要求】

1. 实验理论　生理学教材中动脉血压的神经、体液调节。
2. 实验方法　第三章第二节多道生理信号采集处理系统。
3. 实验准备　预绘制实验原始数据记录表和统计表。

【目的】 学习袖带法和电测法测定动脉血压的原理和方法,测定人体肱动脉的收缩压与舒张压及观察运动、体位对人体血压的影响。

动脉血压是指流动的血液对血管壁所施加的侧压力。人体动脉血压测定的最常用方法是袖带间接测压法,它是利用袖带压迫动脉使动脉血流发生湍流并产生的血管壁震颤音(Korotkoff 声),通过听诊器听取 Korotkoff 声来测量血压的。测量部位一般多在肱动脉。血液在血管内顺畅地流动时通常并没有声音,但当血管受压变狭窄或时闭时开,血液发生湍流时,则可发生所谓的 Korotkoff 声。用袖带缚于上臂并充气加压,使动脉受压闭合,然后徐徐放气,逐步降低袖带内的压力。当袖带内压力超过动脉收缩压时,血管受压闭合,血流阻断。此时,听不到 Korotkoff 声,也触不到远端的桡动脉搏动。当袖带内压力等于或略低于动脉内最高压力时,有少量血液通过压闭区,在其远侧血管内引起湍流,在此处用听诊器可听到 Korotkoff 声,并能触及脉搏,此时袖带内的压力即为收缩压,其数值可由压力表或水银柱读出。在血液间歇地通过压闭区的过程中一直能听到 Korotkoff 声。当袖带内压力等于或稍低于舒张压时,血管处于通畅状态,失去了造成湍流的因素,Korotkoff 声突然由强变弱或消失,此时袖带内压力为舒张压,数值亦可由压力表或水银柱读出。

在运动和体位变化时,可通过神经和体液调节,使循环机能发生一系列适应性变化而改变收缩压和舒张压。

1　材料

人;血压计,听诊器,秒表,RM6240 多道生理信号采集处理系统,心音换能器。

2　方法

2.1　听诊法测定动脉血压

2.1.1　血压计有两种,即水银式及表式。两种血压计都包括三部分:袖带、橡皮球和测压计(图 6-7-1)。水银式检压计在使用时先驱净袖带内的空气,打开水银柱根部的开关。

2.1.2　受试者端坐位,脱去一侧衣袖,静坐 5min。

2.1.3　受试者前臂伸平,置于桌上,令上臂中段与心脏处于同一水平。将袖带卷缠在距离肘窝上方 2cm 处,松紧度适宜,以能插入两指为宜。

2.1.4　于肘窝处靠近内侧触及动脉脉搏,将听诊器胸件放于上面。

2.1.5　一手轻压听诊器胸件,一手紧握橡皮球向袖带内充气使水银柱上升到听不到 Korotkoff 声时,继续打气使水银柱继续上升 2.6kPa (20mmHg),一般达 24kPa (180mmHg)。随即松开气球螺帽,徐徐放气,以降低袖带内压,在水银柱缓慢下降的同时仔

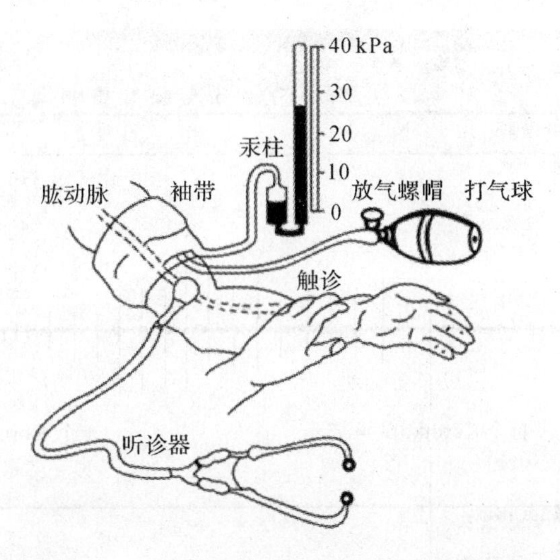

图 6-7-1　血压计测量人体动脉血压方法示意图

细听诊。当突然出现“嘣嘣”样的 Korotkoff 声时，血压计上所示水银柱刻度即代表收缩压。

2.1.6　继续缓慢放气，这时 Korotkoff 声发生一系列的变化，先由低而高，而后由高突然变低钝，最后则完全消失。在 Korotkoff 声由强突然变弱这一瞬间，血压表上所示水银柱刻度即代表舒张压。有时亦可以 Korotkoff 声突然消失时血压计所示水银柱刻度代表之[两者相差 0.67kPa(5～10mmHg)]。可同时记录这两个读数。

2.2　Korotkoff 声电学法测定动脉血压

2.2.1　仪器连接和参数设置　按图 6-7-2 将心音换能器和压力换能器分别插入 RM6240C

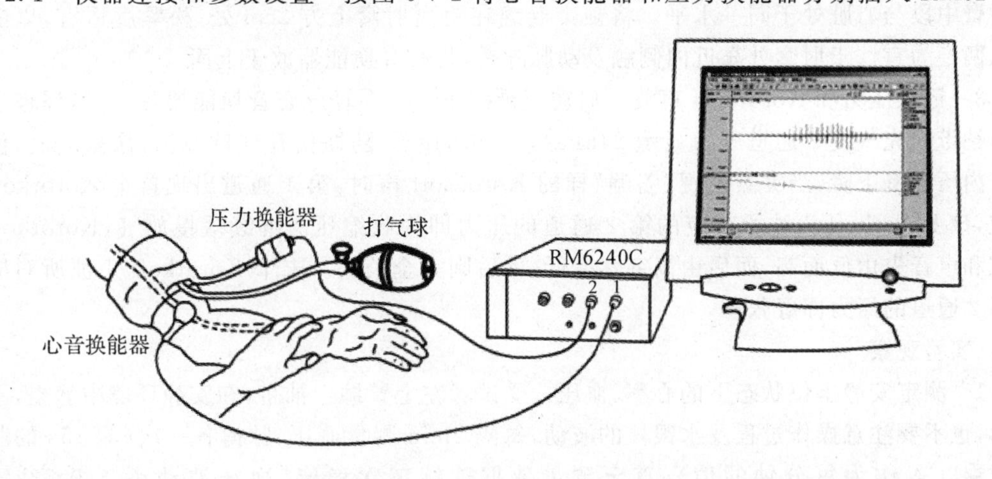

图 6-7-2　RM6240 多道生理信号采集处理系统测量人体动脉血压方法示意图

系统的第 1 通道和第 2 通道，压力换能器定标，压力换能器的测压口与袖带胶管相连。有源音箱或耳机插入监听插座。启动 RM6240 系统，第 1 通道模式选择“心音”，时间常数为交流低增益，灵敏度 20mV，滤波频率 100Hz，数字滤波为高通 200～300Hz；第 2 通道模式选择“血压”，时间常数为直流，灵敏度 12.0kPa(90mmHg)，滤波频率 OFF；采样频率 800Hz (见图 6-7-3)。

2.2.2　记录准备　受试者端坐位，脱去一侧衣袖，静坐 5min。受试者前臂伸平，置于桌上，

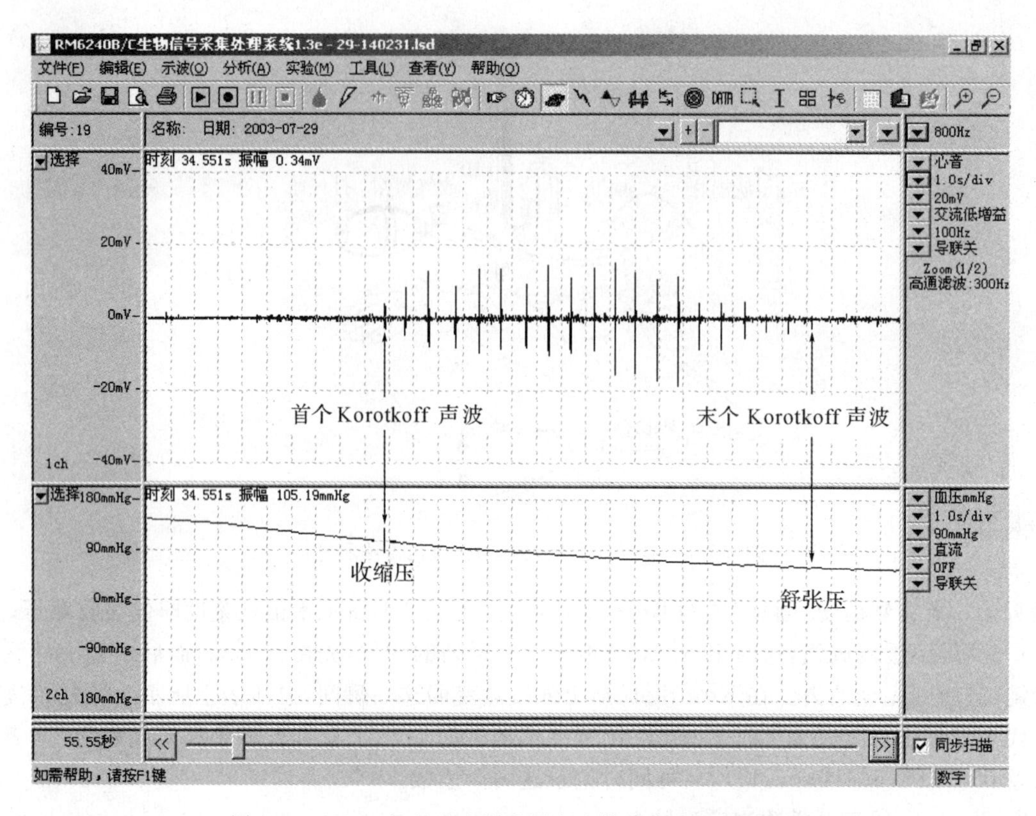

图 6-7-3　Korotkoff 声电学法测定人体动脉血压实验界面

令上臂中段与心脏处于同一水平。将袖带卷缠在距离肘窝上方 2cm 处，松紧度适宜，以能插入两指为宜。于肘窝处靠近内侧触及动脉脉搏，将心音换能器放于上面。

2.2.3　记录压力和 Korotkoff 声波　启动记录按钮。一手轻压心音换能器，一手紧握橡皮球向袖带内充气使 2 通道压力显示 24kPa(180mmHg)。随即松开气球螺帽，徐徐放气，使袖带内压缓慢下降，当突然出现“嘣嘣”样的 Korotkoff 声时，第 1 通道出现首个 Korotkoff 声波，该 Korotkoff 声波所对应的第 2 通道的压力即为收缩压。继续缓慢放气，Korotkoff 声波和声音先由低而高，而后由高突然变低，最后则完全消失。末个 Korotkoff 声波所对应的第 2 通道的压力即舒张压。

2.3　实验观察

2.3.1　测定安静坐位状态下的心率、血压　受试者左上臂缠上袖带，在安静环境中静坐，不讲话，也不要注意操作过程及水银柱的波动，每隔 2min 测量血压、脉搏各一次(测 15s 的脉搏数乘以 4 作为每分钟的值)，直至测量数据连续三次稳定[血压波动小于 0.53kPa(4mmHg)、脉搏波动小于 2 次/min]，取最后三次数据，分别算出脉搏数、血压的平均值。

2.3.2　测定做蹲下起立运动后的心率、血压　以每 2s 1 次的速度进行 20 次，在运动后即刻、3min、5min 和 10min 时各测定脉搏与血压一次。

2.3.3　观察体位变化对脉搏和血压的影响　受试者卧床安静 10～30min 后，每隔 1min 测定其血压和脉搏数，直至稳定为止。受试者下床站立于地上。起立后 1min 内，每隔 30s 测定其血压和脉搏数，以后每隔 1min 测定其血压和脉搏数直到立起后 10min 为止。

2.4　统计方法　结果以 $\overline{X} \pm S$ 表示，统计学分析采用 Student's t-test 方法。

3　结果

列安静坐位状态下及运动后即刻、3min、5min 及 10min 的心率、收缩压和舒张压数据表或绘制曲线，对数据进行统计和显著性检验。用文字、统计描述、统计结果逐一描述实验结果。

4　讨论

论述正常人群收缩压、舒张压、心率的平均值及变异，论述运动对血压影响的机制。

【注意事项】

1. 室内须保持安静，以利于听诊。袖带不宜绕得太松或太紧。

2. 动脉血压通常连续测 2～3 次，每次间隔 2～3min。重复测定时袖带内的压力须降到零位后方可再次打气。一般取两次较为接近的数值为准。

3. 上臂位置应与右心房同高；袖带应缚于肘窝以上。听诊器胸件放在肱动脉位置上面时不要压得过重或压在袖带下测量，也不能接触过松以致听不到声音。

4. 如血压超出正常范围，让受试者休息 10min 后再作测量。休息期间可将袖带解下。

5. 开始充气时，打开水银柱根部的开关，使用完毕后应关上开关，以免水银溢出。

6. 心音换能器轻按压于肱动脉上，不要滑动，以减小噪声。音箱远离心音换能器，音量适当，以避免"啸叫"。

【问题探究】

1. 何谓收缩压和舒张压？其正常值是多少？收缩压和舒张压测定依据什么原理？

2. 测量血压时，为什么听诊器胸件不能压在袖带底下？

3. 为什么不能在短时间内反复多次测量血压？

4. 运动前后血压有何不同？其机制如何？

附录　运动、体位变化对血压和脉搏的影响

健康人在蹲下起立运动试验中，运动刚停止时，心跳数增加 30 次以上，收缩压增加 4.0～5.3kPa(30～40mmHg)，舒张压增加不到 1.33kPa (10mmHg)，在 3min 内恢复至安静状态，而心功能不全者运动刚结束时，心跳数增加 30 次以上，收缩压仅有轻度增加，舒张压则显著增高，心跳、血压恢复至安静状态都需要 5min 以上。

起立试验阳性反应判断的标准及生理和临床意义：脉压减小 2.1kPa(16mmHg)以上，收缩压降低 1.6kPa(12mmHg)以上，脉搏数增加 21 次/min 以上，符合以上一项者即为阳性反应。本实验阳性反应系交感神经紧张度欠佳所致。有时由于脑贫血，可出现头晕与昏厥。

实验 8　人体心电图的描记

【预习要求】

1. 实验理论　生理学教材中心电图产生的原理及各波的波形、正常值与生理意义。

2. 实验方法　第三章第二节多道生理信号采集处理系统。

3. 实验准备　预绘制实验原始数据记录表和统计表。

【目的】　学习人体心电图的记录方法,辨认正常心电图波形并了解其生理意义,学习心电波形的测量和分析方法。

在正常人体内,心脏在收缩之前,首先发生电位变化,心电变化由心脏的起搏点-窦房结开始,按一定途径和时程,依次传向心房和心室,引起整个心脏的兴奋。因此,每一心动周期中,心脏各部分兴奋过程中的电变化及其时间顺序、方向和途径等,都有一定规律。心脏犹如一个悬浮于容积导体中的发电机,其综合电位变化可通过体内导电组织和体液-容积导体传导到全身,在体表出现有规律的电变化。将体表电极放置在人体表面的一定部位记录到的心脏电变化曲线,称心电图(electrocardiogram,ECG),ECG是心脏兴奋产生、传导和恢复过程中生物电变化的反映,与心脏的机械收缩活动无直接关系。心电图对心起搏点的分析、传导功能的判断以及心律失常、房室肥大、心肌损伤的诊断具有重要价值。正常人ECG包括P、QRS、T三个波形,以及相关的时程(包括间期和段)。P波表示心房去极化,QRS波群表示心室去极化,T波表示心室复极化。

1　材料

人;RM6240C多道生理信号采集处理系统;电极糊(导电膏)。

2　方法

2.1　仪器连接和参数设置　接好RM6240C多道生理信号采集处理系统的电源线、地线和导联线。开启RM6240C多道生理信号采集处理系统和计算机电源,预热3～5min。

启动RM6240C系统,点击“实验”菜单,选择“全导联心电图”,仪器参数:1～3通道时间常数0.2～1s、滤波频率100Hz、灵敏度1mV,采样频率4kHz(手动设置参数时,须在“示波”菜单中激活“导联”菜单项)。分别点击各通道的导联按钮,将1～3通道分别设置为Ⅰ、Ⅱ、Ⅲ导联(图6-8-1)。

2.2　电极放置　受试者静卧于检查床上,全身放松。在手腕、足踝和胸前安放好引导电极。导联线的连接方法是:红色－右手,黄色－左手,绿色－左足,黑色－右足(接地),白色－V_1,蓝色－V_3,粉色－V_5。V_1在胸骨右缘第四肋间,V_3在胸骨左缘第四肋间与左锁骨中线第五肋间相交处之间,V_5在左腋前线第五肋间(图6-8-2)。为了保证导电良好,可在放置引导电极部位涂少许电极糊。

2.3　实验观察

2.3.1　启动记录按钮,记录Ⅰ、Ⅱ、Ⅲ导联ECG。

2.3.2　点击“暂停”,将1～3通道分别设置为aVR、aVL、aVF导联,启动记录按钮,记录aVR、aVL、aVF导联ECG。按上述方法,记录V_1、V_3、V_5导联的ECG。

2.4　测量和分析

2.4.1　选择RM6240C多道生理信号采集处理系统ECG自动分析测量功能。

2.4.2　波形的辨认和间期测量　在ECG上辨认出P波、QRS波群和T波,并根据波的起点测定P-R间期和Q-T间期。测定Ⅱ导联中P波、QRS波群、T波的时间和电压,并测量P-R间期和Q-T间期的时间。

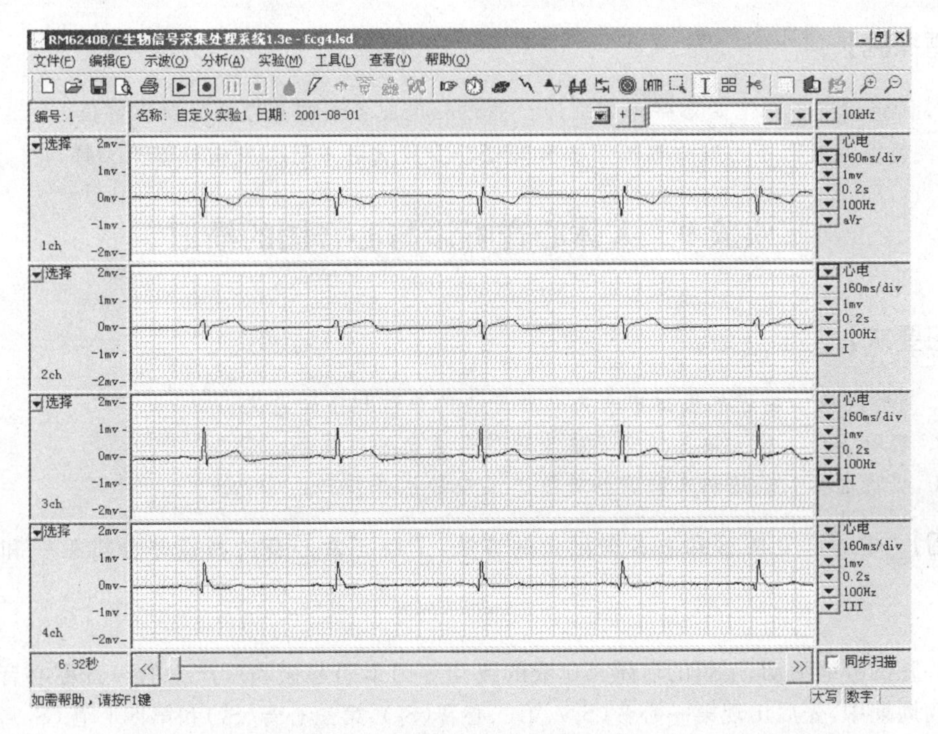

图 6-8-1　RM6240 多道生理信号采集处理系统人体 ECG 记录实验界面

2.4.3　心率的测定　测定相邻的两个心动周期中的 P 波与 P 波或 R 波与 R 波的间隔时间和心率。

2.4.4　心律的分析　心律的分析包括：(1)主导节律的判定；(2)心律是否规则整齐；(3)有无期前收缩或异位节律出现。窦性心律的 ECG 表现是：P 波在Ⅱ导联中直立，aVR 导联中倒置；P-R 间期在 0.12s 以上。如果 ECG 中的最大 P-P 间隔和最小 P-P 间隔时间相差在 0.12s 以上，称为窦性心律不齐。成年人正常窦性心律的心率为 60～90 次/min。

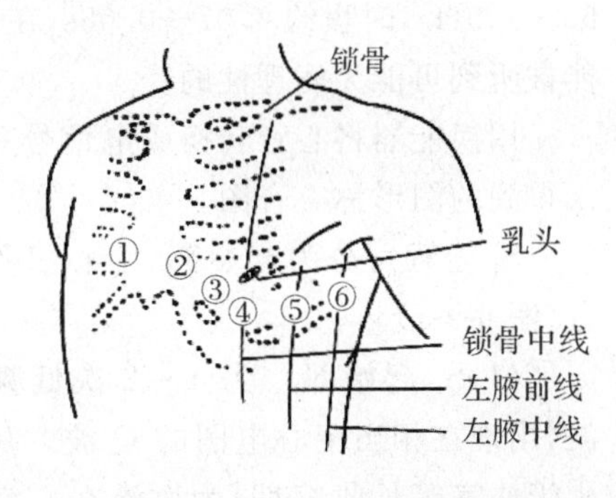

图 6-8-2　心前导联的电极安置部位

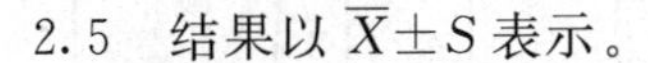

2.5　结果以 $\overline{X} \pm S$ 表示。

3　结果

列一组正常人的Ⅱ导联 ECG 的各波幅、间期和心率原始数据表，对数据进行统计处理。用文字和数据逐一描述实验结果。

4　讨论

论述 ECG 各波及间期的生理意义。论述正常人 ECG 各波及间期的平均值及变异。

【注意事项】

1. 必须采用可用于人体的有医疗仪器证书的仪器。
2. 描记心电图时，受试者静卧，肌肉放松，室温 22℃为宜，避免低温时肌电的干扰。
3. 电极和皮肤应紧密接触，防止干扰和基线漂移。

【问题探究】

1. 何谓心电图？它是怎样记录到的？简述心电图各波的生理意义及正常值。

2. 何谓导联？常用的心电图导联有哪些？为什么各导联心电图波形不一样？

实验 9　人体心音听诊与心音图的描记

【预习要求】

1. 实验理论　生理学教材中有关心音产生的原理和生理意义。

2. 实验方法　第三章第二节多道生理信号采集处理系统。

3. 实验准备　预绘制实验原始数据记录表和统计表。

【目的】　学习心音听诊和心音图记录的方法，了解正常心音的特点并分辨第一和第二心音。

心脏的舒缩活动、瓣膜的启闭及血液的流动等因素引起振动所产生的声音称心音。一个心动周期中，先后出现第一心音(S_1)、第二心音(S_2)、第三心音(S_3)和第四心音(S_4)，正常成人一般可被听到两个心音 S_1 和 S_2，S_1 频率为 40～60Hz，时程约 0.1～0.12s，S_2 频率为 60～100Hz，时程约 0.07～0.08s，在某些健康儿童和青少年也可有 S_3，正常情况下无 S_4，如能被听到可能为病理性的。

用换能器将心音转换成电信号并用记录仪记录得到的图形称心音图。

S_1 全程可分为起始部、中心部和终末部三部分(图 6-9-1)。

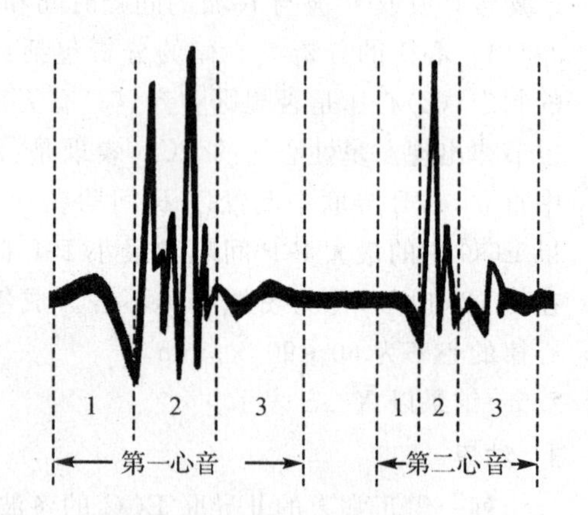

图 6-9-1　心音图的成分

1、2、3 分别表示起始部、中心部、终末部

(1)S_1 起始部　为 1～2 次低频低幅的振动波，出现在相当于心电图的 Q 波之后。它主要产生于心室等长收缩期，为血液在心室中加速朝向房室瓣冲击所形成的。

(2)S_1 中心部　为 4～5 次高频高幅的振动波，位于心电图 R 波稍后。它反映了心室收缩时心肌的振动和房室瓣的关闭以及半月瓣的开放，为 S_1 的主要组成部分。

(3)S_1 终末部　一般为 1～2 次低频低幅的振动波，出现于心电图 S 波之后。为心室收缩快速射血导致大血管振动所产生。

S_2 主要为半月瓣的关闭和房室瓣的开放所造成。它同样可分起始部、中心部和终末部三部分。

(1)S_2 起始部　为心室等长舒张时，由于心室壁弛张所引起的低频低幅振动。一般为 1～2次波。

(2)S_2 中心部为 S_2 的主要成分，它反映了半月瓣的关闭和心室壁以及血管的振动。一般出现 2～3 次波。前半部振幅较高，被认为是主动脉瓣及肺动脉瓣成分；后半部振幅略低，被认为是血管成分。

(3)S_2 终末部　它反映了房室瓣的开放，一般出现在心电图 T 波终末以后，为 1～3 次的低频低幅波。

1　材料

人；听诊器，心音换能器，导联线，RM6240C 多道生理信号采集处理系统。

2　方法

2.1　心音听诊

2.1.1　受试者取卧位，检查者站于床的右侧；受试者取坐位，检查者坐在对面。受试者解开上衣。

2.1.2　戴好听诊器　听诊器的耳件方向应与外耳道方向一致，以右手拇指、食指和中指轻持听诊器探头。参照图 6-9-2 确定各听诊部位。听诊顺序为：二尖瓣听诊区→主动脉瓣听诊区→肺动脉瓣听诊区→三尖瓣听诊区。

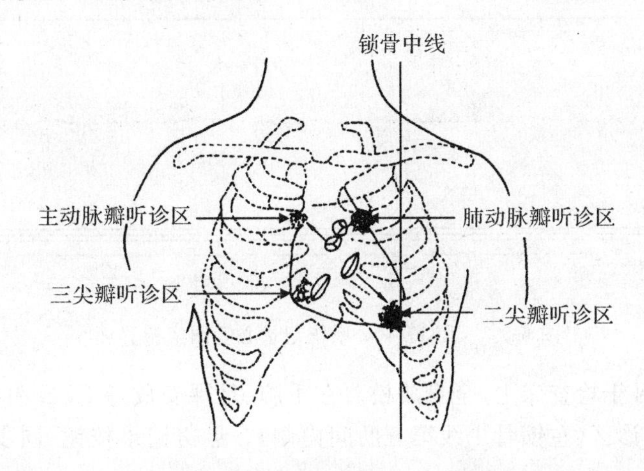

图 6-9-2　心音听诊部位示意图

二尖瓣听诊区：左第五肋间锁骨中线稍内侧（心尖部）；三尖瓣听诊区：胸骨右缘第四肋间或剑突下；主动脉瓣听诊区：胸骨右缘第二肋间；主动脉瓣第二听诊区：胸骨左缘第三肋间；肺动脉瓣听诊区：胸骨左缘第二肋间

2.1.3　每一心动周期中可听到两个心音，即第一心音和第二心音。注意心音的响度和音调、持续时间、时间间隔等，仔细区分第一心音和第二心音。若难以分辨两个心音，听诊时可用手指触摸心尖搏动或颈动脉搏动，心音与心尖搏动或颈动脉搏动在时间上有一定关系，利用这种关系，有助心音的辨别。

2.1.4　比较各瓣膜听诊区两心音的声音强弱。

2.1.5　将听诊器的探头放在二尖瓣听诊区，判断心音的节律是否整齐，若节律整齐，数 15s 的心跳次数，其 4 倍即为心率。

2.2　心音图记录

2.2.1　将心音换能器插入 RM6240C 系统的 1 通道，心电图导联线插头插入 ECG 插座，有源音箱或耳机插头插入监听插座。

2.2.2　启动 RM6240 系统，按图 6-9-3 设置参数：第 1 通道模式选择“心音”，时间常数为 0.02s，灵敏度 1mV，滤波频率 100Hz，数字滤波为高通 40Hz；第 2 通道模式选择“心电”，在“示波”菜单中激活“导联”菜单项，选择第 2 通道，并设置为Ⅱ导联，时间常数 1s，灵敏度 1～2mV，滤波频率 100Hz；采样频率 4kHz，扫描速度 500ms。

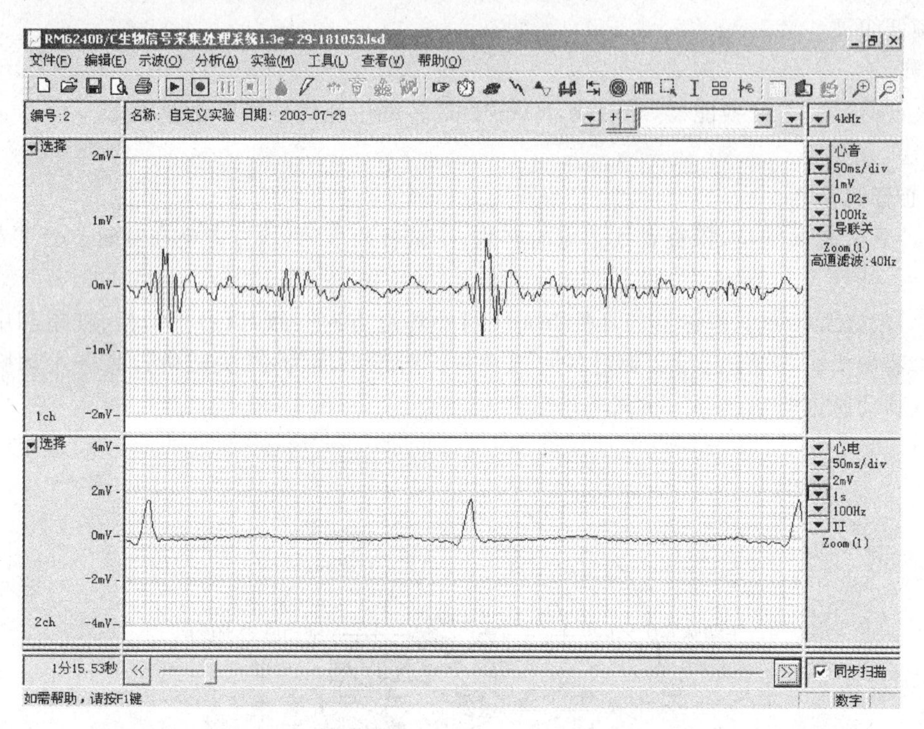

图 6-9-3　RM6240C 系统记录心音图实验界面

2.2.3　受试者静卧于检查床上，全身放松。在手腕、足踝安放好 ECG 引导电极，心音换能器安放于二尖瓣听诊区(左锁骨中线第五肋间内侧)。点击记录按钮，同步记录心音图和心电图。

2.3　实验观察

2.3.1　记录一组心音图与心电图。

2.3.2　在心电图上测量平均心动周期，计算心率，在心音图上测量第 1 心音和第 2 心音持续时间，测量第 1 心音起点至第 2 心音起点的时间差。

2.3.3　测量 ECG 的 Q 波起点至第 1 心音起点的平均时间差。

2.4　结果以 $\overline{X} \pm S$ 表示。

3　结果

列一组正常人的心率、第 1 心音、第 2 心音持续时间、第 1 心音起点至第 2 心音起点的时间差、ECG 的 Q 波起点至第 1 心音起点的平均时间差原始数据表，对数据进行统计。用文字和数据逐一描述实验结果。

4　讨论

论述各项实验结果的生理意义。分析影响实验结果的主要干扰因素及改进方法。

【注意事项】

1. 必须采用可用于人体的有医疗仪器证书的仪器。

2. 室内保持安静。硅胶管切勿与其他物体摩擦，以免发生摩擦音影响听诊。

3. 如果呼吸音影响心音听诊，可令受试者暂停呼吸。

4. 心音换能器轻轻按压于听诊区，不要滑动，以减小噪声。音箱远离心音换能器，音量适当，以避免"啸叫"。

【问题探究】

1. 心音听诊区是否在各瓣膜的解剖位置?

2. 正常心音可听到几种心音，它们是如何产生的? 怎样区别第一心音和第二心音?

3. 何谓心音图? 从心音图上能否粗略地得到心脏收缩和舒张时间。

实验 10　人体无创性左心室功能测定——收缩时间间期测定

【预习要求】

1. 实验理论　生理学教材中心脏功能、心电图、心音、脉搏。

2. 实验方法　第三章第二节多道生理信号采集处理系统。

3. 实验准备　预绘制实验原始数据记录表和统计表。

【目的】 学习人体心电图、心音图、脉搏图同步记录方法，了解人体无创性左心室功能测定——收缩时间间期测定的原理及其意义。

无创性心脏功能检测有多种方法，本实验介绍心缩-时间间期(systolic-time interval, STI)测定方法。在左室射血过程中，如果射血前期(相当于等容收缩期)延长，则射血时间缩短，每搏输出量和射血分数减少，左室工作性能降低；射血前期缩短则反之。因此，测量射血前期和射血期的时间比值可作为检查心脏工作性能的指标。

在心血管功能障碍或器质性病变而影响心脏收缩功能、甲状腺功能降低、心力衰竭，以及应用负性肌力作用药物如β肾上腺素受体阻断药等时，心脏工作性能降低，STI 比值增大。在人体应用强心药(如洋地黄类、β受体激动药以及静滴葡萄糖酸钙)等时，心脏工作性能提高，比值减小。

1　材料

人；RM6240C 型多道生理信号采集处理系统；95%酒精棉球，3%盐水棉球。

2　方法

2.1　RM6240C 型多道生理信号采集处理系统连接　接好 RM6240C 型多道生理信号采集处理系统的电源线、地线和导联线。第 1 通道接脉搏换能器，第 2 通道接心音换能器，耳机或有源音响输入插头插入监听插孔，接通电源。启动 RM6240C 系统，点击示波按钮，按图 6-10-1 设置仪器参数：采样频率 4kHz，扫描速度 250ms；第 1 通道的通道模式脉搏、时间常数直流、滤波频率 30～100Hz、灵敏度 2～5mV，第 2 通道的通道模式心音、时间常数 0.02s、滤波频率 100Hz、数字滤波高通 40Hz、灵敏度 1～5mV，第 3 通道的通道模式心电、时间常数 1～5s、滤波频率 100Hz、灵敏度 0.5～1mV；在“示波”菜单中激活“导联开关”菜单项，在第 3 通道右侧参数设置区的“导联关”改变为“Ⅱ”。

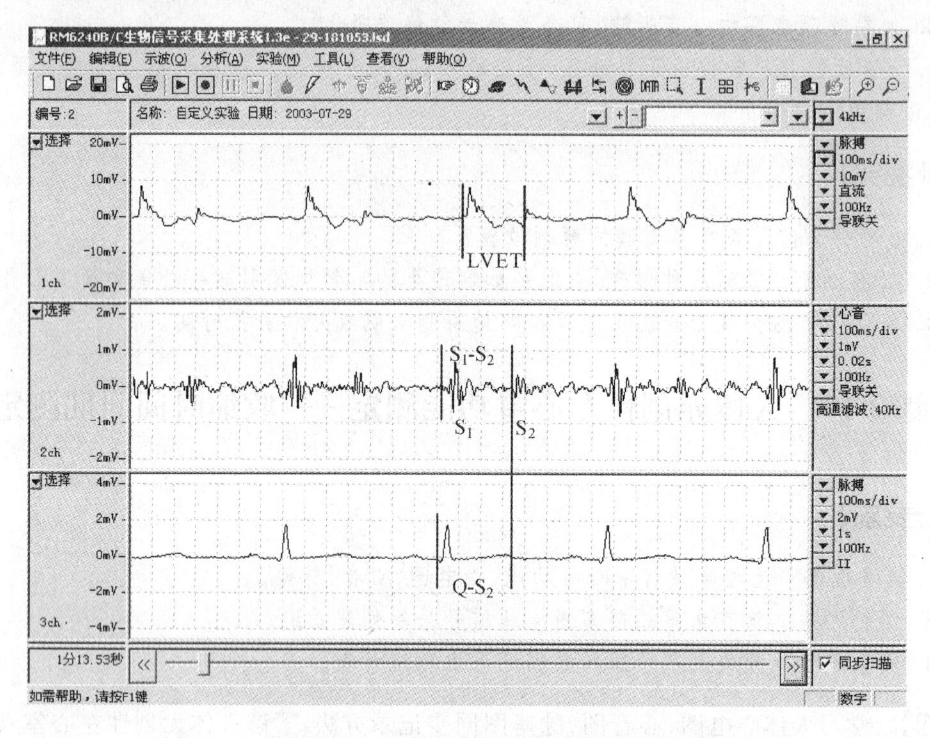

图 6-10-1 无创性左心室功能测定-收缩时间间期测定实验界面

2.2 受试者静卧于检查床上，全身放松。在手腕、足踝安放好心电肢体引导电极，接上导联线。导联线的连接方法是：红色－右手，黄色－左手，绿色－左足，黑色－右足。

2.3 脉搏换能器固定于颈动脉，心音换能器置于二尖瓣听诊区(左锁骨中线第五肋间内侧)。

2.4 实验观察

2.4.1 脉搏、心音和心电图记录 待上述工作完成后，嘱受试者保持安静，全身放松，等屏幕上记录曲线平稳后，启动记录按钮，连续记录脉搏、心音和心电图 5min。

2.4.2 测量总电机械心缩期($Q\text{-}S_2$ 间期) 从心电图 Q 波开始到心音图第二心音开始，代表从左室兴奋开始到收缩完毕的时间总长(图 6-10-2)。

2.4.3 左室射血时间(LVET) 从颈动脉脉搏图的升支开始到降支降中峡切迹底部，代表左室射血时间。

2.4.4 射血前期(PEP) 从兴奋开始到射血开始的期间，亦即射血前的期间。射血前期可由总电机械心缩期减去左室射血时间而得，即 $PEP=(Q\text{-}S_2)-(LVET)$，PEP 包括两个时间间期：

(1)$Q\text{-}S_1$ 间期：从心电图 Q 波开始到心音图第一心音(S_1)开始的时间，代表心室兴奋开始到收缩开始的时间。

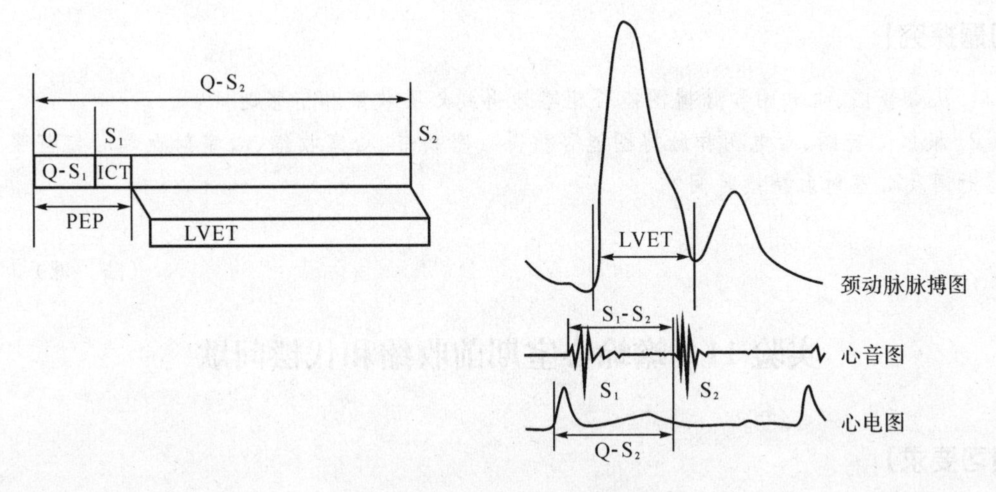

图 6-10-2　收缩时间间期测量方法

(2)等容收缩时间(ICT):从心音图第一心音(S_1)开始到射血前期完毕,相当于心室收缩开始到射血开始的时间。

2.4.5　STI 计算　人体在安静状态时,连续测量 10 个 STI 求平均值。心率是 10 个 ECG 的 R-R 间期的平均值。

STI＝PEP/LVET

一般情况下心率在 50～110 次/min 范围内,计算 STI 时不必校正,因为 STI 对心率变化不敏感,随着心率而共同改变。PEP/LVET 比值可作为检查心脏工作性能的指标,其比值随着后者而改变。在临床检查中,左室工作性能降低时比值增大。人体在安静状态时,不分性别,据统计其平均值,正常人为 0.35±0.04(SD)。心脏工作性能降低:轻度为 0.44～0.52,中度为 0.53～0.60,重度为＞0.60。

2.5　统计方法　结果以 $\overline{X}\pm S$ 表示。

3　结果

列一组正常人的 $Q\text{-}S_2$ 间期、LVET、PEP、$Q\text{-}S_1$ 和 STI 原始数据表,对数据进行统计。用文字和数据逐一描述实验结果。

4　讨论

论述各间期、STI 的生理意义、正常值及变异。分析影响实验结果的主要干扰因素。

【注意事项】

1. 必须采用可用于人体的有医疗仪器证书的仪器。

2. 室内温度应以 22℃为宜,避免低温时肌电的干扰。描记心电图时,受试者静卧,全身肌肉放松。

3. 电极和皮肤应紧密接触,防止干扰和基线漂移。脉搏换能器和心音换能器必须置于正确部位,轻压固定。

4. ECG 中须有明显 Q 波。心音图有 S_2。颈动脉脉搏图应在安静状态呼气之末暂停期内进行,并需有明晰的升支开始部分和降支的降中峡切迹。

【问题探究】

1. 从心音图、心电图和脉搏图能否粗略地得到心脏收缩和舒张时间?

2. 根据心音图、心电图和脉搏图能否获得心室兴奋、心室收缩、心室射血和心室舒张的开始时间及心室射血持续时间?

(陆　源)

实验 11　蟾蜍心室期前收缩和代偿间歇

【预习要求】

1. 实验理论　生理学教材中心肌的电生理和生理特性。

2. 实验方法　第三章第二节多道生理信号采集处理系统。第五章动物实验技术。

3. 实验准备　预绘制实验原始数据记录表和统计表。

【目的】　学习蛙在体心脏舒缩活动和心电图记录方法和技术。通过在心脏活动的不同时期给予刺激,观察心肌兴奋性阶段性变化的特征。

心肌每兴奋一次,其兴奋性就发生一次周期性的变化。心肌兴奋性的特点在于其有效不应期特别长,约相当于整个收缩期和舒张早期。因此,在心脏的收缩期和舒张早期内,任何刺激均不能引起心肌兴奋而收缩,但在舒张早期以后,给予一次较强的阈上刺激就可以在正常节律性兴奋到达以前,产生一次提前出现的兴奋和收缩,称之为期前兴奋和期前收缩。同理,期前兴奋亦有不应期,因此,如果下一次正常的窦性节律性兴奋到达时正好落在期前兴奋的有效不应期内,便不能引起心肌兴奋和收缩,这样在期前收缩之后就会出现一个较长的舒张期,这就是代偿间歇。

1　材料

蟾蜍或蛙;刺激电极,心电图引导电极,张力换能器,RM6240 多道生理信号采集处理系统。

2　方法

2.1　系统连接和仪器参数设置　张力换能器输出线接 RM6240 多道生理信号采集处理系统的第 1 通道,心电图引导电极导联线接 2 通道。系统参数设置:第 1 通道时间常数为直流、滤波频率 30Hz、灵敏度 3g;第 2 通道时间常数 0.2～1s、滤波频率 100Hz、灵敏度 1mV;采样频率 800Hz,扫描速度 250ms/div。单刺激模式,刺激强度 2～5V,刺激波宽 5ms。

2.2　蟾蜍毁脑和脊髓,将其仰卧固定于蛙板上。从剑突下剪开蟾蜍胸部皮肤,剪开胸骨,打开心包,暴露心脏。

2.3　按图 6-11-1 连接并调整好装置,将心电图电极(6 号注射针头)插入蟾蜍右前肢、左下肢和右下肢皮下引导Ⅱ导联心电图。张力换能器连线上的蛙心夹在心室舒张期夹住心尖记录心搏曲线,调节前负荷至 1～3g。固定刺激电极,使其两极与心室相接触。

2.4　实验观察

2.4.1　描记正常心搏曲线和 ECG，分清曲线的收缩相、舒张相、ECG 各波。

2.4.2　用 3～5V 的单个电刺激分别在心室收缩期、舒张早期和心室舒张早期之后刺激心室，连续记录心搏曲线和 ECG。观察有无期前收缩出现，期前收缩出现后是否出现代偿间歇（图 6-11-1）。

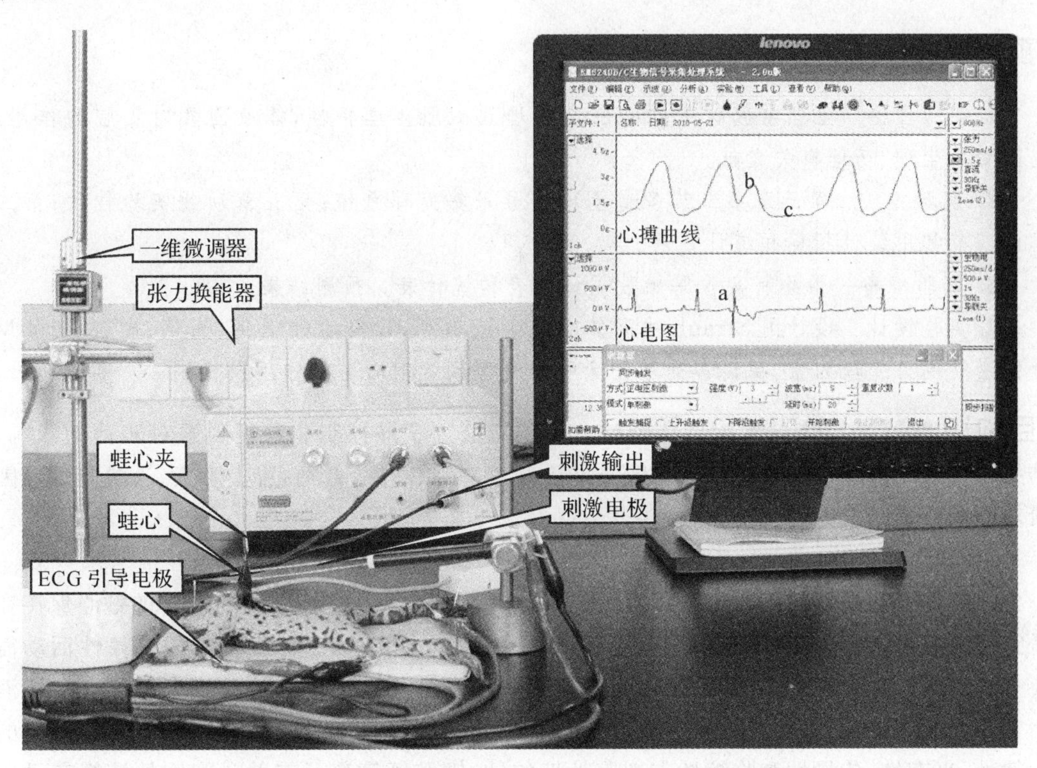

图 6-11-1　蟾蜍期前收缩代偿间歇实验仪器装置及波形

a：期前兴奋；b：期前收缩；c：代偿间歇

2.4.3　测量正常情况的心动周期和 ECG 的 S 波至心室收缩起点的时间。测量期前收缩起点至下次正常心室收缩起点的时间。

3　结果

列心动周期、ECG 的 S 波至心室收缩起点的时间、期前收缩起点至下次正常心室收缩起点的时间原始数据表，对数据进行统计。用文字和数据逐一描述实验结果。

4　讨论

对实验结果进行分析论述，包括分析影响实验结果的主要干扰因素及改进方法。

【注意事项】

破坏蟾蜍或蛙的脑和脊髓要彻底。蛙心夹与张力换能器间的连线应有一定的张力。

【问题探究】

1. 在心脏收缩期和舒张早期分别给予心室阈上刺激，能否引起期前收缩？为什么？若用同等强度的刺激在心室的舒张早期之后刺激心室,结果又将如何?为什么?

2. 在期前收缩之后,为什么会出现代偿间歇?期前收缩之后,一定会出现代偿间歇吗?

实验 12　离体蟾蜍心脏的实验研究

【预习要求】

1. 实验理论　生理学教材中的心脏电生理及心肌生理特性,体液因素对心脏的作用。查阅心脏生理、药理有关文献。

2. 实验方法　第三章第二节多道生理信号采集处理系统;第五章动物实验技术;第二章第四节常用统计指标和统计方法。

3. 实验准备　预绘制实验原始数据记录表和统计表。预测结果。

4. 实验设计　设计用 Straub 法离体心脏灌流模型,以细胞外低钙、高钙、高钾、β 和 M 受体激动剂为处理因素,探讨各处理因素和非处理因素对心脏的作用及机制。

【目的】 学习 Straub 法灌流离体蟾蜍心脏的方法。掌握控制非处理因素对实验的影响、结果的统计处理和表述等的基本科研技能。观察高钾、高钙、低钙、肾上腺素、乙酰胆碱等因素对心脏活动的影响。

作为蛙心起搏点的静脉窦能按一定节律自动产生兴奋,因此,只要将离体的蛙心保持在适宜的环境中,在一定时间内仍能产生节律性兴奋和收缩活动。心脏正常的节律性活动需要一个适宜的理化环境,离体心脏也是如此。离体心脏脱离了机体的神经支配和全身体液因素的直接影响,可以通过改变灌流液的某些成分,观察其对心脏活动的作用。心肌细胞的自律性、兴奋性、传导性和收缩性与细胞外液的钠、钾及钙等离子有关。细胞外液钾离子浓度过高时(高于 7.9mmol/L),心肌兴奋性、自律性、传导性、收缩性都下降,表现为收缩力减弱、心动过缓和传导阻滞,严重时心脏可停搏于舒张期;细胞外液钙浓度升高时,心肌收缩力增强,钙浓度过高可使心室停搏于收缩期;细胞外液钙浓度降低,心肌收缩力减弱。细胞外液钠离子浓度的轻微变化,对心肌影响不明显,只有钠离子浓度发生明显变化时,才会影响心肌的生理特性。肾上腺素可使心率加快、传导加快和心肌收缩力增强,乙酰胆碱则与肾上腺素的作用相反。

1　材料

蟾蜍或蛙;任氏液,无钙任氏液,氯化钙,氯化钾,肾上腺素,乙酰胆碱,普萘洛尔;张力换能器,RM6240 多道生理信号采集处理系统。

2　方法

2.1　仪器连接和参数设置　张力换能器输出线接 RM6240 多道生理信号采集处理系统第 1 通道(图 6-12-1),系统参数设置:点击"实验"菜单,选择"蛙心灌流"项目,第 1 通道时间常数为直流,滤波频率 30Hz,灵敏度 7.5g,采样频率 800Hz,扫描速度 1s/div。

2.2　离体蛙心制备

2.2.1　蟾蜍毁脑脊髓后,仰卧固定在蛙板上,从剑突下剪开胸部皮肤,剪开胸骨,打开心包,

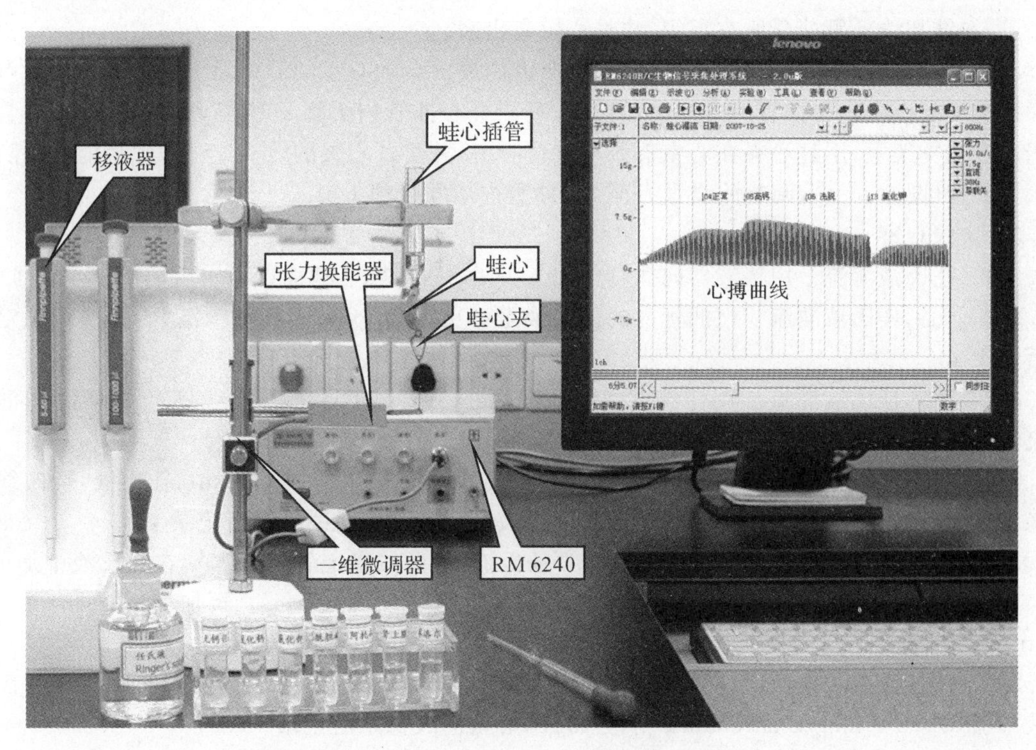

图 6-12-1　离体蛙心灌流实验仪器、装置

暴露心脏，分离左、右主动脉。在左主动脉下方穿 1 根线，靠头端结扎作插管时牵引用。在左、右主动脉下方穿 1 根线，玻璃分针在左、右主动脉下穿过，将心脏抬起，线绕过心脏在静脉窦与腔静脉交界处作一结扎，结扎线应尽量下压，以免伤及静脉窦。

2.2.2　在主动脉干下方穿 1 根线，在动脉圆锥上方系一松结用于结扎固定蛙心插管。左手持左主动脉上方的结扎线，用眼科剪在结扎线下方左主动脉上剪一“V”形切口，右手将盛有少许任氏液的蛙心插管由“V”形切口处插入动脉圆锥。当插管头到达动脉圆锥时，用镊子夹住动脉圆锥少许(图 6-12-2)，将插管稍稍后退，并转向心室方向，镊子向插管的平行方向

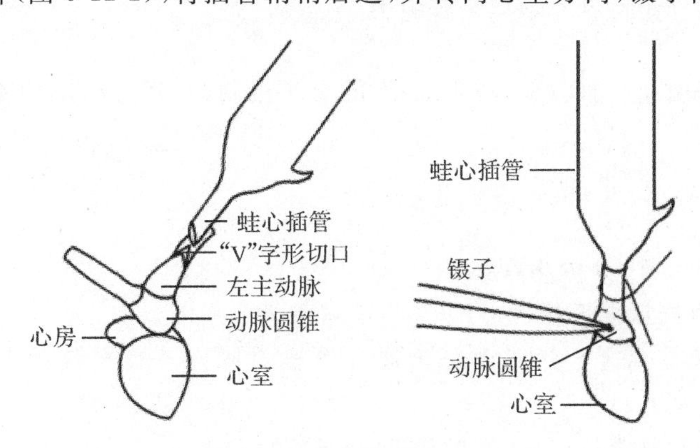

图 6-12-2　蛙心插管示意图

提拉，在心室收缩期时将插管插入心室。蛙心插管进入心室后，向插管内注入任氏液，用预先准备好的松结扎紧，扎线套在蛙心插管的侧钩上打结并固定。轻轻提起蛙心插管以抬高

心脏,在结扎线外侧剪断所有组织,将蛙心游离出来。

2.2.3 蛙心插管进入心室后,插管内的任氏液的液面会随心室的舒缩而上下波动。用新鲜任氏液反复换洗蛙心插管内含血的任氏液,直至蛙心插管内无血液残留为止。将蛙心插管固定在铁支架上,用蛙心夹在心室舒张期夹住心尖,并将蛙心夹的线头连至张力换能器的防水延长臂(图 6-13-1),调节此线张力至 1g,插管内加灌流约 1mL。

2.3 实验观察

2.3.1 任氏液灌流 用移液器向插管中加入 1mL 任氏液,心搏曲线稳定后记录 45s 数据。

2.3.2 无钙任氏液灌流 把插管内的任氏液全部更换为 1mL 无钙任氏液,心搏曲线稳定后记录 45s。

2.3.3 高钙任氏液灌流 用任氏液洗脱 3 次,加入 1mL 任氏液,待曲线稳定 45s 后,向灌流液中加 0.045mol/L $CaCl_2$ 溶液 25μL,心搏曲线稳定后记录 45s。

2.3.4 高钾任氏液灌流 用任氏液洗脱数次,曲线恢复稳定后,加入 1mL 任氏液,待曲线稳定 45s 后,在任氏液中加 0.2 mol/L KCl 溶液 20μL,心搏曲线稳定后记录 45s。

2.3.5 用新鲜任氏液换洗数次,加入 1mL 任氏液,待曲线稳定后记录 45s,在任氏液中加 6×10^{-6} mol/L 的 acetylcholine 溶液 15μL,心搏曲线稳定后记录 45s。再加 2×10^{-4} mol/L atropine 溶液 15μL,心搏曲线稳定后记录 45s。

2.3.6 用任氏液洗脱数次,曲线恢复稳定后,加入 1mL 任氏液,待曲线稳定 45s 后,在任氏液中加 6×10^{-5} mol/L adrenaline 溶液 10μL,心搏曲线稳定后记录 45s。

2.3.7 用任氏液洗脱数次,曲线恢复稳定后,加入 1mL 任氏液,待曲线稳定 45s 后,在任氏液中加 5×10^{-4} mol/L propranolol 溶液 10μL,心搏曲线稳定后记录 45s ,再加入 6×10^{-5} mol/L 溶液 10μL,心搏曲线稳定后记录 45s。

2.3.8 数据测量 测量各项处理前后的心率(heart rate,HR)、心脏舒张末期张力(end diastolic tension,EDT)、心脏收缩末期张力(end systolic tension,EST)。

2.4 统计方法 结果以 $\overline{X}\pm S$ 表示,统计学分析采用 Student's t-test 方法。

3 结果

列各项处理前后 HR、EDT 和 EST 原始数据表和统计表,对数据进行统计学分析。用文字、统计描述、统计结果逐一描述实验结果。

4 讨论

论述各项处理引起心脏收缩、舒张、心率的变化机制,包括分析影响实验结果的主要干扰因素及改进方法。

【注意事项】

1. 制备蛙心标本时,勿伤及静脉窦。

2. 蛙心插管内液面应保持恒定,以免影响结果。

3. 各项处理效应稳定后用正常任氏液换洗至心搏恢复稳定状态后方能进行下一项试验。

4. 滴加药品和更换灌流液,须及时标记,以便观察分析。

【问题探究】

用低钙任氏液、高钙、高钾、肾上腺素、乙酰胆碱灌流液灌注蛙心时,心脏收缩、舒张分别发生什么变化，各自的机制如何？

实验 13　离体家兔心脏 Langendorff 灌流

【预习要求】

1. 实验理论　生理学教材中的冠脉循环和药理学教材中肾上腺素、乙酰胆碱和垂体后叶素内容。检索全文数据库中的有关研究论文。

2. 实验方法　第二章第四节常用统计指标和统计方法；第三章第二节多道生理信号采集处理系统；第五章动物实验的基本操作。

3. 实验准备　预绘制实验原始数据记录表和统计表。

4. 实验设计　全心缺血再灌注实验。

【目的】　了解离体哺乳类动物心脏灌流方法（Langendorff 法）和离体心脏冠脉流量（coronary flow ，CF）的测定。观察肾上腺素、乙酰胆碱和垂体后叶素对心脏活动及冠脉流量的影响。

心脏从动物体上摘取之后，用有一定压力、温度（38℃）并充氧的克氏液经主动脉根部灌流。灌流液经冠状动脉口进入冠状血管营养心脏，以维持心脏的节律性活动。灌流液经冠状血管流入右心房，然后由腔静脉口及肺动脉口流出，在单位时间内的流出量即为冠状动脉流量（冠脉流量）。心脏活动可通过压力换能器（心室内放置水囊）进行记录，也可用张力换能器进行记录。

1　材料

家兔或大鼠；肾上腺素，去甲肾上腺素，乙酰胆碱，垂体后叶素，克氏液（Krebs 液），95% O_2 +5% CO_2 混合气体；心脏 Langendorff 法灌流装置，超级恒温槽，压力换能器或张力换能器，RM6240 多道生理信号采集处理系统。

2　方法

2.1　仪器连接与参数设置　压力换能器连接 RM6240 多道生理信号采集处理系统第 1 通道，心电引导电极连接第 3 通道。启动 RM6240 系统，点击“实验”菜单，选择“Langendorff 灌流”，仪器参数：第 1 通道模式为心室内压，时间常数为直流，灵敏度 12kPa(90mmHg)，第 2 通道模式为心室内压微分，截至频率 100Hz，灵敏度 1800mmHg/s；第 3 通道模式为心电，时间常数 0.2s，滤波频率 30Hz，采样频率 4kHz，扫描速度 2s/div。

2.2　灌流系统连接　Langendorff 灌流装置（图 6-13-1）包括供气、恒压灌流和恒温三个部分。将灌流系统用胶管连接，灌流液贮瓶灌满灌流液。调整灌流液贮瓶（Marriotto）的高度使 Marriotto 瓶中心管的下端距心脏 70～90cm。混合气瓶的减压阀出口用软管接至灌流管内的充气管，调节气瓶上减压阀的流量阀，使灌流液中的气泡连续且小而均匀。调节超级恒温槽使心脏插管内的灌流液温度恒定在 38℃左右。为了保证离体心脏的表面有一定的温度和湿度，将心脏置于由玻璃或有机玻璃制成的保温槽内。保温槽内容积约为 100mL，槽的底部有漏斗形的开口，上方盖子盖住可以保持槽内温度恒定。

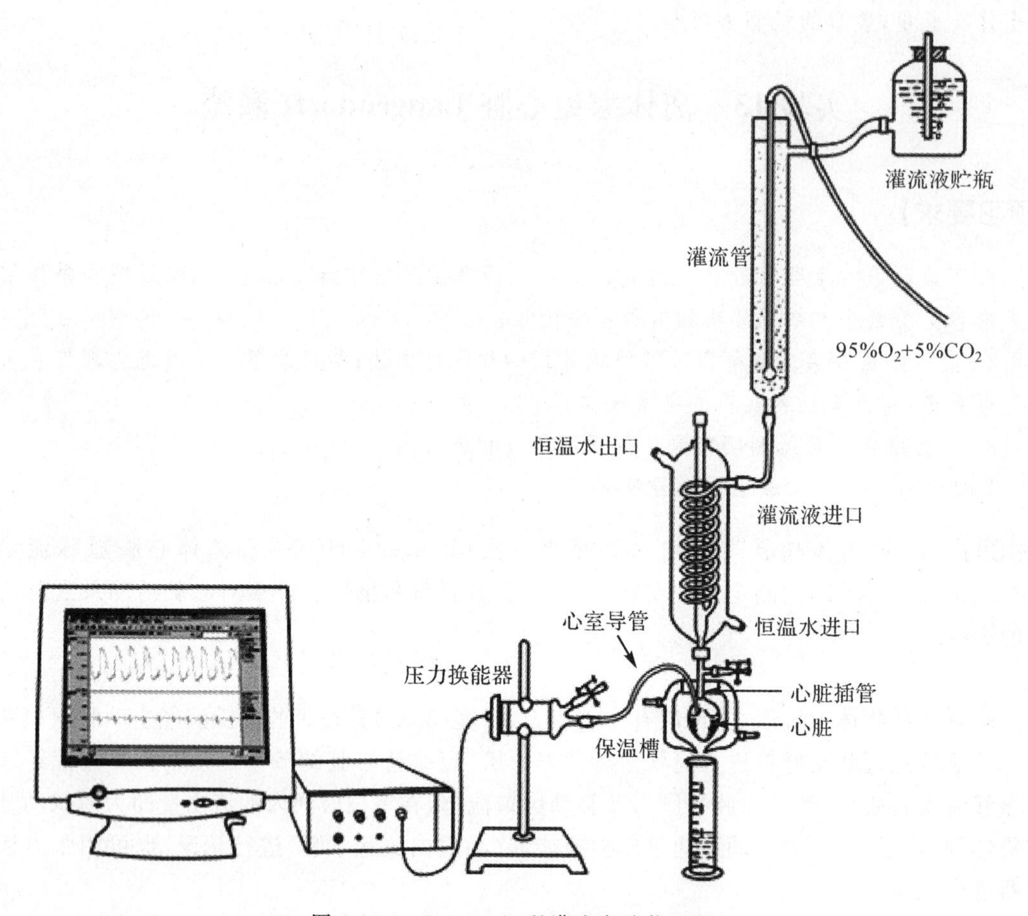

图 6-13-1　Langendorff 灌流实验装置图

2.3　离体家兔心脏标本制备和灌流

2.3.1　摘取心脏　先准备好手术器械及充氧的冷克氏液(4℃左右)。用木锤重击动物后脑部,击昏后,仰置于手术台上。迅速沿胸前壁正中剪开皮肤、胸骨,打开胸腔,轻轻提起心脏,小心剪断腔静脉、主动脉及心脏周围组织,迅速将心脏连同一段主动脉取出。手术过程中注意不要损伤心脏,主动脉根部要留 1cm 长度以备插管用。心脏取出后立刻置于预先备好的混合气体饱和的 4℃克氏液中,用手指轻压心室以利于其中的剩余的血排出,防止凝血块形成。用注射器向主动脉根部徐徐注入混合气体饱和的 4℃克氏液,其作用一方面使心脏停跳以减少其能量消耗,另一方面也借以冲洗冠状血管,清除残血以免形成凝血小块堵塞血管。心脏停跳后,迅速剪开心包膜并剪去心脏周围的组织(包括肺组织、气管以及附着于心脏上的其他组织),认清主动脉、腔静脉及肺动脉的解剖位置。

2.3.2　灌流心脏　将主动脉套进心脏插管口内,用棉线将主动脉和心脏插管结扎在一起并固定。插管进入主动脉不宜过深,以免损伤主动脉瓣及堵住冠状动脉开口,影响冠状血管的灌流。灌流液的温度开始应低些,以后逐渐升高到所要求的温度。心脏经混合气体饱和的温克氏液灌流后,在 1min 内即可开始恢复跳动,但起初心率较慢,并常有心律不齐,以后逐渐变快而且心律也逐步恢复正常和稳定(大鼠心脏的心率约 250～300 次/min),可维持数小时。

2.3.3 放置水囊和电极 在左心房做一切口，插入带水囊的导管至左心室，导管连压力换能器。水囊比左室容积稍大，以减小其在心室舒张期固有的不扩张特性。调整水囊中注液量使左心室舒张末压为10mmHg。在心尖、右室、右房安置3个心电引导电极。

2.3.4 测定冠脉流量 调节固定保温槽，使保温槽套住心脏。灌流液进入冠状血管后到右心房经腔静脉及肺动脉滴入双层保温槽中，经槽底部的漏斗形开口流出，用量筒收集一定时间内的流出液即为冠脉流量。

2.4 实验观察

2.4.1 记录正常情况下的冠脉流量(mL/min)和心脏活动 开启RM6240多道生理信号采集处理系统的记录按钮，记录左心室收缩压(left ventricular systolic pressure, LVSP)、左心室舒张末压(left ventricular end-diastolic pressure, LVEDP)、左心室内压最大上升/下降速率(±dP/dtmax)和心率(HR)，定时收集冠脉流出液测定CF。心脏活动稳定20min后，记录正常情况下的冠脉流量(mL/min)和心脏活动作为对照。

2.4.2 肾上腺素处理 由心脏插管的侧管注入0.1g/L肾上腺素溶液0.5mL，观察冠脉流量和心脏活动的变化。

2.4.3 由心脏插管的侧管注入0.1g/L去甲肾上腺素溶液0.5mL，观察冠脉流量和心脏活动的变化。

2.4.4 向心脏插管的侧管注入0.1g/L乙酰胆碱溶液0.5mL，观察冠脉流量和心脏活动的变化。

2.4.5 向心脏插管的侧管注入0.5mL(10U/mL)垂体后叶素溶液，观察冠脉流量和心脏活动的变化。

2.4.6 统计方法 结果以$\overline{X} \pm S$表示，统计学分析采用Student's t-test方法。

3 结果

列各项处理前及处理后1min、5min、10min的LVSP、LVEDP、±dP/dtmax、HR和CF原始数据表，对数据进行统计和显著性检验。用文字、统计描述和统计结果表述结果。

4 讨论

对实验结果进行分析讨论，分析影响和干扰实验结果的因素及原因。

【注意事项】

1. 缓慢打开气瓶，以灌流管中约每10cm出现一个气泡的气流速度对溶液充气。
2. 制作离体心脏标本时操作要迅速，不要损伤心脏。
3. 灌流压力和灌流液温度要维持恒定。避免凝血块堵塞血管，保持冠状血管通畅。

【问题探究】

肾上腺素、乙酰胆碱、垂体后叶素对心肌活动和冠脉流量有什么影响？为什么？

（陆 源 厉旭云）

实验14　家兔动脉血压的神经与体液调节

【预习要求】

1. 实验理论　生理学和病理生理学教材有关动脉血压调节、失血代偿的理论。

2. 实验方法　第三章第二节多道生理信号采集处理系统和血细胞分析仪;第五章动物实验技术;第二章常用统计指标和统计方法,用Excel统计函数进行数据统计。

3. 实验准备　预绘制实验原始数据记录表和统计表。预测实验结果。

【目的】　本实验采用动脉血压的直接测量方法,观察神经和体液因素对动脉血压的调节作用,了解家兔急性失血模型的建立方法,观察家兔急性失血期间及停止失血后其动脉血压和血红蛋白浓度的变化。

在生理情况下,人和其他哺乳动物的血压处于相对稳定状态,这种相对稳定是通过神经和体液因素的调节而实现的,其中以颈动脉窦-主动脉弓压力感受性反射尤为重要。此反射既可在血压升高时降压,又可在血压降低时升压,反射的传入神经为主动脉神经与窦神经。家兔的主动脉神经为独立的一条神经,也称减压神经,易于分离(在人、犬等动物,主动脉神经与迷走神经混为一条,不能分离)和观察其作用。反射的传出神经为心交感神经、心迷走神经和交感缩血管纤维,心交感神经兴奋,其末梢释放去甲肾上腺素,去甲肾上腺素与心肌细胞膜上的β_1受体结合,引起心脏正性的变时变力变传导作用;心迷走神经兴奋,其末梢释放乙酰胆碱,乙酰胆碱与心肌上的M受体结合,引起心脏负性的变时变力变传导作用;交感缩血管纤维兴奋时其末梢释放去甲肾上腺素,后者与血管平滑肌细胞的α受体结合引起阻力血管的收缩。外源性乙酰胆碱还可作用于血管内皮细胞膜上的M受体,引起血管的舒张。

机体对一定量的急性失血有代偿能力。急性失血使血容量减少,动脉血压下降,在失血的瞬时,通过压力感受性反射和容量感受性反射,阻力血管、容量血管收缩,心脏活动增强以维持动脉血压。急性失血引起交感-肾上腺髓质系统兴奋,导致儿茶酚胺大量分泌,出现血管的明显收缩。静脉系统属于容量血管,可容纳血液总量的60%～70%。静脉的收缩可以迅速而短暂地增加回心血量。微动脉和毛细血管前括约肌比微静脉对儿茶酚胺更为敏感,导致毛细血管前阻力比后阻力升高更明显,毛细血管灌流不足,同时动脉血压的降低,毛细血管流体静压下降,使组织液进入血管,循环血量增加。抗利尿激素、血管紧张素Ⅱ、皮质激素的产生和分泌增加也参与急性失血的代偿。

1　材料

家兔;氨基甲酸乙酯,肝素,去甲肾上腺素,乙酰胆碱,阿托品;血球计数仪,血压换能器,RM6240多道生理信号采集处理系统。

2　方法

2.1　实验系统连接及参数设置　压力换能器输出线接RM6240多道生理信号采集处理系统第1通道,刺激器输出接刺激电极。在系统界面的“实验”菜单中选择“兔动脉血压”,按图

6-14-1 设置仪器参数：时间常数为直流，滤波频率 100Hz，灵敏度 6～12kPa（45～90mmHg），采样频率 800Hz，扫描速度 5s/div。刺激器模式为连续单刺激，刺激强度 5～10V，刺激波宽 2ms，刺激频率 30Hz。

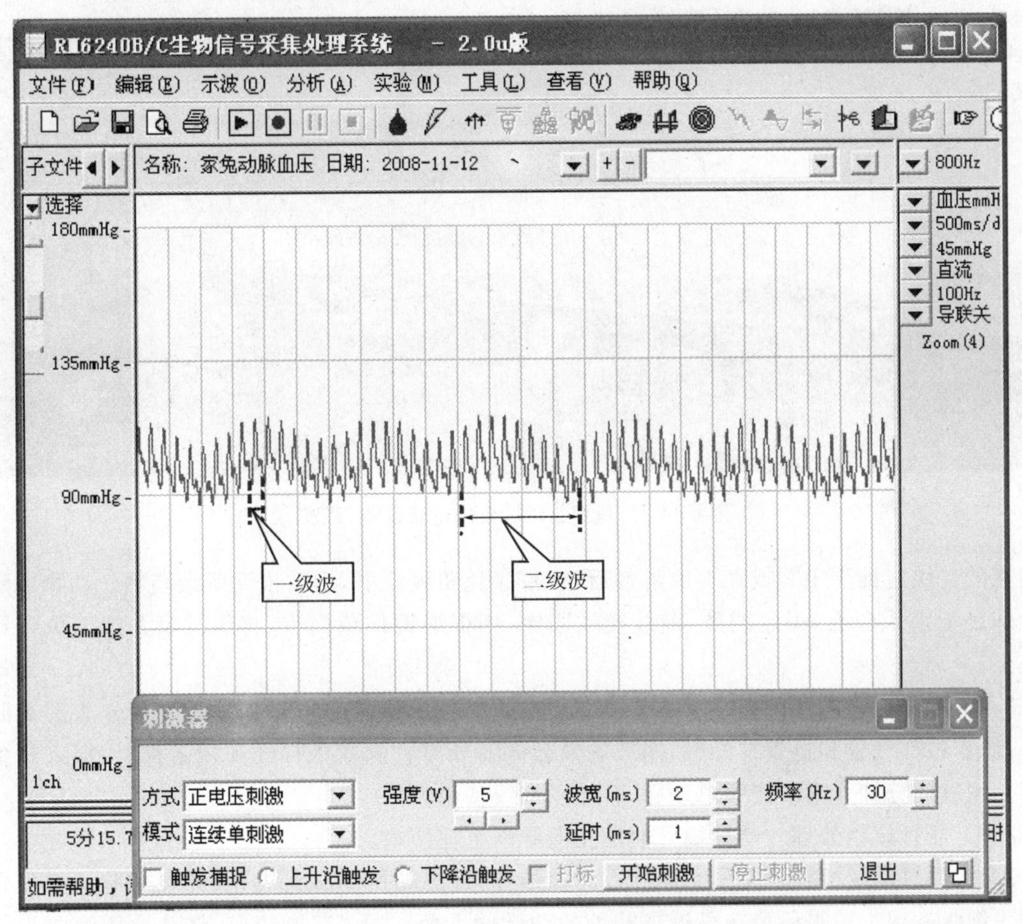

图 6-14-1 RM6240 多道生理信号采集处理系统动脉血压记录界面与动脉血压波形

一级波（心搏波）：由心室舒缩所引起的血压波动，频率与心率一致。二级波（呼吸波）：由呼吸运动所引起的血压波动。三级波：常不出现，可能由于血管运动中枢紧张性的周期性变化所致。

2.2 测压管道连接和抗凝处理 血压换能器固定于铁支柱上，调节压力换能器高度，使其测压口与家兔心脏处于同一水平面（图 6-14-2）。压力换能器、测压管和动脉插管用三通连接，管道内充满生理盐水，排尽气体。启动 RM6240 多道生理信号采集处理系统，向压力换能器、测压管加压 24kPa，RM6240 多道生理信号采集处理系统记录的压力线应维持在 24kPa。注射器插入与动脉插管相连的三通，转动三通，使动脉插管与注射器相通，将动脉插管插入肝素生理盐水中，注射器回抽 1mL，关闭三通。将股动脉插管与放血瓶相连，用抗凝生理盐水充满放血管道内，排出空气，记下瓶内液体量。瓶内液平面距离心脏水平约 65cm。

2.3 家兔手术准备（参见第五章第一节动物实验的基本操作、第四节实验动物手术）

2.3.1 麻醉固定 家兔称重后，按 1g/kg 体重的剂量于耳缘静脉注射 200g/L 氨基甲酸乙

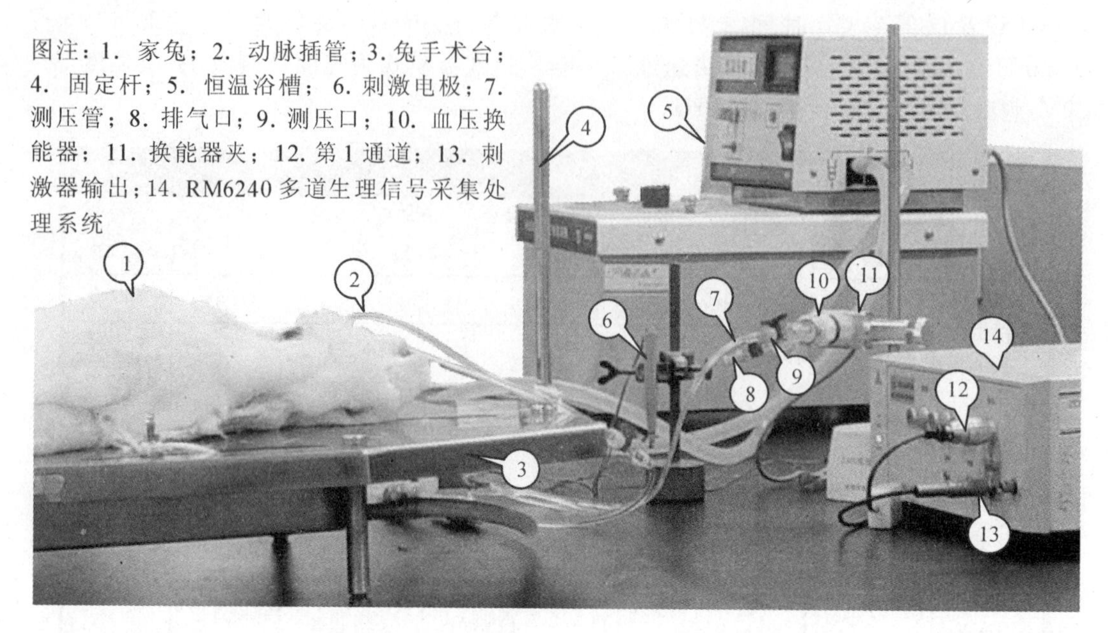

图注：1. 家兔；2. 动脉插管；3. 兔手术台；4. 固定杆；5. 恒温浴槽；6. 刺激电极；7. 测压管；8. 排气口；9. 测压口；10. 血压换能器；11. 换能器夹；12. 第1通道；13. 刺激器输出；14. RM6240 多道生理信号采集处理系统

图 6-14-2　兔颈总动脉血压记录仪器、装置

酯麻醉。快速推注 1/2 或 2/3 麻醉剂后，观察家兔角膜反射，酌情推注所余药物。动物麻醉后仰卧于手术台上，固定四肢，前肢交叉固定，用棉绳钩住兔门齿，将绳拉紧并缚于兔台铁柱上。

2.3.2　颈部血管神经分离　剪去颈部被毛，正中切开颈部皮肤 5～7cm，钝性分离颈部肌肉、暴露颈部气管和血管神经鞘，用玻璃分针仔细分离右侧减压神经和迷走神经，穿细线备用。用玻璃分针分离两侧颈总动脉，各穿一细线备用。

2.3.3　插管抗凝处理　动脉插管前端充灌肝素生理盐水。

2.3.4　颈总动脉插管　左颈总动脉远心端结扎，近心端用动脉夹夹住，并在动脉下面预先穿一细线备用。用眼科剪在靠近结扎处的动脉壁上剪一“V”字形切口，将动脉插管向心方向插入颈总动脉内，扎紧固定。移去动脉夹。

2.3.5　股动脉插管　用左手拇指和另外四指将股部皮肤绷紧固定，沿股腹面正中线从腹股沟下缘向膝部切开皮肤 4～5cm。钝性分离皮下组织、肌肉。用玻璃分针分离股动脉约 2～3cm，在其下穿 2 根细线，结扎远心端的股动脉，近心端用动脉夹夹闭血管。近结扎处用眼科直剪呈 45°角剪开血管直径的 1/2，用眼科镊夹挑起切口，插入动脉插管 2cm，结扎固定。

2.4　实验观察

2.4.1　启动 RM6240 多道生理信号采集处理系统记录按钮，记录正常血压曲线(图 6-14-1)。

2.4.2　用动脉夹夹闭右侧颈总动脉 10s，观察血压变化。

2.4.3　用两细线在减压神经中部两处结扎。在两结扎间切断神经，用强度 5V、频率 30Hz、波宽 2ms 的电脉冲分别刺激神经中枢端和外周端，观察血压变化。

2.4.4　用两细线在右侧迷走神经中部两处结扎，在两结扎间切断神经，用强度 5V、频率

30Hz、波宽 2ms 的电脉冲分别刺激神经中枢端和外周端，观察血压变化。

2.4.5　静脉注射 0.1g/L 去甲肾上腺素 0.3mL，观察血压变化。

2.4.6　按 0.1mL/kg 体重剂量静脉注射 10^{-2}g/L 乙酰胆碱，观察血压变化。

2.4.7　按 0.3mL/kg 体重剂量静脉注射 1g/L 阿托品。

2.4.8　重复观察 2.3.4 至 2.3.6 项目操作，观察血压变化。

2.4.9　从颈静脉内取血 0.2～0.3mL 测定 Hb 浓度(方法参见第三章第三节血细胞分析仪)。

2.4.10　打开股动脉插管上方的三通阀，使动脉血进入放血瓶，持续失血 3min 后关闭三通阀，终止失血。连续记录放血过程中血压动态变化，于失血停止后即刻、10min、20min、30min 分别从颈静脉采血 0.2～0.3mL，测定 Hb 浓度。

2.5　统计方法　结果以 $\overline{X}\pm S$ 表示，统计学分析采用 Student's t-test 方法。

3　结果

列各项处理前后的收缩压、舒张压、平均动脉压、心率、血红蛋白原始数据表，并进行统计处理。用文字和数据逐一描述实验结果。

4　讨论

论述各项处理对动脉血压的影响及机制。论述失血期间、失血停止后动脉血压、血红蛋白浓度变化情况及机制。

【注意事项】

每一项观察须有处理前对照，各项处理后须待血压恢复稳定后再进行下一步骤。

【问题探究】

1. 正常血压的波动是如何形成的？从记录的血压曲线上能分辨出几种波？

2. 实验中各项处理对血压有什么影响？为什么？

3. 持续失血 3min 对失血代偿的机制分析有何意义？试述失血停止后，血压变化及机制。

附录　液压传递系统直接测定动脉血压

由动脉插管、测压管道及压力换能器相互连通，其内充满抗凝液体，构成液压传递系统。将动脉套管插入动脉内，动脉内的压力及其变化可通过密闭的液压传递系统传递压力，通过压力换能器将压力变化转换为电信号，用 RM6240 多道生理信号采集处理系统记录动脉血压变化曲线。

(陈莹莹　叶治国)

实验 15　家兔减压神经放电

【预习要求】

1. 实验理论　生理学教材有关动脉血压的调节。

2. 实验方法　第三章第二节多道生理信号采集处理系统;第五章家兔基本操作。

【目的】　应用 RM6240 多道生理信号采集处理系统观察减压神经放电与血压的关系。

生物机体功能调节中,负反馈在维持机体稳态中具有重要作用。在维持动脉血压相对稳定的机制中减压反射的负反馈调节作用是非常重要的。减压反射的传入神经是窦神经(加入舌咽神经)和主动脉神经,后者走行于迷走神经内,但兔的主动脉神经在颈部自成一束,即减压神经。减压神经的传入冲动频率和幅度随动脉血压的升降而形成周期性变化。本实验分离兔颈部减压神经并引导记录其放电,观察血压改变时放电频率的变化,以了解减压反射的作用和血压稳定调节的机制。

1　材料

家兔;血压换能器,引导电极,RM6240 多道生理信号采集处理系统;生理盐水,液体石蜡,氨基甲酸乙酯,肝素,去甲肾上腺素,乙酰胆碱。

2　方法

2.1　仪器连接和参数设置　将减压神经放电引导电极和血压换能器的输入插头分别与 RM6240 多道生理信号采集处理系统的 1、2 通道相连,音箱接 RM6240 多道生理信号采集处理系统的监听输出口监听神经放电。启动系统,设置仪器参数:①通道时间常数为 0.002s,滤波频率 3kHz,灵敏度 50μV;②通道时间常数为直流,滤波频率 100Hz,灵敏度 12kPa;采样频率 20～100kHz,扫描速度 80ms/div。用三通连接动脉插管、测压管和血压换能器,用生理盐水充灌动脉插管、测压管和血压换能器,排尽气体。用肝素生理盐水冲灌动脉插管前端。

2.2　家兔手术准备　家兔称重,按 1g/kg 体重剂量于耳缘静脉注射 200g/L 氨基甲酸乙酯麻醉。将家兔背位固定于兔手术台上。剪去颈前部被毛,沿正中线切开皮肤 5～7cm,纵向分离皮下组织和肌层,暴露颈部气管及其两侧的左、右颈总动脉鞘。用玻璃分针分离出左、右两侧颈总动脉鞘内的颈总动脉和减压神经,各穿一线备用。作左颈总动脉插管。

2.3　实验观察

2.3.1　正常减压神经放电　去除动脉夹,将减压神经置于悬空的引导电极上,观察减压神经冲动群集性放电(图 6-15-1),观察其节律与血压、心率相对应关系,同时监听放电发出的似火车开动样声音。

2.3.2　按 0.1mL/kg 体重剂量耳缘静脉注射 10^{-2}g/L 乙酰胆碱,观察放电波形的幅度和密度变化,同时观察血压和心率的变化并监听其放电声音变化。

2.3.3　按 0.1mL/kg 体重剂量耳缘静脉注射 0.1g/L 去甲肾上腺素,观察放电波形的幅度和密度变化,同时观察血压和心率的变化并监听其放电声音变化。

图 6-15-1　正常减压神经放电波形

3　结果

整理一完整的减压神经放电和血压变化曲线，并加以标注。用文字简要描述血压、心率变化与减压神经放电的关系。

4　讨论

论述血压、心率与减压神经放电间的关系及各项处理引起血压和减压神经放电变化的机制，论述减压反射的生理意义。

【注意事项】

1. 减压神经较细，实验中避免对其牵拉，以免损伤神经。

2. 实验中滴加液体石蜡，以防神经干燥。记录电极不要接触减压神经外的其他组织。

【问题探究】

1. 若夹闭或牵拉另一侧颈总动脉，减压神经放电会有怎样的变化？

2. 试设计实验，验证颈动脉窦压力感受器对血压的调节作用。

（陆　源　陈莹莹）

实验 16　离体大鼠主动脉环实验

【预习要求】

1. 实验理论　检索、阅读有关血管平滑肌研究论文。

2. 实验方法　第三章第二节多道生理信号采集处理系统；第二章常用统计指标和统计方法。

3. 实验准备　预绘制实验原始数据记录表和统计表。预测实验结果。

【目的】　学习离体器官组织灌流的方法，观察维拉帕米对血管平滑肌细胞电压门控钙通道的阻断作用及酚妥拉明对配体门控钙通道的阻断作用。

0.06～0.1mol/L 浓度的 K^+ 可使血管平滑肌细胞去极化，促使电压门控钙通道开放，引起胞外 Ca^{2+} 内流，导致血管平滑肌收缩。电压门控钙通道阻断剂可阻断高 K^+ 的这一作用。

α受体激动剂(如苯肾上腺素)激动血管平滑肌α受体,促使配体门控钙通道开放,引起胞外 Ca^{2+} 内流而致血管环收缩,α受体阻断剂可阻断此作用。逐步递增α受体激动剂的浓度(累积浓度),引起血管环出现剂量依赖性收缩,记录药物量效曲线,然后给予α受体阻断剂,再重复上述实验,可使该量效曲线右移,但最大效应不变,可计算出α受体阻断剂的拮抗参数(pA_2)以确定该阻断剂的阻断效价。

1　材料

体重250～280g雄性SD大鼠;麦氏浴槽,超级恒温槽,张力换能器,RM6240多道生理信号采集处理系统;100μL、1mL移液器;氯化钾,维拉帕米(Ver),苯肾上腺素(PE),酚妥拉明(Phen),乙酰胆碱(ACh),Krebs液,95%O_2+5%CO_2 混合气体。

2　方法

2.1　实验系统连接和仪器参数设置　将张力换能器固定于一维位移微调节器上,换能器输出线接RM6240多道生理信号采集处理系统输入通道。仪器参数设置:张力换能器输入通道模式为张力,时间常数为直流,滤波频率30Hz,灵敏度3g,采样频率100Hz,扫描速度40s/div。麦氏浴槽中充以10mL Krebs液,调节超级恒温器的温度至37℃,保证麦氏浴槽内37℃±0.5℃恒温。通气管接气瓶(95%O_2+5%CO_2)管道。调节通气管气流量,通气速度以麦氏浴槽中的气泡一个个逸出为宜。按图6-16-1连接装置。

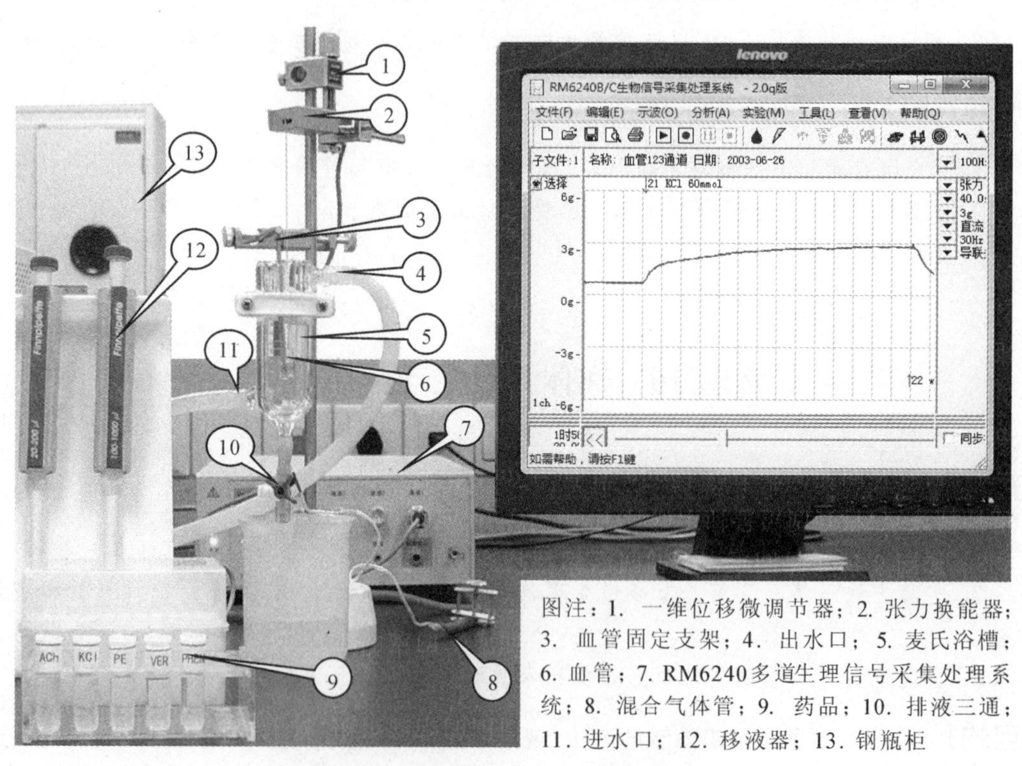

图注:1. 一维位移微调节器;2. 张力换能器;3. 血管固定支架;4. 出水口;5. 麦氏浴槽;6. 血管;7. RM6240多道生理信号采集处理系统;8. 混合气体管;9. 药品;10. 排液三通;11. 进水口;12. 移液器;13. 钢瓶柜

图6-16-1　离体血管灌流实验仪器、装置

2.2　标本制备和检测

2.2.1　用断头器在大鼠颈部断其头(或木锤击昏大鼠),剪开胸腔,迅速取出心脏及胸主动

脉放入盛有混合气体饱和的4℃ Krebs液的培养皿中，连续用混合气体充气。分离出主动脉，将血管内的残存血液冲洗干净，小心剥去周围的结缔组织，将主动脉弓以下的胸主动脉剪成3mm长的动脉环数段备用。

2.2.2　需要保存内皮的血管，动作应轻柔。如需无内皮的血管环，可用棉线（或牙签）穿入来回轻拉将血管内皮轻轻擦去。

2.2.3　按图6-16-1将固定架上的固定钩轻轻穿入血管环，并将另一连有细线的三角形拉钩也轻轻穿入，将其固定悬挂于盛有10mL Krebs液的麦氏浴槽内。

2.2.4　血管环的初始张力前15min为1g，15min后调至2g，并以此张力平衡60min。每隔15min换液一次。

2.2.5　向浴槽内加3mol/L KCl溶液200μL（终浓度0.06mol/L）诱发血管环收缩，待收缩稳定后用预热的Krebs液洗脱，反复冲洗直至张力恢复到初始值为止。重复以上步骤2次。

2.2.6　向浴槽内加10^{-4}mol/L PE溶液100μL（终浓度10^{-6}mol/L）诱发血管收缩达稳定后，加入10^{-3}mol/L ACh溶液100μL（终浓度10^{-5}mol/L），观察血管的舒张反应是否超过60%，如果≥60%则为内皮完整，否则为内皮受损或无内皮（图6-16-2）。本实验采用内皮受损或无内皮血管环。用Krebs液反复冲洗标本使其张力回复初始值，间隔30min进行下一项目，每隔15min换液一次。

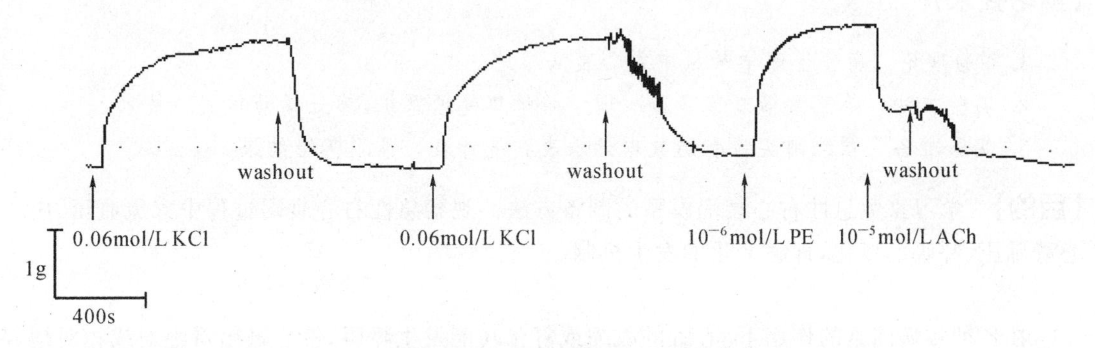

图6-16-2　大鼠胸主动脉环张力变化曲线

2.3　实验观察

2.3.1　加入10^{-5}mol/L Ver溶液200μL，15min后再加入3mol/L KCl溶液200μL。记录动脉环收缩，在收缩达高峰后用Krebs液反复冲洗标本使其张力回复初始值。

2.3.2　加入10^{-4}mol/L PE溶液100μL，记录动脉环的收缩反应，在反应达高峰时用Krebs液反复脱洗标本使其张力回复初始值。

2.3.3　20min后，加入10g/L Phen溶液100μL，10min后再加入10^{-4}mol/L PE溶液100μL，记录动脉环的收缩反应。张力稳定后用Krebs液反复冲洗标本使其张力回复初始值。

2.3.4　加入3mol/L KCl溶液200μL，观察并记录动脉环的收缩反应。

2.3.5　把主动脉环取出，用滤纸吸去其表面水分，称重。

2.4　统计方法　结果以$\overline{X} \pm S$表示，统计学分析采用Student's t-test方法。

3　结果

列各项处理前后血管环的张力原始数据表，并进行统计处理和显著性检验。用文字、统计图、表逐一描述实验结果。

4 讨论

论述各项处理对血管环张力影响的机制。分析影响实验结果的主要干扰因素。

【注意事项】

Krebs 液必须临用时用新鲜蒸馏水配制。

【问题探究】

PE 诱发内皮完整与无内皮血管环收缩后,加入 ACh,血管舒张效应有何差异?为什么?

(厉旭云　王会平)

实验 17　家兔急性右心衰竭

【预习要求】

1. 实验理论　病理生理学教材中右心衰竭。
2. 实验方法　第三章第二节多道生理信号采集处理系统,第五章动物实验技术。
3. 实验准备　预绘制实验原始数据记录表和统计表。预测实验结果。

【目的】 学习家兔急性右心衰竭模型的制备方法。观察急性右心衰竭过程中家兔血压、中心静脉压、呼吸的变化,理解变化的发生机制。

在各种致病因素的作用下,心脏的收缩或舒张功能发生障碍,使心输出量绝对或相对地下降,以至不能满足机体代谢需要的病理生理过程或综合征即为心力衰竭。心力衰竭按照病情严重程度分为轻度、中度、重度;按起病及病程发展速度分为急性和慢性;按心输出量的高低分为低输出量性和高输出量性;按发病部位分为左心衰竭、右心衰竭和全心衰竭。左心衰竭时左心室泵血功能下降,从肺循环流到左心的血液不能充分射入主动脉,因而出现肺淤血及肺水肿;右心衰竭常见于大块肺栓塞、肺动脉高压、慢性阻塞性肺疾病等等,衰竭的右心室不能将体循环回流的血液充分排至肺循环,导致体循环淤血,静脉压上升而产生下肢甚至全身性水肿。

心脏负荷分为压力负荷和容量负荷;压力负荷又称后负荷,是指心室射血所要克服的阻力,即心脏收缩所承受的阻力负荷;容量负荷又称前负荷,是指心脏收缩前所承受的负荷,相当于心腔舒张末期容量。肺动脉高压、肺动脉狭窄等可引起右室压力负荷过度;三尖瓣或肺动脉关闭不全时引起右心室容量负荷过度。

本实验由耳缘静脉缓慢注入栓塞剂,经静脉回流至肺脏,并栓塞在肺循环,引起肺动脉高压,即右心室后负荷增加。再输入大量生理盐水,使回心血量大大增加,则在后负荷增加的基础上,又增加了前负荷,右心功能则急剧衰竭,症状加重,甚至有腹水,直至动物死亡。

1　材料

2.5kg 以上家兔；呼吸换能器，高灵敏度压力换能器，血压换能器，RM6240 多道生理信号采集处理系统，微量注射泵，流量头；氨基甲酸乙酯，生理盐水，液体石蜡，肝素。

2　方法

2.1　系统连接和参数设定　血压换能器、高灵敏度压力换能器、呼吸换能器分别连接 RM6240 多道生理信号采集处理系统 1、2、3 通道。1 通道模式为血压，滤波频率 100Hz，灵敏度 90mmHg；2 通道模式为压力，滤波频率 30Hz，灵敏度 50cmH_2O；3 通道模式为流量，滤波频率 100Hz，灵敏度 100mL/s；1、2、3 通道时间常数为直流，采样频率 800Hz（见图 6-17-1和图 6-17-2）。

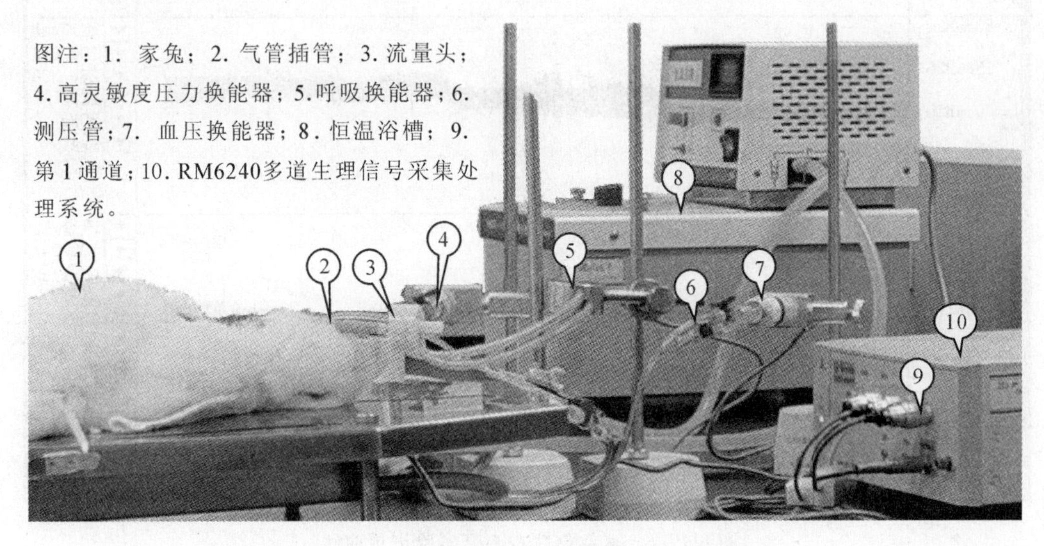

图注：1. 家兔；2. 气管插管；3. 流量头；4. 高灵敏度压力换能器；5. 呼吸换能器；6. 测压管；7. 血压换能器；8. 恒温浴槽；9. 第 1 通道；10. RM6240多道生理信号采集处理系统。

图 6-17-1　家兔急性右心衰竭实验仪器及装置

2.2　管道连接和抗凝处理　血压换能器和高灵敏度压力换能器分别固定于铁支柱上，调节换能器高度，使其测压口与家兔心脏处于同一水平面上（图 6-17-1）。血压换能器、测压管和动脉插管用三通连接，管道内充满生理盐水，排尽气体。高灵敏度压力换能器静脉插管用三通连接，管道内充满生理盐水，排尽气体。启动 RM6240 多道生理信号采集处理系统，向压力换能器、测压管加压 24kPa，RM6240 多道生理信号采集处理系统记录的压力线应维持在 24kPa。注射器插入与动脉插管相连的三通，转动三通，使动脉插管与注射器相通，将动脉插管插入肝素生理盐水中，注射器回抽 1mL，关闭三通。注射器插入与静脉插管相连的三通，使静脉插管口处于心脏水平面高度，转动三通，使其全通，观察 RM6240 系统上的压力线，按其上的“快速归零”按钮，使压力线处于零水平。转动三通，使静脉插管与注射器相通，将静脉插管插入肝素生理盐水中，注射器回抽 1mL，关闭三通。

2.3　家兔颈部手术和插管

2.3.1　家兔称重、麻醉固定　按 1g/kg 体重剂量耳缘静脉注射 200g/L 氨基甲酸乙酯麻醉家兔。仰卧固定。颈前部剪毛，作正中切口，切口 5～7cm，钝性分离颈部组织、肌肉。分离气管、左侧颈总动脉和右侧颈外静脉。

2.3.2　左侧颈总动脉插管　在左颈总动脉下穿两线，用线结扎远心端，近心端用动脉夹夹住。用眼科剪在靠近结扎处动脉壁剪一“V”字形切口，将充满生理盐水的动脉插管向心方

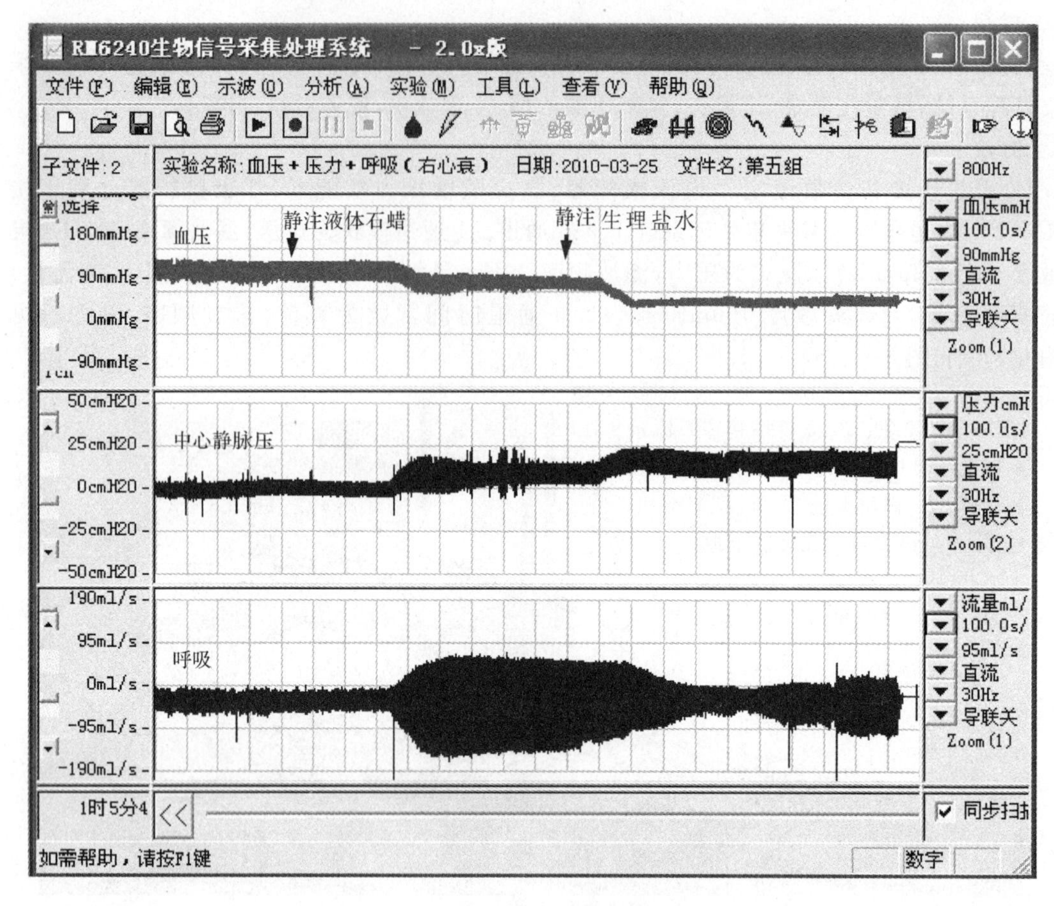

图 6-17-2　家兔急性右心衰实验记录曲线

向插入颈总动脉内,扎紧固定。打开动脉夹。

2.3.3　右颈外静脉插管　分离右侧颈外静脉 2～3cm,穿两线备用。用动脉夹夹住颈外静脉近心端,待静脉充盈,结扎静脉远心端。提起结扎线,在靠近结扎处用眼科剪做一“V”字形切口(为管径的 1/3～1/2),将静脉插管向心方向插入静脉内,缓缓推插 5cm 左右,扎紧固定。

2.3.4　气管插管　在气管下穿两线备用。用手术剪在甲状软骨下 1cm 做横切口,切口深度为气管直径的 1/2,自切口向头端做长为 0.5cm 纵向切口,两切口呈“⊥”形,用棉签将气管切口及气管里的血液和分泌物擦净,气管插管由切口处向肺端插入,插时应动作轻巧,避免损伤气管黏膜,引起出血。用一粗棉线将插管口结扎固定,另一棉线在切口的头端结扎止血。

2.4　实验观察

2.4.1　记录正常指标　观察记录动脉血压、中心静脉压、呼吸曲线(图 6-17-2),听呼吸音。

2.4.2　注射生理盐水　以 10mL/min 的速度静脉注射生理盐水 50mL。观察记录动脉血压、中心静脉压(或右心房内压)、呼吸曲线,监听呼吸音。

2.4.3　注射液体石蜡　用 20mL 注射器抽取 37℃的液体石蜡 5mL,装上静脉输液针,排尽气体。输液针刺入耳缘静脉,用微量注射泵以 0.5mL/min 的速度注射。观察中心静脉压、血压、呼吸、呼吸音的变化。待呼吸加强时，停止注射，观察血压是否下降 20mmHg，中心静脉压是否持续升高，如是，停止注射液体石蜡；否则继续注射。

2.4.4　注射生理盐水　血压稳定 5～10min 后，以 1mL/min 的速度静脉注射生理盐水，直至动物死亡。连续观察记录动脉血压、中心静脉压（或右心房内压）、呼吸曲线，监听呼吸音。

2.4.5　解剖观察　动物死亡后，剖开胸、腹腔（注意不要损伤脏器与大血管），观察有无胸、腹水、肠系膜血管充盈与脏器水肿。最后剪破腔静脉，让血液流出，观察此时肝脏和心腔体积的变化。

3　结果

列家兔正常及急性右心衰竭时动脉血压、中心静脉压、呼吸频率、通气量的数据表，用文字、数据描述急性右心衰竭前后上述生理指标变化及尸检情况。

4　讨论

论述本实验右心衰竭模型的复制机制，家兔右心衰竭过程中动脉血压、中心静脉压、呼吸变化的机制。

【注意事项】

1. 液体石蜡注入速度要慢，否则易引起急性肺栓塞，很快死亡。
2. 准确标记各项处理及时间。

【问题探究】

1. 本右心衰竭模型中机体可出现哪几型缺氧表现？其机制是什么？
2. 本实验心力衰竭模型的复制机制是什么？
3. 本实验中家兔动脉血压、中心静脉压、呼吸发生哪些变化？为什么？

（陆　源　梅汝焕）

实验 18　肾上腺素和 M 胆碱受体激动药对家兔血压的作用

【预习要求】

1. 实验理论　生理学教材中心血管活动的调节和药理学教材中肾上腺素受体激动药和阻断药、胆碱受体激动药和阻断药内容。

2. 实验方法　第三章第二节多道生理信号采集处理系统；第五章动物实验技术；第二章常用统计指标和统计方法和用 Excel 统计函数进行数据统计。

3. 实验准备　预绘制实验原始数据记录表和统计表。预测结果。

【目的】　观察肾上腺素受体激动药、胆碱受体激动药对兔血压的作用，并以阻断药为工具分析各药对受体的作用。

血压形成与心室射血、血管阻力和循环血量三个基本因素相关，通过神经-体液调节机制维持正常血压。传出神经药是一大类药物,或拟神经递质,或拮抗神经递质,通过激动或阻断分布于心血管上的肾上腺素受体或M胆碱受体,影响心肌收缩性、血管舒缩程度从而升高或降低血压。

1　材料

家兔;氨基甲酸乙酯,肝素钠,盐酸肾上腺素(adrenaline hydrochloride),重酒石酸去甲肾上腺素(noradrenaline bitartrate),硫酸异丙肾上腺素(isoprenaline sulfate),酚妥拉明(phentolamine),盐酸普萘洛尔(propranolol hydrochloride),氯化乙酰胆碱(acetylcholine chloride),硫酸阿托品(atropine sulfate);压力换能器,RM6240多道生理信号采集处理系统。

2　方法

2.1　实验系统连接及系统参数设置　参见实验14。

2.2　动物麻醉和手术　参见实验14。

2.3　实验观察

2.3.1　记录正常血压曲线。

2.3.2　按0.1mL/kg体重剂量静脉注射 2×10^{-2}g/L adrenaline。

2.3.3　按0.1mL/kg体重剂量静脉注射 2×10^{-2}g/L noradrenaline。

2.3.4　按0.1mL/kg体重剂量静脉注射 2×10^{-2}g/L isoprenaline。

2.3.5　按1mg/kg体重剂量静脉缓慢注射10g/L phentolamine,2min后再进行下一项操作。

2.3.6　按0.1mL/kg体重剂量静脉注射 2×10^{-2}g/L adrenaline。

2.3.7　按0.1mL/kg体重剂量静脉注射 2×10^{-2}g/L noradrenaline。

2.3.8　按0.1mL/kg体重剂量静脉注射 2×10^{-2}g/L isoprenaline。

2.3.9　按0.5mg/kg体重剂量静脉缓慢(约2min以上)注射2.5g/L propranolol,5min后再进行下一项操作。

2.3.10　按0.1mL/kg体重剂量静脉注射 2×10^{-2}g/L adrenaline。

2.3.11　按0.1mL/kg体重剂量静脉注射 2×10^{-2}g/L noradrenaline。

2.3.12　按0.1mL/kg体重剂量静脉注射 2×10^{-2}g/L isoprenaline。

2.3.13　按0.1mL/kg体重剂量静脉注射 10^{-2}g/L acetylcholine。

2.3.14　按0.1mL/kg体重剂量静脉注射1g/L atropine。

2.3.15　按0.1mL/kg体重剂量静脉注射 10^{-2}g/L acetylcholine。

2.3.16　按0.1mL/kg体重剂量静脉注射10g/L acetylcholine。

2.3.17　按0.1mL/kg体重剂量静脉注射10g/L atropine。

2.3.18　按0.1mL/kg体重剂量静脉注射10g/L acetylcholine。

2.4　统计方法　结果以 $\overline{X}\pm S$ 表示,统计学分析采用Student's t-test方法。

3　结果

测量各药物给药前后动脉血压的收缩压、舒张压及心率,对数据进行统计,用文字、统计描述、统计结果表述实验结果。

4　讨论

论述各药对血压作用特点及作用机制。

【注意事项】

1. adrenaline 等药物静脉注射时速度要快，阻断药须缓慢注入。每次给药后，再推生理盐水 1mL，使硅胶管内药物全部进入体内。

2. 待血压恢复到基本稳定后，再注射下一个药物。

【问题探究】

1. 静脉注射肾上腺素，血压常出现先升高后降低，然后逐渐恢复，其原因如何？

2. 简述三种肾上腺素受体激动药对心脏活动、血压影响的异同点。

3. phentolamine 注射后再注射 adrenaline，家兔血压发生什么变化？为什么？

4. atropine 注射后再注射 acetylcholine，家兔血压发生什么变化？为什么？

（王梦令　陆　源）

实验 19　人体肺通气功能的测定

【预习要求】

1. 实验理论　生理学教材中肺通气功能。

2. 实验准备　预绘制实验原始数据记录表和统计表。

【目的】 学习和掌握人体肺通气量的测定方法和正常通气量。

肺的主要功能包括肺与外界的气体交换（肺通气）和肺泡与血液间的气体交换（肺换气）。肺通气功能直接影响肺换气，肺通气功能的测定对评定肺功能具有重要的生理意义。在临床上，通过肺功能测定，可以提示呼吸功能不全的严重程度，鉴别通气障碍的类型，显示气体分布和气体交换的基本状态等。

肺通气功能采用肺量计进行测定。肺量计有很多种类，最新的肺量计采用呼吸流量传感技术和计算机技术，能自动完成肺功能各项指标自动测定。

1　材料

人；肺功能测试仪，磅秤，鼻夹。

2　方法

2.1　FGC-A^{+}肺功能测试仪的测试准备　连接好电源、传感器、IC 卡、数据连接线。开机，系统进行初始化及自检程序，开机预热 15min。按“确认”键进入主菜单（见图 6-19-1），选择按①键进入受检者参数输入界面，根据光标所在行的参数输入受检者相应的参数值：编号（10 位）、年龄（2 位）、性别（男性按①，女性按②）、身高（3 位）、体重（3 位）、日期（8 位）。每输完一项，按▼键进入下一项。全部输入完毕，按“确认”键返回主菜单。将一次性纸质吹筒与传感器进口连接。

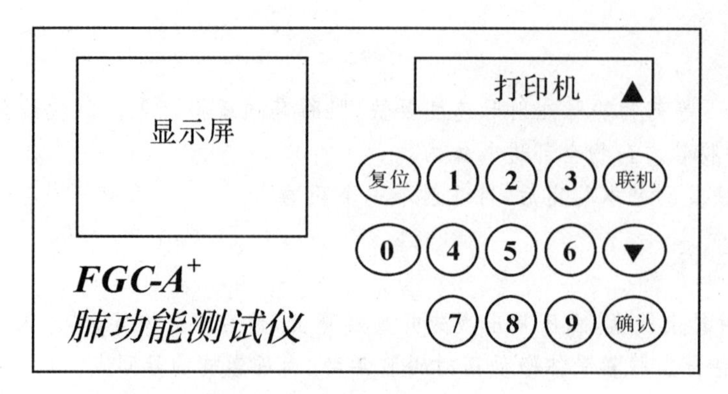

图 6-19-1　肺功能测试仪面板

2.2　实验观察

2.2.1　用力肺活量测试　在主菜单界面按②键。嘱受检者面对仪器站立，加鼻夹，口含吹筒，先做数次平静呼吸适应，后做一次尽力的深吸气，直到不能吸气时操作者立即按下①键，受检者以最大的力气、最快的速度呼气，直到不能呼气为止，此时测试仪同步显示出用力肺活量曲线，直到测试曲线停止移动。屏幕右下出现“*”号时，操作者根据受检者用力肺活量曲线的正确与否，选择按⓪键，并返回主菜单；选择按②键重新测量用力肺活量。

2.2.2　肺活量测试　在主菜单界面按③键，嘱受检者面对仪器站立，加鼻夹，口含吹筒，操作者按下①键，受检者先平静呼吸四次，并在第四次平静呼气末（不换气）以中等速度和力气呼气，直至不能再呼气时开始做最大的吸气，再次以中等速度和力气吹气，直至不能再呼气为止；此时测试仪同步显示肺活量测试曲线。待屏幕右下角出现“*”号时，操作者根据受检者肺活量测试曲线正确与否，选择按⓪键，并返回主菜单；选择按②键重新测量肺活量。

2.2.3　最大通气量测试　在主菜单界面按④键，受检者取立位，加鼻夹，含吹筒，平静呼吸4～5次后操作者按下①键，嘱受检者以最大呼吸幅度、最大呼吸速度持续呼吸12s，此时测试仪同步显示最大通气量曲线。待屏幕右下角出现“*”号时，操作者根据受检者最大通气量测试曲线正确与否，选择按⓪键，并返回主菜单；选择按②键重新测量最大通气量。

2.3　数据输出　按一下打印机上的▲键，打印机指示灯亮，在主菜单界面下按⑤键显示打印子菜单，按以下方法操作：

2.3.1　选择按①或②或③键分别显示用力肺活量、肺活量、最大通气量的数据及曲线，再按②键打印屏幕显示的测试数据及曲线。

2.3.2　按④键打印用力肺活量、肺活量、最大通气量的完整报告单；

2.3.3　按⑤键将测试者检测数据传送到计算机。

2.4　统计方法　结果以 $\overline{X} \pm S$ 表示。

3　结果

列 VT、IRV、ERV、MVV、FVC、FEV1.0 值、FEV1.0/FVC%、FEV3.0 值、FEV3.0/FVC%、MMF 值原始数据表，并进行统计处理。用文字和数据逐一描述实验结果。实验结果曲线剪贴并标注。

4　讨论

论述肺功能各项测试指标的生理学意义。

【注意事项】

最大通气量测定是较剧烈的呼吸运动,凡严重心肺疾病患者及咯血患者均不宜做此项试验。正常人经过15s的持续快速大幅度重复呼吸后体内储存的CO_2减少500mL,$PaCO_2$下降2.66kPa(20mmHg)。对于肺泡通气不足患者测定过程需受到严密的监测,因为呼吸性酸中毒的快速逆转会导致电解质的转移和心律改变。

【问题探究】

1. 试分析测定肺活量与用力肺活量的意义有何不同?气道轻度狭窄或肺弹性降低的病人,其肺活量与用力肺活量是否一定同时下降?

2. MMF值有何意义?

3. MVV反映肺通气的哪些结构和功能,有何生理意义?

附录　肺通气功能测定指标及测定结果报告单指标含义

1. 肺通气功能测量指标

(1)潮气量(tidal volume,VT)　呼吸基线平稳,取5次平静呼吸波,每次吸入或呼出的平均气量(图6-19-2)。

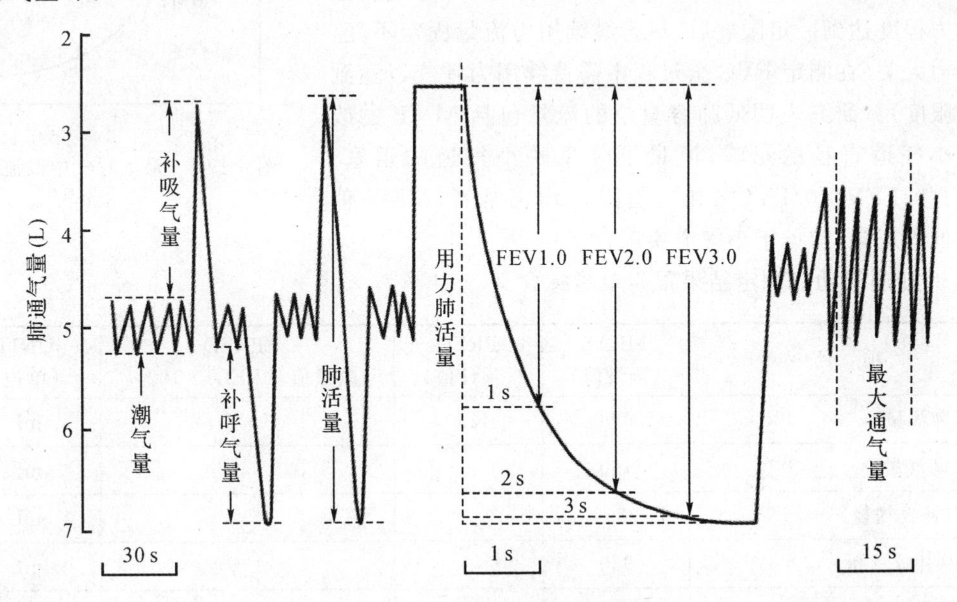

图6-19-2　肺通气功能测试曲线

(2)补吸气量(inspiratory reserve volume,IRV)　平静吸气末以后曲线的幅度为补吸气量。深吸气量(inspiratory capacity,IC)为平静呼气位与最大吸气位之间的容量差,常态下IC为VC的3/5或4/5。

(3)补呼气量(expiratory reserve volume,ERV)　平静呼气末曲线的增加幅度即为补呼气量。正常状态下ERV为VC的1/5或2/5。

(4)肺活量(vital capacity,VC) 整个曲线的变化幅度即为肺活量。

(5)最大通气量(maximal voluntary ventilation,MVV) 计算 12s 内吸入气(或呼出气)总量,乘以 5,即为每分钟最大通气量。两或三次测定结果中取最大值作为实测值。

通气储量=[(最大通气量-静息通气量)/最大通气量]×100%。通气储量大于 93%以上者为正常,小于 70%通气功能严重损害。

(6)用力肺活量(forced vital capacity,FVC) 最大吸气至肺总容量位(total lung capacity,TLC)后 1s 之内的快速呼出量,即为 1s 用力呼气容积(forced expiratory volume in one second,FEV1.0)。FEV1.0 既是容量测定也是 1s 的平均流量测定,常以 FEV1.0/FVC%表示。大部分的正常人 1s 能呼出 FVC 的 70%~80%。3s 用力呼气容积(FEV3.0)指最大吸气至 TLC 位后 3s 之内的快速呼出量。

(7)最大呼气中段流量 (maximal midexpiratory flow curve,MMF)由 FVC 曲线上计算获得用力呼出肺活量 25%~75%的平均流量。将 FVC 曲线分为四个等分(图 6-19-3),取肺活量的 25%~75%部分除以呼出肺活量 25%~75%容量所需的时间(最大呼气中段时间 mid-expiratary time,MET):

$$MMF=FVC/2MET$$

MMF 主要取决于 FVC 非用力依赖部分,即呼气流量随用力程度达到一定限度后,尽管继续用力流量固定不变,与用力无关(在测定 FVC 全过程中需持续用力呼气以达到流量限度)。研究表明低肺容量位的流量包括 MMF 的改变受小气道直径的影响,流量下降反映小气道的阻塞。FEV1.0、FEV1.0/FVC%和气道阻力均正常者,MMF 值却可低于正常,常见于小气道疾患。

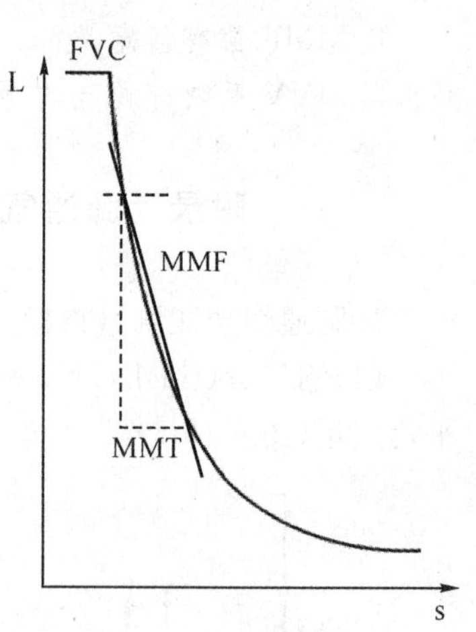

图 6-19-3 最大呼气中段流量

2. 肺通气功能测定结果报告单指标含义

项 目	MEAS (测量值)	PRED (预计值)	%PRED (测量值/PRED)×100%	UNIT (单位)
VC(肺活量)	4090	4290	95.3	mL
TV(潮气量)	760			mL
IRV(补吸气量)	2300			mL
ERV(补呼气量)	950			mL
IC(深吸气量)	3140			mL
MV(一分钟平静换气量)	10.6	TV×RR		L/M
RR(吸频频率)	13.95			T/min
MVV(最大通气量)	94.0	104.0	90.3	L/min
BSA(体表面积)	1.64			m²
MVV/BSA	57.1	63.2	90.3	

续表

项　目	MEAS （测量值）	PRED （预计值）	%PRED （测量值/PRED）×100%	UNIT （单位）
FVC（用力肺活量）	4693	4174	112.4	mL
FEV.1（第1s用力呼气量）	4066	3584	113.4	mL
FEV.2（第2s用力呼气量）	4693			mL
FEV.3（第3s用力呼气量）	4693			mL
FEV.1%（第1s用力呼气量%，FEV.1/FVC）	86.6	85.01	101.8	%
FEV.2%（FEV.2/FVC）	100.0			
FEV.3%（FEV.3/FVC）	100.0			
MMF（最大呼气中段流速，MMF=FVC/2MMT）	4.05	3.87	104.6	L/S
MVV1（由1s量推算出的最大通气量）	133.6	104.0	128.4	L/min
BSA1（体表面积）	1.64			m^2
M/B1（MVV1/BSA1）	81.2	63.2	120.4	
PEF（最大呼气流量）	7.89	9.08	86.9	L/S
V75（75%FVC时的用力呼气流量）	7.19	7.85	91.5	L/S
V50（50%FVC时的用力呼气流量）	3.97	4.97	79.8	L/S
V25（25%FVC时的用力呼气流量）	2.72	2.10	124.4	L/S
V50/V25（V50与V25之比）	1.46	2.53	57.7	%
V25/H（V25/身高）	1.59	1.27	124.4	L/S/M

（陆　源　梅汝焕）

实验20　家兔呼吸系统综合实验

【预习要求】

1. 实验理论　生理学教材中有关呼吸运动调节，病理生理学教材中有关酸碱平衡，药理学教材中有关哌替啶和尼可刹米的药理作用及机制。

2. 实验方法　第三章第二节多道生理信号采集处理系统；第五章动物实验技术；第二章常用统计指标和统计方法、用Excel统计函数进行数据统计。

3. 实验准备　预绘制实验原始数据记录表和统计表。预测实验结果。

【目的】 观察无效腔及血液中 PCO_2、PO_2 和[H^+]改变对家兔呼吸频率、节律、幅度的影响。了解建立动物酸中毒模型和纠正酸中毒的方法。观察尼可刹米(nikethamide)对抗哌替啶(pethidine)对呼吸的抑制作用。观察迷走神经在家兔呼吸运动调节中的作用。

呼吸运动是呼吸中枢节律性活动的反映。在不同生理状态下,呼吸运动所发生的适应性变化有赖于神经系统的反射性调节,其中较为重要的有呼吸中枢、肺牵张反射以及外周化学感受器的反射性调节。体内外各种刺激,可以直接作用于中枢部位或通过不同的感受器反射性地影响呼吸运动。

代谢性酸中毒的特征是血浆 HCO_3^- 浓度原发性减少。通过静脉注射 NaH_2PO_4 增加细胞外液 H^+ 浓度,消耗 HCO_3^- 并使血浆 HCO_3^- 浓度降低,可复制家兔代谢性酸中毒模型。

代谢性酸中毒动物呼吸加深加快,是由血液内 H^+ 浓度增加,刺激颈动脉体和主动脉体外周化学感受器及延髓中枢化学感受器,反射性地兴奋延髓呼吸中枢所致。呼吸加深加快,肺泡通气量增加,CO_2 排出增多,血液 H_2CO_3 浓度随之下降,恢复[$NaHCO_3$]/[H_2CO_3]的正常比值。这种代偿调节作用可在数分钟内发生,并很快达到高峰,但一般不容易获得完全代偿。

代谢性酸中毒,血浆 HCO_3^- 浓度原发性减少,血气分析时可测得反映代谢因素的指标AB、SB、BB降低,BE负值增大,同时由于呼吸代偿活动,可使 $PaCO_2$ 降低,AB<SB。

代谢性酸中毒动物血浆碳酸氢盐减少,碳酸氢钠可作为首选补碱药物,直接由静脉输入,使细胞外液的[$NaHCO_3$]/[H_2CO_3]比值恢复正常。

中枢兴奋药能提高中枢神经系统的机能活动。其中 nikethamide 主要兴奋延脑呼吸中枢。当呼吸中枢受抑制时,该药的作用明显,能使呼吸加深加快,并能提高呼吸中枢对 CO_2 的敏感性。

1　材料

家兔;氮气,二氧化碳,氨基甲酸乙酯,磷酸二氢钠,碳酸氢钠,pethidine,nikethamide;呼吸换能器,流量头,高灵敏度换能器,RM6240 多道生理信号采集处理系统。

2　方法

2.1　实验系统连接及参数设置　按图 6-20-1 用胶管连接流量头与气管插管,流量头连接呼吸流量换能器。呼吸换能器输出线接 RM6240 多道生理信号采集处理系统第 1 通道。点击“实验”菜单,选择“呼吸运动调节”,仪器参数:第 1 通道时间常数为直流,滤波频率30Hz,灵敏度 50～100mL/s,采样频率 800Hz,扫描速度 1s/div。连续单刺激方式,刺激强度 5～10V,刺激波宽 2ms,刺激频率 30Hz。

2.2　手术准备(参见第五章第一节动物实验的基本操作、第四节实验动物手术)

2.2.1　麻醉固定　家兔称重后,按 1g/kg 体重剂量耳缘静脉注射 200g/L 氨基甲酸乙酯。待兔麻醉后,将其仰卧,先后固定四肢及兔头。

2.2.2　颈部手术　剪去颈前被毛,颈前正中切开皮肤 6～7cm,直至下颌角上,钝性分离结缔组织及颈部肌肉,暴露气管及与气管平行的左、右血管神经鞘,细心分离两侧鞘膜内的迷走神经,在迷走神经下穿线备用。分离气管,在气管下穿两根粗棉线备用。

2.2.3　分离颈总动脉　分离一侧血管神经鞘内的颈总动脉 2～3cm,用线结扎颈总动脉的远心端,以备采血用。

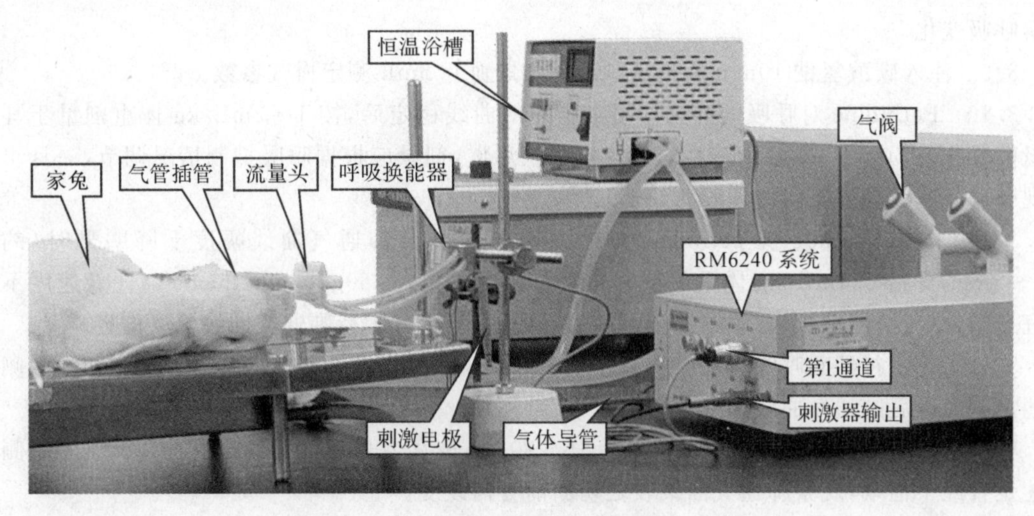

图 6-20-1　记录家兔呼吸运动的实验仪器及装置

2.2.4　气管插管　在环状软骨下约 1cm 处，做"⊥"形剪口，用棉签将气管切口及气管里的血液和分泌物擦净，气管插管由剪口处向肺端轻柔插入，避免损伤气管黏膜引起出血，用一粗棉线将插管口结扎固定，另一棉线在切口的头端结扎止血。

2.3　实验观察

2.3.1　记录肺通气曲线　启动 RM6240 多道生理信号采集处理系统记录按钮，连续记录肺通气曲线(下同)。

2.3.2　增加无效腔　记录一段稳定的肺通气曲线作为对照(下同)。在流量头通气口(或气管插管一个侧管上)接一根长 60cm 胶管，待肺通气曲线明显变化时移去胶管。

2.3.3　降低吸入气中的氧分压　待肺通气曲线恢复稳定后，将一只小烧杯的杯口扣住流量头通气口(或气管插管开口)，将氮气导管沿烧杯壁平行放入，开启气阀(或气囊导管)使气体冲入烧杯，给动物吸入含有较高浓度氮气的空气，待肺通气曲线明显变化时关闭气阀。

2.3.4　增加吸入气中二氧化碳分压　待肺通气曲线恢复正常，按观察项目 3 的操作方法开启二氧化碳气阀(或气囊导管)，使家兔吸入含有较高浓度二氧化碳的空气。待家兔肺通气增强后，立即关闭二氧化碳气气阀。待肺通气恢复稳定后再做下一步实验。

2.3.5　测定血气参数　按 1000U/kg 体重剂量给动物静脉注射 1000U/mL 肝素。1min 后用 1mL 注射器取肝素溶液少许，湿润注射器内壁后推出，使注射器死腔和针头内部充满肝素溶液。动脉夹夹住颈总动脉近心端，注射器向心方向刺入颈总动脉内，由助手打开动脉夹，抽血 0.5mL(注意切勿进入气泡)，夹上动脉夹，针头拔出后立即插入小橡皮塞内以隔绝空气，立即送血样到血气分析仪上测定血气参数：pH、PaO_2、$PaCO_2$、$[HCO_3^-]$、BE(血气测定方法见本实验附录)。

2.3.6　复制酸中毒模型　按 5mL/kg 体重剂量耳缘静脉注射 120g/L 磷酸二氢钠，注射速度控制在 3～4mL/min。

2.3.7　测定血气参数　注射磷酸二氢钠 10min 后，由颈动脉取血 0.5mL 测定血气参数。

2.3.8　纠正酸中毒　按 X(mL)=｜ΔBE｜×0.5×体重(kg)(ΔBE 是输入酸前后 BE 值之差值)计算出 50g/L 碳酸氢钠注射剂量，耳缘静脉注射，注射速度应控制在 4mL/min，观察呼吸变化。

2.3.9 注入碳酸氢钠10min后再从颈总动脉取血0.5mL测定血气参数。

2.3.10 Pethidine对呼吸的抑制作用 肺通气曲线稳定后,按1～2mL/kg体重剂量于耳缘静脉注射50g/L pethidine(注意速度宜先快后慢,剂量应根据呼吸抑制情况调节,一旦出现肺通气曲线幅度下降时即停止给药)。

2.3.11 Nikethamide抗pethidine抑制呼吸作用 待肺通气曲线幅度下降明显时(约2～5min)即按0.4mL/kg体重剂量由耳缘静脉缓慢注入250g/L nikethamide(注意速度不宜过快,以免引起惊厥)。观察并记录肺通气曲线变化,并等待肺通气曲线幅度稳定。

2.3.12 迷走神经对呼吸运动的调节作用 分别观察和记录切断一侧迷走神经和切断两侧迷走神经以后肺通气曲线的变化。

2.3.13 以中等强度(5～10V),频率为15～30Hz,波宽为2ms的连续电脉冲间断刺激一侧迷走神经中枢端,观察肺通气曲线较之切断前有何改变。

2.3.14 观察胸内负压 将连于高灵敏度换能器(或水检压计)胶管上的18号注射针头,在左腋前线第四、五肋间,沿肋骨上缘垂直刺入胸膜腔内,首先用较大力量穿透皮肤,然后控制力量,用手指抵住胸壁缓进以防刺入过深。当看到记录曲线小于零(检压计水液面产生位差),并随呼吸运动上下波动时,说明针头已进入胸膜腔内,即停止进针并固定于这一位置。观察胸内负压曲线(或从检压计记录水柱波动的幅度),记下正常平静呼吸时胸内负压数值。此时呼气和吸气应均为负值。在流量头通气口(或气管插管一个侧管)上接一根长胶管,堵住另一开口,使呼吸运动加强(用力呼吸),记下此时胸内负压在呼气吸气时的变化情况。去除长胶管并开放另一开口,等待呼吸恢复正常。

2.4 统计方法 结果以$\overline{X} \pm S$表示,统计学分析采用Student's t-test方法。

3 结果

列各种因素处理前后家兔每分通气量、呼吸频率原始数据表,列注射酸、碱前后家兔血气参数原始数据表,列胸内负压数据表。用文字、统计描述、统计结果逐一描述实验结果。

4 讨论

分析和探讨各处理因素对呼吸、血气参数的影响及机制。

【问题探究】

1. 分别吸入高浓度CO_2、N_2和注射酸溶液,家兔的肺通气有何变化?

2. 试比较吸入气中CO_2、N_2浓度增加,家兔呼吸频率和肺通气变化的差异,为什么?

3. 切断迷走神经后及刺激迷走神经中枢端肺通气发生变化的机制。

4. 注射NaH_2PO_4为什么会引起动脉血血气酸碱度改变?

附录

1. ABL700血气分析仪样本测试

待仪器处于"准备"模式,可进入样本测定模式。

将样品注射器上下颠倒混匀标本,观察样本是否处于密闭状态、有无气泡,血液标本是否凝固。确定样本正常后,抬起注射器进样入口副翼,拔去注射器针头,将注射器轻轻插入注射器进样口；在触摸屏的样本模式中，选择注射器进样模式。在触摸屏上按【开始】键，进样针自动进入注射器中吸取标本，当仪器发出"嘀嘀"提示音后，及时移去注射器，并关闭注射器进样口副翼。

在数据采集处理工作站的数据处理软件中输入动物标识信息，当测定结果显示后，在软件中进行刷新操作，选择相应的数据进行保存。

2. 呼吸换能器定标

呼吸换能器与 RM6240 多道生理信号采集处理系统连接，时间常数直流。流量头用两胶管与换能器测压口连接。用一胶管接流量头通气口，胶管一头接 50mL 注射针筒。启动仪器，"通道模式"选择"呼吸流量"，记录注射器推注 50mL 空气的曲线，用"面积测量"工具测出记录曲线的面积，打开"定标"对话框，输入测量结果。该法记录所得是通气量。

（沈　静　梅汝焕　陆　源）

实验 21　缺氧的类型及影响缺氧耐受性的因素

【预习要求】

1. 实验理论　病理生理学教材中缺氧内容。

2. 实验方法　第四章实验动物基本知识，第五章动物实验技术，第二章常用统计指标和统计方法、用 Excel 统计函数进行数据统计。

3. 实验准备　预绘制实验原始数据记录表和统计表，预测实验结果。

【目的】　复制不同类型缺氧模型，观察不同类型缺氧时皮肤黏膜颜色的变化特点；观察不同中枢神经系统功能状态及体温对缺氧耐受性的影响；了解临床应用冬眠及低温疗法的意义；掌握对照实验和控制实验条件的方法。

当供应组织的氧不足，或组织利用氧障碍时，机体的功能和代谢可发生异常变化，这种病理过程称为缺氧。缺氧是多种疾病共有的病理过程。许多原因都能使机体发生缺氧。不同类型的缺氧，其机体的代偿适应性反应和症状表现有所不同。根据缺氧的原因不同可将缺氧分为乏氧性缺氧、血液性缺氧、循环性缺氧和组织中毒性缺氧四种类型。

将动物放置于密闭的容器内，使其吸入气中的氧分压逐步降低以复制乏氧性缺氧模型。乏氧性缺氧（又称低张性缺氧）主要表现为动脉血氧分压降低，氧含量减少，组织供氧不足。正常毛细血管血液中氧离血红蛋白浓度约为 26g/L。乏氧性缺氧时，动、静脉血中的氧离血红蛋白浓度增高。当毛细血管血液中氧离血红蛋白浓度达到或超过 50g/L 时，可使皮肤和黏膜呈青紫色（称为发绀）。

一氧化碳（CO）与血红蛋白的亲和力比氧与血红蛋白的亲和力高 210 倍。当吸入气中含有 0.1%的 CO 时，血液中的血红蛋白可能有 50%为碳氧血红蛋白（HbCO）。HbCO 不能与 O_2 结合，同时还可抑制红细胞的糖酵解，使 2,3-二磷酸甘油酸（2,3-DPG）生成减少，氧离曲线左移，HbO_2 中的 O_2 不易释放，从而加重组织缺氧。当血液中的 HbCO 增至 50%

时,动物可迅速出现痉挛、呼吸困难、昏迷,甚至死亡。此时,动物的动脉血含过多的HbCO,其皮肤、黏膜呈HbCO的樱桃红。

亚硝酸盐可使血红素中二价铁氧化成三价铁,形成高铁血红蛋白($HbFe^{3+}OH$),导致高铁血红蛋白血症。高铁血红蛋白中的三价铁因与羟基结合牢固,失去结合氧的能力,或者血红蛋白分子中的四个二价铁中有部分氧化成三价铁,剩余的二价铁虽能结合氧,但不易解离,导致氧离曲线左移,使组织缺氧。低浓度美兰为还原剂,可抑制氧化剂的中毒反应。亚硝酸盐等氧化剂中毒时,如高铁血红蛋白含量超过血红蛋白总量的10%,就可出现缺氧表现,当血液中$HbFe^{3+}OH$达到15g/L时,皮肤、黏膜可出现青紫颜色,达到30%～50%,则发生严重缺氧。

影响机体对缺氧耐受性的因素很多,如年龄、机体的代谢、功能状况以及锻炼适应等。当动物中枢神经系统功能抑制和降低动物体温时,其代谢率降低,组织细胞耗氧量减少,而增强机体的缺氧耐受性,可延长其死亡时间。

本实验从缺氧的不同环节入手:通过密闭装置、注射亚硝酸钠等复制小鼠乏氧性缺氧、血液性缺氧病理模型、抑制中枢神经系统功能、降低动物体温,观察动物的缺氧耐受性及其皮肤黏膜的颜色变化。

1　材料

小鼠;CO,钠石灰,亚硝酸钠,亚甲蓝(美兰),氯丙嗪,生理盐水。

2　方法

2.1　中枢神经系统机能状况、体温对缺氧耐受性的影响

2.1.1　药物处理　取性别相同、体重相近的小鼠20只随机分成生理盐水组、氯丙嗪加冰浴组,每组10只小鼠。生理盐水组每只小鼠按0.1mL/10g体重剂量腹腔注射生理盐水,并置于室温中;氯丙嗪加冰浴组每只小鼠按25mg/kg(0.1mL/10g)体重剂量腹腔注射2.5g/L氯丙嗪,并放置于冰上。待氯丙嗪加冰浴组小鼠呼吸频率降至70次/min后,将两组小鼠分别放入盛有钠石灰的125mL广口瓶内,按图6-21-1连接耗氧量测定装置。

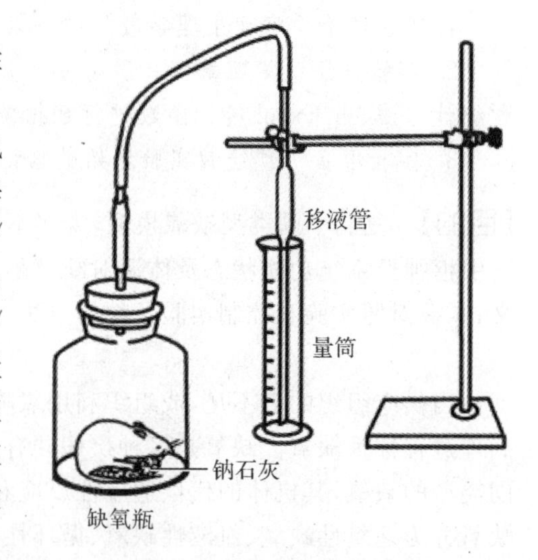

图6-21-1　测耗氧装置

2.1.2　实验观察　观察小鼠的活动情况。从密闭测耗氧装置开始计时至小鼠死亡,记录小鼠的存活时间(T)。待鼠死亡后从量筒读出液面下降的体积(mL),即为小鼠的总耗氧量(A)。解剖生理盐水组小鼠尸体,将肝、肺置于滤纸上,观察记录血液和脏器的颜色。

2.1.3　总耗氧率计算　根据总耗氧量A(mL)、存活时间T(min)、鼠体量W(g)三项指标,求出总耗氧率R:

$$R[\text{mL}/(\text{g}\cdot\text{min})]=A(\text{mL})\div W(\text{g})\div T(\text{min})$$

2.2　CO中毒

2.2.1　CO处理　取性别相同、体重相近的小鼠20只,随机分为CO组和对照组,每组10

只小鼠。观察小鼠活动情况及耳、尾、口唇的颜色。将两组小鼠分别放入 500mL 广口瓶内，塞紧瓶塞。用 10mL 注射器抽取 CO 气体 10mL，注入 CO 组刚密闭的广口瓶内，形成 2% CO 的空间环境。用 10mL 注射器抽取空气 10mL，注入对照组刚密闭的广口瓶内。

2.2.2　实验观察　记录注入 CO 或空气至小鼠死亡的时间。解剖小鼠尸体，记录肝、肺、血液颜色变化。

2.3　亚硝酸钠($NaNO_2$)中毒

2.3.1　亚硝酸钠处理　取性别相同、体重相近的小鼠 20 只，随机分为亚硝酸钠组和亚硝酸钠加亚甲蓝组，每组 10 只小鼠。观察皮肤黏膜色泽。两组小鼠每只腹腔注射 10mg(50g/L 溶液，0.2mL)亚硝酸钠。亚硝酸钠加亚甲蓝组小鼠在注射亚硝酸钠后每只小鼠立即腹腔注射 2mg(10g/L 溶液，0.2mL)亚甲蓝，亚硝酸钠组小鼠在注射亚硝酸钠后每只小鼠立即腹腔注射生理盐水 0.2mL。

2.3.2　实验观察　记录两鼠表现、皮肤黏膜色泽变化及死亡时间。解剖小鼠尸体，记录肝、肺、血液颜色变化。

2.4　统计方法　小鼠存活时间及耗氧率以 $\overline{X} \pm S$ 表示，统计学分析采用 Student's t-test 方法。小鼠存活率用百分率表示，统计学分析采用 Chi-square test 方法。

3　结果

记录各项实验结果，原始数据列表，进行统计分析。主观指标用文字描述。客观指标用文字、统计描述和统计结果逐一描述。

4　讨论

论述各处理因素的作用及机制。论述影响实验结果的主要干扰因素及改进方法。

【注意事项】

1. 缺氧瓶和测耗氧量装置必须完全密闭不漏气。
2. 小鼠腹腔注射部位应稍靠左下腹，勿损及肝脏。还应避免将药液注入肠腔或膀胱。
3. 氯丙嗪，必须待药物发挥作用后方可实验。

【问题探究】

1. 各型缺氧的表现特点如何？阐明其发生机制。
2. 小鼠口唇及血液颜色在不同缺氧模型中有何改变？其发生机制是什么？
3. 分析实验中所观察到的各指标变化的发生机制。
4. 低温和抑制中枢神经系统功能，对缺氧耐受性有何影响？对临床有何指导意义？
5. 美兰腹腔注射后为什么可以使亚硝酸钠中毒小鼠得到解救？
6. 为什么要在缺氧瓶内放入钠石灰？这对缺氧机制的分析有何意义？
7. 为什么不能只凭实验组和对照组的 T、R 均数差异来得出缺氧耐受改变的结论？应作何统计处理？

附录　耗氧量测定装置原理

图 6-21-1 的缺氧瓶、移液管及量筒内的水构成一闭合空间。小鼠在缺氧瓶中不断消耗

氧气,其产生的 CO_2 被钠石灰吸收,瓶内气压逐渐降低而产生负压,移液管内液面因瓶内负压而上升,而量筒内的液面却下降,量筒内液面下降的毫升数即为小鼠的耗氧量。鼠死后从量筒上读出液面下降的毫升数,即为小鼠的总耗氧量。

(沈　静　梅汝焕)

实验 22　尼可刹米对抗哌替啶抑制家兔呼吸的作用

【预习要求】

1. 实验理论　药理学教材有关 pethidine、nikethamide 和 diazepam 章节。
2. 实验方法　第三章第二节多道生理信号采集处理系统;第五章动物实验技术。
3. 实验准备　预绘制实验原始数据记录表和统计表;预测实验结果。

【目的】 观察尼可刹米(nikethamide)对抗哌替啶(pethidine)抑制家兔呼吸的作用及地西泮抗尼可刹米惊厥的作用。

吗啡类镇痛药 pethidine 抑制延脑呼吸中枢神经元放电活动,抑制呼吸运动。中枢兴奋药能提高中枢神经系统的机能活动。其中 nikethamide 主要兴奋延脑呼吸中枢(又称呼吸兴奋药)。当呼吸中枢受抑制时,该药的作用明显,能使呼吸加深加快,并能提高呼吸中枢对 CO_2 的敏感性。Diazepam 为中枢抑制药,有抗焦虑、镇静催眠、肌松、抗惊厥和抗癫痫等作用。其抗惊厥作用是通过抑制大脑皮层、丘脑、边缘系统异常放电的扩散,可能与促进多种由 γ-氨基丁酸(GABA)所实现的突触传递功能有关。

1　材料

家兔;呼吸换能器,RM6240 多道生理信号采集处理系统;pethidine,nikethamide,diazepam。

2　方法

2.1　实验系统连接及参数设置　按图 6-20-1 用胶管连接流量头与气管插管,流量头连接呼吸换能器。呼吸换能器输出线接 RM6240 多道生理信号采集处理系统第 1 通道。点击 RM6240 多道生理信号采集处理系统的“实验”菜单,选择“呼吸运动调节”,仪器参数:第 1 通道时间常数为直流,滤波频率 30Hz,灵敏度 50～100mL/s,采样频率 800Hz,扫描速度 1s/div。

2.2　动物准备　按实验 20 手术方法行家兔气管插管记录呼吸运动。

2.3　实验观察

2.3.1　记录正常呼吸曲线后,按 50～100mg/kg 体重剂量由兔耳缘静脉注射 50g/L pethidine,待呼吸抑制明显时(约 2～3min)立即按 0.4mL/kg 体重剂量静脉缓慢注入 250g/L nikethamide 溶液。观察并记录呼吸变化。

2.3.2　按 0.4mL/kg 体重剂量静脉快速注射 250g/L nikethamide,待出现惊厥后(角弓反张)立即静脉注射 5g/L diazepam 溶液 10mL,观察家兔有何变化。

2.4　统计方法　结果以 $\overline{X} \pm S$ 表示，统计学分析采用 Student's t-test 方法。

3　结果

列各项处理前后呼吸频率和通气量数据表，对数据进行统计。用文字、数据描述结果。

4　讨论

论述 dolantin 和 nikethamide 对呼吸作用的机制。

【注意事项】

1. 注射 pethidine 的速度宜先快后慢，剂量应根据家兔呼吸抑制情况调节，一旦出现呼吸幅度降低即刻停止给药。

2. 在实验观察 2.3.1 时，注射 nikethamide 速度不宜过快，以免引起惊厥。

【问题探究】

1. Caffeine、nikethamide 均为中枢兴奋药，为何临床呼吸衰竭选择 nikethamide？

2. 注射 nikethamide 速度过快或过量，在实验动物身上还可观察到什么变化？

（谢强敏）

实验 23　离体豚鼠气管平滑肌实验

【预习要求】

1. 实验理论　阅读药理学教材中氨茶碱、普萘洛尔和组胺等内容。

2. 实验方法　第三章第二节多道生理信号采集处理系统；第二章常用统计指标和统计方法。

3. 实验准备　预绘制实验原始数据记录表和统计表。

【目的】 了解诱导支气管痉挛的化学介质和扩张支气管平滑肌的药物。

在常用的实验动物中，豚鼠的气管对药物的反应较其他动物的反应更敏感，且接近于人的气管，因此豚鼠的气管常作为观察气管药物反应的标本。不同的药物可通过直接或间接激动不同的受体使离体气管条产生收缩或松弛作用。

1　材料

体重约 300g 豚鼠；RM6240 多道生理信号采集处理系统，张力换能器，超级恒温器；肾上腺素，阿托品，氨茶碱，普萘洛尔，乙酰胆碱，组胺，克-亨氏液，95%O_2+5%CO_2 气体。

2　方法

2.1　实验系统连接和仪器参数设置　将张力换能器固定于铁支柱上，张力换能器输出线接 RM6240 多道生理信号采集处理系统第 1 通道。仪器参数设置：第 1 通道模式为张力，时间常数为直流，滤波频率 10Hz，灵敏度 1.5g，采样频率 100Hz，扫描速度 25s/div。按实验 24 的图 6-24-1 连接装置。麦氏浴槽中充以 10mL 克-亨氏液，调节超级恒温器，保持麦氏浴槽内 37℃±0.5℃恒温。通气管接 95%O_2+5%CO_2 气瓶管道。调节通气管气流,通气速度以麦氏浴槽中的气泡一个个逸出为宜。

2.2 离体气管条标本的制备

2.2.1 用 200g/L 氨基甲酸乙酯按 5mL/kg 体重剂量腹腔注射麻醉豚鼠或用木锤击昏,放血致死,迅速于腹面正中切开颈部皮肤,分离气管,并自甲状软骨下至气管分叉处剪下全部气管,立刻置于氧饱和克-亨氏液的培养皿内。

2.2.2 如图 6-23-1 所示,在气管软骨面纵向剪开气管,再以 2～3 个软骨环的间隔横向剪断(可将取下的气管平分成 8～9 片),每一气管片在其纵切口处用缝线连上,相互连结 3～4 片为一气管标本。如气管环需要去除内膜,则可用棉签轻擦气管的内膜面即可。

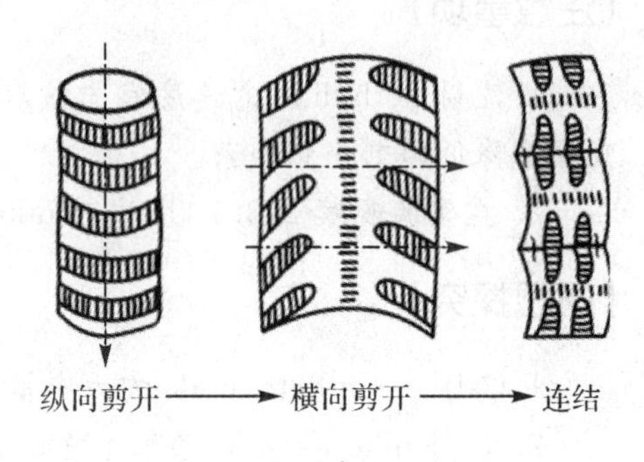

图 6-23-1 气管标本制备步骤

2.2.3 将气管片标本的下端用线固定于固定架上,标本的上端将线与张力换能器连接,立刻将标本移入麦氏浴槽中,调节前负荷为 1g。

2.3 实验观察

2.3.1 标本在浴槽中稳定约 30min 后,按下列顺序给药:

2.3.2 加入 0.1g/L 肾上腺素 0.1mL,待药物作用明显后更换克-亨液 3 次。

2.3.3 加入 0.1g/L 普萘洛尔 0.1mL,随即加入 0.1g/L 肾上腺素 0.1mL,记录张力变化曲线。待作用明显后,更换克-亨液 3 次。

2.3.4 加入 2g/L 组胺 0.1mL,待作用明显后再加入 25g/L 氨茶碱 0.1mL,记录张力变化。待作用明显后,更换克-亨液 3 次。

2.3.5 加入 2g/L 组胺 0.1mL,待作用明显后再加入 5g/L 阿托品 0.1mL,记录张力变化。待作用明显后,更换克-亨液 3 次。

2.3.6 加入 0.5g/L 乙酰胆碱 0.1mL,待作用明显后再加入 5g/L 阿托品 0.1mL,记录张力变化。待作用明显后,更换克-亨液 3 次。

2.3.7 加入 0.5g/L 乙酰胆碱 0.1mL,待作用明显后再加入 25g/L 氨茶碱 0.1mL,记录张力变化。

2.4 统计方法 结果以 $\overline{X}\pm S$ 表示,采用单因素方差分析方法进行统计分析。

3 结果

列给药前后气管片张力数据并统计,用文字、统计描述、统计结果表述结果。

4 讨论

论述各药物对气管片张力影响的机制。

【注意事项】

1. 分离器官及缝合气管片时动作要轻巧,切勿用镊子夹伤平滑肌。
2. 由于气管平滑肌比较脆弱,在固定和加负荷过程中须避免拉扯。
3. 更换克-亨液的目的是用该液冲洗标本,待张力基本恢复正常后再做下一步实验。
4. 供氧要充分。如基线升高或不易恢复到原来水平时,可充分供氧,促进其恢复。

【问题探究】

肾上腺素、氨茶碱、阿托品等药在豚鼠气管标本所显示的作用有何临床意义？

（胡薇薇　陆　源）

实验 24　M 胆碱受体和 H_1 受体激动药对离体豚鼠回肠的作用

【预习要求】

1. 实验理论　生理学教材中平滑肌的生理特性和药理学教材中 acetylcholine、histamine 相关章节；检索全文数据库中的相关研究论文，检索方法参见第二章第六节。

2. 实验方法　第三章第二节多道生理信号采集处理系统；第二章常用统计指标和统计方法。

3. 实验设计　三个未标记药物，已知分别为乙酰胆碱、组胺和氯化钡，要求利用工具药阿托品和扑尔敏对上述药物进行辨识，请设计实验。预绘制实验原始数据记录表和统计表。

【目的】　学习通过设计具体的实验来认识受体药理学的研究方法。探讨胆碱能神经递质乙酰胆碱(acetylcholine，ACh)和局部炎症介质组胺(histamine)对肠道平滑肌 M 胆碱受体和 H_1 受体的激动作用，以及它们的受体拮抗剂阿托品（atropine）和扑尔敏(chlorpheniramine)的阻断作用。

消化道平滑肌与骨骼肌、心肌一样，具有肌肉组织共有的特性，如兴奋性、传导性和收缩性等。但消化道平滑肌兴奋性较低，收缩缓慢，富有伸展性，具有紧张性、自动节律性，对化学、温度和机械牵张刺激较敏感等特点。给予离体肠肌以接近于在体情况的适宜环境，消化道平滑肌仍可保持良好的生理特性。

胃肠道、膀胱等平滑肌以胆碱能神经占优势，小剂量或低浓度的 ACh 即能激动 M 胆碱受体，产生与兴奋胆碱能神经节后纤维相似的作用，兴奋胃肠道平滑肌。Atropine 与胆碱受体结合而本身不产生或较少产生拟胆碱作用，却能阻断胆碱能递质或拟胆碱药物与受体的结合，从而产生抗胆碱作用。Histamine 对多种动物的胃肠道和气道平滑肌 H_1 受体有兴奋作用，豚鼠尤其敏感。Chlorpheniramine 为 H_1 受体拮抗剂，能阻断 histamine 与 H_1 受体的结合，从而产生抗 histamine 作用。$BaCl_2$ 直接兴奋胃肠道平滑肌，引起肠肌收缩。

1　材料

豚鼠；麦氏浴槽，超级恒温器，张力换能器，RM6240 多道生理信号采集处理系统；台氏溶液，acetylcholine chloride，atropine sulfate，histamine phosphate，chlorpheniramine，$BaCl_2$。

2　方法

2.1　实验装置准备和仪器参数设置　换能器输出线接 RM6240 多道生理信号采集处理系统，点击“实验”菜单中的“肠肌记录”，仪器参数：通道时间常数为直流，滤波频率 10Hz，灵敏度 3g，采样频率 200Hz，扫描速度 1s/div。离体肠管记录装置的准备见图 6-24-1，麦氏浴槽中加固定量（10～15mL）的台氏液，调节超级恒温器的温度，使麦氏浴槽内温度稳定在 37±0.5℃。通气管接 95%O_2+5%CO_2 混合气体管道。用螺丝夹调节气体管道的气体流量，调节至浴槽中气泡一个个逸出为止。

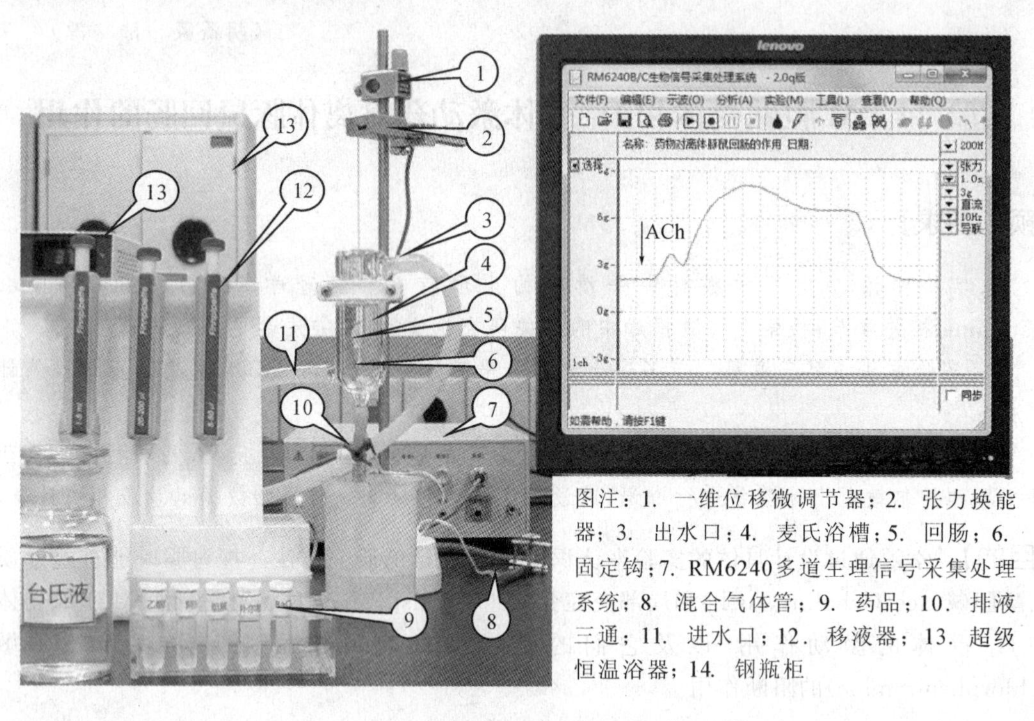

图注：1. 一维位移微调节器；2. 张力换能器；3. 出水口；4. 麦氏浴槽；5. 回肠；6. 固定钩；7. RM6240多道生理信号采集处理系统；8. 混合气体管；9. 药品；10. 排液三通；11. 进水口；12. 移液器；13. 超级恒温浴器；14. 钢瓶柜

图 6-24-1　离体豚鼠回肠灌流实验仪器、装置

2.2　标本制备

2.2.1　取豚鼠一只，用木槌击其头部致昏，立即剖开腹腔，找到回盲部，然后，在离回盲部 1cm 处剪断，取出回肠 15cm 左右一段，置于氧饱和的台氏液培养皿中，沿肠壁除去肠系膜，用 5mL 注射器吸取台氏液将肠内容物冲洗干净，然后将回肠剪成数小段（约 1～1.5cm），换以新鲜台氏液备用，注意操作时勿牵拉肠段以免影响收缩功能。

2.2.2　取小段肠管置于盛有台氏液的培养皿中，在其两端对角壁处，分别用缝针穿线，并打结。注意保持肠管通畅，勿使其封闭。肠管一端连线系于浴槽固定钩上，然后放入 37℃ 麦氏浴槽中。再将肠管的另一端连线系在张力换能器的悬臂梁上，调节肌张力至 2～3g（图 6-24-1）。

2.3　实验观察建议

2.3.1　待离体回肠稳定 10～30min 后，记录一段正常张力曲线。

2.3.2　依次向麦氏浴槽中滴加工具药和待测药物。加入工具药 0.3mL 后，观察2～3min，待肠管收缩曲线平稳后再加入待测药 0.3mL，并连续记录肠管收缩曲线。收缩曲线稳定后用台氏液连续冲洗浴槽 2 次，待基线恢复到用药前的水平，记录一段基线后方可开始下一轮加药。

2.3.3　实验过程中浴槽液体的容量应相等。

2.4　统计方法　统计全班实验数据，结果以 $\overline{X} \pm S$ 表示，采用单因素方差分析方法进行统计分析。

3　结果

3.1　记录溶液中加入 atropine 后各种待测药物引起的肠肌收缩幅度,并进行统计分析。记录溶液中加入 chlorpheniramine 后各种待测药物引起的肠肌收缩幅度,并进行统计分析。

3.2　绘制统计图表示上述统计结果。

4　讨论

对结果进行分析推理,鉴定出三个药物,并论述各药对肠肌的作用机制。

【注意事项】

1. ACh 和 histamine 须临用时新鲜配制。

2. 若回肠平滑肌收缩不明显可适当增加激动药的浓度。不要把药液直接加到回肠上。

【问题探究】

1. 如果要比较不同的竞争性拮抗药对某受体的作用强度,应该如何设计实验?

2. 非特异性的肠道平滑肌抑制药是否可影响 ACh 对肠道平滑肌的收缩作用?

3. Atropine 能完全阻断 $BaCl_2$ 引起的肠肌收缩吗? 为什么?

（王梦令　陆　源）

实验 25　家兔泌尿和循环系统综合实验

【预习要求】

1. 实验理论　生理学教材有关动脉血压的调节和肾脏泌尿功能的调节内容,药理学教材有关垂体后叶素、呋塞米的药理作用及机制内容。

2. 实验方法　第三章 RM6240 多道生理信号采集处理系统;第五章动物实验技术。

3. 实验准备　预绘制实验原始数据记录表和统计表,预测实验结果。

【目的】 学习输尿管插管或膀胱插管技术和尿的收集方法。观察刺激迷走神经和静脉注射生理盐水、葡萄糖、去甲肾上腺素等药物对尿量、血压及尿中某些成分的影响,分析处理因素的作用机制。

尿生成过程包括肾小球的滤过作用及肾小管与集合管的重吸收和分泌作用。肾小球滤过作用的动力是有效滤过压,而有效滤过压的高低主要取决于以下三个因素:肾小球毛细血管血压、血浆胶体渗透压和囊内压。在正常情况下,囊内压不会有明显变化。肾小球毛细血管血压主要受全身动脉血压的影响,当动脉血压为 80～180mmHg 时,由于肾血流的自身调节作用,肾小球毛细血管血压均能维持在相对稳定水平,但当动脉血压高于 180mmHg 或低于 80mmHg 时,肾小球毛细血管血压就会随血压变化而变化,肾小球滤过率也就发生相应变化。另外,血浆胶体渗透压降低,会使有效滤过压增高,肾小球滤过率增加。影响肾小管、集合管泌尿机能的因素,包括肾小管溶液中溶质浓度和抗利尿激素等。肾小管溶质浓度增高,可妨碍肾小管对水的重吸收,因而使尿量增加;抗利尿激素可促进肾小管与集合管对水的重吸收,导致尿量减少。

1 材料

家兔;氨基甲酸乙酯,生理盐水,葡萄糖,去甲肾上腺素,垂体后叶素,呋塞米(速尿),酚红,NaOH,斑氏试剂;血压换能器,计滴器,RM6240 多道生理信号采集处理系统。

2 方法

2.1 仪器连接和参数设置 血压换能器置于与心脏同一水平面。换能器输出线接 RM6240 多道生理信号采集处理系统第 2 通道,计滴器插入 RM6240 多道生理信号采集处理系统计滴插口。开启 RM6240 多道生理信号采集处理系统,打开“实验”菜单,选择“影响尿液生成的因素”,第 1 通道为计滴器计滴,默认参数;第 2 通道模式为血压,时间常数为直流,滤波频率 100Hz,灵敏度 12kPa,采样频率 800Hz,扫描速度 1s/div。刺激器刺激模式为连续单激刺激,刺激强度 5～10V,刺激波宽 5ms,刺激频率 30Hz。

2.2 家兔手术

2.2.1 麻醉固定 按 1g/kg 体重剂量耳缘静脉注射 200g/L 氨基甲酸乙酯。待兔麻醉后,将其仰卧,先后固定四肢及兔头。

2.2.2 颈部手术 剪去颈前部被毛,正中切开皮肤 5～6cm,钝性分离颈部组织,分离左侧颈总动脉、右侧迷走神经,在迷走神经下穿线备用。行左颈动脉插管。

2.2.3 腹部手术 从耻骨联合向上沿中线作长约 4cm 的切口,沿腹白线切开腹腔,将膀胱轻拉至腹壁外,辨认清楚膀胱和输尿管的解剖位置,用止血钳提起膀胱前壁(靠近顶端部分),选择血管较少处,切一纵行小口,插入插管后结扎(见第五章腹部手术)。使插管的引流管出口处低于膀胱水平,用培养皿盛接由引流管流出的尿液。如膀胱容积仍较大时,可用粗线将膀胱扎掉一部分,使膀胱内的贮尿量减至最少。用线结扎膀胱颈部以阻断膀胱同尿道的通路。术毕用温热的生理盐水纱布覆盖腹部创口。

2.3 实验观察

2.3.1 连续记录尿流量(滴/min)和血压。

2.3.2 按 6～9mL/kg 体重剂量静脉快速注射 37～38℃的生理盐水,尿量记录最多时的数据,血压记录最高时的数据。取尿液 2 滴做一次尿糖定性试验。

2.3.3 待尿量、血压恢复稳定后,用强度 5～10V,频率 30Hz,波宽 5ms 的电脉冲间断刺激右侧颈迷走神经的末梢端 1～2min,尿量记录最少时的数据,血压记录最低时的数据。

2.3.4 待尿量、血压恢复稳定后静脉注射 200g/L 葡萄糖 5mL,当尿量显著变化时,取流出的尿液 2 滴做一次尿糖定性试验,观察尿糖。尿量记录最多时的数据,血压记录最高时的数据。

2.3.5 待尿量、血压恢复稳定后静脉注射 0.1g/L 去甲肾上腺素 0.3mL,尿量记录最少时的数据,血压记录最高时的数据。

2.3.6 待尿量、血压恢复稳定后按 5mg/kg 体重剂量静脉注射 10g/L 呋塞米,尿量记录最多时的数据,血压记录最高时的数据。

2.3.7 静脉注射 6g/L 酚红 0.5mL,用盛有 100g/L NaOH 溶液的培养皿收集尿液,计算从注射酚红起到尿中刚出现酚红所需的时间(酚红在碱性液中呈红色,可在培养皿下垫一白纸以及时察觉）。

2.3.8　按 0.75U/kg 体重剂量静脉注射 1000U/L 垂体后叶素，尿量记录最少时的数据，血压记录最低时的数据。

3　结果

列各项处理前后尿量和血压变化的原始数据表，并进行统计。用文字和数据逐一描述实验结果。

4　讨论

分析讨论各项处理对尿量和血压变化的机制。

【注意事项】

1. 实验前最好给兔多喂些青菜，或用胃导管向其胃中灌入 40～50mL 清水。

2. 实验需作多次静脉注射，静脉穿刺应从近耳尖处开始，逐次移向耳根。

3. 作膀胱插管时，操作需轻，以免膀胱受刺激而缩小，增加插管难度。

4. 尿糖定性试验方法：在试管内盛 1mL 斑氏试剂，加入尿液 2 滴，在酒精灯上加热至煮沸。冷却后观察试液和沉淀物的颜色，如由蓝绿色转变为黄色或砖红色，表示尿糖试验阳性。

【问题探究】

1. 动脉血压对尿生成有何影响？

2. 本实验中哪些因素通过影响肾小球滤过率而影响尿量的？它们各自的作用机制如何？

3. 兔静脉注射 200g/L 葡萄糖 5mL 为什么会引起利尿？试以理论计算证明动物出现糖尿。

4. 试论述垂体后叶素对家兔尿量、血压影响的机制。

5. 静脉注入的酚红经什么方式进入尿液？

（陆　源　张　雄）

实验 26　家兔循环、呼吸和泌尿系统综合实验

【预习要求】

1. 实验理论　生理学、药理学教材中有关血管生理、心血管活动调节、呼吸调节、尿生成、利尿、抗利尿药等内容。

2. 实验方法　第二章第二节多道生理信号采集处理系统；第五章动物实验技术；第二章常用统计指标和统计方法及用 Excel 统计函数进行数据统计。

3. 预绘制实验原始数据记录表和统计表。预测结果。

【目的】　通过观察动物在整体情况下，各种理化刺激引起循环、呼吸、泌尿等功能的适应性

改变,加深对机体在整体状态下的整合机制的认识。

机体通过神经-体液调节机制不断改变和协调各器官系统的活动,以适应内、外环境的变化,维持新陈代谢正常进行。循环、呼吸和泌尿系统联系密切,活动相互影响。

1 材料

家兔;氨基甲酸乙酯,肝素,生理盐水,去甲肾上腺素,乙酰胆碱,呋塞米,垂体后叶素,葡萄糖,乳酸,CO_2 气体,N_2 气体;RM6240 多道生理信号采集处理系统,计滴器,压力换能器,呼吸换能器,流量头。

2 方法

2.1 系统连接与参数设置　分别将压力换能器、呼吸换能器与 RM6240 多道生理信号采集处理系统第 2、3 通道相连,计滴器插入计滴插口。启动 RM6240 系统:打开 RM6240 多道生理信号采集处理系统的“实验”菜单,选择“循环、呼吸和泌尿系统综合实验”,第 1 通道为计滴器计滴,默认参数;第 2 通道模式为血压,时间常数为直流,滤波频率 100Hz,灵敏度 12kPa;第 3 通道模式为流量,时间常数为直流,滤波频率 30Hz,灵敏度 50～100mL/s,采样频率 800Hz,扫描速度 1ms/div。刺激器刺激模式为连续单激刺激。

2.2 家兔手术

2.2.1 麻醉固定　按 5mL/kg 体重剂量耳缘静脉注射 200g/L 氨基甲酸乙酯溶液麻醉家兔,家兔麻醉后仰卧固定于手术台。

2.2.2 手术　颈部切开,分离右侧迷走神经,分离气管行气管插管术;分离左侧颈总动脉行动脉插管术;腹部手术,行膀胱插管术(参见第五章动物实验技术)。

2.3 实验观察

2.3.1 连续记录家兔动脉血压、呼吸曲线和尿量。

2.3.2 在流量头的通气口上接一根长 60cm 胶管,观察血压、呼吸及尿量的变化。

2.3.3 降低吸入气中的氧分压　待呼吸曲线恢复正常,用一只小烧杯扣住流量头的通气口(气管插管开口),将氮气导管口平行于烧杯壁使气体冲入烧杯,给动物吸入含有较高浓度氮气的空气以降低家兔吸入气中的氧分压,观察血压、呼吸及尿量的变化。

2.3.4 增加吸入气中二氧化碳分压　待呼吸曲线恢复正常,按实验观察 2.3.3 的操作方法,使家兔吸入含有较高浓度二氧化碳的空气。待家兔呼吸运动增强后,立即移去二氧化碳气体导管。待呼吸恢复稳定后再做下一步实验。

2.3.5 改变血液的酸碱度　耳缘静脉缓慢注入 20g/L 乳酸溶液 2mL,观察血压、呼吸及尿量的变化。

2.3.6 夹闭颈总动脉　待血压稳定后,用动脉夹夹住右侧颈总动脉,观察血压、呼吸及尿量的变化。出现明显变化后去除动脉夹。

2.3.7 静脉注射生理盐水　由耳缘静脉快速注射 38℃生理盐水 20mL,观察血压、呼吸及尿量的变化。

2.3.8 电刺激迷走神经和减压神经　用强度 5V,频率 30～40Hz,波宽 5ms 的电脉冲分别间断刺激右侧迷走神经、减压神经 1min,观察血压、呼吸及尿量的变化。

2.3.9 静脉注射葡萄糖　待尿量恢复后,由耳缘静脉注射 200g/L 葡萄糖 5mL,观察血压、呼吸及尿量的变化。

2.3.10　静脉注射去甲肾上腺素　待尿量恢复后，由耳缘静脉注射 0.1g/L 去甲肾上腺素 0.3mL，观察血压、呼吸及尿量的变化。

2.3.11　静脉注射乙酰胆碱　待尿量恢复后，由耳缘静脉注射 10^{-2} g/L 乙酰胆碱 0.3mL，观察血压、呼吸及尿量的变化。

2.3.12　静脉注射呋塞米　待尿量恢复稳定后，按 5mg/kg 体重剂量由耳缘静脉注射呋塞米(速尿)，观察血压、呼吸及尿量的变化。

2.3.13　静脉注射垂体后叶素　待尿量恢复稳定后，由耳缘静脉缓慢注射垂体后叶素 2U，观察血压、呼吸及尿量的变化。

2.3.14　动脉失血　待血压恢复后，调节三通管使动脉插管与 50mL 注射器(内有肝素)相通，放血 50mL(放血后立即用肝素生理盐水将插管内血液冲回兔体内，以防凝血)，观察血压、呼吸及尿量的变化。

2.3.15　回输血液　于放血后 5min，经动脉插管将放出的血液全部回输入兔体内，观察血压、呼吸及尿量的变化。

2.4　统计方法　结果以 $\overline{X} \pm S$ 表示，统计学分析采用 Student's t-test 方法。

3　结果

列各项处理前后尿量、血压、呼吸的原始数据表，并进行统计分析。用文字和数据逐一描述实验结果。

4　讨论

论述各项处理对尿量、血压、呼吸变化的机制。

【注意事项】

1. 术后用湿纱布覆盖手术切口。
2. 在前一项实验的作用基本消失后，再做下一步实验。

【问题探究】

1. 呼吸运动发生变化是否会引起血压变化？为什么？
2. 刺激迷走神经，血压、呼吸、尿量会发生什么变化？其机制如何？

（陆　源）

实验 27　家兔急性肾功能不全

【预习要求】

1. 实验理论　病理生理学和病理学教材中的急性肾功能不全内容，肾小球、肾小管病变。
2. 实验方法　第三章分光光度计使用；光学显微镜使用。
3. 实验准备　预绘制实验原始数据记录表和统计表。预测实验结果。

【目的】 学习用氯化汞复制急性中毒性肾功能不全的动物模型;观察急性肾功能不全时尿蛋白、血肌酐、尿肌酐、肾酚红排泄率的变化及肾形态学的改变,并根据实验结果分析和讨论致病因素及导致急性肾功能不全的可能发病机制。

肾脏是一个多功能的器官,具有排泄、调节、内分泌等功能。引起急性肾功能不全主要原因有肾前性、肾性、肾后性三种。氯化汞是重金属盐,家兔皮下或肌肉注射 10g/L 氯化汞,可引起以肾小管坏死为主的急性肾功能不全。急性肾功能不全临床分为少尿型和非少尿型两种,前者多见。少尿型一般出现少尿甚至无尿、等渗尿,尿钠浓度高,尿常规可发现血尿,镜检有多种细胞并有管型(颗粒管型和细胞管型等)。血液尿素氮(BUN)和血浆肌酐进行性升高,肌酐从尿中排出障碍,尿肌酐/血肌酐<20,与功能性肾衰时尿肌酐/血肌酐>40有明显区别。

急性肾功能不全评价的病理生理学指标主要有内生肌酐清除率、尿肌酐/血肌酐比值、肾脏酚红排泄率、钠排泄分数等,本实验主要测定酚红排泄率、内生肌酐清除率、尿肌酐/血肌酐比值及肾形态学的改变。

1　材料

家兔;分光光度计,光学显微镜,离心机,恒温水浴锅;氯化汞,氨基甲酸乙酯,酚红,NaOH,醋酸,碱性苦味酸,肌酐标准应用液,生理盐水,葡萄糖。

2　方法

2.1　急性肾功能不全模型复制　于实验前 24 小时,取两只家兔,称重,一只作为实验兔按 0.8～1.0mL/kg 体重剂量皮下或肌肉注射 10g/L 氯化汞造成急性肾功能不全备用;另一只皮下或肌肉注射等量的生理盐水作为对照兔。

2.2　动物手术

2.2.1　麻醉固定　按 5mL/kg 体重剂量经耳缘静脉注射 200g/L 氨基甲酸乙酯麻醉家兔。兔麻醉后,仰卧固定。

2.2.2　颈总动脉插管　颈部正中剪毛,切开皮肤分离一侧颈总动脉,结扎颈总动脉远心端,用动脉夹夹闭颈总动脉近心端,用眼科剪在动脉壁上剪一小口,向近心端方向插入动脉插管并结扎固定,以备采血。

2.2.3　颈外静脉插管　分离一侧颈外静脉,用线结扎颈外静脉远心端,在静脉壁上剪一小口,向近心端方向插入静脉插管并结扎固定,用于输液。

2.2.4　输尿管插管　下腹部剪毛,从耻骨联合向上沿中线作一长约 4cm 的切口,沿腹白线打开腹腔,暴露膀胱,在膀胱底部仔细分离两侧输尿管。用粗线结扎近膀胱处的两侧输尿管,以阻断尿流,待其充盈后,在两侧输尿管近结扎处用眼科剪各剪一小口,向肾脏方向插入一根细导尿管,结扎固定。将两侧导尿管外端用线扎在一起,用于收集尿液。手术完毕后,用温热的生理盐水纱布覆盖颈部和腹部的创口。

2.2.5　收集尿液　用注射器抽取尿液 2mL,作尿肌酐、尿常规检查用。

2.3　实验观察

2.3.1　血清和尿液肌酐含量测定(苦味酸沉淀蛋白法)　静脉输液前打开动脉夹,经动脉导管放血 3mL 于干燥试管内,静置 10min 后,3000r/min 离心 15min,小心吸取血清置于另一干净试管中,测血肌酐用。取硬质试管 3 支编号,分别为空白管、标准管及测定管。按表 6-27-1

加样，混匀，37℃水浴 30min，用分光光度计以波长 510nm，空白管调零，读 OD 值。然后，各管加 50%乙酸溶液两滴，放置 6min 后，再测 OD′值。按(6-27-1)式计算血清肌酐($[Cr]_p$)。

表 6-27-1　血清肌酐测定

单位(mL)	标准管	测定管	空白管
肌酐标准应用液(0.05mg/mL)	0.40	—	—
血清	—	0.40	—
蒸馏水	—	—	0.40
碱性苦味酸	4.0	4.0	4.0

$$[Cr]_p(mg\%)=\frac{OD_{测}-OD'_{测}}{OD_{标}-OD'_{标}}\times 0.01/0.2\times 100 \quad (6\text{-}27\text{-}1)$$

按表 6-27-2 加样，混匀，放 10min 后加蒸馏水 6.0mL，摇匀，用分光光度计以波长 510nm，空白管调零，读 OD 值。按(6-27-2)式计算尿肌酐($[Cr]_u$)。

表 6-27-2　尿肌酐测定

单位(mL)	测定管	标准管	空白管
尿液(原尿或 1∶50 稀释)	0.1	—	—
肌酐标准应用液(0.5mg/mL)	—	0.1	—
蒸馏水	—	—	0.1
碱性苦味酸	2	2	2
125g/L NaOH	0.5	0.5	0.5

$$[Cr]_u(mg\%)=(OD_{测}/OD_{标})\times 0.05mg\times 100mL/0.1mL \quad (6\text{-}27\text{-}2)$$

2.3.2　酚红(PSP)排泄试验

(1)从耳缘静脉快速注入 6g/L 酚红 0.5mL，并计时。从颈外静脉插管滴注 200g/L 葡萄糖溶液。

(2)记录 30min 尿量，并算出每分钟尿量。

(3)将 30min 内尿液移入 250mL 的量筒内，加入 100g/L NaOH 5mL，使之显色。加蒸馏水至 250mL，搅拌均匀。

(4)从量筒中吸出尿液置于比色皿中，用分光光度计以 540nm 波长分别测定酚红标准液(参见附录)及尿液的吸光度，按下式求出酚红的排泄率或排出量：

$$酚红排出量(mg)=\frac{OD_{尿}}{OD_{标}}\times 0.6\times 0.5\times 0.5$$

$$酚红排泄率(\%)=\frac{OD_{尿}}{OD_{标}}\times 0.5\times 100\%$$

2.3.3　尿蛋白定性试验　取尿液 3～5mL，加到试管的 2/3 处。用试管夹夹住试管底部，使试管向上倾斜。用酒精灯火焰在尿斜面下 1～2cm 处加热至煮沸。观察尿液，如有白色混浊，加入 50g/L 醋酸 3～5 滴后再煮沸。若尿液变清是尿内无机盐所致。若混浊加重，表示尿中有蛋白。根据表 6-27-3 进行蛋白含量判定。

表 6-27-3　尿蛋白判断标准

	无混浊	轻度混浊	稀薄乳样混浊	颗粒及絮状混浊	凝集成块
程度	—	+	++	+++	++++
含蛋白量(g/L)	<0.1	0.1～0.5	0.5～2	2～5	>5

2.3.4　肾形态学观察　于耳缘静脉注射 10mL 空气处死家兔,解剖取出肾脏,称重,计算肾脏与体重之比。比较两组家兔肾脏外形、质地,纵向剖开肾脏,观察肾切面包膜、皮髓质分界、皮髓质条纹、色泽等。

2.4　统计方法　结果以 $\overline{X} \pm S$ 表示,统计学分析采用 Student's t-test 方法。

3　结果

列正常家兔和急性肾功能损伤家兔的血清肌酐、尿液肌酐、尿肌酐/血肌酐比值、酚红排泄率原始数据表,对数据进行统计学处理。描述尿蛋白定性试验结果、正常与急性肾功能损伤家兔肾脏形态学差异。用文字、统计描述、统计结果表述实验结果。

4　讨论

论述急性肾功能不全动物模型的复制方法及其机理,论述正常家兔和急性肾功能损伤家兔观察指标差异的机制。

【注意事项】

1. 每项观察项目均以正常家兔为对照记录。
2. 血清、标准液等试剂用量应准确。
3. 掌握好煮沸、冷却时间,否则颜色反应不准确。

【问题探究】

1. 试分析氯化汞(升汞)中毒性急性肾功能不全的主要发病机制是什么?
2. 家兔发生急性肾功能衰竭各指标的变化并分析其机制?

附录　酚红标准液配制、急性肾功能不全时肾功能评价的病理生理基础

1. 酚红标准液配制　取 6g/L 酚红 1.0mL,加 100g/L NaOH 5mL,用蒸馏水稀释至 1000mL,吸取该溶液 5mL 加碱性蒸馏水(100g/L NaOH 5mL,用蒸馏水稀释至 100mL) 5mL 即成酚红标准液。

2. 急性肾功能不全时肾功能评价的病理生理基础　内生肌酐清除率(Ccr)能较准确地反映肾小球滤过率(GFR)。$Ccr = [Cr]_{尿} \times 尿量(mL/min)/[Cr]_{血}$。实验中必须采集有“记录单位时间的尿量”的尿液样品作为尿肌酐$[Cr]_{尿}$测定,与血肌酐$[Cr]_{血}$比,计算出 GFR。肌酐能自由从肾小球滤过,在肾小管中很少被重吸收,但有少量是由近曲小管分泌。内生肌酐在血浆中的浓度相当低,近曲小管分泌的肌酐量可忽略不计,因此 Ccr 与菊粉清除率相近,可以代表肾小球滤过率。

(沈　静　梅汝焕)

实验 28　人体尿液检查

【预习要求】

1. 实验理论　泌尿系统生理及尿液成分检查。
2. 实验方法　尿液分析仪工作原理及使用方法。
3. 实验准备　预绘制实验原始数据记录表和统计表。

【目的】 学习尿液干化学分析仪的原理及使用方法。了解尿液检查的主要指标及生理、临床意义。

尿液检验是临床检验中的一项常规检查，被应用于各类疾病的诊断。尿液干化学分析以尿分析试纸为分析载体。尿分析试纸带有包埋了能与葡萄糖、胆红素、酮体等反应的试剂块及空白块(图 6-28-1)，试剂块与尿液接触后，除空白块外，各试剂块与尿液发生特异性化学呈色反应，颜色深浅与相应物质浓度成正比，尿液分析仪用光扫描分析试纸上的各试剂块，各试剂块的反射光经仪器的光电系统产生一系列电信号，电信号经仪器分析处理，得到尿液中各成分的含量。尿液分析仪可用于测定尿液中葡萄糖、胆红素、酮体(乙酰乙酸)、比重、隐血、pH、蛋白质、亚硝酸盐和白细胞等指标。

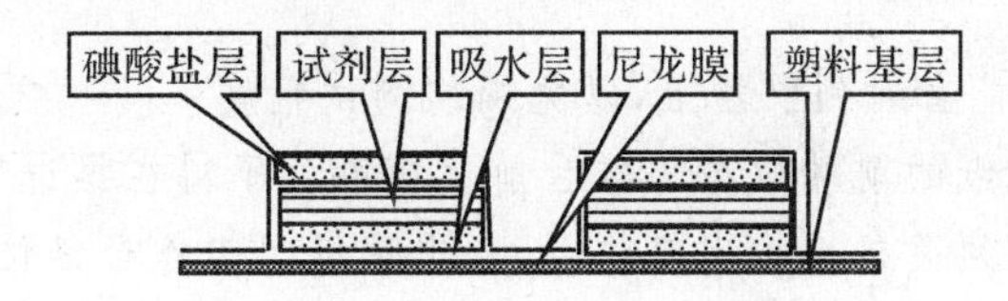

图 6-28-1　试剂块组成示意图

1　材料

尿液；泰利特 500 尿液分析仪；尿液检测试纸条。

2　方法

2.1　开机　开启电源开关。仪器启动后，推进器移动，屏幕显示“系统正在测试…”，系统自检。自检结束后显示屏显示主菜单，工作台上检条区红光闪烁。仪器处于测试状态(图 6-28-2)。

2.2　收集尿液　用一次性尿杯收集中段新鲜尿液约 15mL，倒入试管，观察颜色和浑浊度。

2.3　测试

2.3.1　将试纸上的试剂区完全浸入新鲜收集的、未离心的尿样中片刻后立即取出，沿容器口刮去试纸侧边多余尿液。

2.3.2　将试纸平放在工作台的检条区，确保试纸同工作台前壁接触。

2.3.3　仪器检测到试纸存在后，推进器自动将试纸推送入测试区进行测试。

2.3.4　当推进器退回原位时，可放入下一条试纸，重复上述过程可进行连续测试。

2.3.5　测试结束后，结果自动打印。

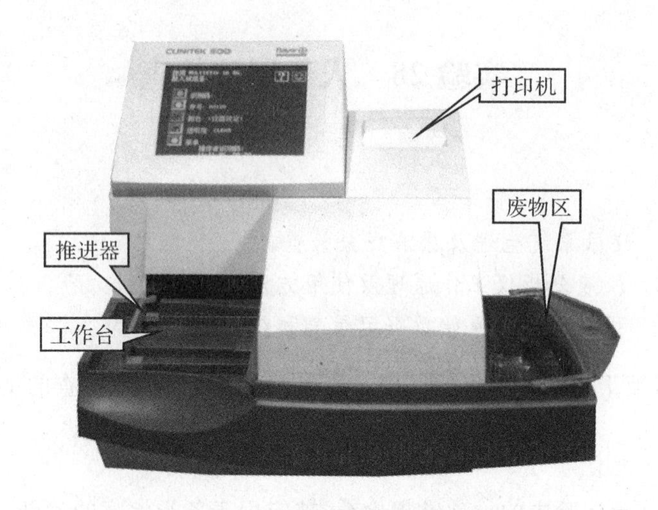

图 6-28-2　泰利特 500 尿液分析仪

3　结果

读取结果,并对结果进行描述和分析,结合症状和其他检查下初步结论。

4　讨论

讨论各项指标的临床意义。分析、讨论测试结果异常的可能因素。

【注意事项】

1. 测试时,阳光不能直射到仪器上,以免影响测试精度。

2. 放置试纸时,试纸的前端应与工作台前壁接触。不得在推进器运动时放置试纸带。

3. 试纸推送受阻,须关机后拉出工作台,取出试纸。工作台复位后再开机测试。

4. 使用完毕关闭仪器电源。清除废物区的试纸条,清洁工作台等。按仪器规定要求清洁维护仪器。

附录　尿液干化学分析仪检查项目、参考范围及主要干扰因素

检测项目	参考范围	干扰因素	
		假阳性	假阴性
葡萄糖(GLU)	阴性(<2mmol/L)	过氧化物、强氧化剂污染	高 VitC、乙酰乙酸、L-多巴代谢物、高比重低 pH 尿
胆红素(BIL)	阴性(<1mg/L)	吩噻嗪类药物	高 VitC、亚硝酸盐、光照
酮体(KET)	阴性(<0.5mmol/L)	肌酐、酞、苯丙酮	试剂潮解、标本放置时间过长
比重(SG)	1.005～1.030	尿蛋白、酸性尿致 SG 升高	碱性尿致 SG 下降
隐血(BLD)	阴性(<10 个 RBC/mL)	肌红蛋白、不耐热的触酶、氧化剂、菌尿和月经血污染	高比重尿、乙哚酸

续表

检测项目	参考范围	干扰因素	
		假阳性	假阴性
酸碱度(pH)	5～7.5	标本久置后，细菌繁殖或 CO_2 丢失致 pH 升高	试纸浸入尿中时间过长，pH 下降
蛋白(PRO)	阴性 (<0.1g/L)	pH>8，奎宁、磺胺嘧啶、聚乙烯吡咯酮等药物，季铵类消毒剂	pH<4，高浓度青霉素、高盐、球蛋白、本周蛋白等非电解质蛋白
尿胆原 (UBG)	阴性或弱阳性 (3～16μmol/L)	吩噻嗪类药物、胆色素原、胆红素、吲哚、VitK	亚硝酸盐、光照、重氮药物
亚硝酸盐 (NIT)	阴性 (<13μmol/L)	陈旧尿、亚硝酸盐或偶氮试剂污染、食物硝酸盐含量丰富	pH<5、尿量过多、食物硝酸盐含量过低、尿在膀胱内停留<4h、非含硝酸盐还原酶细菌感染
白细胞 (LEU/WBC)	阴性 (<10 个/μL)	阴道分泌物污染、甲醛、氧化剂、高浓度胆红素、呋喃类药	蛋白质、先锋霉素药物、大量庆大霉素、呋喃妥因、VitC、高浓度葡萄糖、高比重尿

（张　雄　梅汝焕）

实验 29　视力测定

【预习要求】

1. 实验理论　人眼的基本结构；简化眼；眼的折光功能及调节。
2. 实验方法　视力表使用方法。

【目的】 学习视力表测定视力的原理和使用方法。

视力(视敏度)是把眼能辨别两个点的最小距离作为衡量标准。这两个点的光线射入眼时，在节点交叉所呈的角度称为视角。视力测定就是测定所需要的最小视角。临床上规定当视角为 1 分时，能辨别两个点或看清楚字或图形的视力为正常视力。测定视力的视力表就是根据视角的原理制定的。我国于 1990 年使用标准对数视力表(温州医学院缪天荣教授创制)，是由大小、方向不同的"**E**"字排列而成。表上共有 14 排"**E**"形符号，由上而下逐级缩小。各排字母的大小在规定的距离上，对眼都形成 5 分视角，每个字母每一笔画的宽度以及每笔画间的距离都是整个字母的 1/5，都对眼睛形成 1 分视角(图 6-29-1)。

用此视力表检查视力是按 5 分记录；视力等于 5 减视角 α(分)的常用对数(lg)，即视力 $=5-\lg(\alpha)$。

通常检查视力时，是用固定距离的方法。令被检者站在距视力表 5m 处，以单眼能正确辨别出第 11 行字母的缺口方向者为正常视力。以 5 分记录为 5，因 5m 处视清楚 11 行时视角为 1 分，其常用对数为 0，即视力＝5－0。

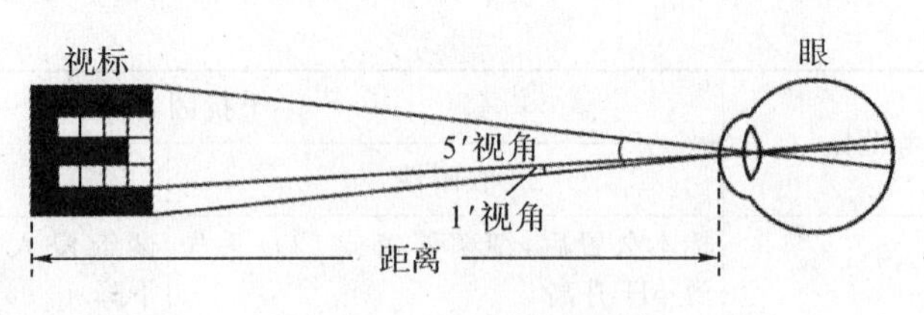

图 6-29-1 视力表原理图

1 材料

标准对数视力表,遮眼板,指示棒。

2 方法

2.1 将视力表挂在光线明亮处,但须避免眩目光线。视力表的第 11 排视标的高度应与被检者的眼在同一水平线上。

2.2 被检者应立于距视力表 5m 处,检查时两眼须分别进行,先查右眼,后查左眼。查一眼时,须以遮眼板将另一眼完全遮住。但注意勿压迫眼球,以免影响该眼视力。

2.3 检查人用指示棒自上而下、从大到小地分别指示视力表上的视标,每指一个,被检者应准确说出视标的缺口方向,如此循序渐进,直到被检者不能辨识视标为止,能清楚辨认的最小一排视标右边所标的数字,代表被测者该只眼的视力。4.0～5.3 为视力表置 5m 处可测得视力范围,正常人的视力为 5.0。

2.4 如视力低于 4.0,即在 5m 距离不能辨认最大视标时,可令被检者向视力表方向移近,到能辨认最大视标时止步,测定其与视力表的距离,按表 6-29-1 查得视力,也可按公式(6-29-1)推算:

表 6-29-1 对数视力表 3.0～3.9 的测定

走近距离(m)	4	3	2.5	2	1.5	1.2	1.0	0.8	0.6	0.5
视 力	3.9	3.8	3.7	3.6	3.5	3.4	3.3	3.2	3.1	3.0

$$\frac{1}{\text{视角}(\alpha)}=\frac{\text{被检者与视力表距离}(d)}{\text{能辨清字母排数的设计距离}(D)} \qquad (6\text{-}29\text{-}1)$$

$$\text{视力}=5-\lg(\alpha)=5-\lg(D/d)$$

如 4m 处辨认最大视标,其视力为 $5-\lg(50/4)$,等于 3.9。如在 1m 距离处不能辨识最大视标时,令其分辨手动,3 分表示 50cm 手动;2 分表示眼前手动;眼前手动也不能分辨,则须到暗室内检查光觉。方法是检查者持一烛光,在 5m 处使其时亮时暗,令被检者辨认有无光亮和光的方向,1 分表示有光感,0 分表示无光感。

3 结果

记录一组视力检测结果。

4 讨论

论述视力不同的机制。

【注意事项】

1. 视力表表面须清洁平整。

2. 视力表上必须有适当、均匀、固定不变的照明度,一般为 400～1000lx,且必须避免由侧方照来的光线，及直接照射到被检者眼部的光线。

3. 视力表与被检者的距离必须正确固定，受检者距表为 5m。如室内距离不够 5m 长，则在 2.5m 处置一平面镜来反射视力表。此时最小一行标记应稍高过被检者头顶。

【问题探究】

当测定视力时，若距离不变，视力与所能看清的最小字或图形的大小有什么关系？

实验 30　视野和盲点测定

【预习要求】

1. 实验理论　视野的定义和测定视野的意义。人眼的基本结构；简化眼；眼的折光功能，视网膜的结构特点和感光功能。

2. 实验方法　了解视野计的结构和视野测定方法。盲点测定方法，盲点直径计算方法。

【目的】 学习视野计的使用方法，测定正常人的无色视野与有色视野。学习测定盲点位置和范围的方法。

视野是当一只眼睛凝视正前方某一点时，同时所能看到的空间范围。由于眼球位置较深，鼻、眉弓、颧骨等可遮住一部分外来光线使不能到达视网膜，故当眼注视某一点不动时，其视野有一定限制。正常单眼视野的范围：颞侧约 90°以上，下方约 70°，鼻侧约 65°，上方约 55°(后两者由于受鼻梁和上眼睑的影响)。各种颜色视野范围并不一致，由于感受色觉的视锥细胞分布于视网膜的中心部分，白色最大，蓝色次之，红色又次之，绿色最小，两眼同时注视时，大部分视野是互相重叠的。临床上常用测定视野的办法，检查视网膜，视觉的传导道和视觉中枢的功能。

视网膜后部视神经穿出部位为视神经乳头，此处没有感光细胞，不能感光，称为生理盲点。某些视野器官疾病，可在视野中检查出异常的病理性盲点。盲点的测定是了解视觉功能的一种检查方法。根据物体成像的规律从盲点投射区域，找出盲点的所在位置和范围。

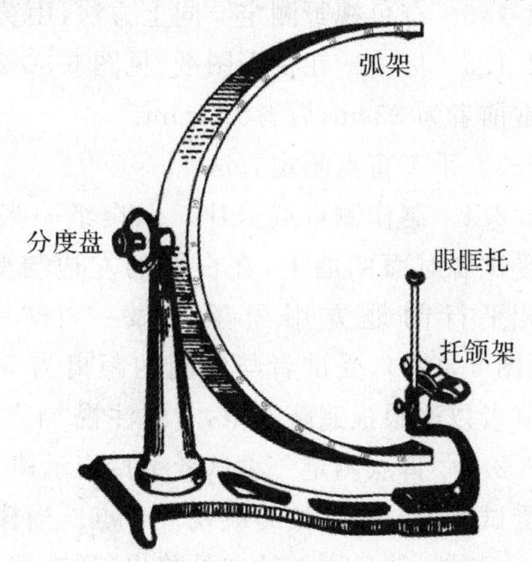

图 6-30-1　视野计

1　材料

人；视野计或 IVS 全自动电脑视野仪；白色、黄色、红色、绿色、黑色视标，视野坐标图纸，尺，白纸，遮眼板。

2　方法

2.1　手工视野测定方法

2.1.1　视野计　常用的弧形视野计(图 6-30-1)是一个半圆弧形金属板，安在支架上，可绕矢状轴作

360°的旋转。圆弧外面有刻度,刻度表示由该点向周边视网膜的光线与视轴所夹的角度。视野的外周界限即以此角度表示之。在圆弧内面中央装有一个固定的小镜子,其对面的支架上设有支持下颌的托片和固定眼窝下缘用的眼托。

2.1.2 测试准备 受试者背光而坐,面向视野计,下颌放在托架上,遮住一眼,另一眼凝视视野计的中心标志(小镜)。眼球不能转动。

2.1.3 视野测定 将视野计的半圆弧架旋至垂直位置,主试者将白色视标沿弧架内面由外向中心缓缓移动,边问受试者能否看见,反复检查,直到确实找出受试者刚刚能看到的那一点,将此点的位置记录在视野坐标图纸的相应位置上(见图 6-30-2)。将视野计半圆弧架旋至水平位置,同上法测定,然后再将半圆弧架旋至 45°,135°……各角度,分别测定之。

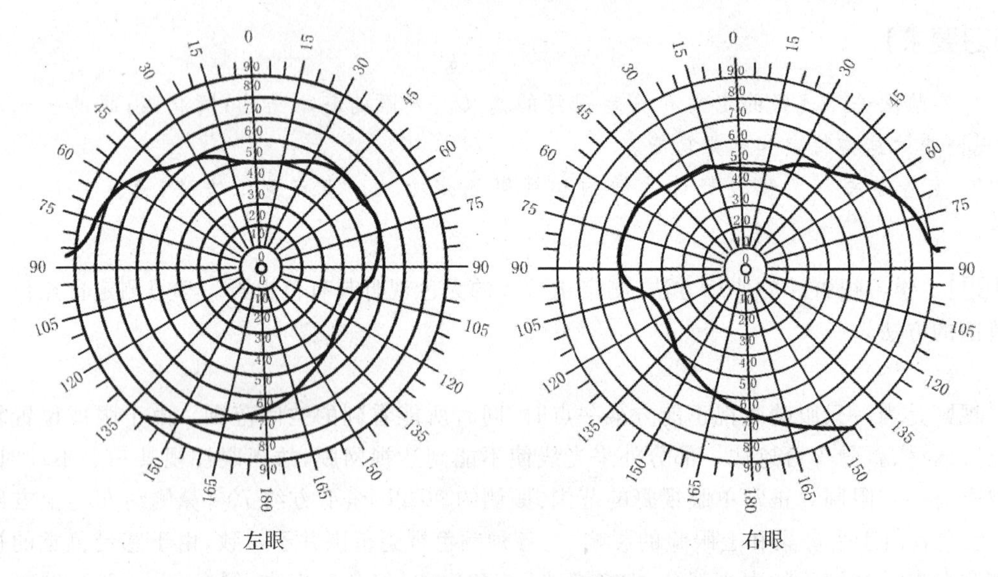

图 6-30-2 视野坐标图纸

2.1.4 确定视野 将上述不同位置所测得的各个点,用线连起来得到一眼无色视野的范围。

2.1.5 有色视野测定 同上方法,用黄色或红色、绿色视标测定有色视野。

2.1.6 标注 在视野图纸(见图 6-30-2)上记下测定时眼与注视点的距离和视标的直径,通常前者为 33cm,后者为 3mm。

2.2 手工盲点测定方法

2.2.1 制作测盲点卡片 取白纸一张,平贴在受试者对面的墙上,在白纸的左边与受试者眼相平行的地方用黑墨水做一个“十”符号(图 6-30-3),受试者与纸间的距离为 50cm。受试者以遮眼板遮蔽左眼,右眼注视“十”号。

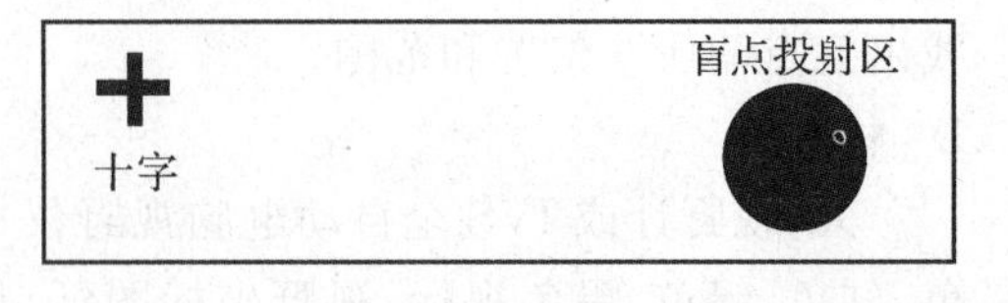

图 6-30-3 测盲点卡片

2.2.2 盲点测定 主试者手持指示棒,试验时将其尖端自“十”点向外侧方缓缓移出,此时受试者的右眼要始终凝视“十”点。当棒尖移到一定的距离被试者刚不能看见时,即在此做一记号。然后再继续向外移出,到被试者刚又重新看见之处再做一记号。同法在该区域内,沿不同的方位做直线移动,将所得各点最后连接起来成一不规则的圆圈,此即为测得的右眼盲点的投射区。

2.2.3　计算盲点与中央凹的距离和盲点的直径　依据相似三角形各对应边成正比例的定理(图 6-30-4)按下列公式进行计算：

$$\frac{\text{盲点的直径}(D_{bs})}{D_{ab}}=\frac{L_1(15\text{mm})}{L_2(500\text{mm})}$$

$$D_{bs}=D_{ab}\times 15/500(\text{mm})$$

$$\frac{\text{盲点与中央凹的距离}(L_0)}{\text{盲点投射区域与“十”字的距离}(L_s)}=\frac{L_1(15\text{mm})}{L_2(500\text{mm})}$$

$$L_0=L_s\times 15/500(\text{mm})$$

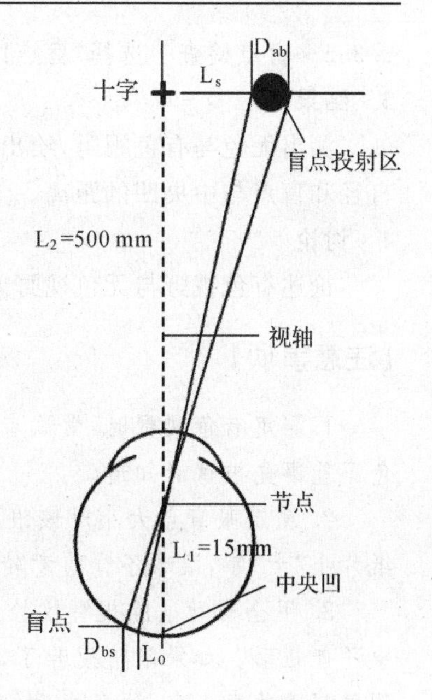

图 6-30-4　盲点直径计算原理

2.3　视野和盲点的自动测定

2.3.1　全自动电脑视野仪　全自动电脑视野仪用一半径为 300mm 的球面作为视野区(图 6-30-5)，在球面镶嵌着直径为 2mm 的红、黄发光二极管 391 个。根据测试项目和区域(度数)的不同，由计算机控制 0～30°、0～60°、0～90°等区域的发光二极管闪耀，根据被测者的应答结果，计算机自动绘制出视野、盲点等。

2.3.2　启动 IVS 201 视野检查系统　点击 IVS 视野仪图标，进行登陆进入 IVS 201 视野检查系统界面。输入受检者(病员)的信息。

2.3.3　检查前准备　用眼罩把受检者非检眼罩住。请受检者把下巴放在腮托上，前额靠住横梁，头放正，受检眼始终注视正前方绿灯的中心处。告知受检者：如感受到周围光亮，用手按一下“响应器”按钮，并立即松开，此时会听到“嘟”声，就完成了一个光点的检查。

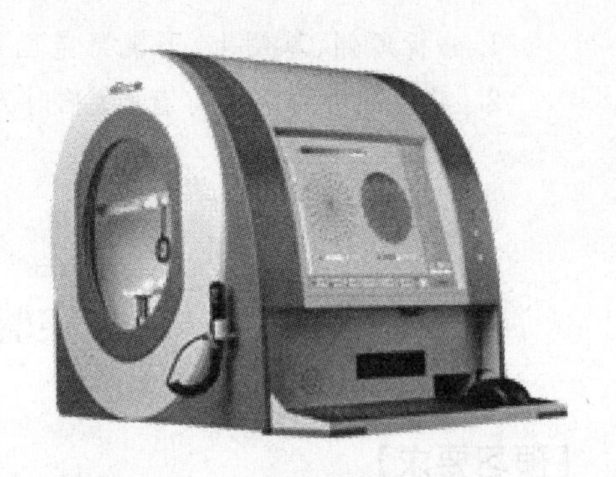
图 6-30-5　IVS 全自动电脑视野仪

2.3.4　视野检查

(1)选择检查项目　如选择“经典 0～60 视野检测”进行全视野删选测试。点击“确定检查”按钮进入检查主页面。

(2)调整眼位　点击右上角的“腮托控制器”的上下、左右白色三角键，调节受检者眼位，使左上角的受检者的瞳孔与监视窗口上的黄色十字中心相吻合。

(3)盲点自动检测　点击“开始检查”按钮，弹出“寻找盲点”对话框，系统将自动寻找盲点，完成盲点查找之后，系统界面自动弹出对话框，点击“确定”按钮。

(4)开始检查　嘱受试者眼始终注视正前方绿灯的中心处，不要转动眼睛，感受到周围光亮，用手按一下“响应器”按钮，并立即松开，依次完成所有光点检测。

(5)检查结果保存和报告　检查完毕，点击检查界面弹出的系统管理窗口的“是”按钮，保存检查结果。点击检查界面弹出的系统提示窗口的“报告单”按钮，弹出“检查结果报告”对话框。选择报告图、输入诊断信息，点击“报告单”按钮，在弹出的“报表”对话框中，点击“预览”按钮，显示报告单页面，点击其中的“打印”快捷键打印检查结果报告。

2.3.5　盲点检查　选择“盲点区检测”进行盲点测试,其他操作方法与视野检查相同。

3　结果

测出无色与有色视野,绘出图形。描述有色视野与无色视野的差异。测定一组人盲点直径和盲点与中央凹的距离。

4　讨论

论述有色视野与无色视野差异的机理及临床视野的意义。论述盲点的生理意义。

【注意事项】

1. 测定有色视野时,受试者必须认清视标的颜色时为止。同时在测有色视野时,视标颜色不能事先被试者知道。

2. 测定眼盲点大小时该眼与白纸须保持一定距离(50cm),不能随意变动,该眼正视白纸片上“十”字,眼球不得随意转动。

3. 用全自动电脑视野仪检查前应教会受检者:检查时,头不能晃动,眼睛不能转动,腰也不能扭动。如果眼睛疲劳了,可以眨眼睛,也可以用手按住响应器不放以暂停检查,然后闭住眼睛休息一会,休息好后松开按钮就可以继续检查。

【问题探究】

1. 分析颞侧、鼻侧上、下视野范围及有色视野与无色视野的差异,并说明其原因。

2. 实验证明两眼都有盲点,平时人们注视物体时,为什么没有感觉到盲点的存在?

(陆　源　厉旭云)

实验31　色觉测定

【预习要求】

1. 实验理论　生理学教材视觉生理;色盲检查图说明书。

2. 实验方法　色盲检查图使用方法,色盲的判定。

【目的】　学习检查色盲的方法,了解色盲的临床意义。

色觉是眼在明亮处视网膜视锥细胞的主要功能。正常人能辨别各种颜色,凡不能准确辨别各种颜色者为色觉障碍。临床上按色觉障碍的程度不同,可分为色盲与色弱。色盲中以红绿色盲较为多见,蓝色盲及全色盲较少见。色盲分先天和后天两种,先天性者由遗传而来,后天性者为视网膜或视神经等疾病所致。色弱是辨色力较差,主要表现辨色能力迟钝或易于疲劳,是一种轻度色觉障碍。可用色盲检查本查出色盲或色弱患者。色盲检查图是利用色调深浅程度相同而颜色不同的点组成数字或图形,在自然光线下识读。

1　材料

人;色盲检查图。

2　方法

2.1　在充足均匀自然光线下，被检者与色盲检查图距离约 50～70cm，双眼同时注视，检查者翻开色盲检查图，让被检者尽快(≤10s)读出所见的数字或图形。注意回答是否正确，时间是否超过 10s。按色盲检查图所附的说明，判定是否正确，是哪一种色盲或色弱。

2.2　实验观察

测定一组同学的色觉。

3　结果

用文字表述检查结果正常与否。

4　讨论

可参阅色盲检查图说明书，对检查情况进行分析讨论。

【注意事项】

1. 为避免被检者背诵色盲检查图内数字和图案，检查时应随机翻页各图抽查。
2. 有时可用几本不同的色盲检查图检查，以作出正确结论。

实验 32　瞳孔反射

【预习要求】

1. 实验理论　生理学感觉器官视觉生理。
2. 实验方法　瞳孔反射的检查方法。

【目的】　学习瞳孔反射的检查方法，证明瞳孔反射的存在，掌握其反射途径。

瞳孔反射包括瞳孔对光反射和瞳孔近反射。当眼视增强的光线刺激或视物体移近时瞳孔缩小，属瞳孔反射。前者为瞳孔对光反射，后者为瞳孔近反射。瞳孔对光反射途径为：强光→视网膜→视神经→视束→外侧膝状体内缘→中脑四叠体顶盖前区(双侧)换元→动眼神经缩瞳核换元→睫状神经节换元→睫状短神经→瞳孔括约肌→(双侧)瞳孔缩小。瞳孔近反射的反射途径为：注视物移近→视网膜→视神经(视交叉)→视束→丘脑外侧膝状体→大脑皮层枕叶→额叶中央前回下行→锥体束→中脑正中核→中脑缩瞳核→睫状神经节→睫状短神经→瞳孔括约肌→瞳孔缩小。

正常人瞳孔直径约 2.5～4.0mm，可变动范围约 1.5～8.0mm。

1　材料

人；手电筒。

2　方法

2.1　瞳孔对光反射

2.1.1　直接对光反射　在明室中，患者背光而坐，两眼向前平视。检查者用手电筒光照射一侧瞳孔，观察瞳孔直径的变化。同法检查另一侧瞳孔。比较两侧瞳孔变化是否相同。

2.1.2　间接对光反射　在以上体位与坐姿下，检查者用手在被检者鼻梁处隔开两眼视野，另一手持电筒照射右眼瞳孔,注意观察左眼瞳孔是否与右眼同时、同样程度缩小。同法检查左眼瞳孔。

2.2　瞳孔近反射　同以上体位与坐姿,令被检者双眼注视近前方处检查者一示指,观察其瞳孔的大小。示指由远移近被检者眼前,同时观察受检者瞳孔和视轴的变化。

2.3　实验观察

2.3.1　双侧瞳孔是否等大、等圆(正常直径约 2～4mm)。

2.3.2　瞳孔对光反射、瞳孔近反射时瞳孔的形态、大小、位置变化。

2.3.3　直接与间接对光反射是否存在及其灵敏度。

3　结果

描述所见现象及瞳孔大小、形态、位置,对光反应是否存在及灵敏度。

4　讨论

论述瞳孔对光反射和瞳孔近反射的机理及两者的差别。

【注意事项】

1. 先在自然光下用肉眼观察两侧瞳孔自然状态,继而用手电筒检查其对光反应。

2. 用手电筒光照射瞳孔时,应移动射向被检瞳孔,同时观察。

【问题探究】

光照射一侧瞳孔时,另一侧瞳孔有何变化?为什么?说明其反射途径。

实验 33　任内氏试验和韦伯氏试验

【预习要求】

1. 实验理论　生理学教材中的听觉生理。

2. 实验方法　音叉使用方法;任内氏试验方法和韦伯氏试验方法。

3. 实验准备　设计实验结果记录表。预测任内氏试验和韦伯氏试验检查结果。

【目的】 学习用音叉试验鉴别听力障碍,比较气传导和骨传导的听觉效果。

听力检查的目的是了解听力损失的程度、性质及病变的部位。检查方法甚多,一类是观察患者主观判断后作出的反应,称主观测听法,如耳语、秒表、音叉、听力计检查等,但此法常可因年龄过小、精神心理状态失常等多方面因素而影响正确的测听结论。另一类是不需要患者对声刺激做出主观判断反应,可以客观地测定听功能情况,称客观测听法,其结果较精确可靠,如声阻抗-导纳测听、耳蜗电图、听性脑干反应。

本实验采用主观测听法。音叉振动产生的声波可通过气传导和骨传导两种途径传入内耳,正常人气传导的效率大于骨传导。在耳蜗、听神经和中枢正常情况下,在气传导途径发生障碍时(传音性耳聋),骨传导却不受影响,甚至相对增强,此时用音叉检查,病耳的气传导小于骨传导。当耳蜗或听神经病变时(感音性耳聋),气传导与骨传导均减退。

1　材料

C 调 256Hz 音叉，耳塞或干棉球，橡皮锤，秒表。

2　方法

2.1　任内氏试验（Rinne's test）又称气骨导对比试验。

2.1.1　受检者坐于安静的室内，主试者手持音叉用橡皮锤敲击音叉臂的上 1/3 处，立即将振动的音叉柄置于受检者的一侧颞骨乳突部测其骨导听力，计时，待听不到声音时记录其时间，立即将音叉移置于外耳道口外侧 1cm 外，测其气导听力（图 6-33-1）。若仍能听到声音，则表示气传导比骨传导时间长，称任内氏试验阳性。反之，骨传导比气传导时间长，则称任内氏试验阴性。将试验结果记录于表 6-33-1。

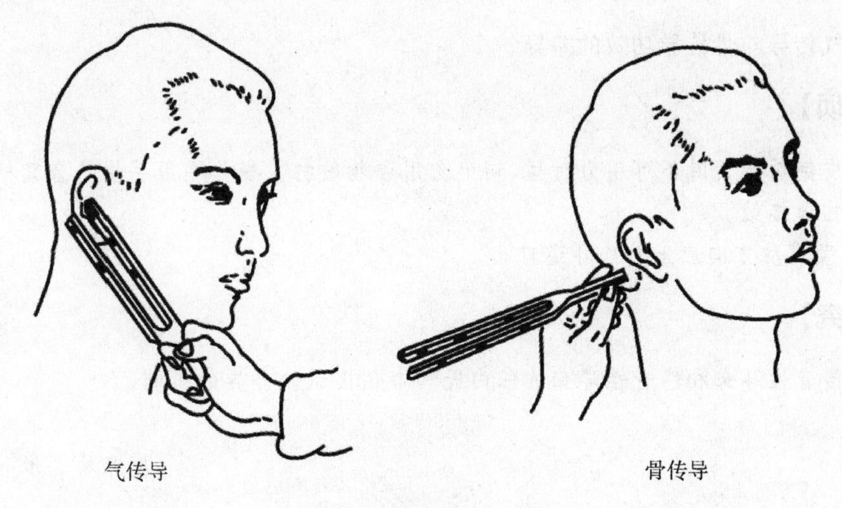

图 6-33-1　Rinne's 试验

2.1.2　用耳塞塞住同侧耳孔，模拟气传导障碍，重复以上实验步骤，结果气传导时间比骨传导时间短，此称任内氏试验阴性。

2.1.3　正常人气传导比骨传导时间长 1～2 倍，为任内氏试验阳性，传音性耳聋因气导障碍，则骨传导比气传导长，为任内氏试验阴性。感音性耳聋气传导及骨传导时间均较正常短，且听到声音亦弱。

2.2　韦伯氏试验（Weber's test）又称骨导偏向试验。

2.2.1　主试者将震动的音叉柄置于被检者的额部正中，记录两耳所听到的声音强度是否相同。

2.2.2　用耳塞塞住被检者一侧耳孔，重复以上实验，记录两耳听到的声音强度变化。

2.2.3　若两耳听力正常或两耳听力损害性质、程度相同，则感到声音在正中，是为骨导无偏向；由于气导有抵消骨导作用，当传音性耳聋时，气导有障碍，不能抵消骨导，以至患耳骨导要比健耳强，而出现声音偏向患耳；当感音性耳聋时则因患耳感音器官有病变，故健耳听到的声音较强，从而出现声音偏向健耳。

3　结果

各项检查结果记入表 6-33-1。

表 6-33-1　任内氏和韦伯氏试验结果

试验方法		任内氏试验		韦伯氏试验
		气传导(s)	骨传导(s)	
正 常	左 耳			
	右 耳			
耳塞塞一侧耳孔	左 耳			
	右 耳			

4　讨论

比较气传导与骨传导功效的差异。

【注意事项】

1. 橡皮锤敲音叉时不可用力过猛，切记勿用硬物敲打。操作中用手指持音叉柄，避免叉支与其他物体接触。

2. 音叉震动方向应正对外耳道口。

【问题探究】

试述传音性耳聋和感音性耳聋的任内氏和韦伯氏试验差异的机制。

（虞燕琴　张　雄）

实验 34　动物迷路功能观察

【预习要求】

1. 实验理论　内耳前庭器官的功能。

2. 实验方法　第五章动物实验技术。

【目的】 通过破坏蟾蜍或麻醉豚鼠的一侧迷路，观察迷路在维持机体正常姿势与平衡中的作用。

内耳迷路中的前庭器官是感受头部空间位置和运动变化的装置。通过前庭器官可反射性地影响肌紧张，调节机体姿势平衡和运动协调。破坏或消除动物一侧前庭器官后，会发生肌紧张协调障碍，静止和运动时的失平衡。

1　材料

蟾蜍或豚鼠；氯仿。

2　方法

2.1　蟾蜍一侧迷路破坏

2.1.1　观察正常蟾蜍(术前)的爬行姿势和游泳动作。

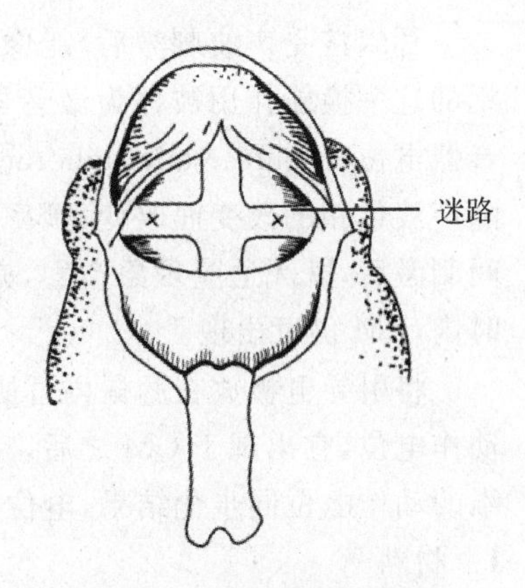

图 6-34-1　蟾蜍迷路位置

2.1.2　将蟾蜍躯干用纱布包裹，腹部朝上握于手中。张开蟾蜍口，用手术刀在颅底口腔黏膜作一横切口，分开黏膜，即可看到十字形的副蝶骨。副蝶骨左右两旁的横突即迷路所在部位。用手术刀削去一侧横突骨膜，可见粟粒大的小白点，即是迷路（图 6-34-1）。用探针刺入小白点约 2mm 并捣毁之，用棉球止血。

2.1.3　实验观察　数分钟后观察蟾蜍静止和爬行姿势的改变，观察蟾蜍游泳姿势和方向偏向何侧。

2.2　豚鼠一侧迷路麻醉

2.2.1　观察豚鼠的正常姿势、行走状态，有无眼球震颤。

2.2.2　使豚鼠侧卧，固定头部不动，提起一侧耳廓，用滴管向外耳道深处滴入氯仿（麻醉剂）2～3 滴。

2.2.3　保持侧卧位和头部不动 10～15min，使氯仿渗入以消除迷路功能。

2.2.4　实验观察　豚鼠眼球震颤与否及方向，握住豚鼠的后肢将它提起，其头部、躯干姿势偏向（麻醉一侧），自由爬行时的运动姿势变化（旋转或翻滚）方向。

3　结果

用文字逐一描述实验结果。

4　讨论

论述实验结果的机理。

【注意事项】

1. 破坏蟾蜍迷路后及时止血。氯仿是高脂溶性麻醉剂，给豚鼠滴入量不宜过多，以防止其死亡。

2. 标明滴入耳道是右侧或左侧，以便分析。不能双耳都滴。动物不能重复使用。

【问题探究】

为什么破坏动物一侧迷路后，其头和躯干运动皆偏向患侧？

实验 35　豚鼠耳蜗微音器电位

【预习要求】

1. 实验理论　生理学教材中的听觉生理。

2. 实验方法　第三章 RM6240 多道生理信号采集处理系统。第四章动物实验的基本操作。

3. 实验准备　预测耳蜗微音器电位与声刺激强度的关系。

【目的】　观察耳蜗微音器电位和听神经动作电位的特征及关系。

耳蜗接受声波刺激后,能像微音器那样,将声波振动的机械能转变为电能(电信号)。耳蜗的这一换能作用被称为微音器效应(microphonic effect)。转换而来的电位变化,称为微音器电位(cochlear microphonic potential,CM),CM 的波形、频率与刺激声波相符,其位相随声波位相的改变而改变,频率响应在 10kHz 以上,几乎没有潜伏期,亦没有不应期,长时间刺激后,既无适应现象产生,亦不发生疲劳。在温度下降、深度麻醉、甚至动物死亡后半小时内,CM 仍可出现。

将引导电极放在豚鼠内耳圆窗附近,用短声刺激,能获得 CM,同时可记录到耳蜗神经动作电位,它出现于 CM 之后,一般可见 2～3 个负波(N_1、N_2、N_3)。这些负波可能是神经纤维的动作电位同步化结果,电位的大小能反映被兴奋的神经纤维数目的多寡。

1　材料

豚鼠;氨基甲酸乙酯;RM6240 多道生理信号采集处理系统,小扬声器,有源音箱。

2　方法

2.1　实验装置连接和仪器参数设置　有源音箱和小扬声器分别接 RM6240 多道生理信号采集处理系统监听和刺激输出接口用于监听和声刺激,耳蜗微音器电位银球引导电极、参考电极和接地电极接 RM6240 多道生理信号采集处理系统 1 通道,1 通道时间常数 0.02s,灵敏度 0.1mV,滤波频率 10kHz,采样频率 100kHz;连续单激刺激方式,刺激波宽 0.1ms,主周期 3s。

2.2　动物准备　按 1g/kg 体重剂量腹腔麻醉豚鼠,豚鼠侧卧固定于手术台上。剪去豚鼠耳廓,用镊子剥离乳突上的肌肉和组织,用尖镊子在乳突上最薄处刺入并拓展成小孔。银球引导电极经小孔进入鼓室与耳蜗圆窗接触,参考电极、接地电极置豚鼠耳部附近皮下。

3　实验观察

3.1　观察耳蜗微音器电位　增加刺激器输出强度,当屏幕出现电位波动时,观察耳蜗微音器电位(CM)和听神经动作电位(N_1、N_2、N_3),辨别各波。

3.2　改变声音刺激的强度,观察耳蜗微音器电位和听神经动作电位的变化。

3.3　改变声音刺激的位相,观察耳蜗微音器电位和听神经动作电位的变化。

4　结果

测量不同刺激强度时的 CM 值。

5　讨论

分析刺激强度与 CM 关系。讨论耳蜗微音器电位和听神经动作电位的关系。

【问题探究】

耳蜗微音器电位是如何产生的?为什么动物死亡后半小时内,CM 仍可出现?

实验 36　肌梭传入冲动的测定

【预习要求】

1. 实验理论　生理学教材中神经系统中的牵张反射。
2. 实验方法　第三章第二节多道生理信号采集处理系统。

3. 实验准备　预测不同重力对蟾蜍Ⅲ趾短深伸肌牵拉与神经冲动频率的关系。

【目的】 观察重力牵拉强度与肌梭传入冲动发放频率之间的关系。

肌梭(muscle spindle)是一种骨骼肌感受牵拉刺激的特殊的梭形感受器装置，长几毫米，外层为结缔组织囊，整个肌梭附着于梭外肌纤维旁，并与其平行排列呈并联关系。当肌梭受到牵拉时，肌梭感受器产生兴奋，冲动沿传入神经传到中枢神经系统。牵拉肌肉可在传入神经上记录到肌梭感受器的传入冲动发放。

在感觉生理的发展史上，蛙的肌梭占有特殊的历史地位。这不仅是由于它是人们引入传入冲动所发现的第一个感觉末梢器官，而且也是证明感受器电位的原始标本。

从电生理学的角度定量研究机械能转化为神经的感觉传递过程，必须要获得肌梭的单位发放，理论上，这可通过两条途径实现，隔离单个的肌梭，记录单根感觉纤维的发放，但是最简便的办法是在某种特殊的动物中寻找仅含有单个肌梭的标本，蛙就是制备这种标本的理想动物。

1　材料

蟾蜍；RM6240 多道生理信号采集处理系统，BBJ-1 标本盒，砝码。

2　方法

2.1　实验装置连接和仪器参数设置　标本盒引导电极接 RM6240 多道生理信号采集处理系统第 1 通道，第 1 通道时间常数 0.02s，灵敏度 0.01mV，滤波频率 3kHz，采样频率 100kHz。

2.2　Ⅲ趾短深伸肌标本制备　蟾蜍毁脑毁脊髓，去除上肢和内脏，剥去下肢标本皮肤。取一条蟾蜍腿，在膝关节上剪断，足背向上，用大头针固定于蛙板上，用任氏液充分润湿。在Ⅲ趾的趾骨两侧各有一条白色肌腱一直延伸到Ⅲ趾的末节，用镊子在Ⅲ趾靠近末节趾骨处将肌腱分离，穿线结扎，剪断肌腱，向外提起结扎线，用剪刀细心将肌腱与趾骨及其周围结缔组织分离至蹠骨水平。剪开足背的筋膜，剖开表层肌肉，用玻璃分针分离与血管伴行的腓神经，顺神经走向分离至膝关节处，在膝关节处结扎神经，并剪断神经及与Ⅲ趾短深伸肌无关的神经分支。在踝关节处剪断，保留含有Ⅲ趾短深伸肌的足掌，弃去小腿部分。

2.3　记录肌梭放电　用大头针将足掌固定于标本盒内，肌腱系线通过滑轮系一金属小钩，腓神经(含肌梭传人神经)悬挂在引导电极上。开启记录按钮，记录肌梭放电。

3　实验观察

3.1　无负荷　观察记录肌肉在不加负荷时其自发放电 3s。

3.2　加载 0.5g 负荷　将 0.5g 砝码悬挂于金属小钩上，牵拉肌肉，观察记录肌肉加载 1g 负荷时肌梭放电 15s。

3.3　加载 1g 负荷　观察记录肌肉加载 1g 负荷时肌梭放电 15s。

3.4　加载 2g 负荷　观察记录肌肉加载 2g 负荷时肌梭放电 15s。

3.5　加载 5g 负荷　观察记录肌肉加载 5g 负荷时肌梭放电 15s。

4　结果

以 3s 为一统计单位，测量不同重量牵拉肌肉时的传入冲动数，并以时间为横坐标，以传入冲动数为纵坐标绘制成图。

5 讨论

分析牵拉重量与传入冲动频率、牵拉持续时间与传入冲动频率的关系。

【问题探究】

1. 在正常的张力水平,肌梭为什么会有自发性放电?

2. 在神经冲动传递过程中,感觉的强弱是以何种形式来表现的?

(陆 源)

实验 37 热板法镇痛实验

【预习要求】

1. 实验理论 药理学教材中有关 pethidine 和 rotundine 的药理作用及机制。

2. 实验方法 第五章动物实验技术;第二章常用统计指标和统计方法。

3. 实验准备 预绘制实验原始数据记录表和统计表。预测实验结果。

【目的】 观察麻醉性镇痛药哌替啶与非麻醉性镇痛药罗通定的镇痛效应。

哌替啶(pethidine)为合成品,是吗啡的代用品,较吗啡的成瘾性轻。哌替啶与吗啡相似,作用于中枢神经系统的阿片受体而发挥作用,镇痛效力约比吗啡弱 10 倍,持续时间也比吗啡短。罗通定(rotundine)结构为四氢巴马汀,镇痛作用比哌替啶弱,但无成瘾性。罗通定阻断脑内多巴胺受体,抑制痛觉信息在脊髓水平的传递,亦增加与痛觉有关的特定脑区脑啡肽原和内啡肽原的 mRNA 表达,促进脑啡肽和内啡肽的释放,产生镇痛作用。

1 材料

小鼠;超级恒温器;pethidine,rotundine sulfate,生理盐水。

2 方法

2.1 热板准备 开启超级恒温器,调节超级恒温器温度恒定于 55±0.1℃。

2.2 动物筛选和分组

2.2.1 动物筛选 取雌性小鼠,将小鼠放入热板罐内记录时间,罐口盖以透明盖,观察到出现舐后足的时间为止,此段时间作为该鼠的热痛反应时间,记录之。凡小鼠在 30s 内不舐后足或放入热板罐内发生逃避、跳跃者弃之。

2.2.2 动物分组 将筛选合格的小鼠 30 只,随机分成 pethidine 组、rotundine 组和对照组,每组 10 只小鼠,并标记。测每只小鼠的正常痛阈值一次,作为该鼠给药前痛阈值。

2.2.3 药物处理 pethidine 组小鼠按 25mg/kg(2.5g/L,0.1mL/10g)体重剂量腹腔注射(i. p.)pethidine,rotundine 组小鼠按 25mg/kg(2.5g/L,0.1mL/10g)体重剂量 i. p. rotundine,对照组小鼠按 0.1mL/10g 体重剂量 i. p. 生理盐水。

2.3 实验观察

2.3.1 用药后 15min、30min、60min 各组测小鼠痛阈一次。如果用药后放入热板罐内 60s

仍无反应，即将小鼠取出，以免时间太长把脚烫伤，其痛阈可按 60s 计算。

2.3.2　计算各给药组的用药前、后各次的小鼠热痛反应时间（即痛阈值）的平均值，并按下列公式计算痛阈提高百分率：

$$痛阈提高百分率=\frac{用药后平均热痛反应时间-用药前平均热痛反应时间}{用药前平均热痛反应时间}\times 100\%$$

2.4　统计方法　结果以 $\overline{X}\pm S$ 表示，统计学分析采用 Student's t-test 方法。

3　结果

根据各药物组在用药后不同时间的痛阈提高百分率进行统计，列表或作图表述，用文字、统计描述和统计结果表述实验结果。

4　讨论

比较 pethidine 与 rotundine 的作用及强度，讨论 pethidine、rotundine 的作用机制。

【注意事项】

1. 小鼠选用雌性，因雄性小鼠遇热时睾丸易下垂，阴囊触及热板而致反应过敏。
2. 室温较低时，小鼠须保温一定时间，以免由于低温而致反应迟钝，影响实验结果。

【问题探究】

镇痛药和解热镇痛药在镇痛方面的作用机制有何不同？

（胡薇薇　王梦令）

实验 38　反射弧的分析和反射时的测定

【预习要求】

1. 实验理论　生理学教材中神经系统部分的反射与反射弧内容。
2. 实验方法　第五章动物实验技术。
3. 实验准备　预绘制实验原始数据记录表和统计表。预测结果。

【目的】　通过某些脊髓躯体运动反射，了解反射弧的完整性与反射活动的关系；通过用不同浓度的硫酸溶液刺激蛙趾引起的屈肌反射，学习掌握反射时的测定，了解刺激强度与反射时的关系。

在中枢神经系统的参与下，机体对刺激所产生的具有适应意义的反应过程称为反射。较复杂的反射需要较高级中枢部位的整合，而一些较简单的反射，只需通过中枢神经系统的低级部位就能完成。将动物的高位中枢切除，仅保留脊髓的动物称为脊动物，此时动物产生的各种反射活动为单纯的脊髓反射。由于脊髓已失去高级中枢的正常调节作用，故利于观察和分析研究反射过程的某些特征。

反射活动的结构基础是反射弧。典型的反射弧由感受器、传入神经、神经中枢、传出神经和效应器五个部份组成。一旦其中任何一个环节的解剖结构和生理完整性受到破坏，反射活动就无法实现。反射通过反射弧各组成部分所需的时间称为反射时，即由刺激作用于感受器开始，到效应器出现反射活动所经过的时间。反射时的长短与反射弧在中枢交换神经元的多少及是否有中枢抑制存在等有密切关系。反射时也与刺激强度有关，在一定的条件下与一定的刺激强度范围内，刺激愈强，反射时愈短。

1　材料

蟾蜍(或者蛙)；硫酸；秒表。

2　方法

2.1　取蟾蜍一只，用粗剪刀由两侧口裂剪去上方头颅，制成脊蟾蜍(此类动物在断头后，尽管出血较多，各组织器官功能可基本维持正常，其脊休克时间也只有数秒，最长不过数分钟，是本实验较为理想的动物)。将动物俯卧位固定在蛙板上，于右侧大腿背侧纵行剪开皮肤，在股二头肌和半膜肌之间的沟内找到坐骨神经干，在神经干下穿一条细线备用。手术完后，用肌夹夹住动物下颌，悬挂在铁支柱上(图 6-38-1)。

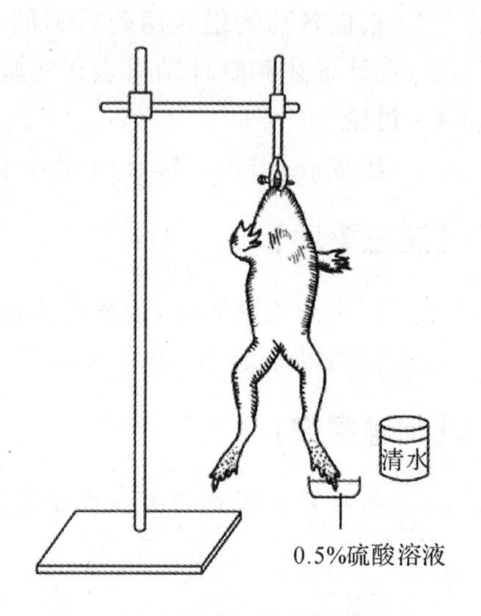

图 6-38-1　脊髓反射实验装置图

2.2　反射弧的分析

2.2.1　将浸有 5g/L 硫酸溶液的小滤纸片贴在下腹部，观察双后肢反应。待出现反应后，将动物浸于烧杯的清水内洗掉滤纸片和硫酸，用纱布擦干皮肤。提起穿在右侧坐骨神经下的细线，剪断坐骨神经，再重复上述实验，记录反应结果。

2.2.2　分别将左右后肢趾尖浸入盛有 5g/L 硫酸的小平皿内(两侧浸没的范围应相等且仅限于趾尖)，观察双侧后肢反应。

2.2.3　沿左后肢趾关节上作一环形皮肤切口，将切口以下的皮肤全部剥脱(趾尖皮肤一定要剥干净)，再用 5g/L 硫酸溶液浸泡该趾尖，观察该侧后肢的反应。

2.2.4　将一硫酸纸片贴于左后肢皮肤，观察引起的反应，用烧杯内的清水洗掉纸片及硫酸，擦干皮肤后，将探针插入脊髓腔内反复捣毁脊髓，用浸有 5g/L 硫酸溶液的小滤纸片贴在下腹部。记录结果。

2.3　反射时的测定

2.3.1　按 2.1 法制备脊蟾蜍。

2.3.2　用培养皿盛 1g/L 硫酸溶液，将蟾蜍任一后肢的脚趾尖浸入硫酸溶液中，同时用秒表记录从浸入至后肢发生屈曲所经历的时间。一旦出现屈肌反应，迅速将后肢取出浸入烧杯内的清水中，清洗皮肤上的硫酸溶液。重复三次。求出反射时的平均值(两次实验间隔至少 2～3min)。

2.3.3　用另外两个培养皿分别盛 3g/L、5g/L 硫酸溶液，分别测得各自的反射时。注意均重复测定三次，求出各自的平均值。

2.4　统计方法　结果以 $\overline{X} \pm S$ 表示，统计学分析采用 Student's t-test 方法。

3　结果

列反射弧实验蛙处理前后反射情况记录表和反射时原始数据表，并对反射时进行统计处理。用文字和数据逐一描述实验结果。

4 讨论

论述各项处理对反射和反射时的影响及机制。

【注意事项】

1. 离断颅脑部位要适当,太高可能保留部分脑组织而出现自主活动,太低也会影响反射的引出。

2. 浸入硫酸溶液的部位应限于一个趾尖,每次浸泡范围、深度应恒定。

【问题探究】

1. 剪断右侧坐骨神经,动物的反射活动发生了什么变化?损伤了反射弧的哪一部分?

2. 剥去趾关节以下皮肤,如不再出现原有反应,是损伤了反射弧的哪一部分?

3. 当蟾蜍趾尖分别浸入3g/L和5g/L硫酸溶液中时,其反射时有何变化?为什么?

(厉旭云)

实验39 小鼠小脑损伤引起的共济失调

【预习要求】

1. 实验理论 生理学教材中小脑的功能。

2. 实验方法 第五章动物实验技术。

3. 实验准备 预测结果。

【目的】 观察小鼠一侧小脑被破坏后出现的肌紧张失调和平衡功能障碍,了解小脑对躯体运动的调节功能。

小脑与大脑、丘脑、脑干网状结构、脊髓等处有广泛而复杂的纤维联系,是锥体外系的重要组成部分,具有维持身体平衡、调节肌肉紧张和协调随意运动等重要功能。当小鼠一侧小脑损伤后,将引起肌紧张失调和平衡功能障碍。

1 材料

小鼠;乙醚。

2 方法

2.1 取小鼠一只,在实验台上观察其正常活动情况。然后将其置于烧杯内,同时放入一浸透乙醚的棉球。待出现麻醉现象时立即将小鼠取出。

2.2 剪去小鼠颅顶部的毛,沿头颅正中线剪开头皮,直达耳后部。以左手拇、食二指捏住其头部两侧,右手持棉球将顶间骨上的一层薄肌向后推压分离,尽量使顶间骨暴露出来。通过半透明的颅骨即可看到小脑。

2.3 用探针在如图6-39-1所示顶间骨的一侧刺入3mm,搅动破坏一侧小脑后出针,用棉球按压止血。

2.4　待小鼠清醒后,注意观察其姿势是否平衡,活动有何异常,比较两侧肢体的屈伸和肌张力有何变化。

3　结果

用文字描述实验结果。

4　讨论

论述小鼠姿势、活动、肌张力变化的机制。

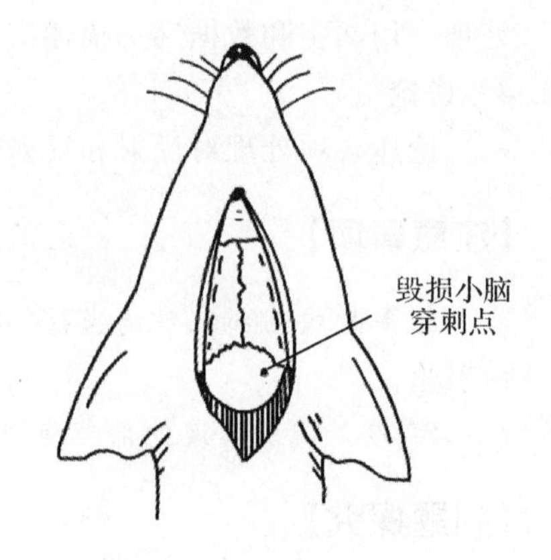

图 6-39-1　毁脑示意图

【注意事项】

1. 麻醉不宜过深,麻醉过程中要密切观察小鼠的呼吸运动。小鼠如在手术过程中苏醒挣扎,可用装有乙醚棉球的试管套在其嘴上追加麻醉。

2. 破坏小脑时以选用 9 号注射针头为宜。要垂直进针,深度适宜,刺入太深会损伤中脑,刺入太浅则无破坏作用。

实验 40　家兔去大脑僵直

【预习要求】

1. 理论知识　中枢神经系统对躯体运动的调节作用;去大脑僵直产生的机制。

2. 实验方法　第五章动物实验技术;家兔开颅手术。

3. 实验准备　预测结果。

【目的】　观察去大脑僵直现象并了解其产生机制。

中枢神经系统对肌紧张具有易化和抑制作用,在正常情况下,通过这两种作用,使骨骼肌保持适当的紧张性,以维持机体正常姿势。若在中脑上、下丘之间切断脑干,使大脑皮层运动区和纹状体等部位与脑干网状结构的功能联系中断,则抑制肌紧张的作用减弱,易化作用相对增强,动物出现四肢伸直,头尾昂起,脊柱挺硬等伸肌紧张亢进的特殊姿势,称为去大脑僵直。

1　材料

家兔;颅骨钻;氨基甲酸乙酯。

2　方法

2.1　麻醉固定　按 0.5～0.8g/kg 体重剂量于耳缘静脉缓慢注射 200g/L 氨基甲酸乙酯,麻醉后仰卧固定于手术台上。

2.2　手术准备　沿颈正中线切开皮肤,暴露气管,行气管插管,以防开颅术时窒息死亡。分离两侧颈总动脉并结扎。将动物改为俯卧位,头部抬高固定。剪去头顶部毛,沿颅顶正中线切开皮肤并用刀柄刮去颅顶骨膜。用骨钻在冠状缝后矢状缝外的骨板上钻孔(图 6-40-1),勿伤及硬脑膜。用咬骨钳扩大创口,若遇到颅骨出血,可用骨蜡或明胶海绵填塞止血。在向对侧扩展时，注意勿伤及矢状窦，以免大出血。可用小缝针在矢状窦前、后各穿一线并结扎。小心剪开硬脑膜，露出大脑皮层。

2.3　实验观察　松开动物四肢，将动物头托起并使呈屈曲低头位。用刀柄由大脑半球后缘与小脑之间伸入，轻轻托起两大脑半球枕叶，即可见到中脑上、下丘部分。用手术刀在上、下丘之间向口裂方向呈45°方位插入，切断脑干（图6-40-2）。将动物侧位置于手术台上，数分钟后可见兔的四肢伸直、头部后仰、尾部上翘，呈现角弓反张状态，即去大脑僵直现象（图6-40-3）。若不明显，可用两手提起兔的背部，抖动动物，动物的四肢伸肌受重力牵拉作用，伸肌肌紧张会明显增强。

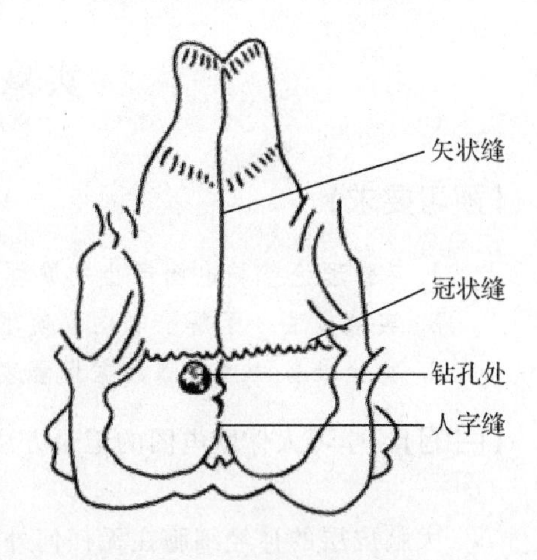

图6-40-1　兔顶骨标志图

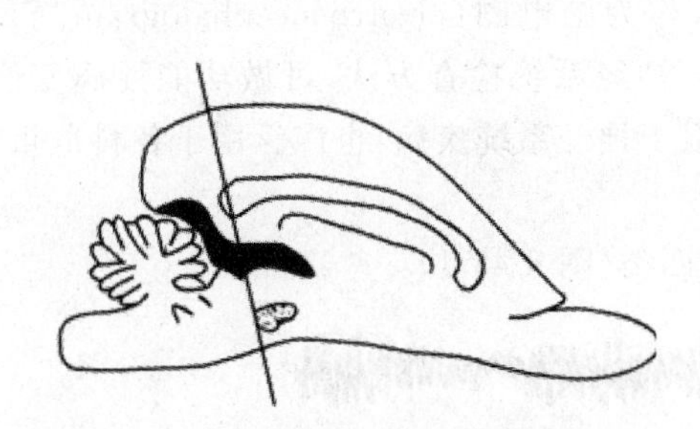

图6-40-2　脑干切断部位示意图

图6-40-3　兔去大脑僵直

3　结果

描述观察到的实验结果。

4　讨论

论述去大脑僵直产生的机制，讨论中枢神经系统对肌紧张和躯体运动的调节作用。

【注意事项】

1. 动物麻醉宜浅，麻醉过深不易出现大脑僵直现象。

2. 切断部位要准确，过低将伤及延髓呼吸中枢，导致呼吸停止。过高则不易出现去大脑僵直现象

【问题探究】

1. 如在上述结果的基础上在下丘的下方再次横断脑干，动物姿势有何改变？为什么？

2. 如在上述结果的基础上分别切断延髓或切断脊髓背根，将对肌紧张产生什么影响？为什么？

（陆　源　张　雄）

实验 41　人体脑电图

【预习要求】

1. 实验理论　脑电图产生的原理及其波形。
2. 实验方法　了解脑电图仪使用及脑电图的分析方法。
3. 实验准备　预绘制数据记录表。

【目的】 学习人体脑电图的记录方法,观察人脑电图的波形特征及某些因素的影响作用。

大脑皮层的神经细胞在无任何外加的人工刺激情况下,仍然存在持续不断的节律性电活动。大脑皮层有大量神经元同步发生突触后电位,这些同步发生的突触后电位进行总和后引起皮层表面的电位改变。若将引导电极安放在头皮表面,用脑电图仪或生物信号采集处理系统记录出的这种大脑皮层电活动曲线,称为脑电图(electroencephalogram,EEG)。脑电图检查是分析、判断大脑电生理功能的一种神经系统检查方法,可做功能性病变诊断,又可做病理性病变诊断,目前其应用范围不仅限于神经系统疾病,也广泛用于各科危重病人的监测,麻醉监测以及心理、行为的研究。

脑电图的波形按其频率和振幅的不同分为四类(图 6-41-1):

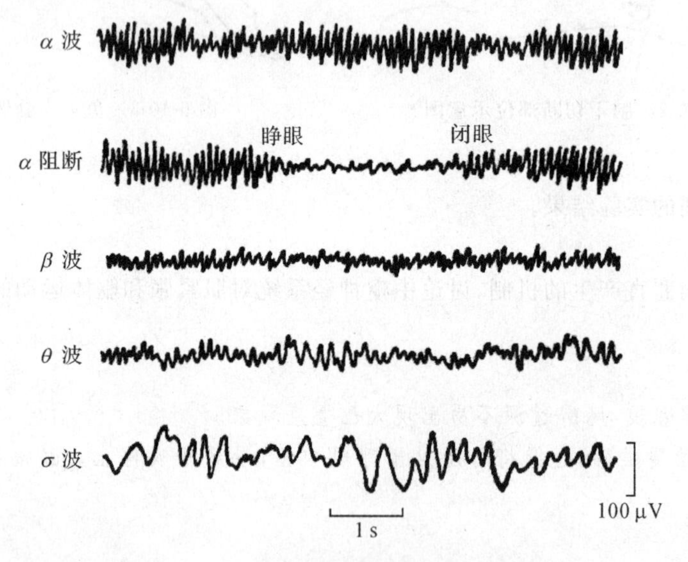

图 6-41-1　正常人脑电图的波形(引自张际国)

α 波　频率 8～13 次/s、波幅 20～100μV。主要出现于枕叶和顶叶后部。α 波是成年人在清醒、安静、闭眼时出现的主要脑电波,波幅先由小逐渐变大,再由大变小,如此反复而形成梭形,每一梭形持续 1～2s,通常在枕叶的记录中最为显著。睁开眼睛或接受其他刺激时,α 波立即消失而呈现快波,这一现象称为 α 波阻断。当再次安静闭眼时,则 α 波又重现。

β 波　频率 14～30 次/s、波幅 5～20μV。当新皮层处在紧张活动状态时出现,在额叶和顶叶比较显著。有时 β 波与 α 波同时出现在一个部位,β 波重合在 α 波上。

θ波　频率4～7次/s，波幅100～150μV。成年人一般在困倦时出现。

δ波　频率1～3.5次/s、波幅20～200μV。在成年人，常在睡眠状态下出现，当极度疲劳时或在麻醉状态下也可出现。

1　材料

人；NT9200脑电图仪。

2　方法

2.1　开机　开启总电源开关，启动计算机。在Windows桌面上双击“NT9200数字脑电图”图标，启动进入“NT9200数字脑电图”系统初始界面(图6-41-2)。

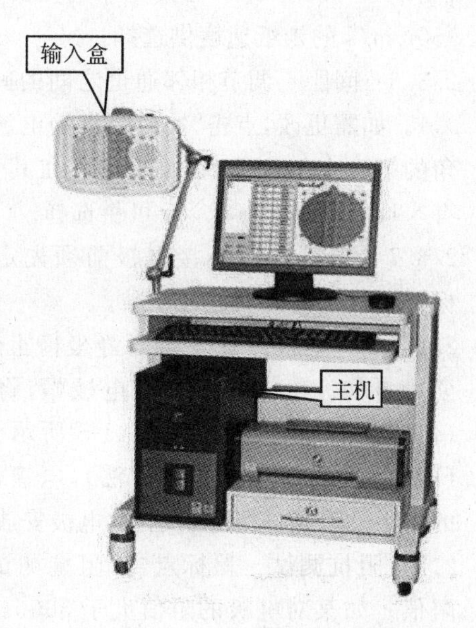

图6-41-2　NT9200脑电图仪

2.2　建立病历　点击“病历档案”菜单，在其下拉菜单中选择“新建采集”菜单或点击“工具栏”中快捷键，在弹出的“病人信息”输入窗口中输入被检者姓名、年龄并选择性别及左右利，点击“确定”完成新病历的建立，系统自动进入“实时采集脑电波”窗口，窗口顶部按钮如图6-41-2所示。

2.3　脑电图参数设置及定标

2.3.1　设置放大器　一般情况下选用默认设置：信号方式为EEG，高频滤波为30Hz、时间常数为0.3s、工频陷波为50Hz。如需改变默认值，点击“设置放大器”按钮(图6-41-3)，弹出的“设置放大器各通道”设置窗口，选择某一通道，鼠标在该通道的“高频滤波”、“时间常数”、“工频陷波”对应的参数上双击，并在下拉菜单中选择参数。也可点击“设置所有”键，把所有通道的参数统一设置成同一参数。

图6-41-3　实时采集脑电波窗口顶部按钮

2.3.2　设置环境　一般情况下保持默认设置。如需更改，点击“设置环境”按钮，弹出“配置使用环境”设置窗口，该窗口有“常规”、“监控采集”、“事件”、“病人信息”、“测量工具”、“远程数据”按钮，可根据检测需要设置。

2.3.3　导联重构　一般选择M1-16导联方式。如需更改，点击“实时采集脑电波”窗口左下角的第一个三角键(图6-41-4)，在其下拉菜单中有M1-16、M1-8、M2-16、M3-16、M4-16等导联方式可供选择。

图6-41-4　导联、增益、速度、间距设置

2.3.4　增益　增益是用来调节仪器对脑电的放大倍数。增益的数字越小，对脑电的放大倍

数越大,一般选择 10μV/mm。如需更改增益,点击“实时采集脑电波”窗口左下角的第二个三角键(图 6-41-4),在其下拉菜单中有 2、5、10、20、50μV/mm 供选择。

2.3.5　速度　一般选 30mm/s。如需更改,点击“实时采集脑电波”窗口左下角的第三个三角键(图 6-41-4),在其下拉菜单中有 3、6、15、30、60、150mm/s 的走纸速度供选择。

2.3.6　间距　调节相邻通道之间的间距,一般选×1。如需更改,点击“实时采集脑电波”窗口左下角的第四个三角键(图 6-41-4),在其下拉菜单中有×1、×2、×3、×4、×5 可供选择。

2.3.7　定标　在连接电极前须先定标。点“定标”按钮,仪器自动进行校准。

2.4　放置电极　让受试者静坐椅上,肌肉放松,姿势自如。给被检者戴好电极帽,将 18 个电极(包括 2 个耳电极)按图 6-41-5 所示分布于头颅(国际 10-20 系统电极放置法),电极位置按头颅的大小及形状进行适当调整,电极安放完毕后,将脑电图仪输入盒引线与对应电极相连。

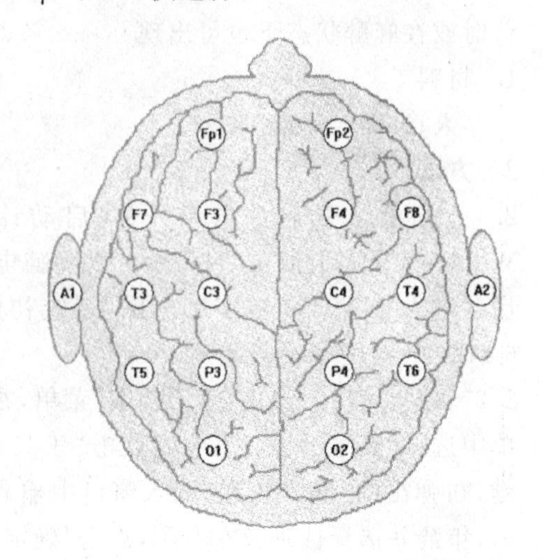

图 6-41-5　电极放置位置示意图

2.5　阻抗测试　鼠标点击“阻抗测试”按钮(图 6-41-3),仪器自动依次测量每对电极的阻值。如某对电极的阻值大于 5000Ω,则在“实时采集脑电波”窗口中的电极图的对应电极位置上显示“橘黄色”,表示电极接触不良,需取下电极重新安放,直到仪器测试通过为止。

2.6　实验观察

2.6.1　α 波记录　鼠标点击“开始监控”按钮,仪器开始采集显示脑电图。令受试者放松全身肌肉,尤其是头颈部肌肉放松、闭目、不思考问题,观察一段脑电变化,波形比较稳定后,点击“开始采集”按钮,将脑电图波储存于计算机硬盘上,同时注意识别 α 波及其节律的出现。

2.6.2　α 波阻断现象的观察

(1)受试者保持安静、闭眼,观察 α 波,然后令其睁眼约 2～15s,再令其闭眼,反复观察 α 波阻断现象。

(2)受试者保持安静、闭眼情况下,观察 α 波,然后与其交谈,或问其简单的问题让其心算后回答,观察是否有 α 波阻断现象。

(3)点击窗口右下角的“闪光”、“呼吸”、“睁眼”、“压迫”、“药物”、“声响”、“咀嚼”、“睡眠”事件按钮来做事件诱发实验,并用“标记”按钮对采集过程中的脑电波进行标注。

注意:由于脑电图的个体差异较大,正常人也有以 β 节律为主者。如观察不到 α 节律,应更换受试者。

3　结果

当脑电图记录达到所需长度时,停止采集记录。转入分析窗口,在分析窗口中,利用菜单功能或快捷键可对脑电波进行回放、缩放、选段、测量、标记等功能测定 α 波和 β 波的振幅和频率,测定闪光刺激开始到 α 波向快波移行为止的时间。

4　讨论

脑电波形成和 α 波阻断机制。

【注意事项】

1. 为了使脑电图仪能够安全使用，必须使用火线、零线和保护接地齐备的插座，受试者的电极线不得接其他信号源。

2. 为了减小阻抗，增强导电性，减少干扰，使用的氯化银管型电极必须经过浓盐水浸泡透，电极与头皮接触的位置必须用酒精棉球进行脱脂，耳电极夹凹下去的地方要放一些浓盐水浸泡透的棉球。

3. 仪器使用时，严禁拔插任何硬件及其连线，所有对硬件故障的排除都必须在断电情况下进行。

4. 脑电图检查前向被检查者说明：脑电图检查无痛苦，检查时应保持心情平静，尽量保持身体各部位的静止。若受试者比较紧张，可先与其交谈，待其放松后再进行。如有肌电干扰，嘱被测者呼吸均匀，放松肌肉，停止眨眼、咀嚼或吞咽等动作。

5. 室内环境应保持安静，光线不宜过强。

【问题探究】

1. 脑电波形成的机制是什么？

2. 如何识别 α-节律与 α 波阻断？α 波有什么特点？与其余波形如何区分？

（虞燕琴　梅汝焕　陆　源）

实验 42　人体颅脑神经检查

【预习要求】

1. 实验理论　教材中 12 对颅神经的名称与正常功能。

2. 实验方法　网上看视频："颅神经检查方法"。

3. 实验准备　预绘制实验原始数据记录表。

【目的】　学习 12 对颅神经的正常功能，掌握各对颅神经的检查方法。初步了解颅神经检查的临床意义。

颅神经检查对颅脑损害的定位诊断极有意义。颅神经共 12 对，一般用罗马数字依次命名。第Ⅰ、Ⅱ对（嗅、视）颅神经在颅内部分是其二级和三级神经元的神经纤维束，其余 10 对颅神经与脑干联系，脑干里有其神经核，运动核的位置多靠近正中线，感觉核在其外侧。第Ⅺ对颅神经（副神经）的一部分是从颈脊髓的上几节前角发出的。颅神经有感觉纤维和运动纤维，主要支配头、面部。第Ⅰ、Ⅱ、Ⅷ对为感觉神经，第Ⅲ、Ⅳ、Ⅵ、Ⅺ、Ⅻ对为运动神经，第Ⅴ、Ⅶ、Ⅸ、Ⅹ对为混合神经。此外，第Ⅲ、Ⅶ、Ⅸ、Ⅹ含副交感神经纤维。除两对（第Ⅶ、Ⅻ对颅神经核的下部)外,所有颅神经运动核的核上神经支配均为双重支配。

1 材料

叩诊锤;棉签,棉花;圆头针;眼底镜;近视力表,远视力表;电筒;音叉,电测听计;压舌板;皮尺;香皂,牙膏,香烟;试管,冷水,温水,热水;食糖溶液,食盐溶液,醋酸,奎宁溶液。

2 方法

2.1 嗅神经(Ⅰ)检查

先询问患者有无主观嗅觉障碍,如嗅幻觉等,然后让患者闭目,闭塞其一侧鼻孔,用松节油、肉桂油和杏仁等挥发性物质,或香皂、牙膏和香烟等置于患者受检的鼻孔,令其说出是何气味或作出比较。嗅神经和鼻本身病变可出现嗅觉减退或消失,嗅中枢病变可引起幻嗅。

2.2 视神经(Ⅱ)检查

2.2.1 视力 见实验29视力测定。

2.2.2 视野 见实验30视野和盲点测定。

2.2.3 眼底检查 无须散瞳,否则将影响瞳孔反射的观察。检查时患者背光而坐,眼球正视前方,查右眼时,检查者站在患者右侧,右手持眼底镜,右眼观察眼底;左眼则相反。正常眼底可见视神经乳头呈圆形或椭圆形、边缘清楚、颜色淡红、生理凹陷清晰;动脉色鲜红,静脉色暗红,动静脉管径比例正常为2∶3。检查时应注意视乳头的形态、大小、色泽、边缘等,视网膜血管有无动脉硬化、狭窄、充血、出血等,以及视网膜有无出血、渗出、色素沉着和剥离等。

2.3 动眼、滑车和外展神经(Ⅲ、Ⅳ、Ⅵ)检查

2.3.1 外观 注意是否有上睑下垂,睑裂是否对称,观察是否有眼球前突或内陷、斜视、同向偏斜,以及有无眼球震颤。

2.3.2 眼球运动 请病人随检查者的手指向各个方向移动,而保持头面部不动,仅转动眼球;最后检查集合动作。观察有否眼球运动受限及受限的方向和程度,注意是否有复视和眼球震颤。最简便的复视检查法是手动检查,虽较粗略,但常可发现问题。

2.3.3 瞳孔及瞳孔反射 见实验32瞳孔反射。

2.4 三叉神经(Ⅴ)检查

2.4.1 感觉功能 用圆头针、棉签及盛有冷热水的试管分别测面部三叉神经分布及皮肤的痛觉、温觉和触觉,内外侧对比,左右两侧对比。注意区分中枢性(节段性)和周围性感觉障碍,前者面部呈洋葱皮样分离性感觉障碍,后者病变区各种感觉均缺失。

2.4.2 运动功能 检查时首先嘱患者用力做咀嚼动作,以双手压紧颞肌、咬肌来感知其紧张程度,是否有肌无力、萎缩及是否对称等。然后嘱患者张口,以上下门齿中缝为标准,判定其有无偏斜,如一侧翼肌瘫痪,则下颌偏向病侧。

2.4.3 角膜反射 用捻成细束的棉絮轻触角膜外缘,正常表现为双侧的瞬目动作。受试侧的瞬目动作称直接角膜反射,受试对侧为间接角膜反射;如受试侧三叉神经麻痹,则双侧角膜反射消失,健侧受试仍可引起双侧角膜反射。

2.4.4 下颌反射 患者略张口,轻叩击放在其下颌中央的检查者的拇指。如发生双侧咬肌收缩,下颌闭合,称为下颌反射亢进;若双侧咬肌不收缩,下颌不闭合,称为下颌反射正常。

2.5 面神经(Ⅶ)检查

面神经(Ⅶ)是混合神经,以支配面部表情肌的运动为主,尚有支配舌前2/3的味觉

纤维。

2.5.1　运动功能　首先观察患者的额纹、眼裂、鼻唇沟和口角是否对称，然后嘱患者做皱额、皱眉、瞬目、示齿、鼓腮和吹哨等动作，观察有无瘫痪及是否对称。一侧面神经中枢性瘫痪时只造成对侧下半面部表情肌瘫痪；一侧周围性面神经麻痹则导致同侧面部所有表情肌均瘫痪。

2.5.2　味觉检查　嘱患者伸舌，检查者以棉签蘸取少量食糖、食盐、醋酸或奎宁溶液，涂于舌前部的一侧，识别后用手指出事先写在纸上的酸、甜、咸、苦四个字之一，其间不能讲话、不能缩舌、不能吞咽。每次试过一种溶液需用温水漱口，并分别检查舌的两侧以对照。

2.6　位听神经(Ⅷ)检查

2.6.1　蜗神经　是传导听觉的神经，损害时可出现耳聋和耳鸣。常用耳语、表声或音叉进行检查，声音由远及近，测量患者单耳(另侧塞住)能够听到声音的距离，再与另一侧耳比较。如要获得准确的资料尚需使用电测听计进行检测。传音性耳聋听力损害主要是低频音的气导下降，感音性耳聋是高频音的气导和骨导均下降，可通过音叉试验加以鉴别。传音性耳聋和感音性耳聋检查方法见实验 33。

2.6.2　前庭神经　其联系广泛，受损时可出现眩晕、呕吐、眼震、平衡障碍等。观察患者有无自发性症状，还可以通过诱发实验观察诱发的眼震的情况以判定前庭功能，常用的诱发实验有：

2.6.2.1　温度刺激(Baranv)试验　用冷水或热水进行外耳道灌注，导致两侧前庭神经核接受冲动的不平衡即产生眼震。测试时患者仰卧，头部抬起 30°，灌注热水时眼震的快相向同侧，灌注冷水时眼震的快相向对侧；正常时眼震持续约 1.5～2s，前庭受损时该反应减弱或消失。

2.6.2.2　转椅试验即加速刺激试验　患者闭目坐在旋转椅上，头部前屈 80°，向一侧快速旋转后突然停止，然后让患者睁眼注视远处。正常时可见快相与旋转方向相反的眼震，持续约 30s。少于 15s 时一般表示有前庭功能障碍。

2.7　舌咽神经、迷走神经(Ⅸ、Ⅹ)检查

舌咽神经、迷走神经两者的解剖和功能关系密切，常同时受累，故常同时检查。

2.7.1　运动功能检查　注意观察患者说话有无鼻音、声音嘶哑，甚至完全失音，询问有无饮水发呛、吞咽困难等；然后嘱患者张口，观察其悬雍垂是否居中，双侧腭咽弓是否对称；让患者发“啊”音，观察双侧软腭抬举是否一致，悬雍垂是否偏斜等；一侧麻痹时，病侧腭咽弓低垂，软腭不能上提，悬雍垂偏向健侧；双侧麻痹时，悬雍垂虽仍可居中，但双侧软腭抬举受限甚至完全不能。

2.7.2　感觉功能检查　用棉签或压舌板轻触两侧软腭或咽后壁，观察有无感觉。

2.7.3　味觉检查　舌咽神经支配舌后 1/3 味觉，同面神经味觉检查法。

2.7.4　咽反射(gag reflex)　嘱患者张口，用压舌板分别轻触两侧咽后壁，正常时出现咽部肌肉收缩和舌后缩，并有恶心、作呕反应。

2.7.5　眼心反射　检查者用中指和食指对双侧眼球逐渐施加压力，约 20～30s，正常人脉搏可减少 10～12 次/min；此反射由三叉神经眼支传入，迷走神经心神经支传出。迷走神经功能亢进者此反射加强(脉搏减少 12 次以上)，迷走神经麻痹者此反射减退或缺失，交感神经亢进者脉搏不减慢甚至加快(称倒错反应)。

2.7.6　颈动脉窦反射　检查者以食指和中指按压一侧颈总动脉分叉处亦可使心率减慢,此反射由舌咽神经传入,由迷走神经传出。部分患者如颈动脉窦过敏者按压时可引起心率过缓、血压降低、晕厥甚至昏迷,须谨慎行之。

2.8　副神经(Ⅺ)检查

检查时让患者向两侧分别做转颈动作并加以阻力,比较两侧胸锁乳突肌收缩时的轮廓和坚实程度。斜方肌的功能为将枕部向同侧倾斜,抬高和旋转肩胛并协助臂部的上抬,双侧收缩时导致头部后仰。检查时可在耸肩或头部向一侧后仰时加以阻力,一侧副神经损害时可见同侧胸锁乳突肌及斜方肌萎缩、垂肩和斜颈,耸肩(病侧)及转颈(向对侧)无力或不能。

2.9　舌下神经(Ⅻ)检查

观察舌在口腔内的位置及形态,然后嘱患者伸舌,观察其是否有偏斜、舌肌萎缩、舌肌颤动。一侧舌下神经麻痹时,伸舌向病侧偏斜;核下性损害可见病侧舌肌萎缩,核性损害可见明显的肌束颤动,核上性损害则仅见伸舌向病灶对侧偏斜;双侧舌下神经麻痹时,伸舌受限或不能。

3　结果

用文字逐一描述检查方法与结果。

4　讨论

对实验结果进行分析论述。讨论颅神经病变的临床意义。

【注意事项】

1. 因刺激性物质如醋酸、酒精和福尔马林等可刺激三叉神经末梢,故不能用于嗅觉检查。

2. 鼻腔如有炎症或阻塞时不能做嗅神经检查。

3. 检查颅神经应按先后顺序进行,以免重复和遗漏。

【问题探究】

1. 哪些颅神经负责眼球运动?

2. 展神经的"展"是指什么?

3. 哪些颅神经负责味觉信息的传导?

4. 哪些颅神经受损会影响瞳孔收缩?

(虞燕琴)

实验 43　药物对抗电刺激引起小鼠惊厥的作用

【预习要求】

1. 实验理论　药理学教材中有关抗癫痫药、抗惊厥药的药理作用及机制;检索全文数据库中的相关研究论文,检索方法参见第二章第六节。

2. 实验方法　第五章动物实验技术;第二章常用统计指标和统计方法。

3. 实验准备　预绘制实验原始数据记录表和统计表。

4. 设计实验　验证某药对惊厥具有潜在的治疗作用。

【目的】 学习惊厥的实验动物模型，了解惊厥的发生机制。探索未知药物对动物电惊厥的保护作用。

惊厥是指骨骼肌异常的非自主性强直与阵挛性抽搐，并引起关节的运动。电刺激可以形成小鼠头部的强电流，从而产生全身强直性惊厥，表现为前肢屈曲、后肢伸直，是筛选抗癫痫大发作药物的常用模型。临床上常用的抗惊厥药物有苯二氮䓬类(benzodiazepine)、巴比妥(barbital)类、水合氯醛和硫酸镁。Barbital 抑制中枢神经系统，随着剂量的由小到大，中枢抑制作用的程度由浅入深。当剂量大于催眠剂量时有抗惊厥作用。临床上常利用 barbital 类这一机制将其用于小儿高热、破伤风、子痫、脑炎等及中枢兴奋药中毒引起的惊厥。

1　材料

小鼠；JTC-1 型惊厥及痛觉实验交流刺激器；phenobarbital sodium，试验药物，生理盐水。

2　方法

2.1　开机及参数设置　将刺激输出线插入刺激输出插座。开启 JTC-1 型惊厥及痛觉实验交流刺激器电源开关，按压“刺激周期”按钮(图 6-43-1)至“单刺激”右侧指示灯亮，按压“刺激时间”按钮至“0.5s”或“1s”右侧指示灯亮，转动“电压调节”旋钮，使输出电压至 20V。

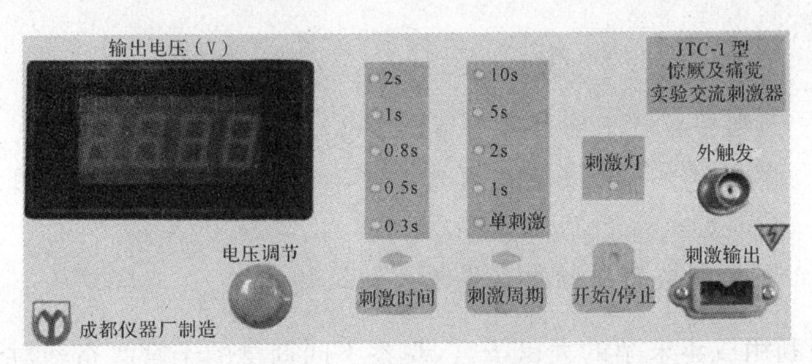

图 6-43-1　JTC-1 型惊厥及痛觉实验交流刺激器

2.2　筛选动物　将 JTC-1 型惊厥及痛觉实验交流刺激器输出线的鳄鱼夹尖端用生理盐水浸湿后，将一个鳄鱼夹夹于小鼠两耳根间的皮肤，另一个夹下颌部，按“开始/停止”按钮，观察小鼠是否发生惊厥(小鼠的惊厥发生过程：僵直屈曲期→后肢伸直期→阵挛期→恢复期。以后腿强直作为惊厥的指标)，若小鼠未发生惊厥，逐渐增加输出电压，直至小鼠发生惊厥为止，记下每只小鼠发生惊厥的刺激电压值。

2.3　分组处理　按上述方法挑选出发生电惊厥反应的小鼠 30 只，随机分成对照组、苯巴比妥组和试验药物组(各组用苦味酸标记)。对照组小鼠按 10mL/kg 体重剂量腹腔注射生理盐水，苯巴比妥组小鼠按 50mg/kg(5g/L，0.1mL/10g)体重剂量腹腔注射 phenobarbital sodium 溶液，试验药物组小鼠腹腔注射试验药物溶液。

2.4　实验观察　给药 15 或 30min 后，以给药前同样的电参数刺激小鼠，观察小鼠惊厥发生情况。

2.5　统计方法　结果以百分率表示,统计学分析采用 Chi-square test 方法。。

3　结果

3.1　记录各组出现惊厥和死亡的小鼠数量,计算百分率,分析两药物处理组在惊厥(死亡)发生率上与对照组相比较有无差异。

3.2　绘制统计图表,表示上述统计结果。

4　讨论

分析讨论 phenobarbital 和试验药物抗电刺激引起小鼠惊厥的作用及机制。

【注意事项】

1. JTC-1 型惊厥及痛觉实验交流刺激器输出电压范围已经超出人体能承受的安全范围,仪器通电时,不要直接接触刺激器输出线的金属夹子或使夹子相互接触短路。操作时最好使用绝缘手套。

2. 仪器不使用时,请关闭电源开关或将“输出电压”调到最小,以防止意外触发造成人体伤害或仪器损坏。

(唐法娣　王梦令)

实验 44　子宫兴奋药对离体大鼠子宫的作用

【预习要求】

1. 实验理论　药理学教材中缩宫素内容。

2. 实验方法　第三章第二节多道生理信号采集处理系统;第二章常用统计指标和统计方法。

3. 实验准备　预绘制实验原始数据记录表和统计表。

【目的】　本实验利用成年未孕的大鼠子宫,观察不同剂量的子宫兴奋药对子宫产生的兴奋作用及其作用特点。

缩宫素又名催产素,对子宫平滑肌有选择性兴奋作用,小剂量可促进子宫底部节律性收缩,收缩力量加强,收缩频率加快,其收缩性质与自然分娩类似;大剂量则引起子宫强直性收缩。子宫平滑肌对缩宫素的敏感性与体内雌激素有密切关系,雌激素可提高其敏感性。

1　材料

160～240g 雌性大鼠;张力换能器,RM6240 多道生理信号采集处理系统;10mL 麦氏浴槽;缩宫素,乐氏液,95% O_2 + 5% CO_2 混合气体。

2　方法

2.1　实验系统连接和仪器参数设置　将张力换能器固定于一维位移微调节器上,换能器输出线接 RM6240 多道生理信号采集处理系统输入通道,仪器参数设置:张力换能器输入通道模式为张力,时间常数为直流,滤波频率 10Hz,灵敏度 1.5g,采样频率 100Hz,扫描速度

25s/div。参照实验 24 图 6-24-1 连接装置。麦氏浴槽中充以乐氏液至固定水平面，调节超级恒温器的温度至 38℃，保证麦氏浴槽内恒温于 38±0.5℃。通气管接 95% O_2 +5% CO_2 气瓶管道。调节通气管气流，通气速度以麦氏浴槽中的气泡一个个逸出为宜。

2.2　标本制备

2.2.1　取 160～240g 健康雌性大鼠，实验前 24 小时腹腔注射 1g/L 雌二醇 0.2mL。

2.2.2　用击打法或脊椎脱臼法处死大鼠，剖腹找出子宫(呈"V"字形)，取出子宫，立即置于盛有 4℃乐氏液的培养皿中，培养皿内放少许棉花，将子宫平放在浸湿的棉花上，仔细剥离附着于子宫壁上的结缔组织和脂肪，然后将子宫的两角在其相连处剪开，取下一条子宫角约 1.5～2cm，两端分别用线结扎。

2.2.3　子宫肌条移入麦氏浴槽，两结扎线一端固定于固定钩上，另一端与张力换能器相连。调节一维微调使前负荷为 1g，稳定 15～30min，待收缩张力和频率规则后，记录正常数据。

2.3　实验观察

2.3.1　0.01U/mL 缩宫素，按 0.01mL、0.02mL、0.07mL 容量顺序加入灌流液，每次加入缩宫素须待反应稳定后再加药。

2.3.2　0.1U/mL 缩宫素，按 0.02mL、0.07mL 容量顺序加入灌流液。

2.3.3　1U/mL 缩宫素，按 0.02mL、0.07mL 容量顺序加入灌流液。

2.3.4　10U/mL 缩宫素，按 0.02mL、0.07mL 容量顺序加入灌流液。

2.4　统计方法　结果以 $\overline{X} \pm S$ 表示，统计学分析采用 Student's t-test 方法。

3　结果

对数据进行统计，作量效曲线，用文字、统计描述、统计结果描述实验结果。

4　讨论

分析讨论缩宫素对子宫作用的特点和机制。

【注意事项】

把子宫一角取出及固定于灌流装置时不要损伤或过度牵拉子宫。

【问题探究】

子宫平滑肌对缩宫素的敏感性与体内哪些激素有密切关系？

（厉旭云　王梦令）

实验 45　药物剂量对药物作用的影响

【预习要求】

1. 实验理论　药物的量效关系；影响药物效应的因素。
2. 实验方法　第五章小鼠捉拿和腹腔注射技术。

【目的】　观察药物不同剂量时作用的差异。

药物在体内产生的效应受到多种因素的影响,如药物的剂量、制剂、给药途径、联合应用以及患者的生理因素、病理状态等。药物不同剂量产生的药物作用是不同的。在一定范围内剂量愈大,药物在体内的浓度愈高,作用也就愈强。有时药物还可在不同剂量下时产生不同性质的作用。戊巴比妥钠是一种中枢抑制药,随着给药剂量的增大,其中枢抑制作用逐渐加强,依次表现为镇静、催眠、抗惊厥、麻醉直至延髓麻痹。

本实验通过比较戊巴比妥钠不同剂量时的中枢抑制作用强度及维持时间的差异,以了解给药剂量对药物作用的影响。

1 材料

体重 18～22g 小鼠;戊巴比妥钠;电子秤。

2 方法

2.1 实验分组 取体重接近、性别相同的小鼠 30 只,分成 A、B、C 三组。观察小鼠正常活动情况及翻正反射。

2.2 药物处理 A、B、C 三组小鼠分别按 100mg/kg(5g/L,0.2mL/10g)、40mg/kg(2g/L,0.2mL/10g)和 10mg/kg(0.5g/L,0.2mL/10g)体重剂量腹腔注射戊巴比妥钠溶液。

2.3 实验观察 药物注射完毕,将小鼠置于容器中,观察比较三组小鼠的活动变化,记录翻正反射消失时间和翻正反射恢复时间。

2.4 统计方法 结果以 $\overline{X}\pm S$ 表示,统计学分析采用 Student's t-test 方法。

3 结果

列各组鼠给药浓度、给药剂量、翻正反射消失时间和恢复时间结果表,并简要描述不同剂量时戊巴比妥钠作用的差异。

4 讨论

结合结果,论述不同药物剂量对药物作用的影响,讨论影响药物效应的因素及意义。

【注意事项】

1. 翻正反射 正常小鼠轻轻用手将其侧卧或仰卧,小鼠会立即恢复正常姿势即为翻正反射。如轻轻用手将小鼠侧卧或仰卧,超过 1min 以上小鼠不能恢复正常姿势即为翻正反射消失,是小鼠产生睡眠的客观指标。

2. 药物注射剂量要准确。各组药物用注射器及针头应区分,以免干扰实验结果。

【问题探究】

1. 了解不同剂量对药物作用的影响,在临床用药中有何意义?

2. 什么是药物安全范围?它对药物应用有何重要性?

实验 46 给药途径对药物作用的影响

【预习要求】

1. 实验理论 药理学教材中有关药物在体内的过程和影响药物效应的因素。

2. 实验方法 第五章小鼠灌胃、腹腔和皮下注射技术。

【目的】 观察不同给药途径对药物作用的影响。

大多数药物需进入血液分布到作用部位才能发生作用。药物自给药部位进入全身血液循环的过程为吸收，吸收速度的快慢及吸收数量的多少直接影响药物的起效时间及强度。不同给药途径，药物吸收速度和吸收量不同，药物效应因而呈现差异，主要包括“量差异”(即同一效应，但作用强度不同)和“质差异”(即出现不同的药理效应)。

尼可刹米能选择性兴奋延髓呼吸中枢，提高呼吸中枢对 CO_2 的敏感性，使呼吸加深、加快，对血管运动中枢也有一定兴奋作用，也可刺激颈动脉体化学感受器，反射性兴奋呼吸中枢，过量可引起血压上升、心动过速、肌震颤、强直性抽搐、死亡。

本实验比较观察小鼠灌胃、腹腔和皮下注射同剂量尼可刹米所引起药理作用的差异，以理解有关药物体内代谢过程和影响其效应的因素。

1　材料

小鼠；尼可刹米。

2　方法

2.1　实验分组　性别、体重相近的小鼠 30 只随机分为 A、B、C 三组，每组 10 小鼠。观察各鼠的一般情况。

2.2　给药处理　A、B、C 三组小鼠分别以灌胃、皮下注射、腹腔注射法按 0.4g/kg(20g/L，0.2mL/10g)体重剂量给予尼可刹米，给药后立即计时，密切观察小鼠的反应。

2.3　实验观察　记录动物首次出现惊厥时的时间(药物作用的潜伏期)，从给药到动物死亡的时间。

2.4　统计方法　药物作用的潜伏期结果以 $\overline{X} \pm S$ 表示，采用 Student's t-test 方法进行统计学分析，以动物死亡率百分率表示，采用 Chi-square test 方法进行统计学分析。

3　结果

用文字、统计描述、统计结果描述实验结果。

4　讨论

分析不同给药途径引起药物作用差异的原因，讨论影响药物效应的因素。

【注意事项】

给小鼠灌胃，一定要掌握要领，注意不要误入气管或刺破食管和胃壁。前者可致窒息，后者可出现如同腹腔注射的吸收症状，重则死亡。

【问题探究】

不同给药途径在哪些情况下可使药物的作用产生量的差异？在哪些情况下又可使药物产生质的不同？

(胡薇薇　王梦令)

实验 47　药物在体内的分布

【预习要求】

1. 实验理论　药动学理论知识。
2. 实验方法　第三章分光光度计;第五章动物实验技术。
3. 实验准备　预绘制实验原始数据记录表和统计表。

【目的】　观察小鼠口服磺胺嘧啶钠(sodium sulfadiazine,SD-Na)后一定时间血液、肝脏、脂肪组织中药物的浓度,以了解药物在体内的分布情况。

药动学研究药物在生物体内的转运、代谢变化过程和药物浓度随时间变化的规律。其基本的过程是药物的吸收、分布、代谢、排泄。药物吸收后首先进入血液循环,以后继续通过各种屏障进入细胞间隙及细胞内液。药物在体内的分布多数是不均匀的,且处于动态平衡中,随药物的吸收与排泄不断变化。药理作用强度取决于药物在靶器官的浓度。药物与血浆蛋白结合后形成结合型药物,血浆蛋白水平的变化可以通过改变药物分布影响药物作用强度。了解药物在体内的分布有助于认识和掌握药物的作用和应用。

本实验通过测定血、肝、脂肪组织中磺胺类药物浓度,以了解药物的吸收及分布。

1　材料

体重 25g 以上雌性小鼠;离心机,组织匀浆器,分光光度仪;酸式及碱式滴定管;磺胺嘧啶钠,三氯醋酸,麝香草酚,亚硝酸钠,牛血清白蛋白(bovine serum albumin, BSA)。

2　方法

2.1　小鼠 20 只,随机分为对照组和处理组(用苦味酸标记)。实验前 24h,小鼠称重,对照组小鼠按 01mL/10g 体重剂量尾静脉注射生理盐水,处理组小鼠按 0.1mL/10g 体重剂量尾静脉注射 0.05g/L BSA。

2.2　测定血中 SD-Na 浓度

2.2.1　对两组小鼠用 SD-Na 溶液按 1.5g/kg(150g/L,0.1mL/10g)体重剂量给小鼠灌胃,记录给药时间,于给药后 45～60min 剪断股动脉或取眼球放血,将血滴入含有肝素或枸橼酸钠的离心管中。

2.2.2　取血 0.2mL 置另一试管内,加 50g/L 三氯醋酸溶液 9.8mL,充分振荡后放置 10min,过滤。

2.2.3　取滤液 6mL,加入 5g/L 亚硝酸钠溶液 0.5mL,充分摇匀后再加入 5g/L 麝香草酚溶液(以 200g/L 氢氧化钠溶液配制)1.0mL,摇匀,放置 10min 后,用分光光度计测定(460nm 波长),记录测得的光密度,从标准曲线(见附录)查得磺胺嘧啶浓度,所得数即为血中 SD-Na 浓度。

2.3　测定肝、脂肪中磺胺嘧啶浓度

2.3.1　小鼠放血后,打开腹腔取肝脏及脂肪组织(睾丸或卵巢附近处脂肪组织较多,此外两腹股沟处皮下亦有一定数量脂肪组织供取用)于培养皿中,肝脏和脂肪组织分别剪碎。

2.3.2　称取0.5g肝组织置于盛50g/L三氯醋酸溶液2.0mL的匀浆器中研碎，将匀浆倒入一试管中，再加50g/L三氯醋酸2.0mL研磨一次，匀浆也倒入同一试管中，然后以50g/L三氯醋酸溶液洗涤匀浆器，溶液也倒入同一试管中，总容积达10mL为止，充分振摇，静置10min，过滤。

2.3.3　取滤液6mL，加入5g/L亚硝酸钠溶液0.5mL，充分摇匀后再加入5g/L麝香草酚溶液1.0mL，摇匀后静置10min，用分光光度计测定(460nm波长)，记录测得的光密度，从标准曲线上查得磺胺嘧啶钠浓度，将此数值乘2/5(因所取组织量为0.5g)即为肝中SD-Na浓度。

2.4　依同法测定脂肪组织中SD-Na浓度。

2.5　统计方法　结果以$\overline{X} \pm S$表示，采用Student's t-test方法进行统计分析。

3　结果

标准曲线法计算甲、乙小鼠血、肝和脂肪组织中SD-Na浓度(mg/100mL)，通过统计分析比较两组小鼠间的差异。绘制统计图表，表示上述统计结果。

4　讨论

讨论SD-Na在体内分布的不均匀性、靶器官的浓度不均匀性对药理作用强度的影响。讨论BSA对SD-Na在体内分布的影响及机制。

【注意事项】

1. 空白管配制　以50g/L三氯醋酸混合液代替滤液，将50g/L三氯醋酸溶液6.0mL、5g/L亚硝酸钠溶液和0.5mL、5g/L麝香草酚溶液1.0mL溶液混匀即可。

2. 血中SD-Na浓度以mg/100mL表示，而肝、脂肪组织中SD含量以mg/100g湿重表示。

【问题探究】

试述药物的分布及其影响因素。

附录　标准曲线的制备

于一系列试管中，分别加入1g/L、0.8g/L、0.6g/L、0.4g/L、0.2g/L、0.1g/L、0.05g/L的SD-Na溶液0.2mL，再分别加入5g/L三氯醋酸溶液9.8mL，摇匀，取6mL再依次加入5g/L亚硝酸钠溶液0.5mL，5g/L麝香草酚液1mL，摇匀后静置10min，以分光光度计(460nm波长)测定、记录各管的光密度。以光密度为纵坐标，SD-Na浓度(mg/100mL)为横坐标，在坐标纸上绘一标准曲线。

（谢强敏　王梦令）

实验48　肝功能对药物作用的影响

【预习要求】

1. 实验理论　预习药动学理论知识；预习异丙酚的药理作用、药代动力学特点；检索相关研究论文。

2. 实验方法　第五章动物实验技术,第二章常用统计指标和统计方法。

3. 实验设计　设计验证肝功能障碍使药物作用时间延长的实验,设计实验原始数据记录表和统计表。

【目的】 了解肝脏在药物代谢中的重要性。观察小鼠肝功能损伤对异丙酚(propofol)药效的影响。

Propofol是一种快速短效的全麻药,在体内主要经肝脏的生物转化消除。Propofol的脂溶性极高,血浆蛋白结合率96%～98%,由肾小球滤过较少,也易被肾小管再吸收,其主要消除方式由肝药酶代谢。因此,肝脏损伤极易使propofol的生物转化受阻,从而使小鼠的麻醉时间延长。

1　材料

小鼠;计时器;propofol溶液,四氯化碳。

2　方法

2.1　肝损模型　试验前24h用10%四氯化碳0.2mL/10g皮下注射,损伤小鼠肝功能。(实验室已事先造模)

2.2　取体重相近的正常及肝功能已损伤小鼠各一只,称体重,以苦味酸溶液做好标记。并试其翻正反射是否存在。(将小鼠仰卧试验台上,若能恢复正常体位,为翻正反射存在,否则为翻正反射消失。)

2.3　按100mg/kg(0.1mL/10g)剂量腹腔注射(i.p.)10g/L propofol溶液。

2.4　实验观察

2.4.1　小鼠i.p. 10g/L propofol溶液后即记录进入翻正反射消失的时间。

2.4.2　记录翻正反射消失到恢复的时间。

2.4.3　将小鼠处死(用颈椎脱臼法),剖视肝脏观察形态改变,并注意肝脏形态改变与麻醉作用维持时间的关系。

2.5　统计方法　统计全班实验数据,结果以$\overline{X}\pm S$表示,采用Student's t-test方法进行统计分析。

3　结果

记录小鼠i.p. 10g/L propofol后进入翻正反射消失的时间和翻正反射恢复的时间(表6-48-1),统计分析,比较正常组和肝损组间的差异。

表6-48-1　Propofol诱导正常小鼠与肝功能受损小鼠麻醉维持时间的比较($\overline{X}\pm S$)

组　别	异丙酚(mg/kg)	动物数(只)	翻正反射消失的时间(min)	翻正反射消失至恢复时间(min)
正常				
肝损				

4　讨论

结合结果论述肝功能受损对药物生物转化的影响。

【注意事项】

1. Propofol 要注射到腹腔内,不要注射到皮下或肌肉内或肠管内。

2. 注射的剂量必须准确。

【问题探究】

试述肝功能障碍患者、老年人需减量使用镇静催眠药的理论依据。

(王梦令)

实验 49 静脉注射苯酚磺酞的药动学参数计算

【预习要求】

1. 实验理论 药物体内过程及药物代谢动力学;检索相关研究论文。

2. 实验方法 第三章分光光度计;第五章家兔采血方法;本实验药动学参数计算方法。

3. 实验准备 预绘制实验原始数据记录表和统计表。

4. 实验设计 验证肾功能损伤易导致药物在体内蓄积。

【目的】 了解药动学研究的方法学。观察正常和肾功能受损家兔对苯酚磺酞在体内随时间变化的代谢规律,学习药动学参数的计算方法,了解肾功能受损对药动学的影响。

药动学研究药物在生物体内的转运、代谢变化过程和药物浓度随时间变化的规律。其基本的过程是药物的吸收、分布、代谢、排泄。本实验通过测定正常及肾功能受损家兔血浆中苯酚磺酞(Phenolsulfonphthalein,PSP)浓度分别求得 PSP 的血浆半衰期,以了解肾功能损害对药物消除的影响。

PSP 静脉注射后迅速分布全身,其血浆浓度与各组织器官的浓度之间保持动态平衡,此时整个机体可视作单一房式,即一室模型。在给药后不同时间取血测定血药浓度,依血药浓度与时间关系计算如下药动学参数:

血药浓度(C) 血药浓度随时间(t)变化的关系常用 C-t 曲线表示,0 时刻的血药浓度用 C_0 表示、t 时刻的血药浓度用 C_t 表示等。

消除速率常数(k) 指单位时间内药物被消除的比率。PSP 在体内的消除遵循一级动力学规律,血药消除速度与血浆药物浓度成正比:$\mathrm{d}C/\mathrm{d}t=-kC$,$C$、$t$、$k$ 分别为血药浓度、时间和一级消除速率常数;负号表示药物浓度随时间下降。对 $\mathrm{d}C/\mathrm{d}t=-kC$ 式积分后得:$C_t=C_0\mathrm{e}^{-kt}$,C_t、C_0、e 分别表示经 t 时间后的血药浓度、初始血药浓度和自然对数。$C_t=C_0\mathrm{e}^{-kt}$ 式两侧取自然对数后得:$\ln C_t=\ln C_0-kt$。该式 $\ln C_t$ 与 t 之间呈线性关系,若已知几个时间点的血药浓度,则可计算出 k 与 C_0(利用直线回归分析法)。令 $\ln C_t=y$、$\ln C_0=a$(a 为截距)、$-k=b$(b 为斜率),$t=x$,则 $\ln C_t=\ln C_0-kt$ 可表示为直线方程:$y=bx+a$。

消除半衰期($t_{1/2}$)　血浆PSP浓度下降一半所需要的时间,即PSP的血浆半衰期$t_{1/2}$。按$\ln C_t=\ln C_0-kt$式,当$C_t=0.5C_0$时得:$t=t_{1/2}=\ln 2/k=0.693/k$。

清除率(CL)　指单位时间内有多少体液容积内的药量被清除,与消除速率常数的关系为$CL=k\times V_d$。

表观分布容积(V_d)　PSP的表观分布容积(V_d)是按照其血浆药物浓度(C)推算体内药物总量(A)在理论上应占有的体液容积,反映PSP在体内的分布广窄程度,计算公式:$V_d=A(mg/kg)/C(mg/L)$,A一般取0时刻(静脉注射后瞬间)的体内药量,C一般取C_0(0时刻的血浆浓度,或称初始浓度)。

PSP主要经肾脏排泄,家兔肾功能受损后,PSP的排泄速率减慢,与消除有关的常数($t_{1/2}$,k,CL)就会发生改变。

1　材料

家兔;离心机,分光光度计;PSP溶液,氯化汞溶液,氨基甲酸乙酯,稀释液(0.9% NaCl 29mL+1mol/L NaOH 1mL),肝素钠。

2　方法

2.1　制备肾功能受损家兔模型　实验前48h按0.2mL/kg体重剂量给家兔皮下注射60g/L氯化汞溶液,至实验开始时该兔的肾功能已受相当损害,此即肾功能受损兔。

2.2　家兔麻醉和动脉插管　肾功能正常及肾功能受损的家兔称重后按1g/kg体重剂量给家兔静脉注射氨基甲酸乙酯进行麻醉(肾功能受损家兔麻药剂量减至2/3)。兔麻醉后背位固定于手术台,切开颈部皮肤,分离暴露颈动脉,行颈总动脉插管。取血时松开动脉夹即可。

2.3　注射PSP和采血　按1mL/kg体重从耳缘静脉注射10g/L肝钠素,按0.2mL/kg体重剂量在另一侧耳缘静脉注射6g/L PSP溶液。注射后第2、5、10、15、20、25min分别从颈动脉取血2mL(注意每次取血前应将导管内的陈血放去),置于刻度试管内,离心10min(2000r/min)后取血浆0.2mL,置于另一试管,加稀释液3mL摇匀待测定。

2.4　PSP血浆浓度计算　用分光光度计(波长520nm)测定PSP含量。先用稀释液调零,然后测定稀释血浆的吸光度。将测到的吸光度乘以8.13(实验室已利用不同浓度的PSP标准液计算吸光度与PSP浓度的线性关系,得到吸光系数$D=8.13$),再乘稀释倍数16,即为PSP的血浆浓度。

2.5　统计方法　结果以$\overline{X}\pm S$表示,统计学分析采用Student's t-test方法。

3　结果

3.1　药动学参数计算　记录本组各时间点的A_{520nm},计算PSP血浆浓度(C)和$\ln C_t$,并记入表6-49-1。计算$\ln C_t$平均值和标准差,作$\ln C_t$-t图。

表 6-49-1　家兔静脉注射 PSP 后不同时间点的血浆 PSP 浓度

取血时间(min)(x)	正常家兔			肾损伤家兔		
	吸光度(A)	PSP 浓度(mg/mL)	$\ln C_t$(y)	吸光度(A)	PSP 浓度(mg/mL)	$\ln C_t$(y)
2						
5						
10						
15						
20						
25						

3.2　计算药动学参数 C_0、k、$t_{1/2}$、V_d 和 CL，结果填入表 6-49-2。

表 6-49-2　正常家兔与肾功能受损家兔的药动学参数($\overline{X}\pm S$)

参　数	正常家兔($n=$　)	肾损家兔($n=$　)
k(min^{-1})		
$t_{1/2}$(min)		
V_d(mL/kg)		
CL[mL/(kg·min)]		

3.3　用文字、统计描述、统计结果表述正常家兔和肾功能损伤的药动学参数。

4　讨论

对实验结果进行分析，讨论肾功能受损对药动学的影响。

【注意事项】

1. 在动脉插管前，用肝素溶液充盈插管，以免凝血堵塞。

2. 静脉注射药物的剂量要准确，一次将全部药液注入后即计时。

3. 供测定用的血样应严格避免污染，尤其不能被 PSP 药液污染。取血和处理血样本时应尽量注意避免溶血，明显溶血的血浆不能用于 PSP 含量测定。

4. 本实验为定量试验，所测样本的量须精确无误，不能将血细胞吸到试管内稀释比色，否则会影响实验结果。每次加液后应摇匀，以保证显色反应。

【问题探究】

1. k、$t_{1/2}$、V_d、CL 和生物利用度的定义、单位、主要计算方法和临床意义。

2. 试述肾功能损伤对药代动力学参数 k、$t_{1/2}$、V_d、CL 的影响。

（谢强敏　陆　源　王梦令）

实验 50　普鲁卡因半数致死量的测定和计算

【预习要求】

1. 实验理论　药理学教材中药物剂量与效应关系内容。
2. 实验方法　第五章第一节动物实验的基本操作;本实验 LD_{50} 计算方法。
3. 实验准备　预绘制实验原始数据记录表。

【目的】　通过实验了解测定药物半数致死量(LD_{50})的方法。

由于实验动物的抽样误差,药物能使动物致死的剂量大多在 50%质反应的上下,呈常态分布。在急性毒性试验中 50%质反应即所谓的 LD_{50}。在这样的质反应中药物计量和质反应间呈"S"形曲线,"S"形曲线的两端处较平,而在 50%质反应处的曲线斜率最大。因此,这里的药物剂量稍有变动,则动物的死亡或存活的反应出现明显差异,所以测定半数致死量能比较准确地反映药物毒性的大小。LD_{50} 数字越小,毒性越大。

1　材料

体重 17～25g 小鼠;电子秤,盐酸普鲁卡因。

2　方法

2.1　探索剂量范围　取小鼠 8～10 只,以 2 只为一组,分成 4～5 组,选择剂量间距较大的一系列剂量,分别给各组腹腔注射 20g/L 盐酸普鲁卡因溶液,观察出现的症状并记录死亡数,找出引起 0%及 100%死亡率剂量的所在范围(致死量约在 105～150mg/kg 范围内)。本步骤可由实验室预先进行。

2.2　正式试验　在预试验所获得的 0%和 100%致死量的范围内,选用几个剂量(一般用 5 个剂量,按等比级数增减,相邻剂量之间比例为 1∶0.7 或 1∶0.8),各剂量组动物数为 10 只,分别用苦味酸标记。动物的体重和性别要分层随机分配,完成动物分组和剂量计算后按组腹腔注射给药。最好先从中剂量组开始,以便能从最初几组动物接受药物后的反应来判断两端的剂量是否合适,否则可随时进行调整,尽可能使动物的死亡率在 50%上下,死亡率为 0%或 100%时,不能用于计算(实验以全班为一个单位,可以一个组观察一个剂量组,或每组各做每一剂量组的 2 只小鼠。务求用药量准确,注射方法规范,以减少操作误差,避免非药物所致的死亡,得到较理想的结果)。

2.3　实验观察　给药后即观察小鼠活动改变情况和死亡数,存活者一般都在 15～20min 内恢复常态,故观察 30min 内的死亡率。

3　结果

列剂量(单位体重所用药量,mg/kg)、死亡率等 LD_{50} 的计算数据简明表(参照表 6-50-1),报告 LD_{50} 及其 95%可信限计算结果(计算方法参考附录)。

4　讨论

对实验结果进行分析讨论,分析影响和干扰实验结果因素及原因。

【问题探究】

1. 测定 LD_{50} 的意义是什么？有何临床意义？

2. 将某种中药制剂给小鼠灌胃后，48h 内各剂量组的死亡数如下，求该药的 LD_{50} 及其 95％可信限。

灌胃剂量(g/kg)：　5.12　6.40　8.00　10.0　12.5

死亡数/实验动物数：1/10　2/10　4/10　7/10　9/10

附录　LD_{50} 及其 95％可信限计算

LD_{50} 计算方法有多种，这里介绍最常用的加权直线回归法(Bliss 法)。此法虽计算步骤稍繁，但结果较精确，实际应用时可借助于计算机。

首先，用较大的剂量间距确定致死剂量的范围，进而在此范围内设定若干剂量组，剂量按等比方式设计，相邻两个剂量间距比例在 0.65～0.85 之间，给药后观察 7～14 天内动物一般情况和死亡数，根据死亡率计算 LD_{50}。请注意：若死亡率为 100％和 0％的数据，其机率单位为＋∞和－∞，数据可列于表中，但不能用于计算。现用下述例子具体说明计算方法。

例：将某批中药厚朴注射液腹腔注射于小鼠，三天内的死亡率如下：

剂量(g/kg)：	4.25	5.31	6.64	8.30
死亡率(死亡数/试验动物数)：	1/10	3/10	5/10	9/10

求 LD_{50} 及其 95％可信限。

计算步骤如下：

(1)列计算用表　将各项数据填入表 6-50-1，机率单位和权重系数分别查附表 6-50-2 和附表 6-50-3。

表 6-50-1　小鼠腹腔注射厚朴注射液 LD_{50} 计算表

剂量 D	$\lg D$ (X)	X^2	n	死亡率 (％)	机率单位 Y	权重系数	权重* W	WX	WX^2
4.25	0.6284	0.3949	10	10	3.72	0.343	3.43	2.1554	1.3545
5.31	0.7251	0.5258	10	30	4.48	0.576	5.76	4.1766	3.0284
6.46	0.8222	0.6760	10	50	5.00	0.637	6.37	5.2374	4.3062
8.30	0.9191	0.8447	10	90	6.28	0.343	3.43	3.1525	2.8975
							$\sum W$	$\sum WX$	$\sum WX^2$
							18.99	14.7219	11.5866

*　权重＝权重系数×各组动物数(n)

(2)计算 LD_{50}　$\lg D$ 与机率单位之间有线性关系，因此将 $\lg D$ 作为 X，机率单位作为 Y，即 $Y=a+bX$，用统计软件(第二章用 Excel 统计函数进行数据统计)作直线回归计算得到 a

$=-1.67589$，$b=8.460496$。LD_{50}的对数值与机率单位 5 相对应，按 $Y=a+bX$ 计算得到 $X=0.789066$，即为 LD_{50} 的对数（称为 m），取其反对数，就是 LD_{50}：$LD_{50}=\lg^{-1}m=6.1527$g/kg

(3)计算 LD_{50}的 95%可信限　由于实验求得的 LD_{50}存在抽样误差，因此须按统计学方法确定 LD_{50}值 95%可能出现的范围(95%可信限)。在此例，由于 n 数相等，算法如下：

$m\pm1.96S_m$(S_m 为 m 的标准误)

$m=\lg LD_{50}=0.7891$(见上述计算步骤)

$$S_m^2=1/b^2[(m-X)^2/\sum W(X-\overline{X})^2+1/\sum W]$$

其中 $\sum W(X-\overline{X})^2=\sum WX^2-(\sum WX)^2/\sum W=0.1735$，$b=8.4605$，$\overline{X}=\sum WX/\sum W=0.7752$，因而

$$S_m^2=0.01397\times[(0.7891-0.7752)^2/0.1735+0.05266]$$
$$=0.0007512$$
$$S_m=\sqrt{S_m^2}=\sqrt{0.0007512}=0.02741$$
$$m\pm1.96S_m=0.7891\pm0.05372=0.73538\sim0.84282$$

分别取反对数，取 LD_{50}的 95%可信限：5.4373～6.9634g/kg。

LD_{50}及其 95%可信限：6.1527g/kg(5.4373～6.9634g/kg)

附表 6-50-2　百分率与机率单位对照表

百分率	0	1	2	3	4	5	6	7	8	9
0		2.67	2.95	3.12	3.25	3.36	3.45	3.52	3.59	3.66
10	3.72	3.77	3.83	3.87	3.92	3.96	4.01	4.05	4.08	4.12
20	4.16	4.19	4.23	4.26	4.29	4.33	4.36	4.39	4.42	4.45
30	4.48	4.50	4.53	4.56	4.59	4.61	4.64	4.67	4.69	4.72
40	4.75	4.77	4.80	4.82	4.85	4.87	4.90	4.92	4.95	4.97
50	5.00	5.03	5.05	5.08	5.10	5.13	5.15	5.18	5.20	5.23
60	5.25	5.28	5.31	5.33	5.36	5.39	5.41	5.44	5.47	5.50
70	5.52	5.55	5.58	5.61	5.64	5.67	5.71	5.74	5.77	5.81
80	5.84	5.88	5.92	5.95	5.99	6.04	6.08	6.13	6.18	6.23
90	6.28	6.34	6.41	6.48	6.55	6.64	6.75	6.88	7.05	7.33

附表 6-50-3　机率单位与权重系数对照表

机率单位	权重系数	机率单位	权重系数	机率单位	权重系数	机率单位	权重系数
1.1	0.00082	3.1	0.15436	5.1	0.63431	7.1	0.11026
1.2	0.00118	3.2	0.17994	5.2	0.62742	7.2	0.09179
1.3	0.00167	3.3	0.20774	5.3	0.61609	7.3	0.07654
1.4	0.00235	3.4	0.23753	5.4	0.60052	7.4	0.06168

续表

机率单位	权重系数	机率单位	权重系数	机率单位	权重系数	机率单位	权重系数
1.5	0.00327	3.5	0.26907	5.5	0.58089	7.5	0.04979
1.6	0.00451	3.6	0.30199	5.6	0.55788	7.6	0.03977
1.7	0.00614	3.7	0.33589	5.7	0.53159	7.7	0.03143
1.8	0.00828	3.8	0.37031	5.8	0.50260	7.8	0.02458
1.9	0.01105	3.9	0.40474	5.9	0.47144	7.9	0.01903
2.0	0.01457	4.0	0.43863	6.0	0.43863	8.0	0.01457
2.1	0.01903	4.1	0.47144	6.1	0.40474	8.1	0.01104
2.2	0.02458	4.2	0.50260	6.2	0.37031	8.2	0.00828
2.3	0.03143	4.3	0.53159	6.3	0.35589	8.3	0.00614
2.4	0.03977	4.4	0.55788	6.4	0.30199	8.4	0.00451
2.5	0.04979	4.5	0.58099	6.5	0.26907	8.5	0.00327
2.6	0.06168	4.6	0.60052	6.6	0.23753	8.6	0.00235
2.7	0.07564	4.7	0.61609	6.7	0.20774	8.7	0.00167
2.8	0.09179	4.8	0.62742	6.8	0.17994	8.8	0.00118
2.9	0.11026	4.9	0.63431	6.9	0.15436	8.9	0.00082
3.0	0.13112	5.0	0.63662	7.0	0.13112	9.0	0.00056

（胡薇薇　陆　源）

第七章　仿真实验

第一节　生理科学实验教学系统介绍

一、系统内容概要

生理科学实验教学系统是由国家精品课程“生理科学实验”教学团队最新研发的一款新的教学软件，其仿真实验为全球首款高分辨率实景生理科学高仿实验系统。实景生理科学高仿实验系统采用真实实验场景和真实实验数据技术进行仿真，真实、科学、生动，令实验者身临其境(图 7-1-1)。

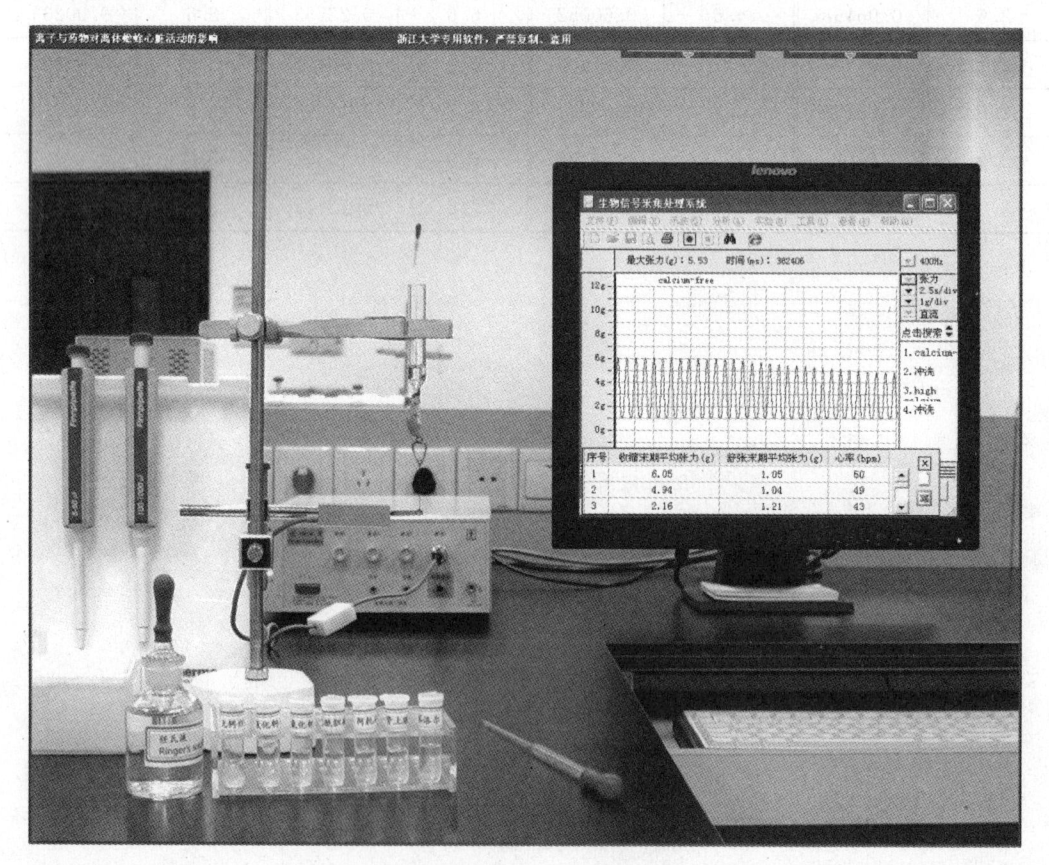

图 7-1-1　高仿实验界面

系统由十二个部分组成：高仿实验、实验室介绍、仪器设备、实验动物、30 部实验教学视频、网络虚拟实验、实验数据、数据统计、实验报告及样例、实验研究、学习资源及课件、十四类实验的自测多选题。

二、系统启动

在 Windows 桌面上双击“高仿实验”(目标程序为 slab. exe),系统启动,进入“生理科学实验教学系统 3D 界面”。压下鼠标右键并左、右、上、下移动鼠标,3D 界面左、右、上、下转动,用鼠标点击“地面”,3D 界面向前运动并放大,用鼠标点击地面以上部分,3D 界面运动停止。压下键盘上的方向键,可控制 3D 界面前、后、左、右运动。鼠标移动至 3D 界面上的“门”,出现相应的“实验资源室”、“虚拟实验室”、“高仿实验室”的标签显示,用鼠标单击之,则分别进入“实验资源室”、“虚拟实验室”、“高仿实验室”。

三、虚拟实验室

压下鼠标右键并左、右、上、下移动鼠标,“虚拟实验室走廊”左、右、上、下转动,用鼠标点击“地面”,3D 界面向前运动并放大,用鼠标点击地面以上物体,3D 界面运动停止;压下键盘上的方向键,可控制 3D 界面前、后、左、右运动(以下操作下同)。鼠标移动至“走廊”的“门”上单击,即进入“虚拟实验室”,按上述操作,可浏览虚拟实验室内部各处。

四、实验资源室

用网页形式展示实验室介绍、仪器设备、实验动物、30 部实验教学视频、网络虚拟实验、实验数据、数据统计、实验报告及样例、实验研究、学习资源及课件、十四类实验的自测多选题。

五、高仿实验室

高仿实验采用真实的全景式实验场景,其实验仪器、装置、实验对象与真实实验现场情况一致,实验仪器界面和操作与真实的生物信号采集处理系统相仿,实验数据为生物信号采集处理系统、血气分析仪、血球计数仪等仪器采集于实验现场的数据,真实、科学。实验步骤按实际实验设计,实验操作与实验对象的活动应用实景动画显示。采用生物信号测量技术对实验数据进行生理指标的定量分析测量,并可导出至 Excel。

高仿实验还吸收全定量实验和跨学科(生理学、病理生理学和药理学)的综合性实验最新教学成果,为开展综合性、研究性实验教学提供实际案例。

(一)进入高仿实验实验室

1. 鼠标移动至“生理科学实验教学系统 3D 界面”上的“高仿实验室”,用左键单击(也可双击 Windows 界面上的“高仿实验”快捷图标)进入“生理科学实景高仿实验系统”窗口。

2. 用鼠标左键点击生理科学实景仿真实验窗口内“中文”或“ENGLISH”,进入高仿实验目录窗口。

(二)高仿实验使用操作

1. 进入高仿实验

用鼠标点击仿真实验即进入高仿实验目录窗口,再点击实验项目名称即可进入相应的实验场景(图 7-1-1)。仿真生物信号采集处理系统界面见图 7-1-2 所示,功能介绍如下:

2. 工具条

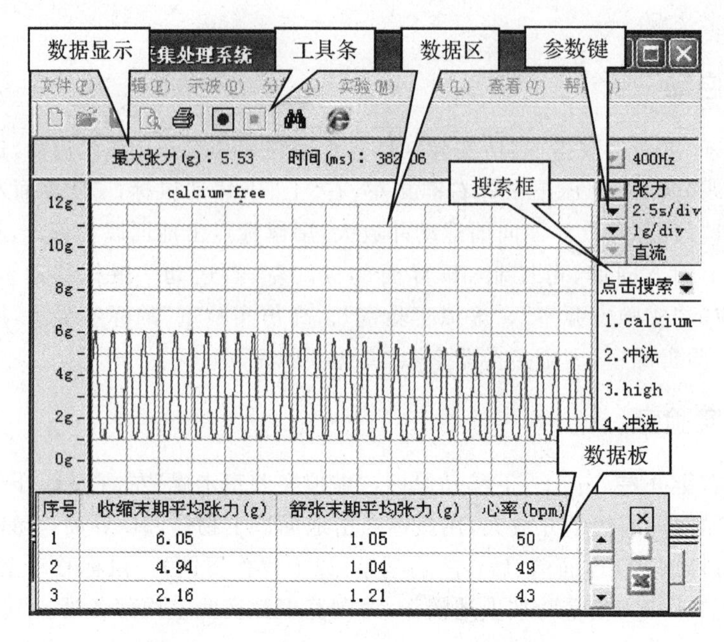

图 7-1-2　仿真多道生理信号采集处理系统

仿真生物信号采集处理系统界面上部有一工具条，其功能分别为：

(1)“打印”按钮　点击“打印”按钮，按操作提示可将当前记录的数据曲线送打印机打印。

(2)“记录”按钮　点击“记录”按钮，开始记录数据。

(3)“停止”按钮　点击“停止”，数据转入后台记录。可对记录数据进行测量。

(4)“数据搜索”按钮　点击该按钮，弹出搜索框，再点击关闭搜索框。搜索框按顺序列显所做的实验处理项目，点击处理项目文字，数据区显示相应的处理项目的数据，点击小三角键，处理项目文字可上下滚动。

3. 数据区与数据测量

用鼠标在数据区域内的不同水平位置点击，两次点击即可对两次点击区域内的数据进行自动分析测量，数据自动进入数据板，数据板弹出显示。

4. 数据显示栏

数据显示栏显示记录状态时的即时生理指标等数据，如血压、心率、尿量等。点击“停止”后，数据显示栏显示鼠标所处位置的相应数据及两次点击区域内的相对生理指标数据和时间。

5. 数据板

数据板除显示测量数据外，还有三个功能键：

(1)“关闭”键　点击关闭数据板。

(2)“清空”键　点击该键，数据板数据被清空(不可恢复)。

(3)“导出”键　点击数据板的 Excel 图标键，数据板数据自动导出到 Excel。

在数据板上压下鼠标左键并移动，数据板可在仿真信号采集处理系统界面内移动。

6. 参数键

一般设置“扫描速度”和“灵敏度”两个参数键。

(1)“扫描速度”键　点击该键，弹出一选择框，选择其中一扫描速度，数据曲线或水平压缩显示或水平扩展显示。

(2)“灵敏度”键　点击该键，弹出一选择框，选择其中一灵敏度，数据曲线垂直压缩显示或垂直扩展显示。

7. 结束实验

点击“返回”按钮，结束该项实验。

(三)实验处理操作

各项实验处理操作将在实验项目内介绍。

第二节　生理科学高仿实验

生理科学高仿实验共有生理学、药理学、病理生理学及其三个学科综合的 34 个实验项目，内容涉及神经肌肉、血液、循环、呼吸、消化、泌尿系统，本教材选编其中 10 项实验。

一、蟾蜍神经干动作电位实验

1　目的、原理、预习要求、材料方法、问题探究

参见第六章实验 2。

2　方法

2.1　实验装置连接和系统参数设置　神经干标本盒内左侧第一对为刺激电极，与多道生理信号采集处理系统刺激器输出相连，红色鳄鱼夹为刺激输出正极，黑色鳄鱼夹为刺激输出负极；紧邻的一个黑色鳄鱼夹为信号输入的接地电极。向右第 1 对和第 2 对引导电极分别与多道生理信号采集处理系统 1、2 通道相连，其中绿色鳄鱼夹为信号输入负极，红色鳄鱼夹为信号输入正极(图 7-2-1)。引导电极间距为 10mm。RM6240 系统参数：1、2 通道时间常数 0.02s、滤波频率 3kHz、灵敏度 5mV，采样频率 100kHz，扫描速度 0.2ms/div。单刺激模式，刺激波宽 0.1ms，延迟 1ms，同步触发。

2.2　标本放置　点击培养皿中的神经干标本并拖动至标本盒 A 处上方释放，将神经干置于标本盒上。

3　实验观察

3.1　刺激末梢端引导 AP　刺激强度 1V，按“刺激”按钮刺激坐骨神经干，分别测量两个双相动作电位(biphasic action potential，BAP)正、负相振幅和时程。

3.2　刺激中枢端引导 AP　鼠标在 A 点压下拖动至 B 点释放，按“刺激”按钮刺激坐骨神经干，分别测量两个 BAP 正、负相振幅和时程。

3.3　神经干 AP 的传导速度　给予神经干最大强度刺激，压下工具栏中的⇆工具，分别在两个 AP 起始点点击，神经干 AP 的传导速度即显示于数据显示栏。

3.4　改变引导电极距离引导动作电位　鼠标在 C 点压下拖动至 D 点释放，按“刺激”按钮，测量第 1 通道的 BAP 正、负相振幅和时程。鼠标在 D 点压下拖动至 E 点释放，对坐骨神经

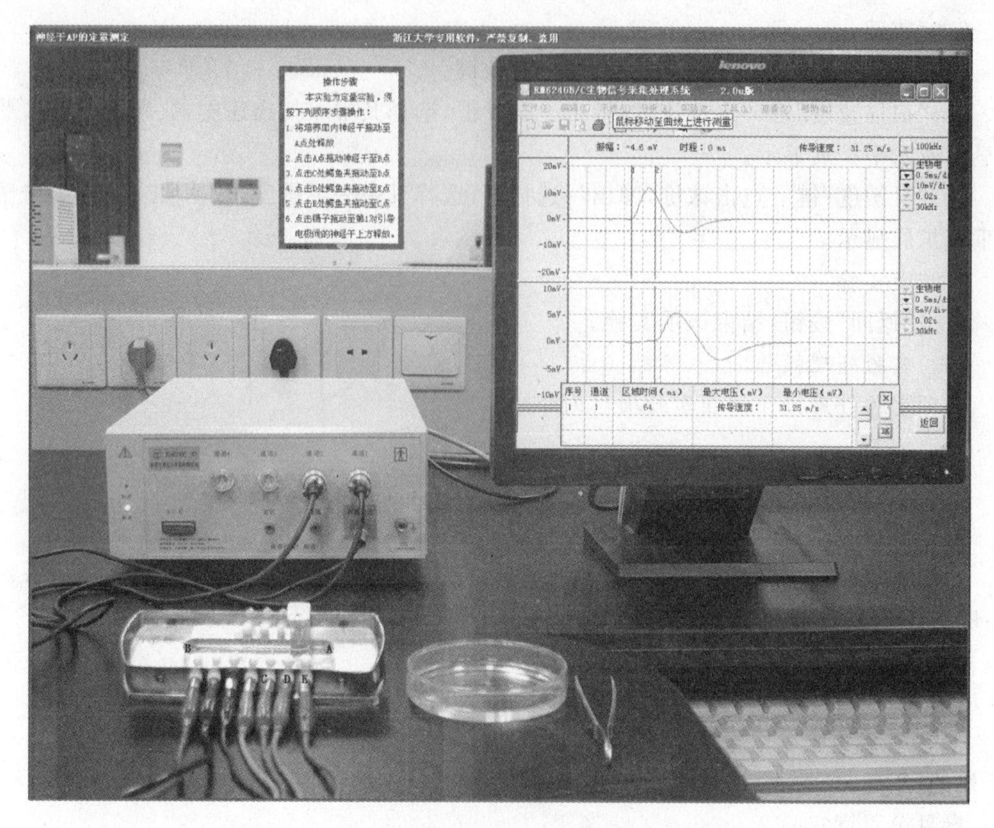

图 7-2-1　神经干动作电位的定量测定高仿实验界面

干进行刺激，测量第 1 通道的 BAP 正、负相振幅和时程。

3.5　单相动作电位(monophasic action potential，MAP)测定　鼠标在 E 点压下拖动至 C 点释放，按“刺激”按钮，拖动镊子至第一对引导电极的两引导电极之间释放以夹伤神经，按“刺激”按钮，测定 MAP 振幅和时程。

3.6　刺激强度与 AP 振幅关系　增减刺激强度，测定不同电刺激强度时单相 AP 幅度。

3.7　统计方法　结果以 $\overline{X}\pm S$ 表示，统计采用 Student's t-test 方法。

4　结果

4.1　描述阈强度、最大刺激强度和神经干 AP 的传导速度。

4.2　比较描述刺激末梢端和刺激中枢端引导的 BAP 正、负相及单相 AP 的振幅和时程。

4.3　比较描述引导电极距离 10、20、30mm 时的 BAP 正、负相振幅和时程。

4.4　比较描述引导电极距离为 10mm 时 BAP 正相及 MAP 的振幅和时程。

4.5　绘制刺激强度-AP 振幅曲线，标注阈强度、最大刺激强度。

4.6　或将上述数据作为一个样本分别输入附件 ap. xls 中各表进行统计。用文字、统计描述、统计结果表述实验结果。计算动作电位波长，正、负波的叠加点。

5　讨论

论述在一定刺激强度范围内神经干 AP 振幅随刺激强度增大而增大的机制。根据结果论述 BAP 形成的机制。论述 BAP 正相振幅和时程与单相 AP 的振幅和时程的差异机制。论述 BAP 正相振幅大于负相振幅和正相时程小于负相时程的机制。

二、蟾蜍心室期前收缩和代偿间歇

1　目的、原理、预习要求、材料方法、问题探究

参见第六章实验 11。

2　方法

2.1　仪器参数设置　张力换能器输出线接微机多道生理信号采集处理系统的第 1 通道记录心脏收舒缩曲线。心电图(electrocardiogram,ECG)导联线接多道生理信号采集处理系统第 2 通道记录标准二导联 ECG。刺激器输出接刺激电极(图 7-2-2)。RM6240 系统参数:1 通道时间常数直流,滤波频率 30Hz,灵敏度 1.5g;2 通道时间常数 1s,滤波频率 100Hz,灵敏度 1mV;采样频率 1kHz,扫描速度 0.5s/div。单刺激模式,刺激强度 3V,刺激波宽 5ms。

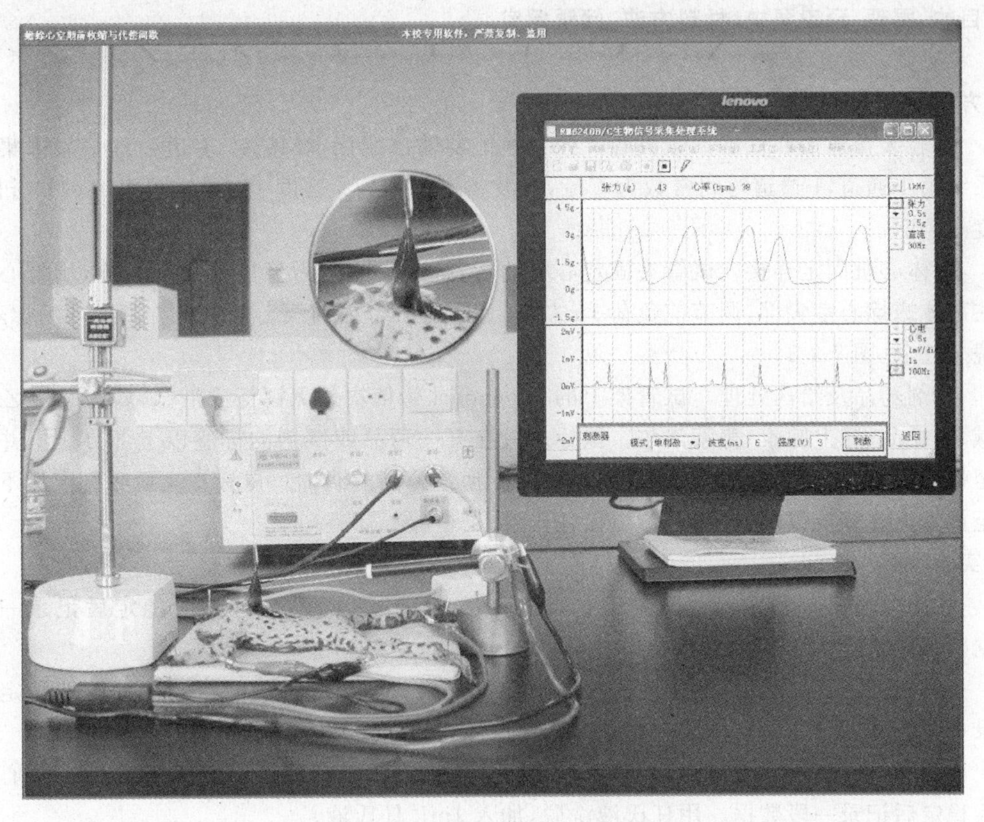

图 7-2-2　蟾蜍心室期前收缩和代偿间歇高仿实验界面

2.2　实验装置连接　毁脑毁脊髓蟾蜍仰卧固定于蛙板。用蛙心夹夹住蟾蜍心尖,蛙心夹所系棉线与张力换能器相连。心电图引导电极分别插入右上肢和左下肢皮下,接地电极插入右下肢皮下,刺激电极置于心室表面。

3　实验观察

3.1　记录正常蛙心的搏动曲线,分清曲线的收缩相、舒张相和 ECG 各波。

3.2　分别在心室收缩期和舒张期刺激心室,观察能否引起期前收缩。刺激如能引起期前收缩,观察其后是否出现代偿间歇。

3.3　测量正常情况的心动周期和 ECG 的 Q 波至心室收缩起点的时间。测量期前收缩起点至下次正常心室收缩起点的时间。

4　结果

用文字和数据逐一描述心动周期、ECG 的 Q 波至心室收缩起点的时间、期前收缩起点至下次正常心室收缩起点的时间及心室收缩起点与期前收缩起点的最短时间。

5　讨论

论述结果中各时间的生理意义。论述在心脏收缩期和舒张期分别给予心室阈上刺激时心室反应的机制。

三、离体蟾蜍心脏灌流实验

1　目的、原理、预习要求、材料方法、问题探究

参见第六章实验 12。

2　方法

2.1　实验装置连接和仪器参数设置　张力换能器输出线接 RM6240 多道生理信号采集处理系统第 1 通道，1 通道时间常数为直流，滤波频率 30Hz，灵敏度 1g，采样频率 400Hz，扫描速度 1s/div。

2.2　离体心脏固定连接　试管夹固定心脏插管，蛙心夹与张力换能器用线相连，用蛙心夹夹住离体蟾蜍心室尖部，调节前负荷 1g 左右，记录心脏舒缩曲线。插管上方滴头处为加药、冲洗之处，见图 7-2-3。

2.3　试剂药品及给药处理　试管架上的 eppendorf 管依次是无钙任氏液、$CaCl_2$、KCl、乙酰胆碱、阿托品、肾上腺素、普萘洛尔。鼠标左键在某一药品或试剂的标签以上部分压下并拖动至蛙心插管上方滴头处释放完成灌流液的更换或药品的滴加。鼠标在桌面吸管上压下拖动至插管上方释放以吸出灌流液，更换任氏液。

3　实验观察

3.1　任氏液灌流　用定容移液器向插管中加入 1mL 任氏液，心搏曲线稳定后记录一段数据。

3.2　无钙任氏液灌流　把插管内的任氏液全部更换为 1mL 无钙任氏液，心搏曲线稳定后记录一段数据。用任氏液洗脱，加入 1mL 任氏液。

3.3　高钙任氏液灌流　待曲线稳定后向灌流液中加 0.045 mol/L $CaCl_2$ 溶液 25μL，心搏曲线稳定后记录一段数据。用任氏液洗脱，加入 1mL 任氏液。

3.4　高钾任氏液灌流　待曲线恢复稳定后，在任氏液中加 0.2 mol/L KCl 溶液 25μL，心搏曲线稳定后记录一段数据。用任氏液洗脱，加入 1mL 任氏液。

3.5　肾上腺素任氏液灌流　待曲线稳定一段数据后，在任氏液中加 6×10^{-5} mol/L 的 adrenaline(Adr)溶液 10μL，心搏曲线稳定后记录一段数据。用任氏液洗脱，加入 1mL 任氏液。

3.6　普萘洛尔和肾上腺素任氏液灌流　待曲线稳定一段数据后，在任氏液中加 5×10^{-4} mol/L propranolol(Pro)溶液 10μL，心搏曲线稳定后记录一段数据，再加入 6×10^{-5} mol/L Adr 溶液 10μL，心搏曲线稳定后记录一段数据。用任氏液洗脱，加入 1mL 任氏液。

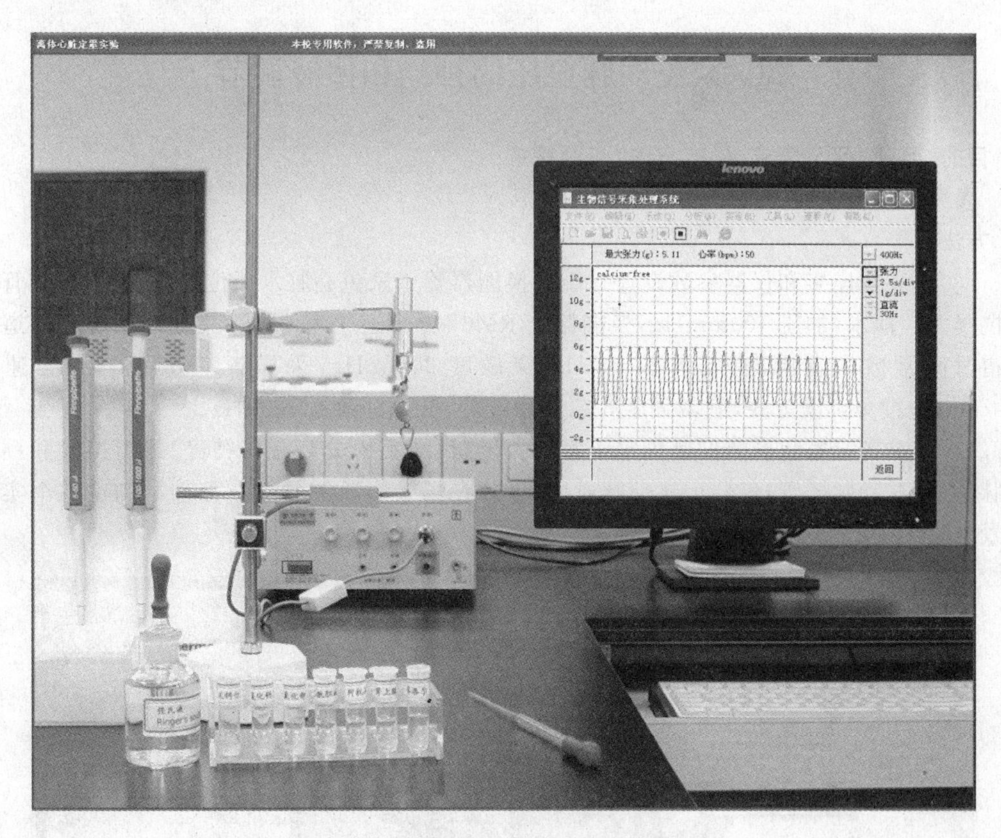

图 7-2-3　离体蟾蜍心脏灌流高仿实验界面

3.7　乙酰胆碱任氏液灌流　待曲线稳定后记录一段数据，在任氏液中加 6×10^{-6} mol/L 的 acetylcholine(ACh)溶液 15μL，心搏曲线稳定后记录一段时间。用任氏液洗脱，加入 1mL 任氏液。

3.8　阿托品和乙酰胆碱任氏液灌流　待曲线稳定后记录一段数据，在任氏液中加 2×10^{-4} mol/L atropine(Atr)15μL，心搏曲线稳定后记录一段数据。再向任氏液中加 6×10^{-6} mol/L 的 ACh 溶液 15μL，心搏曲线稳定后记录一段时间。用任氏液洗脱，加入 1mL 任氏液。

3.9　数据测量　测量各项处理前后的心率(heart rate，HR)、心脏舒张末期张力(end diastolic tension，EDT)、心脏收缩末期张力(End systolic tension，EST)。

3.10　统计方法　结果以 $\overline{X}\pm S$ 表示，统计采用 Student's t-test 方法。

4　结果

将各项处理前后心室收缩末期张力和心室舒张末期张力和心率数据作为一个样本分别输入附件 hp.xls 中各表进行统计和显著性检验。用文字、统计描述、统计结果逐一描述实验结果。

5　讨论

论述各项处理引起心脏收缩、舒张、心率的变化机制。

四、家兔动脉血压的神经和体液调节

1　目的、原理、预习要求、材料方法、问题探究

参见第六章实验 14。

2　方法

2.1　实验装置连接和仪器参数设置　压力换能器置于家兔心脏水平位置，换能器和导管充满抗凝生理盐水，加压 100mmHg，换能器接 RM6240 多道生理信号采集处理系统 1 通道，1 通道时间常数为直流，滤波频率 100Hz，灵敏度 20mmHg；采样频率 800Hz，扫描速度 10s/div；连续单刺激方式，刺激强度 5V，刺激波宽 5ms，刺激频率 30Hz。

2.2　动物准备　家兔麻醉仰卧固定于手术台上，颈部手术分离减压神经、迷走神经和颈总动脉，行颈总动脉插管，仪器记录动脉血压(鼠标在场景中压下并左右移动可浏览整个实验场景)，见图 7-2-4。

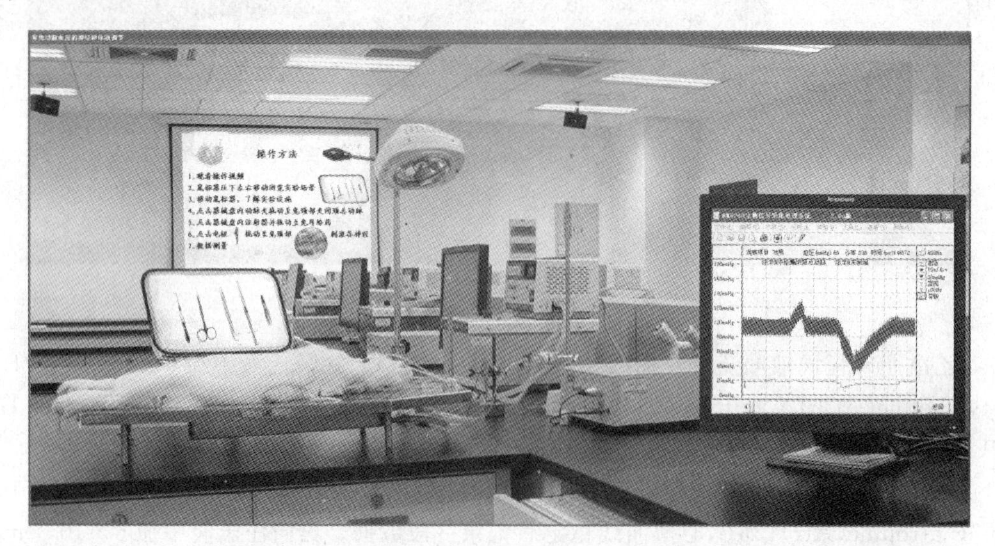

图 7-2-4　家兔动脉血压的神经和体液调节高仿实验界面

3　实验观察

3.1　正常血压　观察正常血压波动曲线，分辨一级波、二级波。

3.2　夹闭一侧颈总动脉　鼠标移动至器械盘，拖动器械盘中的动脉夹至家兔颈部(出现颈部气管、颈总动脉及神经画面)，动脉夹图标在颈总动脉中部释放，即呈现夹闭动脉画面，场景左移，记录夹闭颈总动脉后的血压变化曲线并自动打标。

3.3　静脉注射去甲肾上腺素　拖动器械盘中的注射器至家兔耳部处释放，向输入框输入：0.3(0.1g/L 去甲肾上腺素 0.3mL)，点击确定，药品从家兔耳缘静脉注入。观察注射药品后的血压变化。

3.4　刺激神经　在多道生理信号采集处理系统的工具栏开启刺激器，拖动刺激电极至家兔颈部(出现颈部气管、颈总动脉及神经画面)，刺激电极图标分别在迷走神经中枢端、迷走神经末梢端、减压神经中枢端、减压神经末梢端释放，即呈现刺激神经画面，场景左移，记录刺激神经后的血压变化曲线并自动打标。

4　结果

4.1　测量各项处理前后家兔的收缩压、舒张压和心率。

4.2　用文字、数据描述正常、各项处理前后的动脉血压和心率。

5　讨论

论述血压曲线的一级波、二级波形成及各项处理后动脉血压和心率变化的机制。

五、肾上腺素和M胆碱受体激动药对家兔动脉血压的作用

1　目的、原理、预习要求、材料方法、问题探究

参见第六章实验18。

2　方法

2.1　实验装置连接和仪器参数设置　按图7-2-5压力换能器置于家兔心脏水平位置，换能器和导管充满抗凝生理盐水，加压100mmHg。压力换能器接RM6240生物信号采集处理系统1通道，1通道时间常数为直流，滤波频率100Hz，灵敏度20mmHg；采样频率800Hz。

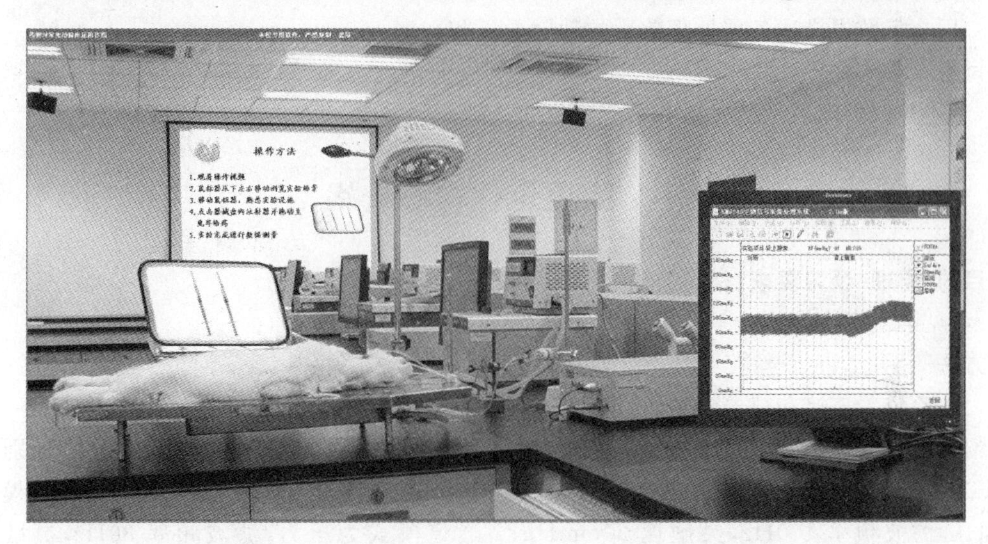

图7-2-5　肾上腺素和M胆碱受体激动药对家兔动脉血压的作用高仿实验界面

2.2　动物准备　家兔麻醉仰卧固定于手术台上，颈部手术分离颈总动脉，行颈总动脉插管，仪器记录动脉血压(鼠标在场景中压下并左右移动可浏览整个实验场景)。

3　实验观察

3.1　观察正常血压波动曲线

3.2　静脉注射adrenaline　按2μg/kg体重剂量静脉注射adrenaline(鼠标移动至器械盘，拖动注射器至家兔耳部上方释放)，观察药物注射前后的血压变化。

3.3　静脉注射noradrenaline　按2μg/kg体重剂量静脉注射noradrenaline，观察血压变化。

3.4　静脉注射isoprenaline　按2μg/kg体重剂量静脉注射isoprenaline，观察血压变化。

3.5　静脉注射phentolamine　按1mg/kg体重剂量静脉注射phentolamine，待血压稳定后再按上述剂量静脉注射adrenaline、norepinephrine、isoprenaline，观察药物注射前后的血压

变化。

3.6　静脉注射 propranolol　按 0.5mg/kg 体重剂量静脉注射 propranolol,待血压稳定后再按上述剂量静脉注射 adrenaline、norepinephrine、isoprenaline,观察药物注射前后的血压变化。

3.7　静脉注射 acetylcholine　按 1μg/kg 体重剂量静脉注射 acetylcholine,观察药物注射前后的血压变化。

3.8　静脉注射 atropine　按 100μg/kg 体重剂量静脉注射 atropine,观察药物注射前后的血压变化。

3.9　静脉注射 acetylcholine　按 1μg/kg 体重剂量静脉注射 acetylcholine,观察药物注射前后的血压变化。

3.10　静脉注射大剂量 acetylcholine　按 100μg/kg 体重剂量静脉注射 acetylcholine,观察药物注射前后的血压变化。

4　结果

4.1　测量各药物给药前后动脉血压的收缩压、舒张压及心率。

4.2　用文字数据描述各项处理前后的动脉血压和心率。

5　讨论

论述各项处理后动脉血压和心率变化的机制。

六、家兔急性右心衰竭

1　目的、原理、预习要求、材料方法、问题探究

参见第六章实验 17。

2　方法

2.1　实验装置连接和仪器参数设定　血压换能器、高灵敏度压力换能器置于心脏水平,换能器与导管充满抗凝生理盐水。血压换能器、高灵敏度压力换能器、呼吸换能器分别接 RM6240 多道生理信号采集处理系统 1、2、3 通道,1、2、3 通道时间常数为直流,1 通道模式为血压,滤波频率 100Hz,灵敏度 20mmHg;2 通道模式为压力,滤波频率 30Hz,灵敏度 12.5cmH_2O;3 通道模式为流量,滤波频率 100Hz,灵敏度 50mL/s;采样频率 800Hz。

2.2　动物准备　家兔麻醉仰卧固定于兔台,左侧颈总动脉插管,右颈外静脉插管,气管插管分别接血压换能器、高灵敏度压力换能器、呼吸换能器,记录动脉血压、中心静脉压和呼吸通气量。静脉输液针穿刺耳缘静脉,并接微量注射泵上的注射器,见图 7-2-6。

3　实验观察

3.1　观察并记录动脉血压、中心静脉压、呼吸曲线。

3.2　注射生理盐水　以 10mL/min 的速度静脉注射生理盐水 50mL(点击微量注射泵启动按钮,下同)。观察并记录动脉血压、中心静脉压、呼吸曲线。

3.3　注射 37℃的液体石蜡　按 0.5mL/kg 体重剂量由耳缘静脉注射 37℃液体石蜡,用微量注射泵以 0.5mL/min 速度注射,观察中心静脉压、血压、呼吸的变化。待呼吸加强时,停止注射,观察血压是否下降 20mmHg,中心静脉压是否持续升高。

3.4　注射生理盐水　血压稳定 5～10min 后,以 1mL/min 的速度静脉注射生理盐水,直至

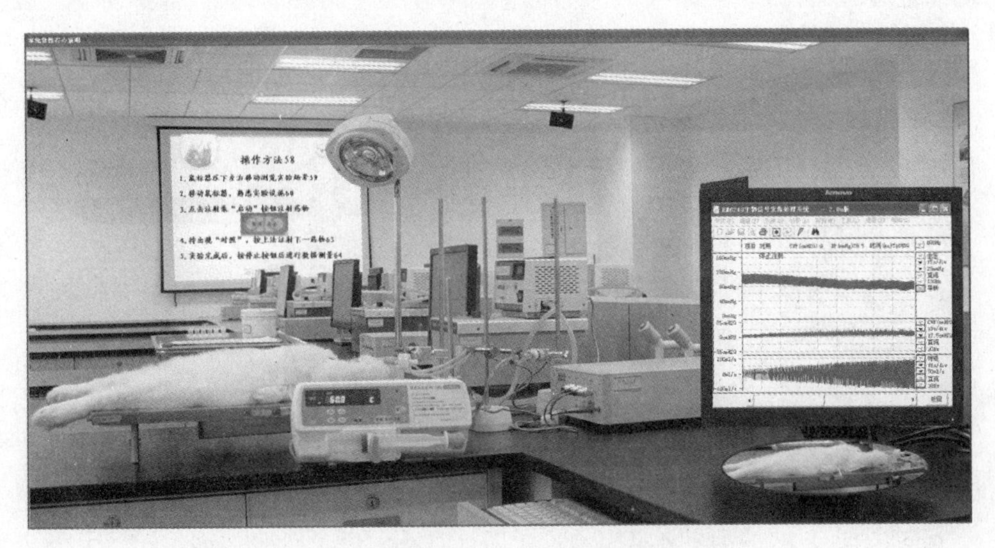

图 7-2-6　家兔急性右心衰竭高仿实验界面

动物死亡。连续观察记录动脉血压、中心静脉压、呼吸曲线。

4　结果

测量各项处理前后家兔的动脉血压、中心静脉压、呼吸频率、通气量的数据，用文字、数据描述上述生理指标变化情况。

5　讨论

论述本实验右心衰竭模型的复制机制及家兔右心衰竭过程中动脉血压、中心静脉压、呼吸变化的机制。

七、体液分布改变在家兔急性失血中的代偿作用

1　目的、原理、预习要求、材料方法、问题探究

参见第六章实验 14。

2　方法

2.1　实验装置连接和仪器参数设置　压力换能器置于家兔心脏水平位置，换能器和导管充满抗凝生理盐水，加压 100mmHg；放血瓶充满抗凝生理盐水，瓶内液面距心脏水平面 65cm（50mmHg），换能器接 RM6240 多道生理信号采集处理系统 1 通道，通道时间常数为直流，滤波频率 100Hz，灵敏度 20mmHg，采样频率 800Hz，扫描速度 5s/div。

2.2　动物准备　家兔麻醉仰卧固定于手术台上，颈部手术分离颈总动脉，行颈总动脉插管，记录动脉血压。分离股动脉，行股动脉插管，插管连接放血瓶，见图 7-2-7。

3　实验观察

3.1　测定红细胞数（RBC）、血红蛋白数（HGB）　关闭采血提示对话框，鼠标移动至器械盘，拖动器械盘中的注射器至家兔颈部释放，即出现颈静脉采血画面，采血毕，弹出血球计数仪测定 RBC、HGB 画面，测定完毕，RBC、HGB 数据进入数据板。

3.2　失血观察　鼠标在场景中压下并右移动至家兔后肢，移动鼠标至与股动脉插管连接的三通处，点击三通放血。数据区记录血压并打标。观察失血、停止失血整个过程中家兔动脉

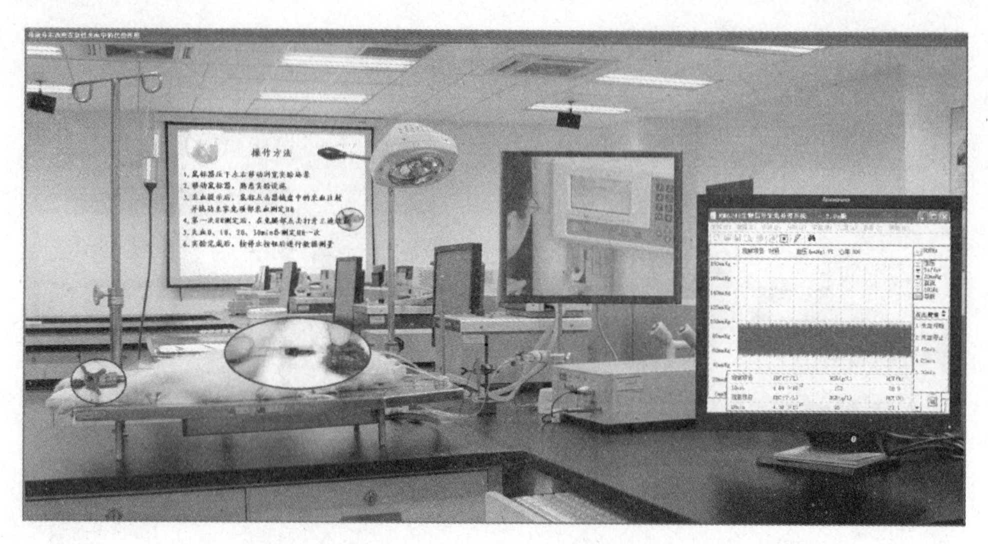

图 7-2-7　体液分布改变在家兔急性失血中的代偿作用高仿实验界面

血压的变化。

3.3　在失血停止即刻、10min、20min、30min 时，采血提示对话框出现，按 3.1 方法测定 RBC、HGB。

3.4　数据测量　待失血停止 30min，完成测定 RBC、HGB 后，停止记录。分别测定失血前、失血停止即刻、10min、20min、30min 时的动脉血压。

4　结果

用文字、数据描述失血前、失血停止即刻、10min、20min、30min 时的动脉血压和 HGB。

5　讨论

论述家兔失血期间及失血停止后血压和 HGB 的变化机制。

八、家兔膈肌电活动与呼吸运动

1　目的、原理、预习要求、材料方法、问题探究

参见第六章实验 20。

2　方法

2.1　实验装置连接和系统参数设置　用胶管连接气管插管和流量头，流量头连呼吸流量换能器，换能器和针型电极分别接 RM6240 多道生理信号采集处理系统第 1、2 通道，记录通气量和膈肌肌电图。RM6240 系统第 1 通道时间常数为直流，滤波频率 30Hz，灵敏度 50mL/s；第 2 通道时间常数为 0.001s，滤波频率 3kHz，灵敏度 0.1mV；采样频率 20kHz(图 7-2-8)。

2.1　动物准备　家兔麻醉仰卧固定于手术台上，颈部行气管插管，切开家兔剑突皮肤、肌肉，暴露膈肌，针型电极插入膈肌肌层。

3　实验观察

3.1　正常呼吸曲线和膈肌肌电图　记录一段正常呼吸曲线和膈肌肌电图，观察膈肌肌电图与呼吸波的关系。

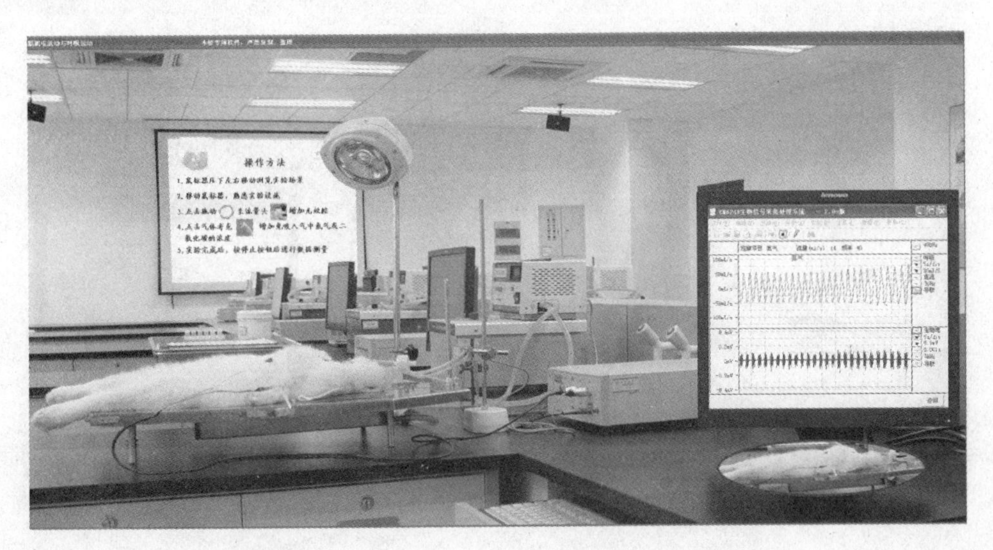

图 7-2-8 膈肌电活动与呼吸运动高仿实验界面

3.2 增加无效腔 在流量头通气口接一根长 60cm 胶管(鼠标移至器械盘在胶管上压下并拖动至流量头通气口释放),观察呼吸运动和膈肌肌电图的变化。

3.3 降低吸入气中的氧分压 开启 N_2 气阀(鼠标移至 N_2 气阀上点击),观察呼吸运动和膈肌肌电图的变化。

3.4 增加吸入气中的二氧化碳分压 开启 CO_2 气阀(鼠标移至 CO_2 气阀上点击),观察呼吸运动和膈肌肌电图的变化。

4 结果

分别测定各项处理前、后的通气量和电积分(单位时间内肌电之和)。用文字和数据描述各项处理前、后的通气量和电积分。

5 讨论

论述各项处理前、后的通气量和电积分的变化机制。

九、家兔呼吸系统综合实验

1 目的、原理、预习要求、材料方法、问题探究

参见第六章实验 20。

2 方法

2.1 实验装置连接和仪器参数设置 用胶管连接气管插管与流量头,流量头连接呼吸流量换能器,换能器接 RM6240 多道生理信号采集处理系统第 1 通道记录通气量,第 1 通道时间常数为直流,滤波频率 30Hz,灵敏度 50mL/s;采样频率 400Hz,见图 7-2-9。

2.2 动物准备 家兔麻醉仰卧固定于手术台上,颈部手术分离气管和颈总动脉,行气管插管,见图 7-2-9。

3 实验观察

3.1 正常呼吸曲线 记录一段正常呼吸曲线,辨认曲线上吸气、呼气的波形方向(呼气曲线向上,吸气曲线向下)。

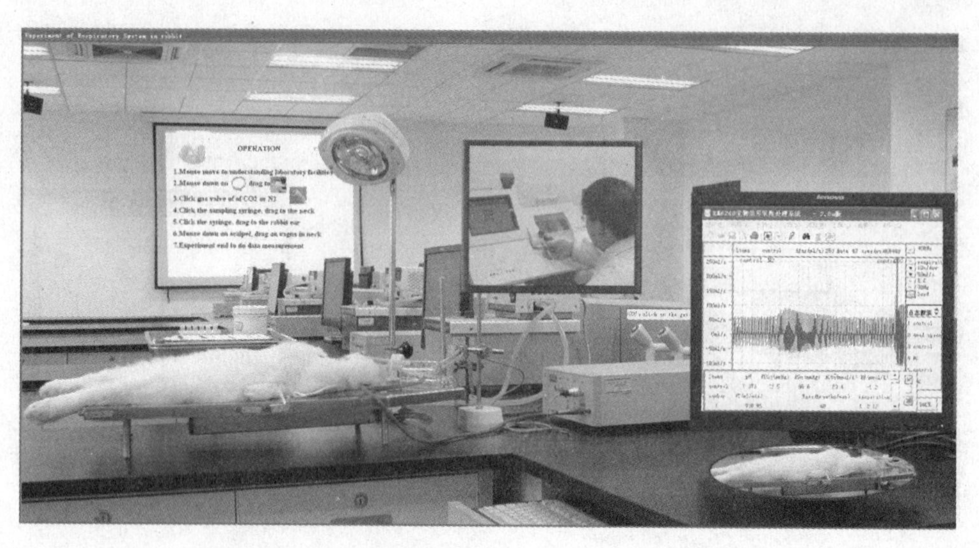

图 7-2-9　呼吸系统综合实验高仿实验界面

3.2　增加无效腔　在流量头通气口接一根长 60cm 胶管(鼠标移至器械盘在胶管上压下并拖动至流量头通气口释放),观察呼吸运动变化。

3.3　降低吸入气中的氧分压　开启 N_2 气阀(鼠标移至 N_2 气阀上点击),观察呼吸运动变化。

3.4　增加吸入气中的二氧化碳分压　开启 CO_2 气阀(鼠标移至 CO_2 气阀上点击),观察呼吸运动变化。

3.5　测定血气参数　用 1mL 注射器取肝素溶液少许抗凝处理,注射器针头向心方向刺入颈总动脉内抽血 0.5mL 测定血气(鼠标移至器械盘在采血注射器上压下并拖动至颈部释放采血,采血完毕出现血气分析画面),测毕,pH、PCO_2、PO_2、[HCO_3^-]、BE 数据显示于数据板。

3.6　复制酸中毒模型　按 5mL/kg 体重剂量耳缘静脉注射 120g/L 磷酸二氢钠(鼠标移至器械盘在含 NaH_2PO_4 的注射器上压下并拖动至家兔耳部释放,在弹出的对话框中输入注射剂量即开始注射酸),观察呼吸变化。(剂量计算方法在工具栏的“帮助”里)

3.7　测定血气参数　待出现采血提示,按 3.5 采血测定血气参数。

3.8　纠正酸中毒　按 ΔBE×0.5×体重(ΔBE 是输入酸前后 BE 值之差的绝对值)计算出 50g/L 碳酸氢钠注射剂量,注射 $NaHCO_3$(鼠标移至器械盘在含 $NaHCO_3$ 注射器上压下并拖动至家兔耳部释放,在弹出的对话框中输入注射剂量即开始注射碱),观察呼吸变化。

3.9　测定血气参数　待出现采血提示,按 3.5 采血测定血气参数。

3.10　哌替啶对呼吸的抑制　按 50～100mg/kg 体重剂量由兔耳缘静脉注射 50g/L pethidine(鼠标移至器械盘在含吗啡的注射上压下并拖动至兔耳部释放,缓慢注射 pethidine),观察呼吸变化。

3.11　尼可刹米对抗哌替啶抑制呼吸作用　待呼吸抑制明显时立即按 0.4mL/kg 体重剂量静脉缓慢注入 250g/L nikethamide 溶液(出现注射尼可刹米提示后,立即将鼠标移至器械盘在含尼可刹米的注射器上压下并拖动至家兔耳部释放注射),观察呼吸变化。

3.12　切断颈迷走神经　切断一侧颈迷走神经(鼠标移至器械盘在手术刀上压下并拖动至

兔颈部迷走神经处释放)，观察切断一侧颈迷走神经后呼吸运动变化。切断两侧颈迷走神经，观察呼吸运动变化。

3.13　电刺激迷走神经中枢端　以强度 5V，频率 30Hz，波宽为 5ms 的连续电脉冲间断刺激一侧迷走神经中枢端(打开刺激器，鼠标移至刺激电极上压下并拖动至兔颈部迷走神经处释放)，观察呼吸运动较之切断前有何改变。

3.14　数据测量　待上述处理完毕，分别测定各项处理前、后的通气量，呼吸频率。

4　结果

列测量各项处理前后每分通气量、呼吸频率数据表，列注射酸、碱前后的血气数据表。用文字、数据描述各项处理前、后的通气量，呼吸频率变化，描述注射酸、碱前后的血气变化。

5　讨论

论述各项处理前、后的通气量、呼吸频率和血气变化的机制。

十、家兔循环与泌尿系统综合实验

1　目的、原理、预习要求、材料方法、问题探究

参见第六章实验 25。

2　方法

2.1　实验装置连接和仪器参数设置　压力换能器和导管充满抗凝生理盐水，置于家兔心脏水平位置，换能器接 RM6240 多道生理信号采集处理系统第 2 通道；计滴器插头插入生物信号采集处理系统的计滴插口，第 1 通道为计滴器计滴，默认参数；第 2 通道时间常数直流，灵敏度 20mmHg，滤波频率 100Hz，采样频率 800Hz；连续单刺激方式，刺激强度 5V，刺激波宽 5ms，刺激频率 30Hz。

2.2　动物准备　家兔麻醉后仰卧固定于手术台上，颈部手术分离迷走神经、颈总动脉，行颈总动脉插管记录动脉血压。行膀胱插管，插管引流管置于计滴器上，见图 7-2-10。

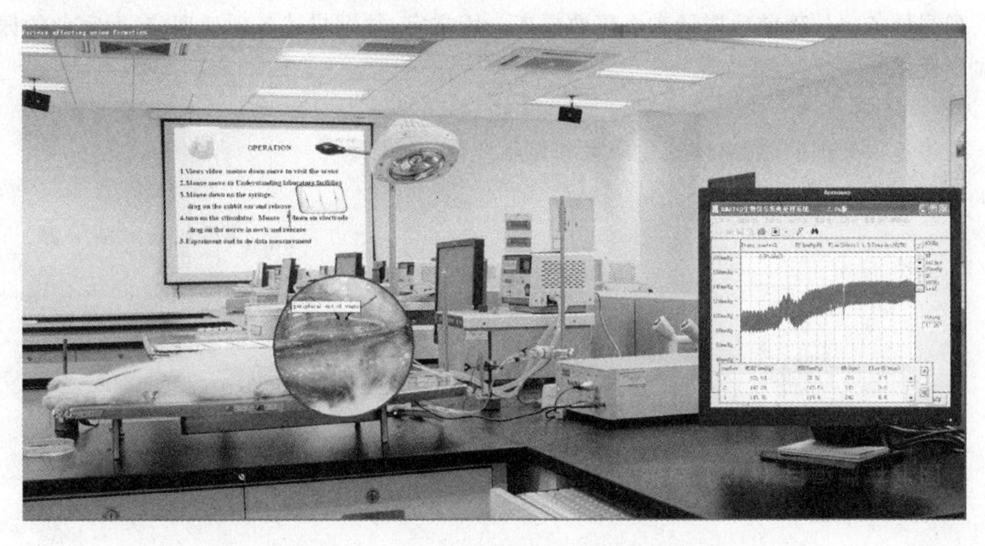

图 7-2-10　尿生成的影响因素高仿实验界面

3 实验观察

3.1 正常血压和尿量 记录正常尿流量(滴/min)和血压值(提示:尿量直接从数据显示栏读取,以节约测量时间,下同)。

3.2 快速增加血容量 静脉快速注射生理盐水 20mL(鼠标在器械盘中的注射器上压下并拖动至兔耳部释放,向输入框输入:20,点击确定,进行注射)。记录最大尿流量和最高血压值。

3.3 刺激迷走神经 待尿量恢复稳定后用强度 5V,频率 30Hz,波宽 2ms 的电脉冲间断刺激右侧颈迷走神经的末梢端 1~2min(开启刺激器,鼠标在刺激电极上拖动至家兔颈部,在右侧颈迷走神经末梢端上方释放,刺激迷走神经)。记录最小尿流量和最低血压值。

3.4 静脉注射葡萄糖 静脉注射 200g/L 葡萄糖 5mL(鼠标在器械盘中的注射器上压下并拖动至兔耳部释放,向输入框输入:5,点击确定,进行注射)。记录最大尿流量和最高血压值。

3.5 静脉注射去甲肾上腺素 静脉注射 0.1g/L 去甲肾上腺素 0.3mL(鼠标在器械盘中的注射器上压下并拖动至兔耳部释放,向输入框输入:0.3,点击确定,进行注射)。记录最小尿流量和最高血压值。

3.6 静脉注射呋塞米 按 5mg/kg 体重静脉注射 10g/L 呋塞米(鼠标在器械盘中的注射器上压下并拖动至兔耳部释放,向输入框输入家兔体重×5 计算得出的数值,点击确定,进行注射)。记录最大尿流量和最高血压值。

3.7 静脉注射酚红 静脉注射 6g/L 酚红 0.5mL(鼠标在器械盘中的注射器上压下并拖动至兔耳部释放,向输入框输入:0.5,点击确定,进行注射),计从注射酚红起到尿中刚出现酚红的时间。

3.8 静脉注射垂体后叶素 静脉注射垂体后叶素 2U(鼠标在器械盘中的注射器上压下并拖动至兔耳部释放,向输入框输入:2,点击确定,进行注射),记录最小尿流量和最低血压值。

4 结果

列测量各项处理前后尿量和血压数据表。用文字、数据描述各项处理前、后家兔的尿量和血压变化。

5 讨论

论述各项处理前、后离体家兔尿量和血压变化的机制。

(厉旭云 陆 源)

第八章 创新性实验

培养学生自主学习、自主实验和自主创新实践是大学教育教学的一项基本任务。国家和学校提倡实验教学与科研相结合，将更多的实际问题引入教学实验，开拓实验教学的新形式、新内容，以培养学生自主研究创新的能力。

生理科学实验课程作为一门综合创新性课程，创新性实验教学是本课程教学的核心内容，其教学目的是为学生提供自主创新实践的机会，使学生了解生理科学实验科研方法，接触学科前沿，了解学科发展动态，增强创新意识，提高创新实践能力，并通过合作交流，团队协作，提高学生的综合能力。

一、生理科学创新性实验教学安排

(一)五年制和七年制创新性实验教学安排

1. 实验研究基本知识　课堂讲授实验研究、实验设计、论文撰写等方面的基本知识，学生通过课堂教学和自主学习方式，学习和了解生理科学实验研究的基本程序及内容。

2. 专题讲授　创新性实验指导教师给学生开设2～3次创新性实验的专题讲座，为学生提供创新性实验的方向和任务；学生由教师指导进行网上文献的初步检索和阅读。

3. 创新性实验立题和实验设计　学生根据教师提供的创新性实验的方向和任务，进一步进行文献检索和阅读，以组为研究团队进行立题和实验设计，并填写"创新性实验项目申报书"。

4. 开题报告　以实验班为单位举行创新性实验开题报告，研究团队进行立题及实验设计报告和答辩。

5. 修改实验设计　被立项的研究团队负责组织相关研究人员修改完善实验设计、细化实验实施方案。

6. 创新性实验预试　立项项目按实验实施方案进行实验预试，进一步修改完善实验设计。

7. 创新性实验研究　立项项目按实验预试确定的方案进行为期4周的实验研究。

8. 创新性实验研究论文撰写　对创新性实验结果的数据进行整理、统计分析，每人撰写一篇研究论文。

9. 论文答辩　各实验班举行研究论文答辩，学生以研究团队(组)为单位进行论文报告和答辩。

10. 创新性实验研究论文修改和提交　学生针对论文答辩时同学和指导教师提出的问题，对论文进行修改，然后按规定将论文提交给指导教师。

(二)八年制创新性研究教学安排

1. 创新性研究概述　课堂讲授创新性研究相关基本理论知识及要求。

2. 研究专题讲座　安排5个研究专题讲座，其中基础医学研究设计讲座2个，临床医学研究设计讲座 2 个和一个预防医学研究设计讲座。

3. 创新性研究立题与研究设计 学生自由组合以 3 人为一研究小组进行立题和实验设计,撰写“创新性研究项目书”。

4. 创新性研究开题报告和立项 以研究小组为单位报告立题及实验设计各项内容,通过投票产生 5～8 项立项项目。

5. 组建研究团队及修改实验设计 被立项项目研究小组负责组建研究团体,每个项目由 8～9 人组成研究团体,团体中设项目负责人 1 人,负责研究组织和团队管理。每个研究项目由 1 位教师指导研究工作,配备 1～2 名研究生助教协助。研究团队在教师指导下修改创新性研究设计,细化技术路线及实施方案,提交创新性研究项目书。

6. 准备及预试 熟悉实验室、准备实验材料,并进行创新性研究实验预试。

7. 创新性研究 进行为期 5 周的创新性研究。

8. 研究论文撰写 对创新性研究进行数据处理、结果分析和论文撰写。

9. 论文答辩 每个团队推选 2 人代表研究团队进行论文答辩。

10. 创新性研究论文修改和提交 学生针对论文答辩时同学和指导教师提出的问题,对论文进行修改,每人向课程组提交一篇论文。

二、立题要求

1. 选择的研究项目要进行充分的文献调查,项目科学,方法可行,有一定先进性或创新性。

2. 根据实验中心的资源选择研究项目,使研究项目切实可行。

3. 研究项目要短小精悍,观察指标不宜过多,组数一般不超过 4 组,每组例数中型动物不超过 8 例,小型动物每组例数一般不超过 15 例。

4. 项目所用材料(包括药品试剂)费用不宜过高。

5. 实验材料(包括药品试剂)用量要估算出一个上限。

三、创新性实验教学内容

1. 创新性实验专题讲座 某个研究领域的背景和动态,有待解决或阐明的问题,解决或阐明这些问题的意义。

2. 文献检索和阅读 文献数据库检索方法,文献阅读要点。

3. 立题 创新性实验项目的科学性、可行性及项目的特色或创新性。

4. 实验设计 实验对象、观察指标、实验方法、实验分组、预期结果等。

5. 开题报告 报告立题和实验设计各项内容。

6. 实验研究 根据实验设计方案进行预实验并确定实验方案,按正式方案进行实验和数据采集。要求对实验全过程进行规定项目的记录。

7. 数据统计 实验结果的整理和数据统计。

8. 论文撰写 按浙江大学学报(医学版)格式撰写论文,达到生理科学实验研究论文的撰写要求。

9. 论文答辩 报告研究目的、方法、结果、讨论和结论。

四、创新性实验教学要求

1. 采用研究导向式教学，以学生为主角，充分调动学生的积极性，教师主要起引导作用。

2. 培养学生严谨求实的科学态度和工作作风，培养学生的创新精神和团队合作精神。

3. 充分利用计算机多媒体技术和网络技术手段进行教学。创新性实验专题讲座、开题报告、论文答辩要求全部采用多媒体，培养学生的组织资料能力、演讲能力和答辩能力。

4. 营造浓厚的学术气氛。

5. 开题报告前由学生选举 4 人，加上教师 1 人组成答辩组，答辩组组织开题报告、论文的答辩和评议，答辩和评议须进行记录。答辩结果作为评定成绩的一项参考内容。

6. 教师要对每堂课的情况进行记录，作为设计、操作部分成绩评定的依据。

五、创新性实验项目申报书撰写

创新性实验以解决一个学科问题或实际问题为目标，建立在科学、可行基础上的有计划的研究工作。创新性实验项目申报书作为创新性实验项目立项、项目实施的主要依据文件，须全面、完整地反映立项依据、实验设计、实施方案及计划等。撰写创新性实验项目申报书是创新性实验研究中的首要工作，决定着创新性实验研究的成败，因此，要以科学、严谨的态度撰写创新性实验项目申报书。创新性实验项目申报书的主要内容如下：

1. 立项依据

(1)项目的意义　需要阐明项目所要解决的问题在科学上的意义或对社会发展、人民生活具有正面作用。

(2)研究现状　根据文献，分析总结与项目相关的研究工作及最新研究情况、取得的成果和存在的问题。

(3)原创点　项目所研究的问题是他人未曾发现或研究过的。

(4)可行性分析　项目在符合科学性原则前提下，项目实施方案所需的研究条件，如实验技术、仪器设备、实验动物、试剂等能够在本院实现。创新性实验项目一般宜采用比较成熟的实验方法和实验技术，而不宜采用过于复杂或需较长时间训练的实验技术。创新性实验研究中所需人力、物力、财力应控制在规定的范围内。

(5)预期结果　需要阐明项目研究可能获得的具体结果。

(6)工作基础　要说明项目研究团队成员或指导教师曾做过的相关的研究工作、掌握项目研究所需的实验方法、实验技术等情况。

(7)参考文献　需要列出立项所依据的全部参考文献。

2. 实验设计

(1)实验对象　实验对象为实验动物的，需明确实验动物种类、品系、性别、体重或月龄等。

(2)实验分组　需要写明按什么实验设计方法进行分组、实验动物的总量、实验动物分为几组、各组的组名、各组的处理因素及水平、处理方法等。

(3)实验方法　具体的实验方法，如动物手术、标本制备、观察指标的测试方法等。

(4)观察指标　具体观察的生理、生化、形态学等指标。

(5)实验及其结果的观察记录　拟定原始记录方式和内容(文字、数据、图形、照片等)。

原始记录应完整、准确。

(6)统计分析　结果数据的表示方式和根据实验设计所确定的统计学方法。

(7)参考文献　需要列出实验设计所参考的全部文献。

3. 实施方案及计划

(1)实验室要求　具体写明项目实施所需要的实验室基本设施要求,如需手术台、实验装置、供气、恒温、称量设备、药品试剂配制器具及使用的时间安排等。

(2)仪器设备　主要仪器设备的名称、型号、数量等。

(3)实验对象、药品试剂、实验材料计划　实验动物计划需要有详细的实验动物种类、品系、性别、体重或月龄、数量及实验使用的时间计划清单,如需处理后饲养,需要明确饲养条件、饲养时间及饲养期间对动物进行处理的时间安排;药品试剂计划需写明药品试剂的中文全名、规格、数量、价格、供应商、联系方式及使用时间,如为进口试剂则需增加英文全称、货号;实验材料计划可参照药品试剂计划。

(4)实验步骤及实验时间安排　根据实验设计拟定各项试验的具体步骤及各项试验的具体时间安排,根据实验需要,实验时间可以安排在课内,也可以安排在课外。

(5)人员安排、数据采集与统计　统筹研究团队成员研究工作,适当分工,充分发挥团队成员特长和积极性,做到各司其责,保证实验、数据采集、统计分析工作的质量。明确数据采集的具体方法和统计方法。

4. 经费预算

申报书应对项目所需的实验动物、药品试剂、消耗性实验材料作出费用预算,如费用预算超出创新性实验项目立项规定较多,应适当调整实验设计,在不影响项目研究的前提下,将项目费用预算控制在规定的范围内。

(夏　强)

主要参考文献

1. 徐叔云，卞如濂，陈修. 药理实验方法学. 第3版. 北京：人民卫生出版社，2005
2. 姚泰. 生理学. 北京：人民卫生出版社，2005
3. 陈主初. 病理生理学. 北京：人民卫生出版社，2005
4. 杨世杰. 药理学. 北京：人民卫生出版社，2005
5. Textbook of Medical Physiolgy. 10th. Ed. by Arthur C，Guyton M D，John E. Hall Publisher：WB Saunders(August 15，2000)
6. Review of Medical Physiolgy. 20th. Ed. by William F. Ganong McGraw-Hill/Apple/ton & Lange(March 5，2001)
7. Experiments in Physiolgy. Ed. by Kleinhelp W C J，Kleinelp W C. Mary Kleinelp Wood River Pubns(January 1995)
8. Experiments in Physiolgy. 8th. Ed. by Tharp G D (Author)，Woodman D (Author). Gerald Tharp Benjamin/Cummings (November 15，2001)
9. 俞仁康，寿文德. 医学仪器原理与设计. 上海：上海交通大学出版社，1990
10. 方福德. 现代医学实验技巧全书. 北京：北京医科大学、中国协和医科大学联合出版社，1995
11. 陈建锋. 32位微型计算机原理与接口技术. 北京：高等教育出版社，1998
12. 沈凤麟，陈和晏. 生物医学随机信号处理. 合肥：中国科学技术大学出版社，1999
13. 梅宏斌，阎明印. 微机数据采集与处理C语言基本编程教程. 陕西电子杂志社，1994
14. 刘骥. 医用电子学. 北京：人民卫生出版社，1988
15. 魏尔清，陈红专. 生物医学科研——基本知识和技能. 北京：北京科学技术出版社，2001
16. 夏元瑞. 医学科学研究基本方法. 北京：人民卫生出版社，1994
17. 蒋欠俭. 实用医学实验设计. 北京：北京医科大学、中国协和医科大学联合出版社，1992
18. 克洛德·贝尔纳. 实验医学研究导论. 北京：商务印书馆，1991
19. 王燕，安琳. 卫生统计学. 北京：北京医科大学出版社，1999
20. 方喜业. 医学实验动物学. 北京：人民卫生出版社，1995
21. 施新猷. 医用实验动物学. 西安：陕西科学技术出版社，1989
22. 费梁. 中国两栖动物图鉴. 郑州：河南科学技术出版社，1999
23. 南开大学实验动物解剖学编写组. 实验动物解剖学. 北京：高等教育出版社，1979

图书在版编目（CIP）数据

生理科学实验教程／陆源，夏强主编．—2版．—杭州：浙江大学出版社，2012.7（2018.7重印）
ISBN 978-7-308-10212-4

Ⅰ．①生…　Ⅱ．①陆…②夏…　Ⅲ．①生理学—实验—医学院校—教材　Ⅳ．①Q4—33

中国版本图书馆CIP数据核字（2012）第144860号

生理科学实验教程（第二版）
陆　源　夏　强　主编

丛书策划　阮海潮（ruanhc@zju.edu.cn）
责任编辑　阮海潮
封面设计　刘依群
出版发行　浙江大学出版社
（杭州市天目山路148号　邮政编码310007）
（网址：http://www.zjupress.com）
排　　版　杭州中大图文设计有限公司
印　　刷　浙江省邮电印刷股份有限公司
开　　本　787mm×1092mm　1/16
印　　张　19.75
字　　数　493千
版 印 次　2012年7月第2版　2018年7月第4次印刷
书　　号　ISBN 978-7-308-10212-4
定　　价　49.00元